Geografia, Ambiente, Territorio
collana diretta da Giuseppe Dematteis

F. Boggio, G. Dematteis (a cura di), *Geografia dello sviluppo. Diversità e disuguaglianze nel rapporto Nord-Sud*
P. Bonavero, E. Dansero (a cura di), *L'Europa delle regioni e delle reti*
B. Cori e altri, *Geografia urbana*
F. Ferlaino, *Geografia sistemica dello sviluppo*
G. Gambino, *Conservare, innovare. Paesaggio, ambiente, territorio*
C. Salone, *Politiche territoriali. L'azione collettiva nella dimensione territoriale*
A. Segre, E. Dansero, *Politiche per l'ambiente. Dalla natura al territorio*
A. Vallega, *Geografia culturale. Luoghi, spazi, simboli*
A. Vanolo, *Geografia economica del sistema-mondo. Territori e reti nello scenario globale*

Sergio Conti, Giuseppe Dematteis
Carla Lanza, Ferruccio Nano

GEOGRAFIA DELL'ECONOMIA MONDIALE

Nuova edizione

UTET
UNIVERSITÀ

UTET
UNIVERSITÀ

www.utetuniversita.it

1ª edizione: febbraio 2006
Printed in Italy

Copertina: Studio Talarico – Lissone (Mi)

Stampa: Tipografia Gravinese, Torino

Ristampe: 2 3 4 5 6 7 8 9
2007 2008 2009 2010

Indice

Geografia dell'economia mondiale

Capitolo 1

Spazio geografico e spazio economico

1.1 Le relazioni geografico-spaziali

La geografia non si occupa tanto di singoli oggetti (fiumi, città, prodotti ecc.) quanto delle relazioni che legano tra di loro tali oggetti sulla superficie della Terra. Quindi, ad esempio, né la posizione astronomica (latitudine e longitudine) né il numero di abitanti di una città hanno di per sé significato geografico; cominciano ad averlo quando si considera la posizione che una città occupa rispetto al mare, alle altre città, al tipo di organizzazione economica del paese, alla rete delle comunicazioni ecc. L'insieme di questi rapporti è ciò che viene detto *spazio geografico*.

Lo spazio geografico è ovviamente un'astrazione, un artificio mentale per permetterci di rappresentare insieme cose tanto diverse tra loro e di dare a queste rappresentazioni un certo ordine e un significato: di farne uno strumento per interpretare e comprendere il mondo.

Se dallo « spazio geografico » isoliamo le « relazioni spaziali » che riguardano l'economia, otteniamo quella modalità di rappresentazione dei fatti ancora più astratta e convenzionale detta *spazio economico*.

Che si tratti di un'astrazione è evidente se si pensa che l'attività economica non si svolge in uno spazio indifferenziato, ma in uno spazio-ambiente già di per sé differenziato da una molteplicità di altri fatti e rapporti.

La spiegazione economica dei fenomeni, pertanto, riguarda soltanto una parte delle relazioni che costituiscono lo « spazio geografico ». Si tratta in particolare di tutte le relazioni che intercorrono tra i soggetti economici, e quindi tra i diversi luoghi della Terra in quanto sedi di soggetti diversi. Tali sono le relazioni di scambio e di circolazione (di merci, lavoro, denaro, informazioni, servizi, decisioni, flussi migratori) e la rete delle localizzazioni di impianti che ne derivano. Queste relazioni geografico-spaziali vengono dette *relazioni orizzontali* o *interazioni spaziali* e hanno come funzione principale appunto la comunicazione e lo scambio.

Ma la geografia si occupa anche di un altro tipo di relazioni, che servono per produrre. Esse comprendono tutte le operazioni che vanno dal rapporto diretto con la natura al prodotto finito. Tali relazioni vengono dette *verticali* o ecologiche e connettono i soggetti economici (gli insediamenti, gli impianti ecc.) con le caratteristiche proprie dei diversi luoghi: tipo di clima, ricchezze minerarie, caratteri storico-culturali ecc. Nella geografia economica questi due tipi di relazioni sono sempre contemporaneamente presenti: la produzione, infatti, richiede comunicazione e la comunicazione ha la sua prima ragione d'essere nella produzione.

L'articolazione geografica dell'economia dipende sempre da molteplici condizioni mutevoli nel tempo. Alcune di esse sono date dalle caratteristiche naturali o storico-culturali proprie di ogni luogo, sono cioè condizioni ambientali che si le-

Fig. 1.1 – Rappresentazione schematica delle relazioni che legano i diversi soggetti economici tra di loro (relazioni orizzontali) e con le caratteristiche proprie dei diversi luoghi (relazioni verticali).

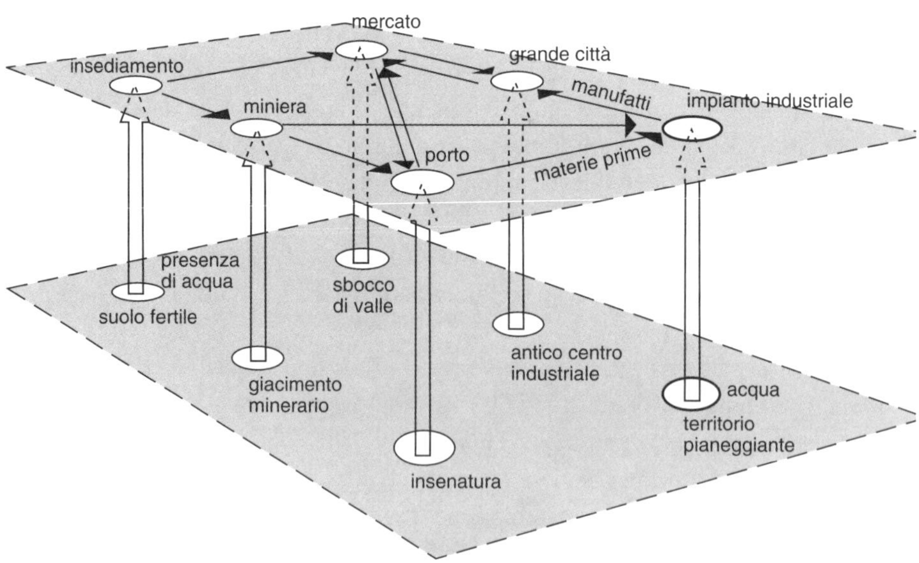

gano tramite relazioni verticali all'ambiente di ogni luogo. Altre invece sono di carattere più vasto e generale e riguardano i rapporti orizzontali di interazione: scambi, movimenti di persone, informazioni, capitali, che si stabiliscono tra luoghi diversi. Ad esempio, affinché un porto si sviluppi non basta che la località costiera sia naturalmente dotata (relazioni verticali), ma dev'essere prossima a regioni di arrivo e/o partenza di forti traffici (relazioni orizzontali). D'altra parte le relazioni verticali sono pur sempre importanti: se prendiamo, ad esempio, due porti come Marsiglia-Fos e Genova, entrambi in situazione favorevole in termini di relazioni orizzontali, vediamo che il primo è decisamente avvantaggiato dalla presenza di un vasto entroterra pianeggiante, che manca al secondo.

Scheda 1.1 – Il significato del termine «ambiente» in geografia

Il termine *ambiente*, che alla lettera significa « ciò che circonda », in geografia denota lo spazio circostante a qualche oggetto (per esempio l'ambiente fluviale, l'ambiente della viticoltura, l'ambiente urbano ecc.). Ma ha anche un significato meno astratto, più ricco di contenuti, in quanto sta ad indicare non solo i rapporti tra cose, ma anche le cose stesse e le loro caratteristiche o, in certi casi, solo certi ordini di cose (per esempio l'ambiente geografico naturale, quello antropico ecc.). Questo riferimento alle cose stabilmente localizzate distingue l'ambiente geografico da quello economico, che riguarda solo quell'insieme di condizioni, anche non geografiche, che hanno rapporto con i fatti economici.

Il significato oggi più in uso della parola ambiente, quello da cui derivano i termini ambientalismo, politiche ambientali, salvaguardia ambientale ecc., è assai vicino all'uso che se ne fa in geografia in quanto indica le condizioni che permettono la vita degli esseri viventi in un certo spazio, da quello di singoli luoghi a quello dell'intero pianeta. Di questo si parlerà nel capitolo 3.

1.2 Struttura e organizzazione del territorio

Più localizzazioni legate tra di loro da specifiche interazioni (relazioni orizzontali) e connesse da relazioni verticali a condizioni ambientali omogenee costituiscono le *strutture territoriali*. Sono tali, ad esempio, le forme di economia di piantagione; la siderurgia o la petrolchimica costiera; oppure quei complessi di attività di ricerca e industria innovativa, che si sviluppano in ambienti ricchi di cultura tecnologica, chiamate « tecnopoli ».

A loro volta le diverse strutture territoriali legate tra di loro da relazioni orizzontali formano quella che viene detta *organizzazione territoriale*. Ad esempio, riferendoci ai casi sopra menzionati, la tecnopoli fornisce robot all'industria costiera e know-how biogenetico alle piantagioni; l'industria costiera fornisce leghe per la costruzione dei robot alla tecnopoli e fertilizzanti alle piantagioni; le piantagioni riforniscono di prodotti alimentari gli insediamenti industriali costieri e le tecnopoli.

Anche nella localizzazione dei fatti economici i legami orizzontali e verticali interagiscono e si condizionano a vicenda. Ad esempio, in uno spazio economico «puro» (cioè senza tener conto delle «relazioni verticali») il *centro economico* principale di un paese dovrebbe occupare il *centro geografico*. Nella realtà ciò non accade quasi mai perché la natura e la storia hanno differenziato il territorio dei vari Paesi in modo tale che le condizioni più favorevoli allo sviluppo delle grandi metropoli economiche si presentano in posizioni particolari, non geograficamente al centro, ma più sovente ai margini, vicini alle coste (ad esempio Londra, New York) o ai nodi storici delle comunicazioni internazionali (Milano, Zurigo) o altre posizioni ancora. In altre parole l'economia di un territorio, tenute costanti tutte le altre condizioni, dipende dall'ordine spaziale degli impianti, della produzione e degli scambi.

Di ciò tiene scarsamente conto la maggior parte delle discipline economiche, perché esse si pongono di solito a un livello di astrazione e di generalità troppo elevato per integrare la gran varietà delle condizioni territoriali che incidono di fatto sulle attività economiche. Tali condizioni sono invece studiate dalla geografia economica, che si pone quindi a un livello di astrazione meno elevato.

Ma questa divisione del sapere è puramente strumentale. Non bisogna infatti dimenticare che nella realtà le condizioni spaziali sono fin dall'origine alla base di ogni scelta e di ogni operare economico. Inoltre molti problemi di economia aziendale (ricerche di mercato, problemi di localizzazione, di decentramento, di promozione immobiliare ecc.) come di economia politica generale (regioni e paesi sottosviluppati, crisi delle aree urbane, crisi energetica, localizzazione delle infrastrutture ecc.), si presentano in forma spaziale e richiedono, per essere affrontati, sia conoscenze generali di economia e di tecnica aziendale, sia conoscenze più specifiche, relative al territorio in cui si deve concretamente operare.

Le *strutture territoriali* e la loro organizzazione sono quindi l'oggetto principale della geografia economica. Nell'analizzarle vengono considerati tre ordini di fatti:

a) le differenti *condizioni naturali* dei vari luoghi e regioni;

b) le *condizioni ereditate dal passato*, sia quelle materiali (ad esempio la rete delle città, le vie di comunicazioni gli impianti già esistenti), sia quelle, sociali, culturali ed economiche (associate normalmente al concetto piuttosto arbitrario di livello di sviluppo);

c) l'organizzazione attuale: sociale, politica e amministrativa.

Le condizioni del tipo *a*) e *b*) si possono considerare, entro certi limiti, come condizioni oggettive, mentre quelle del tipo c) sono essenzialmente soggettive. Ciò significa che non è possibile definire oggettivamente l'ordine (o organizzazione) spaziale ottimale di una regione o di un paese o dell'intera superficie terrestre. Ciò è fattibile, come si è detto, solo con riferimento a certi obiettivi, cioè nell'ambito di condizioni soggettive già definite, mutando le quali si modificano ovviamente le stesse forme dell'organizzazione economica dello spazio.

Scheda 1.2 – Dal determinismo geografico alla geografia della complessità

Come l'economia, la geografia economica è un sapere condizionato da premesse politico-ideologiche che devono essere rese esplicite, se si vuole che le asserzioni abbiano qualche valore scientifico o per lo meno tecnico-operativo.

Non esistono dunque concetti, categorie e leggi generali geo-economiche valide per tutti i tipi di società e gruppi umani esistenti, ma si distinguono vari tipi di strutture territoriali diverse a seconda delle differenti situazioni culturali e politiche.

Nel passato si credette di poter spiegare la geografia economica ricorrendo a fattori naturali e regolarità geografico-naturali. Per esempio venivano stabiliti rapporti di causa-effetto tra la distribuzione dei climi e quella delle forme di economia. Per il pensiero positivistico della seconda metà dell'Ottocento i fatti naturali (climatici, geomorfologici ecc.) erano posti in primo piano, in quanto da essi si facevano dipendere la distribuzione geografica degli insediamenti, delle attività umane, e i caratteri stessi delle popolazioni. Ancora nel 1911 la geografa americana E. Churchill Semple scriveva: «L'influenza del clima sul temperamento della razza non può essere messa in dubbio. In generale si stabilisce una stretta corrispondenza tra clima e temperamento. I popoli settentrionali dell'Europa sono energici, previdenti, seri, riflessivi piuttosto che emotivi. I meridionali del bacino mediterraneo subtropicale sono indolenti, imprevidenti, allegri, emotivi, fantastici: tutte qualità che nei Negri della fascia equatoriale degenerano in gravi difetti razziali».

Questa scuola del pensiero geografico, secondo la quale anche l'economia di una regione sarebbe determinata essenzialmente dalle sue condizioni e risorse naturali, fu detta del *determinismo ambientale*. Ad essa si contrapposero, all'inizio del nostro secolo, concezioni ambientalistiche che davano maggiore spazio e importanza all'azione umana nell'organizzazione del territorio. I caratteri naturali non erano più visti come condizioni imperative all'azione dell'uomo, ma come «possibilità» offertegli (*possibilismo geografico*).

Gli studi della scuola possibilista misero in evidenza come in epoche diverse i territori potevano essere organizzati socialmente ed economicamente in maniera completamente differente. Per esempio l'Inghilterra, paese prevalentemente agricolo fino al XV secolo, nei secoli successivi si trasformò in potenza commerciale e industriale, utilizzando per l'alimentazione dei suoi abitanti prodotti agricoli coloniali e di importazione, e ciò senza che fossero mutate le sue caratteristiche naturali.

Anche oggi si osserva che regioni con caratteristiche naturali analoghe possono ospitare gruppi umani con attività economiche e generi di vita completamente diversi, come nel caso degli *inuit* principalmente pescatori e dei lapponi principalmente allevatori. Queste diversità venivano spiegate dai possibilisti facendo ricorso al concetto di *genere di vita*: cioè quell'insieme di abitudini e tradizioni consolidate nel tempo, che portavano ogni gruppo umano a utilizzare certe condizioni e risorse naturali locali piuttosto che altre. Così, ad esempio, il fatto che in Sardegna si pratichi poco la pesca e molto la pastorizia non dipenderebbe dalla natura dell'isola di per sé adatta a entrambe le attività, ma dal « genere di vita », cioè da un fatto di ordine storico-culturale.

La concezione possibilistica si adattava bene a economie chiuse e a società tradizionali, dove quasi tutte le relazioni orizzontali si chiudevano entro spazi limitati e dove perciò erano più evidenti le relazioni verticali. Ma oggi i pastori sardi quasi non esisterebbero se non ci fosse un mercato europeo e nord-americano del formaggio pecorino, così come gli allevatori lapponi cambierebbero mestiere se non disponessero di motoslitte fabbricate in Giappone e se la carne di renna non avesse anch'essa un vasto mercato. Volendo poi scrivere la geografia di un'area urbana moderna, dove quasi tutto dipende da relazioni orizzontali, è evidente che il concetto di genere di vita sarebbe ormai di scarsa utilità.

In effetti negli ultimi trent'anni si sono affermate interpretazioni che hanno dato sempre più importanza ai fattori funzionali che spiegano le relazioni orizzontali. Infatti nel campo della geografia economica è evidente che oggi sono soprattutto i rapporti di scambio che determinano il valore dei vari attributi dei luoghi e perciò dei luoghi stessi: un giacimento minerario diventa miniera solo quando il prezzo del minerale compensa i costi di estrazione e di trasporto, e il prezzo è la conseguenza di relazioni orizzontali di scambio che avvengono su scala internazionale. Con ciò non viene negata l'importanza delle relazioni verticali. Al contrario, le correnti più recenti del pensiero geografico tendono a rivalutarle, prendendo atto che anche oggi esse hanno un peso notevole nella localizzazione dei fatti economici. Ad esempio, la produzione di abitazioni, la cui localizzazione fin a pochi anni fa dipendeva principalmente dalla vicinanza ai luoghi di lavoro (relazione orizzontale) oggi è sempre più influenzata dalla qualità dell'ambiente, a cui concorrono in parte relazioni orizzontali (quale il facile accesso ai servizi) e in larga misura relazioni verticali, come l'esposizione climatica, la presenza di verde, la qualità architettonica e storico-artistica dei luoghi.

Oggi sappiamo che l'ambiente naturale è anch'esso un'astrazione, che spiega solo una parte della geografia economica e non la più importante. Così tra i paesi industrializzati ve ne sono alcuni come gli Stati Uniti e la Russia ricchi di materie prime e altri come il Giappone e l'Italia che ne hanno sempre avute pochissime, mentre paesi come lo Zaire e l'Arabia Saudita, molto ricchi rispettivamente di risorse minerarie e di petrolio, sono scarsamente industrializzati.

La geografia economica odierna, che ha rifiutato il determinismo ambientale, vede le caratteristiche naturali dei luoghi, come il clima, la dotazione mineraria, la fertilità dei suoli, la marittimità o la continentalità, le vie naturali di comunicazione ecc., come semplici condizioni potenziali che in presenza di altre condizioni di ordine storico-culturale (per esempio l'intraprendenza, la tradizione religiosa, la cultura tecnologica, l'ideologia dominante ecc.), politico sociali (la divisione del potere tra i gruppi e le classi sociali, la dipendenza dall'esterno ecc.) e, ovviamente, di ordine economico, possono di volta in volta spiegare l'articolazione geografica dei fatti economici.

« Di volta in volta » significa che neppure queste ultime condizioni sono di per sé determinanti: intervengono infatti anche le congiunture e le contingenze storiche. Ovvero il fatto assolutamente non prevedibile, che, in un certo momento e in un certo luogo, si siano potute combinare assieme alcune condizioni naturali e culturali dei luoghi e altre condizioni economiche generali, cioè certe relazioni verticali e certe relazioni orizzontali. La geografia moderna deve quindi per sua natura descrivere, interpretare e per quanto possibile spiegare la complessità del mondo.

Di conseguenza non si dà uno studio del pianeta da un unico punto di vista che tutti li comprende: l'osservatore deve essere mobile e sapersi collocare sia dal punto di vista degli ordini globali, sia dai punti di vista degli ordini locali, dei modi specifici con cui questi interagiscono tra loro e con gli ordini globali in un rapporto di interdipendenza e non di semplice dipendenza. Sul rapporto tra livelli locali e globali si veda il paragrafo 1.7.

1.3 L'ordine spaziale come valore economico

Nelle società *pre-mercantili* e *pre-industriali*, il valore del territorio dipendeva principalmente dalla sua attitudine a soddisfare consumi locali, derivanti da bisogni primari (nutrirsi, vestirsi, ripararsi) e simbolico-culturali (riti, feste ecc.). Quando tali bisogni erano soddisfatti non aveva importanza se il terreno poteva produrre di più o di meno o con maggiore o minore impiego di lavoro: esso non aveva un « valore economico » come lo intendiamo oggi, ma solo un valore strettamente legato all'uso che se ne faceva. Perciò non era considerato come un bene che si potesse vendere o acquistare, ma come un mezzo indispensabile per la vita degli abitanti.

Questo rapporto tra gruppi umani e territorio mutò quando si svilupparono rapporti commerciali a vasto raggio. La possibilità di vendere i prodotti spinse chi poteva coltivare un terreno adatto a produrre più del necessario per accumulare denaro; il denaro accumulato costituiva un *capitale* che poteva essere investito nell'acquisto di nuovi terreni o nel rendere più produttivi quelli già posseduti, al fine di produrre altra merce da vendere, ottenere altro denaro e così via. Il suolo, da semplice bene di uso comune di tutto il gruppo, divenne allora un bene di chi, possedendo il capitale, poteva acquisirne la proprietà per accrescere il capitale stesso.

Questo processo, che prese l'avvio in Europa in epoca comunale, segnò l'inizio della *società capitalistica*, nella quale il terreno ha normalmente un valore di scambio. Tale valore, che all'inizio poteva essere legato principalmente alla minore o maggiore fertilità del suolo, venne poi a dipendere sempre più dalla *posizione*, per esempio dalla maggior o minor distanza dal mercato di sbocco dei prodotti agricoli. In questo tipo di economia è fondamentale organizzare il territorio in modo da ottenere dal «capitale suolo» la maggior resa economica possibile: per esempio la costruzione di una strada valorizza i terreni che attraversa, rendendo li più «vicini» al mercato, quella di un canale d'irrigazione li rende più fertili ecc.

Anche il tipo di coltivazione scelta di volta in volta non è legata alle esigenze di consumo della comunità locale, ma al valore commerciale del suolo che dipende a sua volta dal valore della produzione vendibile. Ad esempio l'azienda agricola situata vicino a una grande città ha sovente convenienza a produrre in modo intensivo merci come ortaggi, latte e latticini freschi, che possono essere venduti immediatamente sul mercato urbano, evitando così i costi di trasporto e di conservazione elevati delle derrate fresche. Se invece la stessa azienda agricola si trovasse a operare con lo stesso tipo di terreno e gli stessi mezzi lontano da grossi mercati di consumo, avrebbe convenienza a praticare altre colture, generalmente meno intensive e con prodotti più facilmente trasportabili, come i cereali, il cotone ecc.

L'accumulazione di capitale in agricoltura ha però dei limiti. Anzitutto il suolo utilizzabile è limitato, inoltre esso non può essere reso produttivo oltre un certo limite, superato il quale anche aggiungendo nuovo capitale (in opere irrigue, concimi ecc.) e lavoro, le rese per ettaro non aumentano. Infine il mercato dei prodotti agricoli si satura abbastanza in fretta in quanto soddisfa prevalentemente una domanda di consumi alimentari che non si possono moltiplicare all'infinito.

Questi limiti del capitalismo agrario furono superati allorché il meccanismo dell'accumulazione capitalistica di mercato si applicò all'*industria*. Qui l'aumento della produttività del lavoro umano sembrava non avere limitazioni: essa poteva infatti essere aumentata con l'uso delle macchine, nell'acquisto delle quali veniva investita una parte del capitale accumulato. In questo modo si ottiene più profitto, quindi più capitale da investire nel ciclo successivo, lungo la spirale continua dello *sviluppo economico capitalistico*. Questo meccanismo cumulativo funziona, almeno in teoria, anche dal lato della domanda, in quanto la produzione industriale è in grado di soddisfare sempre nuovi consumi, senza i limiti naturali che incontrano invece i consumi agricolo-alimentari.

Da un punto di vista geografico, il modo di produrre capitalistico-industriale ebbe come principale conseguenza la concentrazione dello sviluppo economico in pochi paesi e in poche aree *centrali*, mentre il resto dello spazio economico e della relativa popolazione restava più o meno «arretrato» in quanto escluso dagli effetti positivi diretti derivati dall'accumulazione industriale. La *concentrazione spaziale* del lavoro (di molti lavoratori in un unico stabilimento, di più stabilimenti in una stessa località ecc.) si spiega anzitutto con l'esigenza di accrescere la produttività dei fattori impiegati.

Infatti in un'economia di mercato concorrenziale, se un imprenditore capitalista acquista alla fonte una certa quantità di *fattori produttivi* (ad esempio una tonnellata di carbone, una macchina, un'ora di lavoro salariato ecc.) la paga un prezzo stabilito dal mercato, perciò eguale per lui e per i suoi concorrenti.

Con questi fattori egli deve produrre merci il cui prezzo è di nuovo stabilito dal mercato. La sua possibilità di realizzare profitti, cioè di ottenere un ricavo superiore ai costi, dipende quindi da come egli impiega i fattori, tendendo alla riduzione dei costi di produzione e all'incremento della quantità e della qualità del prodotto.

Questo « come » è anche un « dove », nel senso che *costi di produzione* e valore del prodotto non sono eguali dappertutto: ci sono cioè luoghi e condizioni territoriali che permettono di accrescere i profitti. Ad esempio, per l'impresa che impiega elevate quantità di carbone i costi si riducono se la sua localizzazione è prossima alle miniere: ciò si verificò in particolare nel corso dell'Ottocento, quando il carbone era la fonte energetica fondamentale, dando origine alle prime grandi *concentrazioni industriali* in Gran Bretagna, nella Ruhr, nell'Alta Slesia ecc.

Lo stesso vale per il lavoro: chi ha bisogno di personale qualificato ha convenienza a localizzare l'azienda là dove esso è facilmente reperibile, di solito vicino ad aziende simili o a grandi città. Inoltre, in certe fasi dello sviluppo industriale, i costi decrescono se il lavoro viene diviso in tante operazioni ripetitive affidate a lavoratori diversi: solo chi concentra lavoro e macchine in grandi stabilimenti potrà ottenere questi vantaggi, detti *economie di scala*, di cui non disporrà invece chi opera in piccole unità sparse sul territorio.

Chi invece necessita di molta manodopera anche non qualificata, potrà localizzare la sua produzione là dove il costo del lavoro è più basso. È quanto avviene su larga scala attualmente tra i paesi del Nord e del Sud del mondo (vedi capitolo 12), grazie da un lato alla globalizzazione dell'economia (facilità di trasporti e comunicazioni, mondializzazione degli scambi) dall'altro alle profonde differenze economiche, e di conseguenza del costo del lavoro.

1.4 Le economie esterne

I vantaggi che l'imprenditore capitalista ottiene localizzando le sue attività economiche in determinati luoghi e condizioni ambientali vengono definiti *economie esterne* o *esternalità*, in quanto sono effetti utili che la singola impresa non può produrre da sola al suo interno, ma può solo ricevere dall'esterno, se si localizza là dove sono presenti certe condizioni favorevoli.

La geografia economica delle varie attività produttive, commerciali e di servizio è data essenzialmente dalla distribuzione geografica delle condizioni che possono trasformarsi in « economie esterne ». Esse determinano le diverse localizzazioni: vicino alle materie prime, vicino ai mercati, nei porti, lungo le strade, nelle città, vicino ad altre imprese, ai bacini di mano d'opera ecc. Ogni tipo di attività economica ha sue proprie localizzazioni, dipendenti da sue specifiche esigenze di *esternalità*.

L'esistenza di condizionamenti territoriali capaci di influire sulla produttività delle imprese e quindi sui loro profitti venne riconosciuta per la prima volta dall'economista A. Marshall nel 1890 e ancor oggi è un fatto che la scienza economica da sola non riesce a spiegare. Eppure tutte le volte che una legge urbanistica prova a regolare, tassare, vincolare in qualche modo queste condizioni, la violenza delle reazioni rivela che esse riguardano interessi vitali per il funzionamento dell'economia.

Fu Marshall a indicare questi effetti utili territoriali con il termine di economie esterne: esterne rispetto all'impresa, cioè utilità che essa non produce direttamente, ma che può utilizzare. Questo modo di pensare è indicativo di un atteggiamento ancor oggi diffuso, secondo cui le *economie esterne* sarebbero doni che il buon Dio ha sparso sulla faccia della terra ad uso e consumo di chi sappia approfittarne, ovviamente senza pagarli o pagandoli meno dei vantaggi che ne ricava. Se questo può esser vero nella fase pionieristica dell'occupazione di uno spazio naturale disabitato, nella maggior parte dei casi le economie esterne sono invece il risultato dell'attività umana. In parte esse sono un effetto collaterale del mercato. Si tratta delle cosiddette *economie di agglomerazione*, cioè degli incrementi di produttività che le imprese realizzano concentrandosi in certe aree.

In questo caso l'agglomerazione può essere una forma di auto-organizzazione territoriale prodotta dal meccanismo di mercato, perché la vicinanza di più imprese può generare *economie di scala* e quindi risparmi di costi (ad esempio nei trasporti, nei rifornimenti d'energia, nell'organizzazione di alcuni servizi comuni ecc.). Ciò rende più competitive le imprese agglomerate rispetto alle altre, che quindi tenderanno anch'esse ad agglomerarsi. Col crescere dell'agglomerazione le economie esterne possono crescere ulteriormente, in modo che il meccanismo *agglomerativo* si auto-alimenta. È quanto si è verificato in Italia, ad esempio in aree industriali come quelle di Torino e Milano, a cominciare dalla fine dell'Ottocento e con particolare rapidità negli anni 1950-70. Nel caso delle economie di agglomerazione, i vantaggi di cui usufruiscono le imprese sembrano derivare dalle imprese stesse, come effetti naturali della loro semplice vicinanza. In realtà questa è una visione molto semplificata. Nei fatti le economie di agglomerazione sono sempre e soltanto una componente di quella più vasta famiglia di economie esterne dette di *urbanizzazione*, le quali derivano principalmente da:

1) opere di *urbanizzazione primaria* (strade, fognature, acqua, elettricità ecc.) che consentono l'insediamento delle imprese;

2) facilità di *scambi* di merci, informazioni e servizi tra le imprese agglomerate;

3) formazione (con il crescere dell'agglomerazione e quindi della popolazione urbana) di un *mercato* sempre più vasto e qualitativamente differenziato della forza lavoro a cui le imprese possono attingere;

4) presenza di *servizi pubblici* necessari per la formazione e riproduzione della forza lavoro (case popolari, trasporti, scuola, sanità, cultura, sport ecc.) e per l'elaborazione e la circolazione dell'informazione (centri di ricerca, documentazione, assistenza alle imprese, camere di commercio ecc.);

5) sviluppo parallelo dei *servizi privati* per le famiglie (per esempio commercio al dettaglio) e di *servizi per le imprese*.

Di queste condizioni solo la 2), la 3) e la 5) sono di formazione spontanea, cioè derivano dal semplice funzionamento del mercato. Ciascuna di esse esiste però soltanto in quanto esistono certe condizioni di base o infrastrutture prodotte dalla Pubblica Amministrazione o da forme di cooperazione tra privati. In particolare la 2) richiede la 1) e la 4), la 3) richiede la 4), mentre la 5) deriva dalle precedenti. Il tutto presuppone poi che esista un'amministrazione pubblica che, attraverso norme, interventi tecnici e finanziari, mediazioni politiche ecc., faccia funzionare il sistema territoriale urbano nel suo complesso.

1.5 Le infrastrutture e la socializzazione capitalistica della produzione

L'importanza primaria di questo fattore politico-amministrativo emerge chiaramente se consideriamo il ruolo dell'infrastruttura nell'uso del territorio. Per « infrastrutture » si intendono qui tutte le condizioni generali della produzione e dello scambio (ovvero ciò che rende un ambito territoriale idoneo a svolgere funzioni economiche) che vengono realizzate sul territorio mediante la spesa pubblica. Si possono schematicamente dividere in:

1) *infrastrutture materiali o tecniche*: gli impianti ferroviari, stradali, i canali, i porti, gli elettrodotti, le linee delle telecomunicazioni, le condotte per l'acqua, per il gas, gli scarichi ecc.; le opere pubbliche di bonifica, sistemazione idrogeologica ecc.;

2) *infrastrutture sociali*: la rete territoriale dei servizi sociali che funzionano come mezzi di consumo collettivo: scolastici, sanitari, culturali, ricreativi, assistenziali di trasporto pubblico, abitativi e in genere tutti quei consumi senza i quali non sarebbero garantiti i livelli qualitativi minimi del lavoro, necessari per le funzioni produttive di un dato territorio;

3) *infrastrutture economiche*: le imprese pubbliche che in certe economie e in certi paesi svolgono funzioni ritenute essenziali per il funzionamento dell'econo-

mia nazionale e che non possono essere svolte da imprese private. Ad esempio in Italia fino a pochi anni fa l'industria elettrica, le comunicazioni, la siderurgia, la chimica di base ecc.;

4) *infrastrutture dell'informazione e della ricerca* (per la parte che non può essere svolta da imprese private).

Le infrastrutture presentano inoltre le seguenti caratteristiche:

a) sono *strutture territoriali*: la loro distribuzione geografica non è uniforme; i loro vantaggi si riducono con la distanza, quindi inducono chi ne fruisce a localizzarsi nei luoghi meglio serviti;

b) sono *beni non escludibili*: non possono cioè essere condizionati al pagamento di un prezzo di mercato, perché sono ritenuti necessari al funzionamento della società e dell'economia nel suo complesso;

c) sono sovente *indivisibili*: producono cioè utilità collettive. Anche se si volesse far pagare un prezzo di mercato agli utenti, in molti casi ciò sarebbe impossibile perché l'utenza non è individuabile e i vantaggi si ripartiscono variamente tra la collettività (si ricorre perciò a «prezzi politici» o all'uso gratuito);

d) *non danno profitti*: quindi nessun capitale privato vi viene investito, a meno che non intervenga a sostegno un finanziamento pubblico (ad esempio nei trasporti pubblici in concessione).

In conclusione le infrastrutture territoriali sono una condizione necessaria perché i capitali privati producano valore, ovvero perché esista un mercato. Infatti i soldi che lo Stato spende nelle infrastrutture non danno profitti diretti, ma si trasformano in *economie esterne*, cioè valori d'uso che le imprese utilizzano come condizioni per realizzare profitti. Nello spazio geografico l'economia di mercato funziona dunque per mezzo del suo contrario, cioè di «non merci» (valori d'uso) che non sono regolate dal mercato, ma che seguono invece un circuito diverso, non economico ma politico: infatti è l'amministrazione pubblica che decide come distribuire sul territorio l'infrastruttura e le utilità ad essa connesse.

Tuttavia questa circolazione extra mercato della ricchezza sociale è di solito così conforme al funzionamento del mercato che quasi non ci accorgiamo che esista. Eppure essa non solo esiste, non solo è indispensabile al funzionamento di qualunque sistema capitalistico, ma è anche, nella nostra società, l'essenza di ciò che chiamiamo *territorio*. Infatti le economie esterne così prodotte non sono altro che una forma di *socializzazione* della produzione, compatibile con l'esigenza di salvaguardare la proprietà privata dei mezzi di produzione su cui si fonda tutto il nostro sistema. Come «socializzazione» essa è il contrario della concorrenza, è cioè una forma di cooperazione sociale), ma è pur sempre una *socializzazione ca-*

pitalistica, in quanto non si oppone al sistema di mercato, anzi in generale è conforme alle sue esigenze (le « economie esterne » generano profitti) e lo sostiene proprio là dove esso da solo non arriva, cioè nel produrre il « territorio », ovvero quel minimo di organizzazione dello spazio che è una necessità collettiva di ogni sistema economico.

1.6 La posizione come valore di mercato

Il sistema capitalistico trova il modo di far pagare le economie esterne, ovvero i vantaggi derivanti dalle *condizioni territoriali spontanee o prodotte*, dallo Stato, benché esse, come s'è visto, non siano merci, ma strutture territoriali che, come tali, non si possano né vendere né comperare. Tuttavia il fatto di essere fruibili solo da chi si localizza dove tali condizioni esistono, ha come conseguenza che ogni porzione di *suolo* ha un valore diverso a seconda della sua *posizione*, ovvero delle economie esterne che offre a chi vi si localizza. Poiché nell'economia di mercato il suolo è una merce, le economie esterne (e le stesse infrastrutture) che sono semplici valori d'uso, di per sé non commercializzabili, finiscono per essere indirettamente vendute e comperate attraverso il mercato del suolo. In altre parole il proprietario di un suolo lo venderà o lo affitterà a un prezzo che non corrisponde solo alle sue caratteristiche tecniche o alle sue condizioni naturali (fertilità, esposizione climatica, attitudine fisica all'edificazione ecc.), ma anche al « valore della posizione », cioè alle esternalità di cui può fruire chi vi si insedia.

Nei suoli destinati principalmente all'uso agricolo o minerario di regola il valore prevalente è il primo, cioè quello intrinseco della « terra » come mezzo di produzione. In questi casi l'utile che ricava chi possiede il suolo o il sottosuolo si chiama *rendita agraria* o *rendita mineraria*. Nelle agglomerazioni e nelle regioni urbane diventa invece di gran lunga prevalente il secondo, cioè il valore della « posizione », il quale, visto come reddito del proprietario del suolo, viene chiamato *rendita urbana*. Come merce, il suolo è però piuttosto particolare: non la si può produrre a piacere, né spostare da un luogo dov'è sovrabbondante a un altro dov'è scarsa. Per le altre merci vale la regola che quando aumenta la domanda tende ad aumentare la produzione, così che, in un mercato concorrenziale, i prezzi tendono a diminuire. Oppure se una merce scarseggia in una data regione essa viene importata da altre regioni e i prezzi tendono a livellarsi.

La disponibilità di terreno di una regione, di un paese, e se vogliamo dell'intero pianeta è anzitutto limitata naturalmente, per cui l'offerta di spazio non può crescere oltre un dato limite. Ma questo limite naturale inciderebbe poco sul valore del suolo, se l'offerta di spazio non fosse ancora drasticamente ridotta dalla concentrazione delle attività economiche e della popolazione in poche aree, dalla corrispondente politica delle infrastrutture, dalle norme urbanistiche e da pratiche speculative. Viceversa la domanda di uso del suolo di regola tende a crescere continuamente, per cui, di fronte a un'offerta rigida, i prezzi salgono anch'essi in proporzione. Se si escludono certe fasi cicliche sfavorevoli, di regola chi compera un terreno o un immobile può rivenderlo dopo alcuni anni a prezzo molto superiore a quello da lui pagato e, nel frattempo, se non intervengono disposizioni calmieratrici, può ricavarne un affitto crescente di anno in anno.

Talvolta conviene persino non affittare il terreno (o l'immobile) e limitarsi a rivenderlo libero dopo un certo periodo, capitalizzando così la rendita. Il proprietario del suolo (e degli eventuali immobili costruiti su di esso) è dunque in una posizione tendenzialmente *monopolistica*: offre cioè una merce non sostituibile con altre o sostituibile con poche altre presenti contemporaneamente sul mercato. Siamo quindi in ogni caso sempre molto lontani dalle condizioni di concorrenzialità su cui dovrebbe basarsi l'economia di mercato.

In questo modo il capitale privato, nelle diverse localizzazioni, si appropria in misura diversa di utilità socialmente prodotte, ovvero, nel caso di imprese produttrici, scarica sulla società certi costi di produzione. Questa anomalia è tuttavia tollerata nelle società capitalistiche come male minore, in quanto limitare il diritto di proprietà del suolo significherebbe limitare la libertà di localizzazione delle imprese e questo, come si è visto, è una scelta da cui dipende la produttività dei fattori impiegati e quindi il profitto e la stessa sopravvivenza delle imprese.

1.7 Locale e globale

Alcuni dei concetti già illustrati in questo capitolo come quelli di struttura territoriale, economia esterna, infrastruttura e rendita urbana, riguardano *relazioni spaziali* che si svolgono entro ambiti territoriali limitati, in quanto presuppongono rapporti di vicinanza fisica. Ad esempio, le economie esterne prodotte da un'infrastruttura danno vantaggi a chi si localizza vicino ad essa. In altri casi si tratta di relazioni verticali che legano certe localizzazioni ai caratteri specifici di certi luoghi.

Altri concetti, come quello di spazio geografico, relazione orizzontale, interazione spaziale, organizzazione territoriale ecc., possono riferirsi a *scale geografiche* o *livelli territoriali* diversi da quello strettamente locale, fino a comprendere l'intero pianeta.

In geografia con il termine *globale* (o mondiale, o planetario) si indicano quei fenomeni e quegli insiemi di relazioni orizzontali, che si estendono a tutta la superficie terrestre. Ad esempio, sono globali la circolazione atmosferica, il trasporto aereo, il mercato del petrolio, la rete delle telecomunicazioni ecc. Si considerano invece *locali* le relazioni che interessano solo una parte della superficie terrestre. Nel senso più generale un ambito « locale » – contrapposto a « globale » – può avere le dimensioni più varie (può essere, ad esempio, una città oppure l'Italia, o il S-E asiatico ecc.). Invece in senso stretto è « locale » ciò che riguarda singoli luoghi in quanto dipende da relazioni di stretta vicinanza fisica, oppure dalle relazioni verticali specifiche di un luogo. Ad esempio, si parla di clima locale (quello influenzato dai caratteri fisici propri di un luogo, come nel caso di un versante esposto a solatio), di rete di trasporto locale (all'interno di una città), di sviluppo locale (quello generato dai soggetti e dalle risorse specifiche di un comune o di insieme di pochi comuni) e così via.

Un tempo i circuiti della produzione e dello scambio dei beni si svolgevano prevalentemente su scale locali, mentre a livelli territoriali superiori circolavano pochi beni « rari », come l'ambra nella preistoria, oppure l'avorio, le spezie e i metalli preziosi nell'antichità e nel Medioevo. A partire dall'età moderna, in seguito all'esplorazione e alla conquista dell'intero pianeta da parte degli europei, si fecero sempre più frequenti gli scambi su scala planetaria, fino a comprendere buona parte delle materie prime e dei prodotti industriali. Così tra il secolo XIX e la prima metà del XX si era già realizzata una certa mondializzazione dei mercati e quindi dell'economia. Se oggi si parla di *globalizzazione* come di un fenomeno relativamente nuovo è perché negli ultimi decenni un gran numero di relazioni a scala planetaria si sono estese e intensificate a tal punto da superare ogni confine fisico, culturale, politico, in modo che non esiste più nessun ambito geografico locale che sia al riparo da influenze *dirette* da parte di forze che operano a livello globale. Perciò, mentre fin verso la metà del XX secolo la globalizzazione riguardava solo alcune limitate categorie di soggetti e di luoghi, oggi essa incide ovunque e sulla vita di tutti.

1.8 Forme e squilibri della globalizzazione

La globalizzazione del XXI secolo si caratterizza anzitutto per la varietà e l'*interdipendenza* reciproca delle sue manifestazioni. In particolare la globalizzazione della tecnologia e dell'economia ha funzionato come acceleratore delle altre forme di mondializzazione: ambientale, culturale, politica. La globalizzazione *tecnologico-economica* riguarda ormai tutte le fasi del circuito economico: dall'assunzione e combinazione dei fattori produttivi – terra (= risorse naturali), lavoro e capitale (fisso e finanziario) – alle fasi della trasformazione manifatturiera, a quelle della distribuzione e del consumo finale. In particolare, si ha una globalizzazione dei capitali finanziari, sul cui mercato agiscono in tempo reale operatori sparsi in tutto il mondo, collegati per via telematica alle principali « piazze » mondiali (si vedano i paragrafi 11.5 e 11.6). Ogni giorno si effettuano così in media transazioni in titoli e valute per un valore di 1.500 miliardi di dollari, cioè ogni 5 giorni viene scambiato l'equivalente del prodotto interno lordo (PIL) degli Stati Uniti.

Come si vede le dimensioni del fenomeno sono tali che nessun operatore economico e nessuno Stato sono in grado di controllarlo. Si spiega così come certe fluttuazioni del mercato finanziario mondiale possano produrre effetti a catena, anch'essi globali, capaci di far crollare in pochi giorni l'economia di interi paesi (come è capitato nel 1998 per i paesi dell'Asia orientale e nel 2002 per l'Argentina) e di minacciare la stabilità delle stesse economie più forti. Secondo il magnate della finanza George Soros, non riuscendo a controllare il mercato finanziario, l'economia globale odierna è continuamente esposta al rischio di una crisi peggiore di quella degli anni Trenta. Perciò egli arriva ad affermare che il principio dell'assoluta libertà di mercato è oggi un pericolo maggiore di quello rappresentato dalle ideologie totalitarie.

Gran parte di questo vertiginoso movimento di capitali è puramente speculativo, mentre una parte percentualmente piccola (10%), ma consistente in valore assoluto, riguarda investimenti in attività economiche, che avvengono anch'essi a scala mondiale, in quanto i capitali accumulati e disponibili in un qualunque paese possono trovare impiego in attività localizzate in qualsiasi altro paese. Questi flussi di investimenti transnazionali sono resi sempre più facili dalla *globalizzazione delle imprese*. L'ONU ha censito circa 37.000 imprese, che, con 170.000 filiali possiedono e gestiscono direttamente impianti in più paesi (*imprese multinazionali*). Ma ancor maggiore è il numero delle imprese di paesi diversi che stabiliscono accordi tra loro più o meno duraturi (*joint venture*), consorzi, associazioni e simili allo scopo di sviluppare insieme programmi di ricerca, di produzione e distribuzione commerciale. Si formano così *reti globali d'imprese* che, cooperando a scala mondiale, connettono tra loro le migliaia di luoghi in cui sono insediate.

In tal modo la globalizzazione finanziaria porta con sé quella della produzione (ad esempio automobili, televisori, computer ecc. derivano dall'assemblaggio di componenti fabbricate in tanti paesi diversi) dei servizi e del commercio.

La globalizzazione commerciale, attraverso l'opera di organizzazioni internazionali come l'organizzazione mondiale per il commercio (WTO si veda paragrafo 11.2), tende non solo alla libera circolazione delle merci, ma anche degli investimenti diretti, per cui si è creato un mercato globale delle localizzazioni, che mette in potenziale concorrenza tra loro tutti i luoghi della Terra, per attrarre gli investitori globali. È nata così una nuova attività commerciale detta *marketing territoriale o marketing urbano* quando riguarda l'offerta di localizzazioni urbane.

La globalizzazione dell'economia non sarebbe stata possibile senza un'applicazione su scala mondiale delle più moderne tecnologie dei trasporti e delle telecomunicazioni, che, combinate con l'elaborazione informatica dei dati, consentono di svolgere operazioni finanziarie, commerciali e produttive in sedi molto lontane tra loro, come se queste si trovassero nello stesso luogo.

La globalizzazione è quindi anche il risultato di quella contrazione del tempo e dello spazio, che negli ultimi decenni ha praticamente ridotto di alcune centinaia di volte le dimensioni del pianeta. Le conseguenze di questa rapida trasformazione non si limitano al settore economico, ma si estendono all'insieme delle attività umane, con effetti di ritorno sull'economia stessa.

Un caso evidente è dato dalla *globalizzazione del sapere scientifico-tecnologico*. Come si approfondirà nei capitoli dedicati all'industria e al terziario la competizione economica è sempre più dipendente dalle innovazioni tecnologiche. Ma la base scientifica di queste ultime non può più essere controllata e gestita da singoli paesi o singole imprese. Essa è ormai il frutto di una cooperazione internazionale che si avvale di una rete globale di centri di ricerca. Si forma così un sapere tecnologico-scientifico globale a cui ogni impresa o rete di imprese attingerà per realizzare «localmente» quei prodotti e quei processi innovativi che la renderanno competitiva.

Si può anche parlare di una *globalizzazione ambientale* nota anche come *global change* (vedi capitolo 3). La sua manifestazione più macroscopica è l'«effetto serra» che porta all'innalzamento della temperatura media dell'atmosfera e a vari squilibri climatici, come conseguenza delle emissioni di CO_2, metano e altre. Ma la globalizzazione agisce anche direttamente sulla biosfera, accelerando la scomparsa di specie vegetali e animali e minacciando così la *biodiversità*, oppure riducendo la diffusione di certe malattie e creando condizioni favorevoli per lo sviluppo di altre, in specie quelle da virus, oppure ancora manipolando il patrimonio genetico delle specie vegetali e animali ecc.

Qualcosa di analogo avviene con la *globalizzazione culturale*, nel cui ambito si assiste a fenomeni di omologazione, dovuti da un lato alla mondializzazione dei media (TV satellitari, Internet, film, musica ecc.) e dall'altro alla scomparsa dei modi di vita e di produzione locali, che porta alla perdita di tradizioni, lingue, dialetti ecc.

Se il patrimonio della biodiversità consiste nella varietà del genoma, quello culturale consiste nella varietà dei caratteri culturali specifici delle diverse società, che si formano, si conservano e si trasmettono grazie a una certa stabilità dei rapporti che esse hanno con i loro territori. Più questi sistemi socio-territoriali sono numerosi, più le interazioni con l'ambiente sono geograficamente differenziate, più sarà ricco il patrimonio culturale dell'umanità. La globalizzazione, almeno nella sua forma attuale dominata dalla componente economico-finanziaria, tende a ridurre questa varietà a un'unica cultura, derivante da un unico sistema di interazioni con il territorio globale del pianeta. Un indicatore sensibile di questo impoverimento è quello delle lingue parlate, il cui numero si va ora riducendo a ritmo accelerato.

La riduzione della diversità culturale è una minaccia molto più prossima ed allarmante di quella della biodiversità, di cui giustamente tanti si preoccupano. Infatti un eventuale crollo del sistema socio-culturale globalizzato – per cause interne, o ecologiche esterne, o per una combinazione delle due – darebbe luogo a una situazione del tutto nuova, perché la distruzione del potenziale di variabilità culturale a scala planetaria, conseguente alla fase di omologazione precedente (quella che ora viviamo), comporterebbe una riduzione della plasticità evolutiva umana quale non si era mai verificata nel passato.

Infine si ha una *globalizzazione geopolitica* e *geostrategica* che consiste nella crescente e immediata interdipendenza delle decisioni e degli avvenimenti politici dei diversi paesi, nel crescente controllo di alcuni di essi sugli altri (si veda capitolo 12) – tramite anche l'azione di certe organizzazioni internazionali – e nella capacità delle grandi potenze (soprattutto gli Stati Uniti) di intervenire militarmente in qualunque momento in ogni parte del pianeta. Per contro si assiste a un moltiplicarsi di conflitti «locali» e alla proliferazione degli armamenti (anche nucleari), che rende problematico un effettivo controllo del sistema mondiale. Le ripercussioni di tutto ciò a scala globale sono sovente imprevedibili e ingovernabili.

Questi rischi, così come quelli derivanti dalle speculazioni finanziarie e dagli squilibri ambientali, ci avvertono che il processo di globalizzazione è molto avanzato in certi settori e carente in altri. Tra questi ultimi va ricordata la debolissima *globalizzazione delle istituzioni*. Gli organismi politici mondiali esistenti (ONU e altri: si veda capitolo 12) hanno una capacità molto limitata di regolare i conflitti, di imporre norme, di esercitare poteri giurisdizionali.

Ciò impedisce, tra l'altro, che si realizzi un'effettiva *globalizzazione del mercato del lavoro*. Le grandi diversità che la tutela del lavoro (in termini di età, orario, prevenzione, previdenze sociali ecc.) riceve nei vari paesi, rende il costo del fattore lavoro enormemente variabile e dipendente da condizioni locali. D'altro lato, le legislazioni nazionali restrittive in termini di immigrazione impediscono la libera circolazione della merce lavoro e quindi il riequilibrio del suo prezzo in un mercato che è globale solo per limitati segmenti di attività molto specializzate.

Letture di approfondimento

Bocchi G., Ceruti M., 2004, *Educazione e globalizzazione*, Cortina, Milano.
Dematteis G., 1985, *Le metafore della Terra*, Feltrinelli, Milano.
—, 1995, *Progetto implicito*, Franco Angeli, Milano.

JEAN C., SAVONA P. et al., 1997, *Geoeconomia. Il dominio dello spazio economico*, Franco Angeli, Milano.

KNOX P., AGNEW J., 1996, *Geografia economica*, 2 voll., Franco Angeli, Milano.

OHMAE K., 1998, *Il senso della globalizzazione*, Etas Libri, Milano.

STRANGE S., 1998, *Chi governa l'economia mondiale?*, Il Mulino, Bologna.

TURCO A., 1988, *Verso una teoria geografica della complessità*, Unicopli, Milano, capp. I, II e IV.

VALLEGA A., 2004, *Le grammatiche della geografia*, Patron, Bologna.

Siti consigliati

www.itu.ch Sito dell'unione internazionale delle comunicazioni e delle telecomunicazioni
www.undp.org Rapporto sullo sviluppo umano dedicato alle tecnologie

Capitolo 2

La regione geografica

2.1 L'organizzazione regionale

L'insieme di relazioni orizzontali e verticali che costituiscono l'organizzazione territoriale copre tutta la superficie terrestre, ma non allo stesso modo: certi fasci di interazione si infittiscono lungo certi assi e in certe aree e si diradano in altre; certi circuiti di scambio si chiudono entro raggi limitati, altri si estendono su scala nazionale e internazionale; certe condizioni ambientali, infine, favoriscono la concentrazione delle attività, altre la loro diffusione.

Addensamenti, concentrazioni, rarefazioni, discontinuità, dividono e articolano lo spazio geo-economico in *regioni*. Nel senso più ampio, per regione geografica si intende una porzione della superficie terrestre che presenta questi tre requisiti:

a) è costituita da un insieme di luoghi *contigui*;

b) tali luoghi hanno tutti qualche *caratteristica comune* tra loro;

c) essi *si differenziano* in base a tali caratteristiche, rispetto ai luoghi circostanti, che perciò non fanno parte della regione.

Il concetto scientifico di *regione geografica* è pertanto diverso da quello di regione prevalente nell'uso comune. In quest'ultimo caso per regione si intende la dimensione territoriale immediatamente inferiore a quella nazionale. Il concetto di regione geografica prescinde invece da ogni riferimento dimensionale; «regione geografica» può essere una piccola radura in un bosco, occupata da terreni coltivati (carattere comune e differenziante rispetto alla regione boscosa circostante). Ma è anche una regione geografica quella nord-atlantica, comprendente i paesi dell'Europa nord-occidentale e quelli dell'America settentrionale, in quanto essi hanno in comune molti caratteri politico culturali e relazioni di scambio particolarmente fitte (ciò che differenzia questa regione dalle altre vicine, ad esempio la regione mediterranea ecc.). Ovviamente tra il livello strettamente locale del primo esempio e quello intercontinentale, a cui si riferiscono i due ultimi esempi, c'è una gerarchia territoriale formata da vari livelli intermedi.

Al livello *microregionale* appartengono divisioni delle dimensioni di uno o pochi comuni, il livello *mesoregionale* corrisponde a dimensioni comprensoriali, provinciali e regionali in senso stretto. C'è poi un livello *macroregionale* che considera interi paesi o aggregati di regioni istituzionali, anche transfrontalieri (per esempio la regione alpina europea), per arrivare alle *megaregioni* continentali o intercontinentali.

Pur essendo fondate sul riconoscimento di caratteri realmente esistenti e sovente anche esattamente misurabili (per esempio la percentuale di superficie coltivata, le tonnellate di merci o i milioni di dollari scambiati ecc.), le regioni sono sempre in una certa misura costruzioni mentali soggettive. Sono un modo per dare un ordine ai fatti osservabili nello spazio terrestre, modo che muta a seconda dei fenomeni che vogliamo analizzare, degli obiettivi che ci proponiamo e dei criteri di osservazione che adottiamo. Di conseguenza le divisioni regionali possibili sono sempre tante, così come tanti sono i fatti osservabili e perciò i criteri della divisione stessa, cioè i caratteri differenzianti di volta in volta considerati. Questi ultimi si possono tuttavia raggruppare per grandi classi tematiche a cui corrispondono tipi tematici di regioni.

2.2 Tipi tematici di regione

A seconda del tipo di caratteristiche scelto per individuare la regione, questa può essere di vari tipi.

La regione *politico-amministrativa* è ben definita dal resto del territorio dai confini istituzionalmente riconosciuti, tuttavia spesso essa è omogenea soltanto perché soggetta all'autorità di uno stesso ente pubblico territoriale: ne sono esempi in Italia Comune, Comunità montana, Provincia, Regione.

La *regione politica* corrisponde di regola allo Stato, ma comprende talvolta sia livelli inferiori, corrispondenti alle singole unità politiche che compongono uno Stato federale (per esempio i *cantoni* svizzeri, i *Länder* tedeschi), che superiori, comprendenti le associazioni politiche sovranazionali (come l'Ue). Dal punto di vista economico la regione politica è del massimo interesse, in quanto ogni Stato, attraverso norme che valgono entro i propri confini, persegue politiche economiche e sociali diverse, intrattiene rapporti internazionali, alleanze militari ecc., che hanno conseguenze notevoli sulla forma e sulle funzioni delle sue strutture territoriali, differenziandole sovente in modo netto da quelle dei paesi vicini.

La regione *naturale* è identificata dalle sue caratteristiche fisiche e in essa prevalgono pertanto relazioni di tipo verticale. Un esempio di regione naturale può essere la pianura padana, caratterizzata dal rilievo pianeggiante, da un clima e da una idrografia particolare. La regione naturale venne considerata per molto tempo una regione *oggettivamente esistente* cioè indipendente dai suoi abitanti e dalle vicende storico-politiche; in realtà, se le caratteristiche fisiche di un territorio sono oggettive, esse si strutturano in regione in modo e forme strettamente legate al momento storico e culturale; ad esempio, la pianura padana per secoli non fu vista come una regione omogenea, ma fu divisa in una « bassa pianura » dal clima insalubre, scarsamente abitata e nel complesso povera di risorse, e in un'« alta pianura » che costituiva un « avampaese » delle Alpi, importante per le vie di comunicazione e i numerosi centri di servizio.

Al concetto di regione naturale oggettiva si è sostituita oggi quella di *ecoregione*, intesa come spazio di interazione tra l'ecosistema naturale e le comunità umane; mentre nella regione naturale venivano presi in considerazione soprattutto i legami di tipo verticale, che collegavano l'uomo alla natura, intesa soprattutto nei suoi elementi fisici (rilievo, geologia, clima ecc.), nell'ecoregione viene compreso l'intero ecosistema, cioè l'insieme dei componenti *biotici* e *abiotici* e dei legami che intercorrono tra di essi (si veda capitolo 3).

La regione *storica*, infine, è anch'essa in prima analisi spesso caratterizzata da fatti fisici e naturali a cui tuttavia si sovrappongono peculiarità legate a un tipo di cultura e di storia. Spesso si tratta di aree che ebbero in passato un'unità politica (come il Monferrato in Piemonte). Sovente la regione storica è anche una *regione culturale*, omogenea cioè sotto il punto di vista etnico-culturale (lingua, religione, usi e costumi). Questo è il caso ad esempio della Provenza, del Kurdistan o delle Fiandre.

Nell'individuare i tipi di regione fin qui ricordati, si considerano soprattutto relazioni di tipo verticale. Passando invece alle *regioni economiche*, occorre, come s'è detto, tener presenti anche le relazioni orizzontali e ciò porta a distinguere tra regioni formali e regioni funzionali.

Fig. 2.1 – Esempi di regioni omogenee secondo Claval. A tipi particolari di rilievo e di clima corrispondono tipi di flora e di paesaggi agrari diversi, che costituiscono singole regioni omogenee

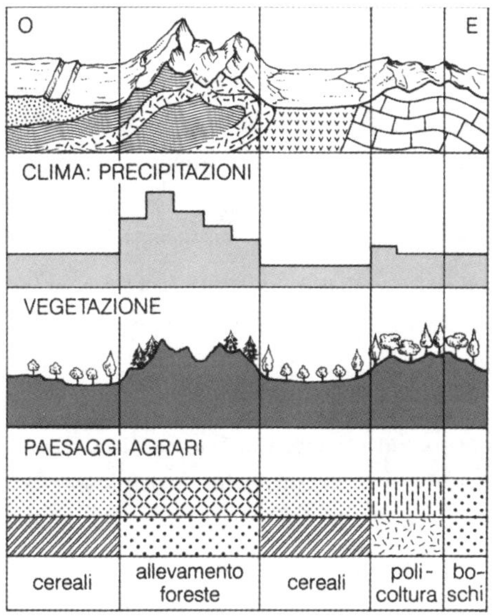

2.3 Le regioni economiche formali e funzionali

Le *regioni formali* (dette anche omogenee o uniformi) sono individuate in base ad attributi, e vengono chiamate omogenee in quanto ciò che le identifica e le differenzia dalle regioni circostanti è appunto l'omogeneità interna di uno o più attributi caratterizzanti.

Avremo, ad esempio, regioni risicole se l'attributo considerato è la coltura del riso; regioni industriali e urbane se gli attributi sono l'industria e la città; regioni turistiche balneari residenziali se si considerano come attributi la presenza del turismo, delle spiagge e la ricettività basata su seconde case.

Le *regioni funzionali* sono invece individuate in base a relazioni orizzontali. Esse non vengono identificate per il fatto che i luoghi che le compongono presentano gli stessi attributi, ma per il fatto che essi sono tra loro connessi da relazioni spaziali fin dove si estende il raggio delle relazioni orizzontali considerate, o fin dove esse presentano una certe intensità. Così, ad esempio, una tipica regione funzionale è l'*hinterland* di un porto, cioè quell'area che è servita e che si serve del porto per ricevere o spedire le sue merci. Altro esempio è l'area di *gravitazione* o di *influenza* dei servizi offerti da una città, oppure l'area di *pendolarità* giornaliera per lavoro di un centro industriale. Questi esempi si riferiscono alle forme più semplici di regioni funzionali: quelle *monocentriche*, in cui le relazioni spaziali e quindi i flussi fanno capo a un unico centro principale. Ma si possono avere regioni funzionali assai più complesse, *policentriche*, in cui ogni località è specializzata in funzioni particolari ed è perciò connessa alle altre attraverso relazioni di complementarità. Ad esempio, all'interno di una regione formata da località A, B, C, ..., N, la prima (A) produce un semilavorato che B trasforma in un componente, che C assembla in prodotto finito, che D vende sui mercati internazionali, mentre E fornisce ad A, B e C le macchine utensili, F fornisce a tutte certi servizi specializzati e così via.

Una regione formale che si colleghi a una funzionale (o viceversa) forma una *regione complessa*. Ad esempio la *conurbazione* nord-atlantica degli Stati Uniti è una regione formale (di vecchia industrializzazione, con tipologia di prodotti differenziata ecc.) se la si studia unicamente in base al parametro industria; è una regione funzionale se si considerano le interazioni che esistono tra le singole città, i porti, gli areoporti ecc.; è infine una regione complessa se si esaminano insieme tutte queste sue caratteristiche.

Un particolare tipo di regione complessa è la *regione programma* (o regione-piano o regione progetto) che corrisponde all'ambito territoriale entro cui si svolgono interventi programmati (in Italia per esempio l'area di un piano di sviluppo, in Europa l'area entro cui opera la Convenzione Alpina). In essa spesso all'inizio non sono presenti caratteri unitari che la rendano omogenea e distinguibile dal resto del territorio, tuttavia esiste il progetto di crearli con opportuni interventi per raggiungere scopi predeterminati.

Fig. 2.2 – Schema di regione funzionale

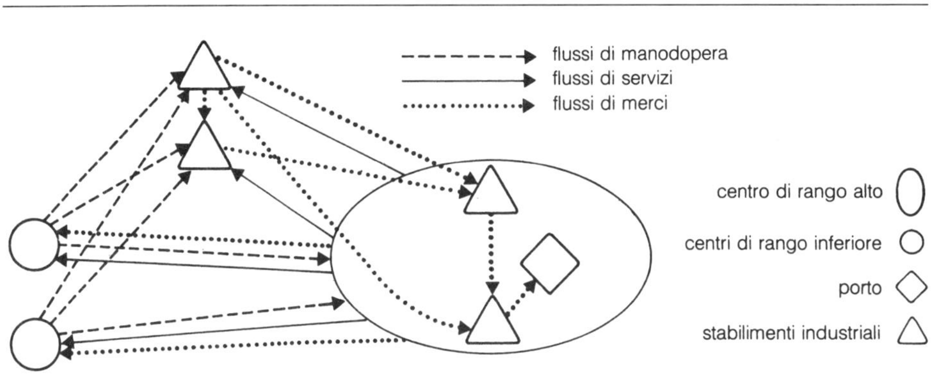

Fig. 2.3 – Esempio di regione complessa; relazioni spaziali in Piemonte: 1) alte intensità di insediamento; 2) rango dei centri (in ordine decrescente); 3) sistemi urbani interconnessi. Grandi assi del traffico: 4) radiali; 5) misti; 6) tangenziali. Assi potenziali: 7) radiali; 8) misti; 9) tangenziali. Stazioni turistiche: 10) sciistiche, lacustri; 11) distretti turistici, seconde case

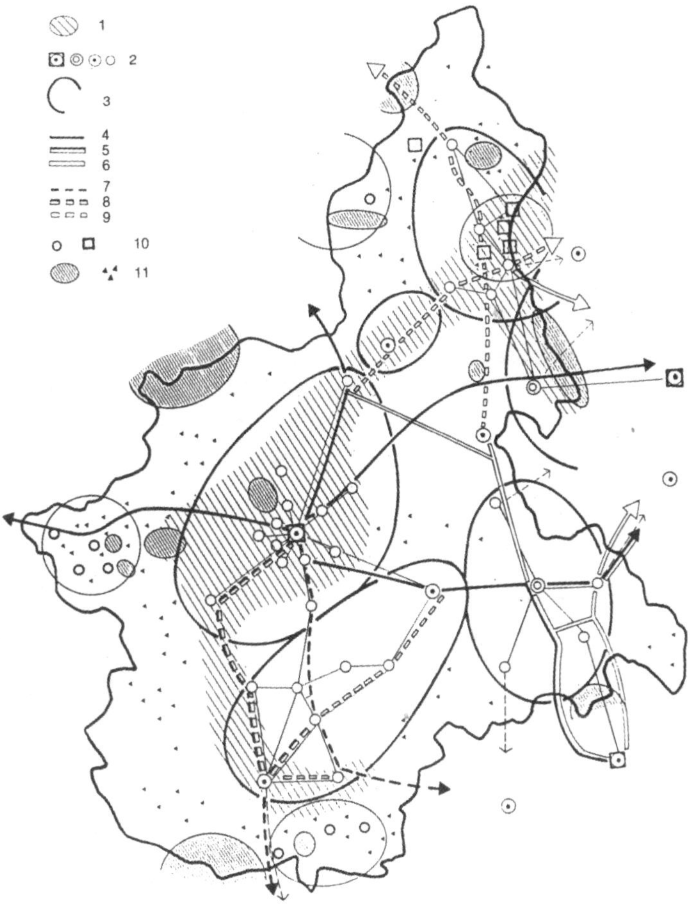

Le regioni-piano possono corrispondere a regioni economiche (formali o funzionali) già esistenti o possono invece essere spazi da organizzare territorialmente in modo da trasformarli col tempo in vere e proprie regioni economiche. Queste potranno essere prevalentemente di tipo omogeneo, come avviene di solito nella pianificazione agricola, o con prevalenti caratteri funzionali, come capita per la pianificazione industriale e urbana.

2.4 Strutture regionali gerarchiche e polarizzate

La disposizione territoriale dei servizi non è casuale, ma dipende da diversi fattori, come la distanza dal centro principale, i mezzi di trasporto ecc. Ad esempio chi cerca un tabaccaio o un panettiere lo trova di solito nelle vicinanze della sua abitazione, mentre se si cerca un paio di scarpe ci si deve recare in un luogo dove vi sia un certo numero di negozi di calzature, o un centro commerciale. Se poi vogliamo acquistare un quadro di valore oppure assistere a uno spettacolo teatrale, dobbiamo recarci nel centro di una città, dove si localizza un maggior numero di servizi specializzati, come appunto la galleria d'arte o i teatri. Ciò equivale a dire che tra i diversi centri c'è una *gerarchia*, legata al numero e alla qualità di servizi che ciascun centro offre; saranno di livello più alto i centri più forniti in quantità e qualità, che quindi attirano maggiori flussi di persone, di livello inferiore gli altri.

Lo spazio gerarchizzato è stato studiato dal geografo tedesco Christaller, che ha formulato un modello in cui i singoli centri, detti *località centrali*, servono ciascuno un'area a loro circostante, la cui ampiezza dipende dal livello del centro. La gerarchia delle località centrali genera perciò una gerarchia di regioni funzionali corrispondente alle aree di *gravitazione* di esse. Lo spazio del modello di Christaller è uno *spazio gerarchizzato* delle località in base ai beni e ai servizi che esse offrono, da cui deriva una struttura regionale gerarchizzata.

Fig. 2.4 – Modello teorico dell'uso del suolo urbano. Nelle città il diverso valore che il suolo assume a seconda della sua distanza dal centro determina una distribuzione delle attività economiche e delle zone abitative che può essere rappresentata schematicamente con centri concentrici

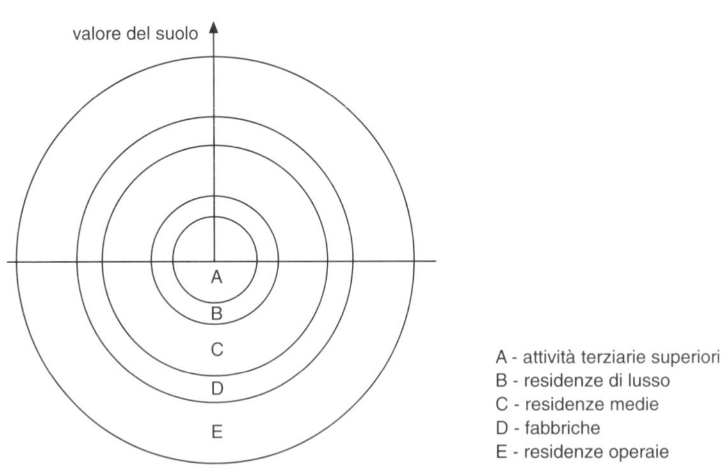

Fig. 2.5 – Sistema urbano gerarchico nella Germania meridionale secondo Christaller

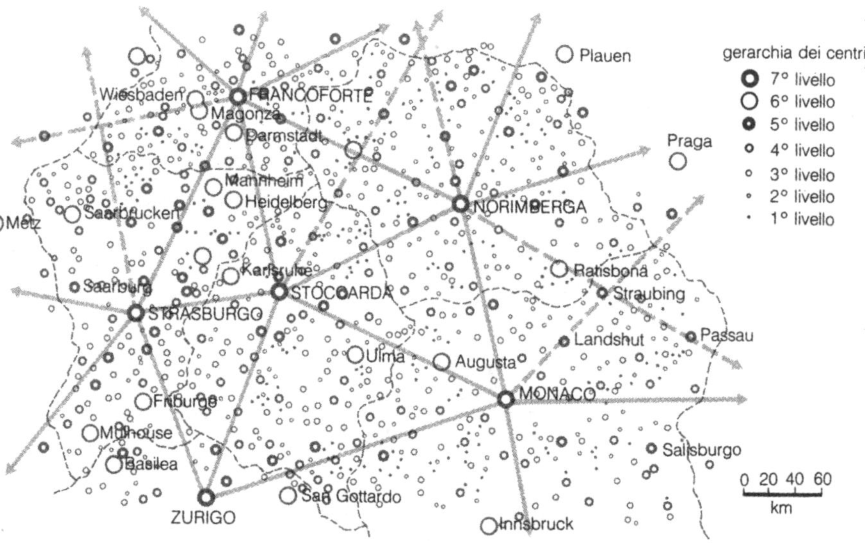

Lo schema concettuale della regione economica gerarchizzata tiene conto soprattutto dei legami della domanda e dell'offerta, ma può applicarsi anche a principi diversi da quello di mercato, per esempio alle divisioni politico-amministrative ed alla distribuzione dei servizi e degli uffici pubblici.

In uno spazio isotropo e teorico come quello del modello di Christaller i centri urbani si disporrebbero a distanze regolari. Superata la portata dei singoli servizi di un centro si formerebbe un altro centro e così via. In tal modo, a distanze variabili a seconda della densità di popolazione e dalla rete di vie di comunicazione si formerebbero città con un determinato numero di abitanti, con un certo sviluppo delle attività produttive e dei servizi e l'intero territorio assumerebbe uno sviluppo omogeneo ed equilibrato.

Nella realtà ciò non avviene perché lo spazio geografico non è omogeneo ma differenziato dalla natura e dalla storia. Ad esempio, in Italia abbiamo quattro agglomerati urbani con più di un milione di abitanti di cui ben due (Milano e Torino) a Nord, una al centro (Roma) e una al Sud (Napoli). Tra le prime due ci sono poco più di 200 km mentre la terza dista da entrambe più di 600 km.

Questa situazione si verifica non soltanto in Italia e ciò vuol dire che le reti urbane presentano degli squilibri: ci sono città che si estendono o crescono enorme-

Fig. 2.6 – Aree di attrazione delle principali città italiane: 1) area di attrazione dei singoli centri; 2) zone di sovrapposizione; 34) centri polarizzanti (medi e piccoli); 5) Milano e Roma, massimi centri polarizzanti; 6) fascia di sovrapposizione tra le aree di attrazione di Roma e Milano (secondo Da Pozzo et al.)

Fonte: Da Pozzo et al., 1983

mente di importanza rispetto ad altre, creando attorno a sé vaste zone con poche o nessuna città.

I fenomeni di squilibrio sono determinati soprattutto da processi *di agglomerazione*, dovuti al fatto che le attività economiche, come si è visto nel capitolo precedente, hanno dei vantaggi a localizzarsi le une vicino alle altre. Ciò accelera la crescita della città, sovente a scapito delle aree dove non esistono economie di agglomerazione. Questo fenomeno si è verificato ad esempio nelle grandi città italiane tra il 1955 e il 1975. Uno sviluppo regionale di questo tipo si dice *polarizzato*.

La struttura regionale polarizzata è la regola nei paesi in via di sviluppo, ma è anche presente in paesi sviluppati come la Francia, dove Parigi funge da polo principale, concentrando attorno a sé una quota rilevante delle attività produttive, terziarie e dirigenziali del paese. In Italia presentano una struttura analoga regioni come il Lazio, la Campania e il Piemonte. La struttura polarizzata crea *squilibrio territoriale* tra la regione centrale polarizzante e le regioni *periferiche*. Un tale squilibrio territoriale si presenta anche nell'Unione europea, dove si ha un'area centrale di polarizzazione nel cosiddetto « pentagono », compreso tra Londra, Parigi, Milano, Monaco di Baviera e Amburgo.

Oltre a un certo limite l'eccessiva concentrazione di attività in un polo può provocare delle *diseconomie di agglomerazione* che non solo respingono nuove attività, ma influiscono anche negativamente su quelle già presenti, mettendo in crisi lo stesso polo. Le diseconomie si avvertono anzitutto nei servizi pubblici (ospedali, scuole, trasporti ecc.) che sono sempre meno efficienti e sempre più costosi da gestire quanto più aumentano gli utenti. Tutto ciò, assieme ai costi crescenti delle abitazioni e dei servizi, fa sì che il costo della vita cresca con la dimensione urbana. Parallelamente tende a crescere il degrado dell'ambiente, a causa di rumore, inquinamento, tempi di pendolarità più elevati ecc. Le diseconomie di agglomerazione possono portare all'arresto della crescita polarizzata e a fasi di *depolarizzazione*.

2.5 Deconcentrazione e nuove strutture regionali a rete

Le strutture regionali polarizzate e gerarchizzate rappresentano le forme di organizzazione territoriale tipiche della prima parte del XX secolo, quando il fattore economico trainante era la grande industria manifatturiera attorno alla quale si agglomeravano altre industrie e grandi masse di lavoratori.

Nella seconda metà del XX secolo, specie a partire dagli anni Settanta, i paesi di vecchia industrializzazione furono investiti da notevoli trasformazioni economiche, che incisero profondamente sull'organizzazione del territorio. Come verrà esposto nel capitolo 7 le grandi agglomerazioni industriali si frazionarono in più sedi e in più impianti, che si decentrarono, localizzandosi in nuove sedi anche molto distanti tra loro.

Ne derivarono schemi localizzativi nuovi e assai più flessibili; in un territorio dotato di buone comunicazioni (relazioni orizzontali), le diverse fasi dei cicli di lavorazione, un tempo concentrate, potevano distribuirsi su un vasto territorio, così come le abitazioni degli addetti e una parte dei servizi.

Nei paesi di vecchia industrializzazione si andò così formando una *struttura regionale a rete*, nella quale la popolazione e le diverse attività si distribuivano in vari centri minori che sommati equivalgono al vecchio centro polarizzante.

Non si trattava, come affermò qualcuno, della «fine della città», ma di una sua trasformazione; la città distribuiva, cioè, in una rete vasta anche centinaia di km, molte delle funzioni che prima erano polarizzate in un unico nodo. Le funzioni direzionali di rango più elevato permanevano tuttavia entro i vecchi nodi, corrispondenti al cuore delle grandi metropoli come Parigi, New York, Tokyo, Londra, Francoforte, Milano ecc., mentre una struttura a maglie più fitte si andava formando sulle parti più sviluppate del territorio, ad esempio in Europa nella regione del Reno, nelle Midlands inglesi, nella pianura padana ecc. e in genere nel «pentagono» di cui si è detto.

Tali strutture *reticolari* sembrano oggi le più adatte a favorire lo sviluppo delle *aree forti*. Esse sono favorite innanzi tutto dalle aumentate velocità dei trasporti (autostrade, ferrovie a grande velocità), che in molti casi rendono i tempi di circolazione interurbana pari o inferiori a quelli di certi spostamenti intraurbani, ma anche e soprattutto dal fatto che l'informazione – materia prima e fattore strategico degli attuali processi di sviluppo – circola per reti, cioè in uno spazio discontinuo, in cui i nodi (centri urbani, sedi di imprese ecc.), anche se fisicamente distanti, sono più «vicini» tra di loro (in quanto ad accessibilità all'informazione, facilità di comunicazione, diffusione delle innovazioni ecc.), di quanto non lo siano rispetto agli spazi interposti, anche se ad essi contigui. Ad esempio, oggi gli operatori di borsa di New York, Tokyo, Londra e Parigi in quanto collegati per rete telematica, sono molto più «vicini» tra loro di quanto non lo siano rispetto a operatori di altri settori presenti nella loro stessa città.

Aree tradizionalmente legate allo sviluppo della grande industria, come Torino e Detroit, che un tempo ospitavano l'intero ciclo di produzione dell'automobile (dall'acciaio alle componenti al montaggio), pur avendo tuttora un'economia basata su questo settore di produzione, sono entrate a far parte di una rete di semilavorati, parti meccaniche accessori ecc., estesa a scala continentale e, per certe fasi produttive, anche planetaria. Ciò significa che le sorti di queste regioni dipendono sempre meno dai loro rapporti interni e sempre di più dai rapporti con il resto del mondo. Nel l'economia odierna le relazioni orizzontali, i flussi di capitale e di informazioni e il loro controllo nodale diventano gli elementi e i fattori decisivi dello sviluppo regionale.

Fig. 2.7 – Evoluzione del sistema urbano regionale del Piemonte dal 1600 ad oggi

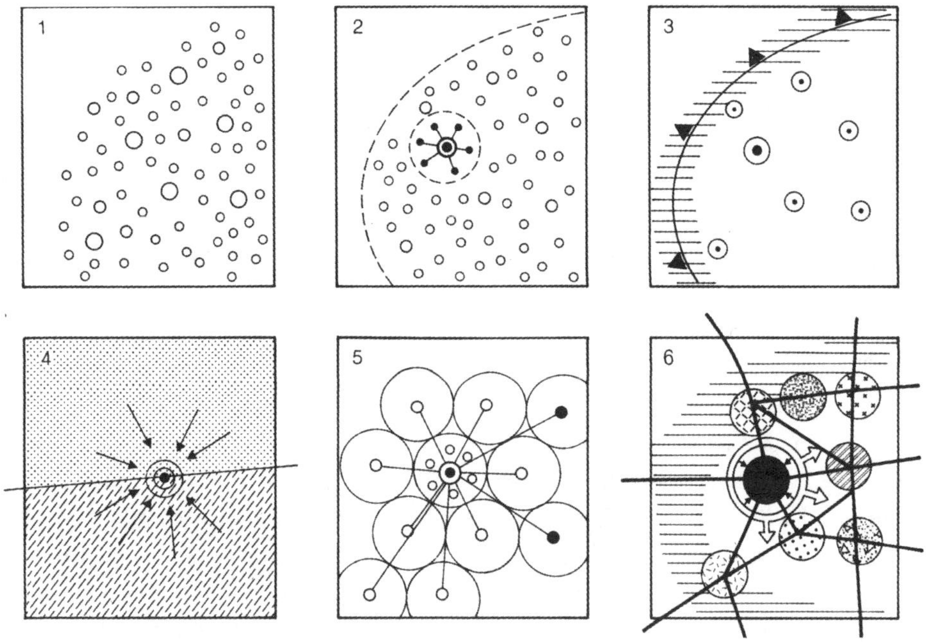

1) Nel 1600 in Piemonte esistevano numerose città tra le quali nessuna superava nettamente le altre per importanza. La cerchia alpina non compare, in quanto marginale.
2) Già alla fine del XVII secolo tuttavia Torino, divenuta capitale, comincia a mostrare i germi della sua «centralità» organizzando attorno a sé il proprio contado.
3) Nel XIX secolo, con lo spostamento della capitale prima a Firenze poi a Roma, Torino perde in «centralità», mentre gli altri centri urbani crescono in importanza. L'arco alpino assume rilevanza come tramite di commerci con il resto d'Europa e area di attrazione turistica autonoma.
4) Tra gli anni 1950-60 Torino diventa un «polo» che concentra in sé una grossa parte della popolazione e delle attività economiche regionali, sia dalla parte settentrionale industrializzata, sia da quella meridionale ancora prevalentemente rurale.
5) Come risposta alla fase precedente viene elaborato un piano di riequilibrio secondo il quale la regione avrebbe dovuto assumere una forma di sviluppo «stellare», con annucleamenti e sub-aree relativamente autonome. Il piano non ebbe effetti pratici.
6) Tra gli anni Ottanta e Novanta si evidenzia il passaggio, ancora in atto, da struttura regionale polarizzata a struttura a rete, con forti interconnessioni sia interne che esterne alla regione.

2.6 I sistemi territoriali locali

Come s'è visto nel capitolo precedente, uno degli effetti della globalizzazione economica è quello di mettere in *competizione* tra loro i vari territori, in quanto sedi di risorse potenziali che possono essere valorizzate applicando ad esse il denaro e le conoscenze che circolano nelle reti globali. Tale competizione riguarda soggetti privati (ad esempio imprese, potenziali investitori, associazioni ecc.), pubblici (enti locali, università, organi dello stato) e misti (ad esempio agenzie di promozione) che condividono un certo progetto di sviluppo e cooperano tra loro per realizzarlo. Così facendo essi formano una *rete locale* di soggetti la quale, ai fini dello sviluppo di quel territorio, si comporta come un *attore collettivo*. Compito dell'attore collettivo locale è quello di cercare nuovo valore, combinando risorse « immobili » locali e risorse « mobili » globali.

Ciò che tiene insieme la rete locale e la fa coincidere con un certo territorio è che il progetto di sviluppo condiviso riguarda la messa in valore di risorse e condizioni potenziali *proprie* di quel territorio, cioè stabilmente localizzate in esso, non producibili a piacere in tempi brevi, né trasferibili da o verso altri luoghi.

Tale insieme di potenzialità è definito dal concetto di *milieu territoriale locale*. Esso comprende tutte le caratteristiche che nel corso del tempo si sono per così dire sedimentate e legate stabilmente a un territorio e che possono in qualche modo costituire delle « prese » o delle « leve » per lo sviluppo di esso. Si tratta di condizioni *naturali originarie* (climatiche, morfologiche, paesaggistiche ecc.) che nel corso della lunga durata storica si sono combinate variamente con i *prodotti dell'azione umana*: quelli materiali (infrastrutture, impianti, monumenti ecc.), quelli *culturali* (tradizioni, « saper fare » diffusi, « atmosfere » imprenditoriali ecc.), e quelli *sociali* (rapporti di fiducia e di cooperazione e quelli istituzionali (istituzioni civiche, scientifiche, musei, biblioteche ecc.).

Il *milieu* territoriale è una specie di patrimonio comune a cui attinge la rete locale dei soggetti, in quanto *attore collettivo* dello sviluppo locale. Si tratta di un tipico caso di combinazione di relazioni orizzontali (i collegamenti in rete dei soggetti) e verticali (il rapporto della rete con il milieu), che dà vita a strutture territoriali. L'ambito territoriale delle reti e dei milieu locali è delimitabile geograficamente e quindi costituisce anche una regione e, più precisamente, una microregione.

A tale struttura regionale si dà il nome di *sistema territoriale locale*. La sua dimensione è locale in senso stretto (cioè, appunto, microregionale) in quanto le relazioni di rete locale presuppongono rapporti di vicinanza fisica e quelle verticali si riferiscono a condizioni specifiche, i cui vantaggi comportano anch'essi una fruizione locale da parte dei soggetti della rete medesima.

L'esempio più tipico di sistema territoriale locale è il « distretto industriale » (si veda capitolo 7), ma funzionano sovente come tali le città e i loro quartieri, i centri e i comprensori turistici, i centri specializzati di servizi, le tecnopoli ecc.

Essi possono coincidere con regioni politico-amministrative (comuni, aree metropolitane, comunità montane ecc.) ma più sovente sono aggregati volontari, non istituzionali. Viceversa non sempre certe realtà locali istituzionali (ad esempio grandi comuni urbani) si comportano come sistemi territoriali locali, in quanto i soggetti che le compongono non sempre formano una rete locale rivolta a realizzare progetti comuni, ma possono invece agire come componenti di reti esterne, in competizione tra loro per lo sfruttamento delle risorse del milieu locale.

In altre parole, il sistema territoriale locale è essenzialmente una *regione-programma*, ovvero una costruzione volontaria che esiste solo se e quando certi soggetti attivano certe relazioni (orizzontali) tra loro e altre (verticali) con il milieu territoriale in cui operano.

2.7 Reti globali e sistemi locali nei processi di sviluppo

Il principale effetto territoriale della recente fase di globalizzazione consiste nel fatto che territori, regioni e città non possono più essere considerati come entità distinte, stabili, dotate di una propria identità storica capace di assicurare la loro continuità futura. La competizione tra luoghi indotta dalla globalizzazione tende infatti a *frammentare* queste unità territoriali che la storia ci ha trasmesso. Per conservarsi o anche ricostituirsi a livelli territoriali diversi (ad esempio dalla città all'area metropolitana, dal sistema locale alla macroregione ecc.) queste entità devono reagire alla frammentazione cioè creare al loro interno una trama di *relazioni cooperative* più forte di quelle che spingono i loro soggetti a collegarsi con l'esterno e ad avere tra di loro rapporti di pura competizione.

Quest'opera di costruzione regionale non può tuttavia prescindere dall'esistenza di *reti globali*, i cui nodi (imprese multinazionali, grandi centri di ricerca, organismi internazionali, organismi finanziari ecc.) e i cui flussi (di capitali, persone, merci, informazioni ecc.) sfuggono a ogni controllo territoriale diretto.

Contrariamente a quanto molti credono, il rapporto delle reti globali con i sistemi locali non è sempre e soltanto un rapporto di dominanza-dipendenza che porta fatalmente a cancellare le specificità e le identità locali. Questo accade se i soggetti locali non sanno reagire e auto-organizzarsi per dare risposte autonome agli stimoli globali. Per fare ciò essi devono collegarsi in rete tra loro e far valere le risorse del milieu locale, attivando così il sistema territoriale locale e – ai livelli superiori – le reti regionali di sistemi locali. Infatti le reti globali non funzionano in astratto, ma attraverso i loro « nodi », cioè le varie sedi (fabbriche, uffici, laboratori, magazzini, agenzie, punti di vendita ecc.) in cui si svolgono le attività della rete stessa. Perciò le reti globali non sfuggono alla regola generale secondo la quale i risultati economici dipendono sempre anche dalla localizzazione, cioè dalle esternalità offerte dai vari luoghi.

Le reti globali hanno dunque bisogno dei sistemi locali. Dal loro punto di vista i milieu locali sono i *serbatoi potenziali* delle esternalità, di cui esse necessitano per essere competitive sul mercato mondiale. I soggetti locali possono fungere da semplici *mediatori passivi* tra le esigenze delle reti globali e i propri milieu: possono cioè limitarsi a favorire l'insediamento di un *nodo* nel proprio territorio in modo da sfruttarne le risorse e le esternalità positive esistenti. Questo è il caso in cui, ad esempio, un comune di cintura metropolitana riesce ad attrarre il centro commerciale di una catena multinazionale, sfruttando una certa posizione nodale favorevole (ad esempio la vicinanza a uno svincolo autostradale) o ad attrarre la sede di un'impresa o di un'istituzione, sfruttando certe qualità ambientali (ad esempio un parco o un complesso monumentale). In questo caso si parla di « giochi a somma zero », nel senso che ciò di cui l'investitore esterno si appropria è sottratto all'utilizzo di altri. In questi casi il vantaggio per la società locale si limita all'eventuale bilancio attivo tra ricadute positive (occupazione, movimento di visitatori, tasse pagate ecc.) del nuovo insediamento, e quelle negative (costi di infrastrutturazione, congestione del traffico, inquinamento ecc.).

I soggetti locali, invece di limitarsi a mettere a disposizione di investitori esterni il proprio territorio *così com'è*, possono però anche svolgere una funzione di intermediazione *attiva* tra le condizioni del milieu locale e le reti globali. Ciò avviene quando i soggetti locali si comportano come un attore collettivo, cioè come si è già detto, formano una rete locale, per dar vita a processi di sviluppo alimentati dalla valorizzazione delle risorse potenziali del milieu. Il caso più tipico è anche qui quello dei *distretti industriali*, in cui la principale risorsa del milieu è data da un *saper fare* (*know how*) diffuso tra una rete di piccoli imprenditori, artigiani, tecnici e operai, sostenuta da adeguate infrastrutture fisiche e organizzative. Perciò chi vuole produrre certi beni molto specializzati o investire in tali produzioni ha convenienza a inserirsi come « nodo » nella rete locale, venendo così a fruire dei vantaggi del milieu. Lo stesso avviene per quei sistemi locali che valorizzano il proprio patrimonio artistico e culturale con manifestazioni, visite organizzate e simili, in modo da attrarre flussi di visitatori e di investimenti esterni.

In tutti questi casi si parla di « giochi a somma positiva » e quindi di *sviluppo locale* in senso proprio, in quanto l'investitore o l'imprenditore esterno che si inserisce nel sistema locale non esaurisce i vantaggi offerti dal milieu, ma al contrario, entrando a far parte della rete locale, alimenta il processo cumulativo di sviluppo e di creazione di nuove esternalità.

I sistemi territoriali che riescono ad attivare processi di sviluppo locale auto-organizzato hanno buone prospettive di mantenere la loro identità nell'interazione con le reti globali, mentre quelli che si limitano a offrire esternalità e risorse generiche (terreni, forza-lavoro, infrastrutture, incentivi fiscali ecc.) sono maggiormente esposti al rischio di frammentarsi e di perdere così la propria specificità e identità.

I sistemi locali *auto-organizzati* oggi sono visti anche come una risorsa su cui far leva nelle politiche di governo del territorio. In passato si pensava che il territorio potesse essere controllato e gestito direttamente da un'autorità pubblica sovraordinata (Stato, Regione, Provincia) soprattutto attraverso strumenti di pianificazione (piani territoriali e paesistici). Oggi si ritiene che questi ultimi debbano svolgere una funzione di orientamento e di regolazione generale, mentre le scelte relative alle modalità d'uso dei suoli e ai progetti di sviluppo debbano in prima istanza essere demandate ai soggetti locali, i quali hanno di regola una miglior conoscenza delle situazioni e soprattutto una capacità di progettare l'uso e la valorizzazione delle risorse specifiche, che manca ai livelli decisionali superiori troppo lontani dalle realtà locali. Lo strumento tipico di queste forme di sviluppo locale sono i *piani strategici*.

In questa ottica all'interno del processo di globalizzazione, che riguarda come si è detto le *reti globali* (multinazionali, grado organismi internazionali, flussi finanziari ecc.), si va configurando una sorta di *arcipelago*, del quale i singoli sistemi locali costituiscono le *isole*, in grado di interagire con il livello globale; il caso più tipico di tali isole è dato dai distretti industriali specializzati, che intrattengono intensi rapporti con ogni parte del mondo.

2.8 Le regioni periferiche e la destrutturazione territoriale nel Sud del mondo

Il passaggio da strutture territoriali *gerarchizzate* a strutture *reticolari* riguarda le aree più sviluppate dei paesi industrializzati, nelle quali si concentra la maggior parte delle attività economiche e della popolazione. Accanto a esse esistono in questi stessi paesi territori che, per motivi ambientali (clima particolarmente rigido, scarsità d'acqua) o antropici (popolazione molto ridotta) o culturali (minoranze etniche) o altri ancora hanno avuto uno sviluppo meno intenso. In molte di queste regioni non si è formata una struttura regionale autonoma, ma esse sono venute ad assumere sempre di più la funzione di *periferia* rispetto alle aree più forti, da cui dipendono. In Europa sono tali ad esempio le parti settentrionali della Scozia e della Scandinavia, alcune regioni mediterranee come il nostro Mezzogiorno, gran parte della regione Balcanica e persino certe aree interne di paesi sviluppati come il Massiccio centrale francese e la Meseta spagnola.

La posizione di dipendenza di tali aree si concretizza in primo luogo nell'emigrazione della popolazione verso le aree forti, con conseguente impoverimento; spesso infatti le migrazioni sono formate dalla parte della popolazione più giovane e attiva della regione di partenza, che ne costituiva una delle principali risorse.

Anche i paesi del Sud del mondo (vedi capitolo 12) costituiscono nel loro complesso una sorta di grande «periferia» rispetto ai paesi più avanzati. In essi i caratteri della perifericità sono però nettamente accentuati dalla scarsa strutturazione regionale.

La *destrutturazione* dell'impianto *regionale* in molti casi risale al periodo coloniale, quando l'intero territorio venne organizzato in funzione dei prelievi e degli interessi in genere del paese colonizzatore.

Gli effetti di tale politica permangono tuttora nell'organizzazione del territorio, a cominciare dalle vie di comunicazione: basta osservare una carta dell'Africa o dell'America meridionale per vedere come manchi una vera e propria rete ferroviaria, mentre vi siano quasi unicamente rami ferroviari di *penetrazione*, poco o niente collegati tra di loro. La stessa situazione si rileva a livello di strade e spesso anche di linee aeree, che riflettono il rapporto centro-periferia che si è ormai instaurato tra le aree industriali forti e i paesi del Sud del mondo. I centri costieri, che per i colonizzatori rappresentavano il luogo di arrivo, di collegamento con l'area metropolitana e di controllo del territorio, sono tuttora in molti casi i pochi punti privilegiati dello scambio internazionale e ciò porta a una loro crescita abnorme, con effetti polarizzanti e destrutturanti per il resto del territorio.

La condizione di marginalità e tuttavia diversa da paese a paese. Essa è massima in quegli Stati che al momento della colonizzazione si trovavano ancora in condizioni culturali molto lontane da quelle occidentali. In questi paesi l'impatto con società tecnologicamente avanzate portò al completo sovvertimento dell'organizzazione tradizionale. Invece nei paesi in cui esisteva già un sistema economico amministrativo e un potere locale territorialmente organizzato (ad esempio l'India, i Paesi arabi) e in quelli che hanno subito un dominio coloniale soltanto indiretto (come la Cina e l'Iran), lo sfruttamento coloniale si sovrappose all'organizzazione preesistente, senza tuttavia eliminarla del tutto. In questi paesi la decolonizzazione ha permesso il riemergere delle culture e delle istituzioni locali come condizioni favorevoli a uno sviluppo economico autonomo e competitivo, di cui la Cina è oggi l'esempio più importante.

Letture di approfondimento

COPPOLA P. (a cura di), 1997, *Geografia politica delle regioni italiane*, Einaudi, Torino.

DEMATTEIS G., 1995, *Progetto implicito. Il contributo della geografia umana alle scienze del territorio*, Franco Angeli, Milano, parte III.

CASTELLS M., 2003, *La nascita della società in rete*, Università Bocconi, Milano.

GAMBI L, 1977, *Le regioni italiane come problema storico*, «Quaderni storici», 37, pp. 275-298.

GOVERNA F., 1997, *Il milieu urbano. L'identità territoriale nei processi di sviluppo*, Franco Angeli, Milano.

MAGNAGHI A., 2000, *Il progetto locale*, Bollati Boringhieri, Torino.

MAINARDI R., 1994, *Geografia regionale*, NIS, Roma.

PERULLI P. (a cura di), 1988, *Neoregionalismo. L'economia-arcipelago*, Bollati Boringhieri, Torino.
VALLEGA A., 1995, *La regione, sistema territoriale sostenibile*, Mursia, Milano.
—, 2004, *Le grammatiche della geografia*, Patron, Bologna, cap. 6.

Capitolo 3

Economia e ambiente naturale

3.1 L'ambiente, gli ecosistemi, il geosistema

Come si è visto nel primo capitolo il termine ambiente può avere vari significati. In questo contesto intenderemo come ambiente il sistema di relazioni dirette e indirette che intercorrono tra esseri umani, altri esseri viventi e mondo inorganico. Queste relazioni fanno capo a componenti *biotici* (piante, animali, uomo) e *abiotici* (rocce, suoli, acque, atmosfera) che interagiscono gli uni con gli altri e quindi si trasformano reciprocamente. Pertanto il concetto di ambiente non si applica a qualcosa di statico, ma a un sistema in continua evoluzione, per l'azione combinata dei suoi diversi costituenti, che è oggetto di studio dell'*ecologia*.

Lo zoologo Ernst Haechel (1834-1919) definì l'ecologia « lo studio dell'economia e del modo di abitare degli organismi animali. Essa include le relazioni degli animali con l'ambiente organico ed inorganico, soprattutto i rapporti positivi e negativi, diretti ed indiretti con piante o altri animali ». L'ecologia studia *l'ecosistema terrestre*, cioè il sistema degli organismi viventi sulla Terra (*biosfera*) con le loro relazioni reciproche e le relazioni che li legano all'ambiente fisico del pianeta. L'ecosistema terrestre si può suddividere in sotto-sistemi, cioè in *ecosistemi regionali*, che possono essere di diverso livello territoriale: dalla *nicchia ecologica* (il tronco di un albero, un piccolo stagno), a quelli, come le savane o le foreste equatoriali, che occupano spazi continentali

Anche il nostro pianeta è un insieme di parti legate tra loro da flussi di materia ed energia, cioè anch'esso funziona come un sistema che è detto *geosistema*. Nel suo funzionamento normale il geosistema si comporta come un *sistema aperto*: esso riceve cioè dall'esterno sia limitati apporti di materia sia consistenti flussi di energia, derivanti quasi totalmente dalla radiazione solare. *L'energia solare*, e in piccola parte anche quella endogena terrestre, sono il motore della circolazione di materia inorganica (rocce, suoli, acqua, aria); inoltre il sole è anche la fonte di tutte le trasformazioni energetiche che, a partire dalla fotosintesi clorofilliana, permettono la vita sulla terra.

Il geosistema è mantenuto in equilibrio da una serie di cicli (vedi scheda 3.1), coordinati tra di loro che ne assicurano il funzionamento generale.

3.2 Il problema ecologico

Se consideriamo, ad esempio, gli scambi di ossigeno e di anidride carbonica tra l'atmosfera e la biosfera vediamo che essi sono regolati in modo che la percentuale di questi gas nell'atmosfera si mantenga pressoché costante. Se così non fosse crescerebbe la temperatura terrestre e, oltre certe soglie, ciò altererebbe tutti i cicli della materia e dell'energia, minacciando la continuazione della vita umana sulla Terra. Questo esempio ci dice che gli esseri umani, in quanto organismi viventi, dipendono degli ecosistemi entro cui si trovano ad operare. Ci dice anche che l'ambiente naturale nei confronti dell'uomo, come nei confronti di tutti gli altri esseri viventi, non esercita un ruolo passivo, di semplice fornitore di ricchezze natu-

Scheda 3.1 – I cicli della materia

Pur formando un unico sistema dinamico, la circolazione della materia può essere distinta in vari *cicli*: quello delle rocce (orogenesi, erosione, sedimentazione e di nuovo spinte orogenetiche); quello dell'acqua (evaporazione, precipitazioni atmosferiche, circolazione superficiale e sotterranea, accumulo negli oceani e di nuovo evaporazione); quello del carbonio, che consiste soprattutto in scambi tra l'atmosfera e i vegetali (fotosintesi clorofilliana e traspirazione); quello dell'azoto, che coinvolge anche gli organismi animali e altri ancora. Questi cicli non sono altro che trasformazioni a catena, che mantengono il sistema in condizioni di equilibrio.

Fig. 3.1 – Il ciclo delle rocce: la scala temporale a cui si riferisce è di milioni di anni

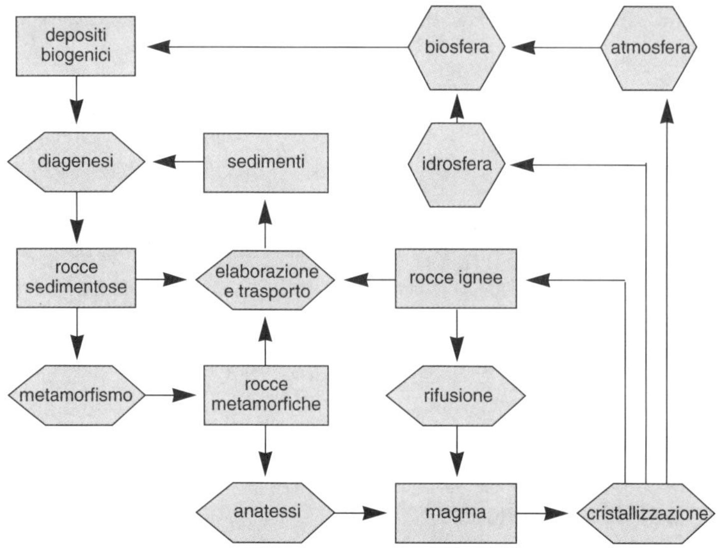

Fig. 3.2 – Il ciclo del carbonio

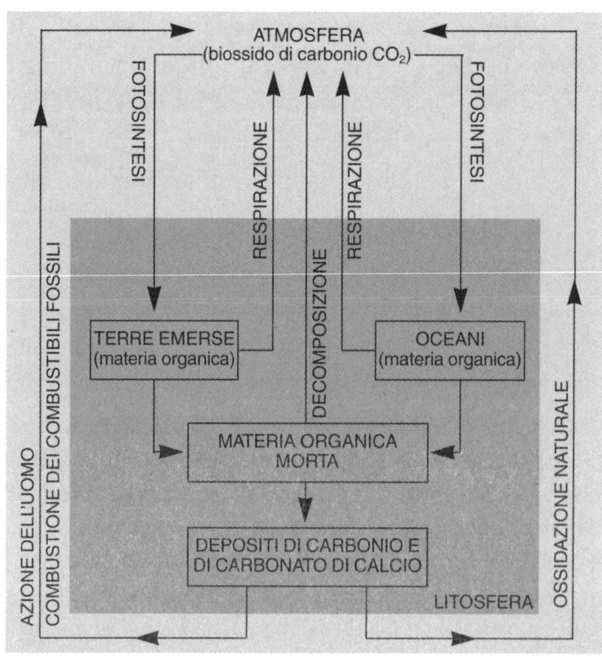

Fig. 3.3 – Il ciclo dell'acqua

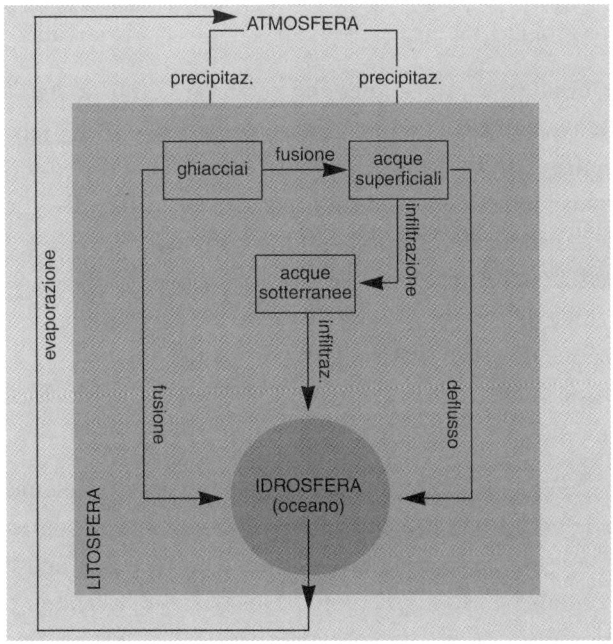

Fig. 3.4 – Schema del ciclo della materia organica

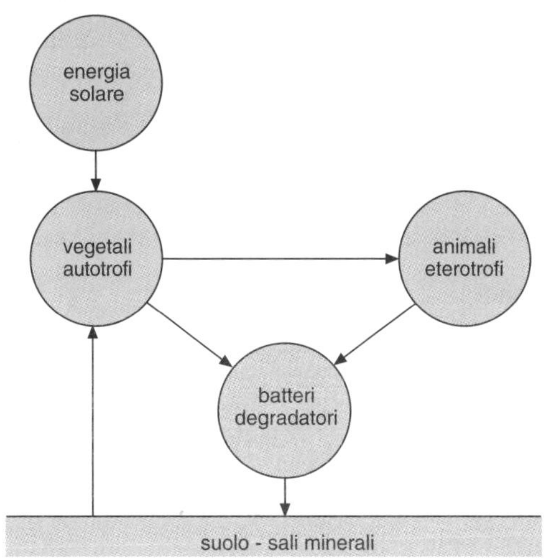

rali (suoli agricoli, risorse minerarie ecc.) e contenitore di rifiuti, ma funzione invece come un sistema, nel quale l'uomo e le sue attività sono parte integrante.

Dall'ambiente infatti l'uomo riceve tutta una serie di *servizi naturali* che hanno un ruolo determinante per la sopravvivenza della specie umana:

- in primo luogo l'energia solare, che permette la fotosintesi (cioè la trasformazione di sostanze inorganiche in composti organici; vedi figura 3.4) grazie alla quale possono nutrirsi tutti gli animali eterotrofi, tra i quali l'uomo;
- la decomposizione delle sostanze organiche al termine del loro ciclo di vita;
- la regolazione dei gas che compongono l'atmosfera;
- la regolazione del clima;
- la formazione del suolo;
- la regolazione del ciclo dell'acqua;
- la regolazione degli inquinamenti dell'atmosfera e dell'acqua;
- il controllo biologico di malattie e di infestazioni di parassiti.

Anche il *sistema economico* mondiale, come insieme di elementi materiali e di relazioni intersoggettive per la produzione e lo scambio di beni, è un *sottosistema* dell'ecosistema terrestre, con cui ha intense relazioni in entrata (produzioni alimentari, materie prime, fonti energetiche, servizi naturali) e in uscita (trasformazioni della biosfera, crescita demografica, emissione di rifiuti ecc; esso tuttavia ha un comportamento diverso e contrastante rispetto al sistema di cui fa parte. Il sistema economico, infatti, alimenta una circolazione di materia, energia e informazione, che tende a modificare il resto dell'ecosistema, secondo modalità diverse da quelle dell'agire naturale dell'ecosistema stesso.

Da questa contraddizione deriva il *problema ecologico* che è forse il più grave problema di sopravvivenza che l'umanità ha incontrato nel suo lungo cammino storico. Esso ha assunto proporzioni sempre maggiori a partire dalla rivoluzione industriale, in quanto l'impiego delle nuove tecnologie ha prodotto alterazioni alla scala dell'intero ecosistema terrestre, tali da far pensare che l'attuale funzionamento del sistema economico sia incompatibile con la sopravvivenza dell'ecosistema terrestre.

Va ricordato che gli equilibri dell'ecosistema e del geosistema terrestre non comportano mai una stabilità perfetta. Sono il risultato di continue *oscillazioni* negative e positive attorno a certi valori medi che variano da luogo a luogo e anche molto lentamente nei tempi geologici. Ciò significa che in certi momenti e in certi luoghi si possano verificare situazioni fortemente squilibrate, per esempio forti siccità o intense precipitazioni, o anche fatti catastrofici come grandi frane, terremoti, alluvioni ecc.

Per milioni di anni la specie umana è sopravvissuta adattandosi a questi squilibri improvvisi e anche alle variazioni climatiche plurisecolari. Oggi tale adattamento è problematico per due ordini di motivi.

Il primo è che, con la densità di popolazione e la complessità dell'organizzazione territoriale, è aumentata enormemente la *vulnerabilità* delle persone e delle strutture nei confronti degli eventi naturali dannosi che non siano in grado di controllare.

Il secondo è che, a partire dalla rivoluzione agricola del Neolitico e poi con la rivoluzione industriale, l'umanità ha sempre più trasformato l'ambiente naturale, provocando anche alterazioni ambientali negative, come desertificazione, erosione del suolo, innalzamento della temperatura media del pianeta ecc.

Occorre distinguere tra alterazioni *reversibili*, che possono essere riassorbite da retroazioni riequilibratrici dell'ecosistema planetario, e *irreversibili*, quelle che hanno su di esso effetti squilibranti di lungo periodo.

È solo entro il campo delle alterazioni reversibili che esiste una discreta autonomia del sistema economico rispetto a quello ecologico. Entro questi limiti si sono tenuti di regola i sistemi economici delle società pre-industriali, anche se certi interventi, come il vasto uso dell'incendio dei boschi, già dal Neolitico ha dato origine ad alcune alterazioni irreversibili. Queste ultime sono aumentate notevolmente con i mezzi che lo sviluppo tecnologico ha messo via via a disposizione delle moderne società industriali e anche come conseguenza non voluta delle attività industriali stesse: è il caso dell'aumento di anidride carbonica nell'aria, conseguente all'uso di combustibili fossili.

Da questi esempi emerge chiaramente l'importanza delle scale *temporali* degli eventi.

Una prima grande distinzione può farsi tra tempi geologici (dell'ordine di miliardi di anni), tempi *dell'evoluzione biologica* (dell'ordine di milioni di anni), tempi storici (dell'ordine di migliaia di anni) e tempi *economici*, questi ultimi non superiori ai 50-60 anni e normalmente brevissimi (1-3 anni). Il *riequilibrio* che si realizza a una certa scala temporale (per esempio dell'ordine di milioni di anni per il ciclo delle rocce), può comportare squilibri parziali a *scale temporali* più brevi (di anni, giorni o anche ore e secondi, come nel caso di terremoti). E poiché i diversi cicli seguono scale temporali diverse e fanno parte di un unico sistema (geosistema) ciò che è equilibrante per un ciclo può essere squilibrante per un altro. L'importante è che gli scarti locali e temporali rimangano nei limiti compatibili con il mantenimento della vita e di quella umana in particolare, ciò che finora sulla Terra, nonostante alcune *fasi critiche* in cui si sono avuti grandi estinzioni di massa di specie viventi, si è sempre verificato. Oggi, secondo autorevoli biologi, come Niles Eldredge stiamo entrando in una di queste fasi, a causa degli effetti involontari o collaterali, indotti dalla trasformazione dell'ecosistema terrestre da parte della società umana.

Secondo il Millenium Ecosystem Assessment (vedi scheda 3.3) circa il 60% dei servizi naturali presi in esame appare degradato oppure oggetto di sfruttamento non sostenibile.

Perciò si parla oggi di « cambiamento globale » (*global change*) e questo fenomeno è oggetto di programmi di ricerca internazionali rivolti a individuarne le cause e suggerire rimedi.

3.3 Le cause economiche del problema: produttività del fattore terra e del fattore lavoro

In un sistema economico i risultati dipendono di regola dalla produttività dei « fattori », cioè dal rapporto tra quantità (fisica o in valore) dei beni e servizi prodotti e le corrispondenti quantità di fattori impiegati: terra, lavoro, capitale.

Poiché il capitale (macchine, denaro ecc.) si forma anch'esso nel processo produttivo, i fattori originari sono la terra e il lavoro. Per *fattore terra* non si intende solo il suolo agrario, ma l'insieme delle *risorse* (il suolo, le materie prime del sottosuolo, le varie forme e fonti naturali di energia utilizzabili), dei *servizi naturali* e in genere tutto quanto il sistema economico riceve dal geosistema, eccetto il *lavoro umano*. Quest'ultimo è considerato un fattore particolare, a sé stante, in quanto erogato dagli stessi soggetti a vantaggio dei quali si svolge (o dovrebbe svolgersi) tutto il processo produttivo.

La storia dei rapporti tra società umane e ambienti terrestri si può, semplificando un po', ridurre alla storia di come gli uomini hanno cercato di aumentare la *produttività* del proprio lavoro attraverso una crescente mobilitazione del fattore terra. Tale mobilitazione ha riguardato le materie prime, destinate a fabbricare utensili, macchine, impianti, capaci di moltiplicare i mezzi naturali di cui l'uomo in origine disponeva, e le fonti di energia, mediante le quali l'uomo ha moltiplicato per milioni di volte l'energia naturale del suo corpo.

Ciò che sovente sfugge è il fatto che gli uomini, accrescendo con questi mezzi la produttività del loro lavoro, hanno progressivamente ridotto la produttività del fattore terra. Nel Neolitico, prima della domesticazione degli animali, per produrre 1.000 chilocalorie alimentari occorrevano alcune ore di lavoro umano, mentre l'energia terrestre utilizzata era minima e si riduceva a quella naturale necessaria per la crescita delle piante coltivate. Con l'uso di animali per lavorare e concimare i campi le stesse 1.000 chilocalorie potevano essere prodotte con minor lavoro umano e più energia naturale. Ciò comportava un intervento sulla geografia dei cicli biologici, in quanto una parte della *biomassa* (gli animali da lavoro e il foraggio per nutrirli) veniva concentrata in certe aree, quelle dove c'era l'agricoltura.

Questa tendenza ebbe un'accelerazione enorme dopo la *rivoluzione industria-*

le. Oggi il lavoro umano direttamente necessario per produrre 1.000 chilocalorie alimentari è dell'ordine di secondi, mentre è enormemente più elevata che non in passato la quantità delle *risorse naturali* prelevate dalla Terra, per avere la stessa quantità di prodotto. A tal fine, infatti, si sono dovuti estrarre minerali metallici per costruire macchine, impianti ecc., minerali non metallici per costruire strade, canali di irrigazione, edifici ecc. Tutto ciò ha richiesto, inoltre, elevati consumi di energia e altri sono richiesti dal trasporto e dalla commercializzazione del prodotto prima che il ciclo si chiuda col consumo.

Si spiega così il fatto che oggi ogni abitante della Terra, pur lavorando mediamente meno dei nostri antenati in epoca pre-industriale, ha in media a sua disposizione una maggior quantità di beni e di servizi, ma dispone anche di sempre minori riserve naturali e ambientali.

Infatti, dato che per produrre la stessa quantità di un bene occorrono maggiori quantità di energia e materie prime, *l'efficienza* del sistema produttivo dal punto di vista puramente economico è cresciuta, ma si è ridotta quella del sistema ecologico complessivo.

D'altra parte, il sistema economico mondiale attuale non è normalmente in grado di registrare né di riequilibrare efficacemente questa progressiva perdita di produttività del sistema terrestre. Ad esempio, all'agricoltore che produce granoturco nella pianura padana, appare conveniente comprare sempre più macchine e prodotti chimici per coltivare i suoi campi, in quanto se ricorresse invece al lavoro umano o animale avrebbe costi di produzione superiori ai prezzi di mercato dei beni che produce. Né i produttori del *fattore terra* (cioè materie prime, energia) sono generalmente in grado di rallentare queste tendenze. Si tratta sovente di paesi del Sud del mondo che, in concorrenza tra loro, offrono risorse primarie ai paesi più sviluppati e sono in certo senso costretti a venderle nelle quantità richieste, qualunque sia il prezzo di mercato, perché sovente si tratta delle sole voci attive della loro bilancia commerciale.

Da un punto di vista ecologico sarebbe anche auspicabile una *riduzione dei consumi*. Tuttavia essa potrebbe riguardare solo i paesi e le fasce sociali più ricche, in quanto per i più poveri i consumi dovrebbero invece aumentare, per permettere a tutta la popolazione di superare anche solo la soglia della fame (vedi capitolo 12). Anche da questo punto di vista il sistema economico non è in grado di autoregolarsi, in quanto accade proprio il contrario: chi è più ricco è naturalmente indotto a spendere e a consumare di più, cioè a mobilitare sempre più fattore terra, anche se ciò crea squilibri ecologici e sociali.

Per concludere si può affermare che i bilanci puramente economici non riescano a valutare i costi derivanti dalla produttività decrescente dei fattori naturali e gli effetti del progressivo *esaurimento delle risorse* corrispondenti. Perciò la compatibilità tra sistema economico e geosistema richiede interventi correttivi.

3.4 Le alterazioni dell'ecosistema

Come si è visto i tempi dell'economia e delle trasformazioni geoecologiche da essa indotte sono sovente incompatibili con quelli dei processi di riequilibrio naturale, perché ciò che procura un vantaggio economico nel breve periodo può produrre gravi danni ambientali nel lungo periodo, in quanto il mercato non considera i costi ambientali a lungo termine.

Ma anche là dove interviene lo Stato, molto spesso la programmazione pubblica, spinta da urgenze politiche ed economiche, non considera il *bilancio ecologico* di lungo periodo.

Ciò significa che azioni distruttive, ma convenienti nel breve periodo a persone, imprese o anche collettività, possono essere attuate anche in presenza di danni ecologici assai rilevanti nel lungo termine.

Quando questi ultimi non si limitano a certe località o regioni o gruppi sociali, ma hanno effetti che minacciano la vita dell'intero pianeta, dagli *squilibri locali* che potevano facilmente essere ignorati o sottovalutati si passa a squilibri *globali*, di fronte ai quali anche i soggetti in posizione dominante sono costretti a correre ai ripari. Negli ultimi vent'anni l'economia mondiale è ormai entrata in questa fase.

Di conseguenza quello ecologico è diventato uno degli aspetti più rilevanti e inquietanti della *globalizzazione*. La sua soluzione dipende ormai non solo da politiche locali o statali, più o meno avanzate, ma soprattutto da accordi internazionali, che assicurano il rispetto di certe norme da parte di tutti i paesi.

Tra i danni ecologici apportati all'ambiente gli *inquinamenti* sono quelli più evidenti, in quanto rientrano ormai nell'esperienza quotidiana della gente.

Nelle società primitive tutti gli scarti e i residui prodotti dagli uomini, come dagli altri animali, rappresentavano un anello della catena alimentare o del ciclo dell'azoto ed erano perciò riciclati completamente. Con le prime concentrazioni urbane e poi con l'avvento delle industrie e della civiltà dei consumi, non soltanto aumentò moltissimo la quantità di rifiuti prodotti, ma molti di essi divennero *non riciclabili naturalmente*, ad esempio gran parte delle materie plastiche.

Il fenomeno ha risvolti geografici inquietanti: molto spesso le immissioni inquinanti vengono diffuse attraverso la circolazione naturale delle correnti atmosferiche, di quelle marine e dei fiumi, sono perciò particolarmente dannosi gli inquinamenti *dell'aria e dell'acqua.*

Le attività umane riversano nell'atmosfera sostanze, sotto forma di particelle o di gas, che ne alterano la composizione. Queste sostanze, infatti, possono determinare nell'ambiente una serie di *reazioni a catena* il cui risultato ultimo non è prevedibile. Particolarmente pericolose sono le particelle solide minute derivate dalla incompleta combustione di carburanti oppure da polveri che prendono il nome di *polveri sottili*, presenti nell'atmosfera di molte grandi città.

Un'altra risorsa fondamentale per la vita, minacciata dall'inquinamento, è *l'acqua*. Come è detto nella Carta europea dell'acqua « L'acqua non ha frontiere. Essa è una risorsa comune la cui tutela richiede la cooperazione internazionale ». Mentre crescono i bisogni di acqua, gli inquinamenti tendono a ridurne la disponibilità.

Le principali *alterazioni irreversibili* dell'ecosistema a scala globale sono la riduzione delle risorse naturali e della biodiversità.

La sopravvivenza della specie umana è legata alle risorse naturali presenti nel geosistema (suoli agrari, flora, fauna, giacimenti minerari ecc.), che pertanto devono essere utilizzate senza determinarne la sparizione.

Lo sfruttamento delle *materie prime minerarie*, assai limitato nelle società preindustriali, è aumentato enormemente nell'ultimo secolo. Nell'economia capitalistica si tratta di un processo cumulativo che si autoalimenta: un aumento di produzione aumenta la capacità di investimento e di consumo e ciò richiede nuove produzioni, con un aumento del consumo di materie prime e di fonti di energia.

L'eccessivo sfruttamento delle risorse naturali non rinnovabili è un *problema* di tipo ecologico, che coinvolge non soltanto i paesi industrializzati, principali consumatori, ma l'intero geosistema. Infatti se il livello dei consumi dei paesi industrializzati dovesse diffondersi a tutto il mondo, già oggi le risorse esistenti sarebbero insufficienti. Il problema nasce della diversa *scala temporale* degli eventi quelli legati ai tempi economici e quelli legati ai tempi geologici (vedi paragrafo 3.2), che in questo caso determina una alterazione irreversibile del geosistema.

Tra le alterazioni dell'ecosistema che superano la soglia della reversibilità vi è inoltre la perdita di diversità biologica o *biodiversità*. Un'elevata biodiversità è una ricchezza in termini generali per il fatto che accresce le probabilità di durata della vita sulla Terra e in termini economici perché le possibilità di utilizzo delle risorse rinnovabili vegetali e animali dipendono dalla ricchezza e varietà del patrimonio genetico disponibile, cioè in definitiva dalla biodiversità. Le specie si estinguono anche per cause naturali; tuttavia si calcola che l'attuale tasso di estinzione, dovuto all'alterazione degli ambienti naturali, sia tra 1.000 e 10.000 volte più rapido di quello naturale.

Scheda 3.2 – La desertificazione

Un esempio di alterazione dell'ambiente, reversibile in tempi geologici, ma irreversibile alla scala dei tempi storici ed economici (vedi paragrafo 3.2) è la desertificazione.

Il fenomeno della *desertificazione* consiste nella perdita di fertilità e conseguente trasformazione in deserti di vaste estensioni di terreno situate in zone aride e coinvolge oggi 100 paesi, per un totale di 900 milioni di persone; secondo stime recenti colpisce un'area di circa 1,2 miliardi di ettari, cioè approssimativamente la superficie della Cina e dell'India messe insieme e il processo sembra in fase di accelerazione.

Essa determina un avanzamento dei deserti a scapito delle zone limitrofe, i cui terreni, privi di acqua, diventano inutilizzabili per l'agricoltura e il pascolo. Ma può anche verificarsi lontano dai deserti veri e propri, in terre semiaride, localizzate nelle parti centrali dei continenti, dove non giungono i venti umidi provenienti dal mare. A causa della desertificazione ogni anno circa 12 milioni di ettari si degradano al punto da non essere più utilizzabili. Il 40% è rappresentato da campi coltivati che perdono lo strato fertile in cui sono contenute le sostanze nutritive, il resto da pascoli troppo sfruttati in cui l'erba non cresce più. Le zone più colpite dalla desertificazione sono i paesi del Sud del mondo. Sono anche i paesi più poveri, con un'economia essenzialmente agricola, spesso già afflitti da carenze alimentari.

La desertificazione può avvenire per cause naturali, principalmente per cambiamenti climatici. Tuttavia in questo caso si tratta di variazioni lente, che determinano cambiamenti ambientali nell'arco di centinaia di anni.

Con l'intervento dell'uomo i processi di inaridimento del suolo e del suo degrado si sono accelerati enormemente, con conseguenze devastanti anche nell'arco di pochi anni. Tre sono le essenzialmente le cause antropiche del fenomeno, tutte aggravate dalla densità di popolazione: lo sfruttamento agricolo troppo intenso, il disboscamento e il sovrapascolamento.

La più vasta area soggetta a desertificazione è quella a Sud del Sahara, che comprende la regione del Sahel, nell'Africa centro-occidentale, il Sudan e l'Etiopia.

Fasi di avanzamento e lento arretramento del deserto si erano verificate anche in passato, ma negli ultimi trent'anni la desertificazione avanza con ritmi accelerati.

Interventi per frenare la desertificazione sono possibili. Un intervento con esito positivo si ebbe in Sardegna, nella penisola del Sinnis, a nord del golfo di Oristano; questa zona pianeggiante, esposta ai venti del Mediterraneo, verso gli anni Cinquanta correva un serio pericolo di desertificazione, causata dall'eccesso di pascolo. Il processo fu arrestato inducendo i pastori a spostarsi più all'interno dell'isola, sugli altipiani centrali meno esposti all'azione del vento.

3.5 L'impronta ecologica

Per valutare correttamente il problema dei consumi diseguali delle varie parti del mondo, si ricorre a vari metodi di calcolo, tra i quali è particolarmente efficace è quello dell'*impronta ecologica.*

Si tratta, in pratica di calcolare l'area del «*fattore terra*», cioè di terra produttiva (campi coltivati, pascoli, foreste, sottosuolo) e di mare necessaria ad una persona (o ad una città, o all'intera umanità), per produrre tutte le risorse che consuma e per assorbire i rifiuti che produce.

Per valutare i consumi di un paese si aggiungono alle sue produzioni interne le

Fig. 3.5 – Distribuzione mondiale del rischio di desertificazione secondo Bethemont (1987): 1) aree desertiche; 2) regioni soggette a processi di desertificazione avanzata; 3) processi di desertificazione avviati

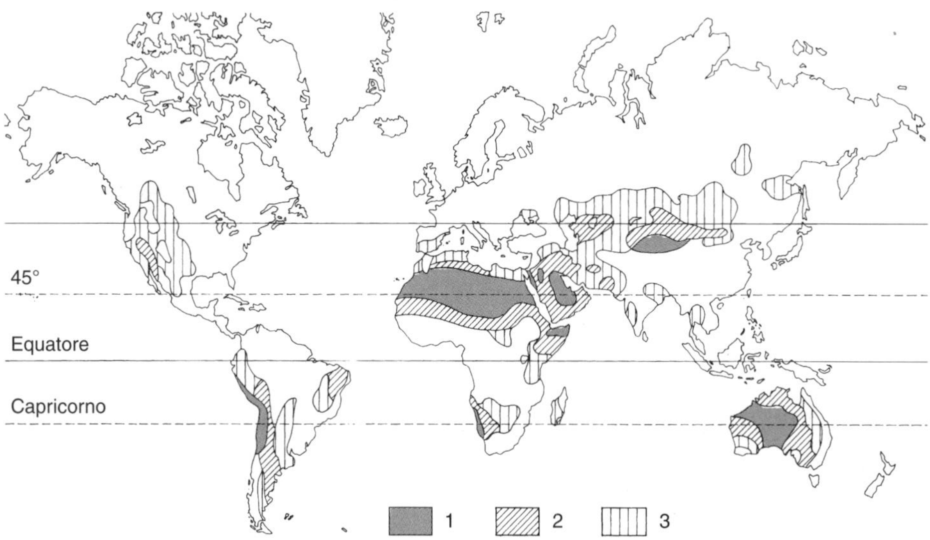

importazioni e si sottraggono le esportazioni. Per il bilancio energetico si tiene conto dell'energia prodotta localmente e di quella consumata. Se una popolazione utilizza risorse di altre parti del mondo e inquina aree esterne al suo territorio, la sua impronta ecologica è vasta come tutte le aree di cui si serve.

Il risultato, diviso per il numero di abitanti di un paese fornisce l'impronta ecologica media di quella popolazione, che viene poi confrontata con la terra produttiva pro-capite disponibile nel paese stesso.

L'impronta ecologica viene espressa in «*unità di area*», corrispondenti a quanto si può produrre in media con un ettaro di terreno.

Il grafico della figura 3.6 mostra come l'impronta ecologica a livello mondiale nel secolo XX sia stata in continuo aumento.

Come si può vedere dalla figura 3.7 esiste inoltre una forte differenza nell'impronta ecologica dei vari paesi del mondo: ancora una volta la principale differenza è tra i Paesi del Nord e quelli del Sud del mondo. Alle impronte superiori alle 5 unità dell'America anglosassone, di quasi tutti i paesi dell'Europa e dell'Australia, fanno infatti riscontro valori al di sotto di 1,5 unità di gran parte dei paesi africani e di alcuni sudamericani e dell'Asia meridionale.

In Italia, come si vede dalla tabella 3.1, l'impronta ecologica è di 3,8 unità per

Fig. 3.6 – Evoluzione dell'impronta ecologica mondiale

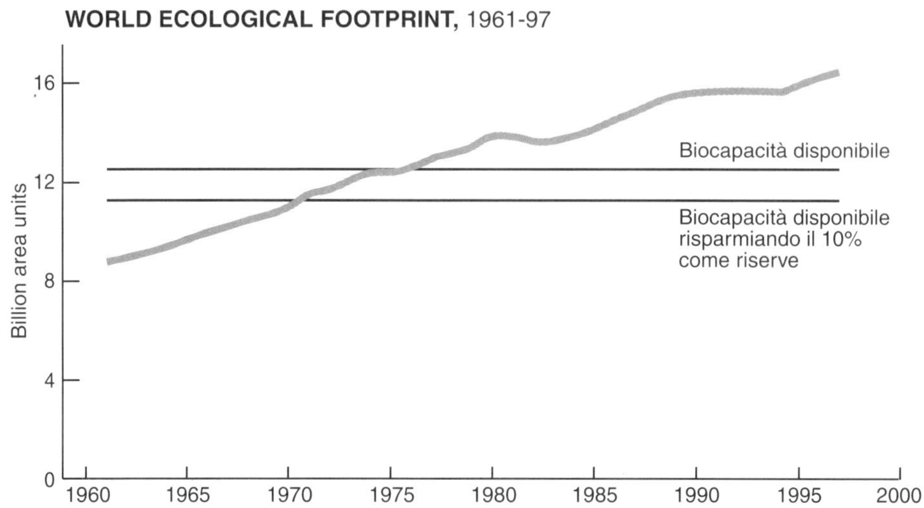

Fonte: Living Planet Report 2000

Fig. 3.7 – L'impronta ecologica per Paese 1999

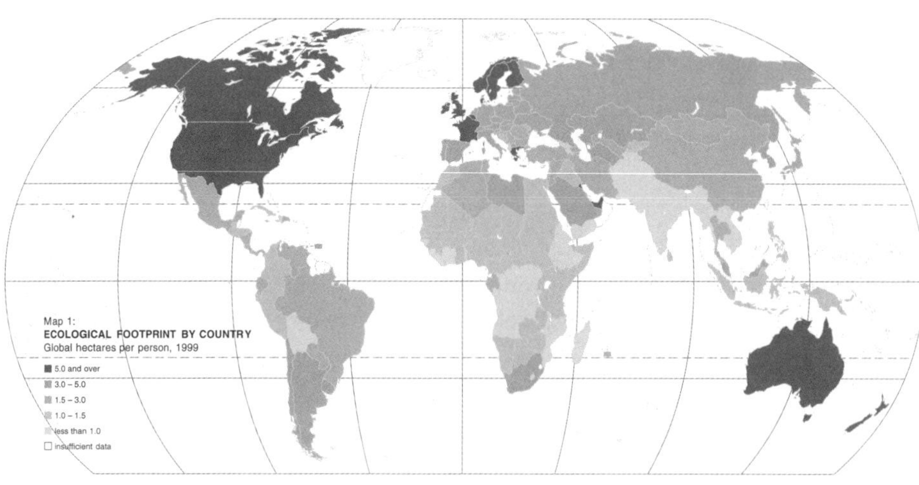

Fonte: WWF 2000

Tab. 3.1 – L'impronta ecologica dell'Italia, dell'India e dell'Angola confrontata con la terra produttiva (in «unità di area» per abitante)

	Italia	*India*	*Angola*
Impronta ecologica	3,8	1,8	0,82
Terra produttiva	1,06		
	0,74	2,74	
Differenza tra consumi e risorse interne	–3,59	–0,32	+1,92

abitante, contro una disponibilità di terra produttiva di 1,06. Questo vuol dire che ogni italiano consuma in media il prodotto di 3,8 ha, pur avendone a disposizione solo 1,3.

Consumiamo perciò circa tre volte quello che ci spetterebbe e il deficit lo colmiamo con le importazioni, come gli altri paesi ricchi, scegliendo preferibilmente quelle a basso costo dei paesi del Sud del mondo, come l'Angola, che hanno impronte ecologiche che non superano le loro disponibilità. Questi ultimi invece, sono costretti dalla povertà a limitare i loro consumi, come si vede dal confronto tra l'Italia, l'India e l'Angola.

3.6 L'effetto serra e il cambiamento climatico globale

Come è stato detto il geosistema è un insieme di oggetti e di fenomeni legati tra loro da flussi di materia ed energia, che funzionano come un unico sistema, nell'ambito del quale un'azione locale può avere ripercussioni sull'intero pianeta.

Con la globalizzazione questo fatto, ben noto da tempo per quello che riguarda l'ambiente fisico, vale anche in campo economico e sociale. Gli esempi di danni ambientali locali che si ripercuotono a grandi distanze non sono rari: uno classico è quello delle piogge acide, oppure l'inquinamento delle acque di un fiume, prodotto talvolta da una sola fabbrica, che può trasmettersi a distanza, fino a inquinare le acque marine.

L'opinione pubblica dei paesi industrializzati, in particolare dell'Europa, fu messa drammaticamente di fronte alla realtà di un mondo che funzionava come un unico sistema, quando il 28 aprile 1986 il reattore nucleare n. 4 della centrale di Černobyl, una cittadina russa situata nell'Ucraina settentrionale, presso il confine con la Bielorussia, entrò in avaria e una gran quantità di particelle di materiale radioattivo si disperse nell'aria e fu disseminata per un raggio di 1.500 km. I morti furono qualche decina, tutti nella zona intorno alla centrale; più di 150.000 persone furono esposte all'azione dallo iodio radioattivo e negli anni successivi l'incidenza del cancro alla tiroide, tra le persone che vivono nelle zone contaminate, fu dalle 5 alle 10 volte superiore del normale. Inoltre, le radiazioni portate dal vento, si diffusero negli altri paesi europei, diffondendo preoccupazione e paura.

Lo squilibrio ambientale che crea le maggiori preoccupazione a *livello globale* e che attualmente viene più studiato è quello dell'*effetto serra*, che deriva dall'aumento della temperatura dell'atmosfera a causa della crescita percentuale di alcuni gas, in particolare dell'anidride carbonica (CO_2). Com'è noto sono i raggi solari che forniscono calore alla Terra; in assenza di atmosfera i raggi, riflessi dalla superficie terrestre, disperderebbero la loro energia nello spazio e il nostro pianeta sarebbe molto freddo (si calcola che in assenza di atmosfera la temperatura media terrestre raggiungerebbe i –19 °C). Alcuni gas contenuti nell'atmosfera ostacolano la riflessione, funzionano cioè come i vetri che ricoprono una serra e vi trattengono il calore. Di qui l'espressione « effetto serra » per indicare quel fenomeno naturale per cui i gas dell'atmosfera fanno salire la temperatura media della Terra intorno al valore di 15 °C. Ma un aumento eccessivo di tali gas tende a fare aumentare la temperatura terrestre in maniera anomala, con conseguenze gravissime. I cambiamenti climatici legati all'effetto serra indotto dall'aumento di alcuni gas nell'atmosfera, sono studiati dal 1988 dall'IPCC (*Intergovernmental Panel on Climate Change*), che ha messo in evidenza in primo luogo la stretta relazione esistente tra attività umana e concentrazione di gas serra (in particolare di CO_2, la cui produzione è principalmente legata alla combustione di carburanti fossili e agli incendi boschivi) e in secondo luogo la relazione tra incremento delle concentrazioni di tali gas e aumento della temperatura.

I danni derivanti dal surriscaldamento del pianeta possono essere di diverso tipo. Tra i più gravi: la fusione dei ghiacci polari, con conseguente innalzamento del livello dei mari; la deviazione delle grandi correnti marine, con alterazioni climatiche rovinose per alcune aree continentali (per esempio l'Europa nord-occidentale ora riscaldata dalla corrente del Golfo; l'aumento dei fenomeni estremi (siccità, inondazioni, cicloni ecc.)

In conclusione: se un tempo le preoccupazioni per l'ambiente e gli interventi a sua difesa si situavano soprattutto a livello locale, oggi si ritiene che per dare una risposta adeguata al mutamento ambientale, i cambiamenti nel modo di produrre e di consumare devono investire l'intero pianeta e l'intera società umana.

3.7 Lo sviluppo sostenibile

L'espressione sviluppo sostenibile fu usata per la prima volta in forma ufficiale e proposta al mondo intero dal rapporto *Our Common Future* della *Commission on Environment and Development* dell'ONU (noto come rapporto *Brundtland*, dal nome del presidente della commissione); in quell'occasione fu così definita: « Per sviluppo sostenibile si intende uno sviluppo che soddisfi i bisogni del *presente* senza compromettere la capacità delle *generazioni future* di soddisfare i propri ».

Questa definizione implica due concetti chiave: quello della soddisfazione dei bisogni estesa a tutti gli abitanti della Terra, in particolar modo ai più poveri, e quello della responsabilità verso i posteri, ai quali bisogna poter consegnare uno stock di riserve adeguato e un ambiente senza gravi squilibri.

Implica inoltre un concetto di sviluppo che tenga conto non soltanto del reddito economico e della quantità di beni prodotti, ma anche della qualità dell'ambiente e quindi della qualità della vita, che comprende le condizioni sanitarie, culturali e sociali in genere della popolazione.

Partendo da questo concetto di sviluppo, uno sviluppo sostenibile si basa su tre principi fondamentali: dell'integrità dell'ecosistema, dell'efficienza economica e dell'equità sociale.

L'integrità del sistema consiste nel mantenere il geosistema e gli ecosistemi integri, non soltanto limitando prelievi ed emissioni inquinanti, ma evitando ogni alterazione irreversibile. Si tratta cioè di non alterare la capacità degli ecosistemi di mantenersi in equilibrio reagendo alle sollecitazioni che gli provengono dall'esterno.

Il concetto di *efficienza economica* va inteso in senso ecologico, cioè considerando non soltanto i costi e i vantaggi immediati connessi con l'uso delle risorse e dell'ambiente, ma anche quelli a lungo periodo. In altre parole è efficiente un sistema economico che garantisce il massimo della produzione e di consumi compatibili con gli equilibri ecologici, permettendo di mantenere costanti nel tempo le potenzialità dell'ambiente; al contrario è considerato inefficiente un sistema economico che produce in perdita, ossia che dà profitti distruggendo però progressivamente il capitale Terra.

Infine *l'equità sociale* va riferita a due scale temporali, quella *intragenerazionale* (cioè all'interno di ogni comunità umana in un determinato momento storico) e *intergenerazionale* (cioè riferita alle generazioni future). L'equità intragenerazionale consiste nella possibilità di accedere alle risorse, come equa distribuzione dei redditi, ma anche come diritto di ogni persona alla propria cultura, religione, idea politica. Quella intergenerazionale nell'operare senza precludere alle generazioni future la fruizione dell'ecosistema e delle sue risorse, « almeno nella stessa misura e negli stessi termini con cui ne fruiscono le presenti generazioni » (Vallega, 1994).

Benché in generale la necessità di uno sviluppo sostenibile sia ormai accettata da quasi tutti, il modo di intendere la sostenibilità varia molto, soprattutto tra quanti hanno pieno accesso alle risorse (i paesi più avanzati economicamente) e tendono a mantenere i loro consumi alti, pur cercando di limitare gli sprechi e i danni ambientali, e quanti invece non sono in grado di fruirne (i paesi economicamente più arretrati) che vorrebbero che i consumi dei ricchi venissero ridotti.

Alla base del concetto di sostenibilità sta il principio di lasciare alle generazioni future opportunità e qualità della vita non inferiori a quelle ereditate. Tuttavia esistono due interpretazioni di tale principio: secondo la prima, che viene definita di *sostenibilità debole*, esisterebbe una possibilità di sostituzione tra capitale naturale e capitale prodotto dall'uomo; ogni generazione cioè potrebbe impoverire gli ambienti naturali, purché compensi tale degrado accrescendo il valore e la qualità dell'ambiente prodotto artificialmente (per esempio le città). La seconda, invece, definita di *sostenibilità forte*, ritiene che si debba lasciare alle generazioni future, l'intero stock di capitale naturale, che non può essere sostituito da quello artificialmente prodotto dall'uomo.

3.8 Le forme della sostenibilità

Il concetto di sostenibilità, quale va emergendo dalle discussioni tra le diverse posizioni più o meno radicali, è molto ampio. Schematizzando, si possono individuarne i seguenti aspetti, tutti presenti nell'idea di sviluppo sostenibile.

Sostenibilità ambientale. Prende in considerazione primariamente l'integrità dell'ecosistema terrestre e la qualità dell'ambiente, intesa come bene che concorre a migliorare la qualità della vita e quindi lo sviluppo. La qualità dell'ambiente deve essere pertanto difesa dagli inquinamenti e dall'emissione di rifiuti, rispettandone la possibilità di carico, cioè la possibilità di smaltirli o assorbirli senza danni. Per realizzare questa difesa è necessario da un lato ridurre la mole dei rifiuti, evitando gli sprechi e utilizzando tecniche acconce, e dall'altro favorire lavorazioni e produzioni « pulite ».

Sostenibilità economica. Consiste nel perseguire l'efficienza economica attraverso un'attenta gestione delle risorse, intese come materie prime, in modo da non giungere a un loro esaurimento non soltanto a breve termine, ma anche in vista delle generazioni future. In secondo luogo in uno sviluppo che regoli investimenti e lavoro in vista di una equità intragenerazionale, sostenibile nel lungo periodo.

Sostenibilità demografica. Strettamente legata alla sostenibilità economica, prende in considerazione la « capacità di carico » di ciascun territorio in relazione alla popolazione, che consiste nel numero di abitanti a cui è in grado di offrire un livello di vita equo.

Sostenibilità sociale. Non si può parlare di sviluppo in presenza di diseguaglianze nella distribuzione del reddito e nelle condizioni di vita. Essa si basa quindi sul concetto di equità sociale come principio etico ed anche economico, in quanto le diseguaglianze sociali portano a conflitti di vario genere, che riducono la ricchezza complessiva disponibile. L'equità sociale va perseguita sia all'interno dei singoli paesi sia su scala mondiale e, in proiezione, va prevista per le generazioni future, alle quali non dobbiamo lasciare un pianeta impoverito di risorse.

Sostenibilità geografica. Consiste nell'evitare gli squilibri territoriali nella distribuzione della popolazione, degli insediamenti umani, delle attività economiche, dello sfruttamento del suolo e delle risorse. Fa parte della sostenibilità geografica la difesa della *biodiversità*, intesa come stock di materiale genetico presente nelle diverse regioni della Terra e la difesa degli ambienti di particolare interesse naturalistico.

Sostenibilità culturale. Lo sviluppo non deve avvenire lungo un'unica direttrice, ma deve essere commisurato alle necessità e ai mezzi delle singole culture, delle quali vanno preservate le peculiarità. Di fronte ai processi omologanti sul piano culturale, linguistico e dei modi di vita, legati alla « globalizzazione » dell'economia in atto, le particolarità locali rappresentano infatti serbatoi di « diversità » e insieme luoghi di identità collettiva che vengono visti sempre più come risorse e valori da conservare (Segre, Dansero, 1996).

Scheda 3.3 – Il Millennium Ecosystem Assessment

Nel mese di marzo del 2005 è stato diffuso il rapporto *Millennium Ecosystem Assessment* (MEA), frutto di cinque anni di lavoro di 1.360 esperti di tutto il mondo, che contiene il più ampio e completo compendio delle conoscenze disponibili sullo stato dell'ambiente e il declino degli ecosistemi mai pubblicato.

Oltre all'ingente mole di dati e notizie, il rapporto si caratterizza soprattutto per due punti: nel misurare gli ecosistemi in termine di *servizi* che essi offrono all'umanità (vedi par. 3.2) e nel suggerire *prospettive politiche* volte a migliorare la situazione esistente, o almeno a non peggiorarla.

I servizi che gli ecosistemi offrono all'umanità vengono divisi in *beni materiali di base* (cibo, acqua, legno, fibre, carburante ecc.), servizi *di regolazione* (del clima, del ciclo delle acque, di protezione da eventi catastrofici ecc.), servizi *culturali* (bellezze paesaggistiche, luoghi di svago ecc.), servizi *di mantenimento* (formazione dei suoli, fotosintesi, ciclo della materia).

L'utilizzo da parte degli uomini di questi servizi ha reso possibile nei secoli un aumento della popolazione (vedi capitolo 4) e contemporaneamente un constante miglioramento delle condizioni di vita, nei consumi di cibo, acqua, legno, fibre e combustibili e inoltre ha permesso un notevole sviluppo economico. L'aumento del benessere e lo sviluppo economico sono stati resi possibili dal buon funzionamento degli ecosistemi, ma hanno comportato dei *costi ambientali*.

Normalmente tali costi non vengono presi in considerazione quando si calcolano i bilanci economici dei singoli paesi, ma qualora se ne tenesse conto, tali bilanci verrebbero molto modificati, specialmente per le economie più dipendenti dalle risorse naturali. È il caso di paesi come l'Equador, l'Etiopia, il Kazakhstan, il Congo, l'Uzbekistan e il Venezuela, che nel 2001 hanno avuto una crescita economica positiva, ma avrebbero invece un bilancio negativo se si tenesse conto del consumo di risorse naturali, quali le foreste e l'energia, e dei danni all'ambiente, causati dalle emissioni di anidride carbonica.

I costi ambientali, legati all'aumento della popolazione mondiale ed alle nuove tecnologie della produzione (vedi par. 3.2), sono rappresentati dal *degrado* di alcuni ecosistemi, dall'aumento dei rischi di *cambiamenti irreversibili*, nella perdita di *biodiversità* e anche dei *costi sociali*, come l'aumento della povertà di alcune popolazioni (per esempio le popolazioni che vivono nelle aree in via di desertificazione, vedi scheda 3.2). Il principale pericolo inoltre, secondo il rapporto, consiste nel *cambiamento del clima* (legato come si è visto all'immissione nell'ambiente dei gas serra) che è la principale causa della perdita di biodiversità e di cambiamenti negli ecosistemi a *scala globale*.

Il rapporto mette inoltre in evidenza come il degrado ambientale tende ad aumentare entro i prossimi cinquant'anni, per cui si rende indispensabile *interrompere o modificare* certi interventi sull'ambiente, particolarmente rischiosi: la conversione di nuove terre all'agricoltura, l'eccessivo sfruttamento del patrimonio ittico, l'immissione di nuove specie negli ecosistemi, le immissioni nell'atmosfera di gas serra.

Il MEA afferma che non è troppo tardi per arrestare i processi di degrado degli ecosistemi, ma è necessario che siano introdotti *grandi cambiamenti* in termini di *comportamenti, scelte politiche e tecniche*. I mezzi ci sarebbero, grazie ai *ritrovati della scienza*, alle *nuove tecnologie*, ma anche ai *saperi tradizionali*.

«È necessario portare la salvaguardia degli ecosistemi a tutti i livelli» è l'affermazione conclusiva. In questa ottica oltre a cercare di «indicare la strada» ai *gover-*

Fig. 1 – Stima della quantità di pescato 1950-2001

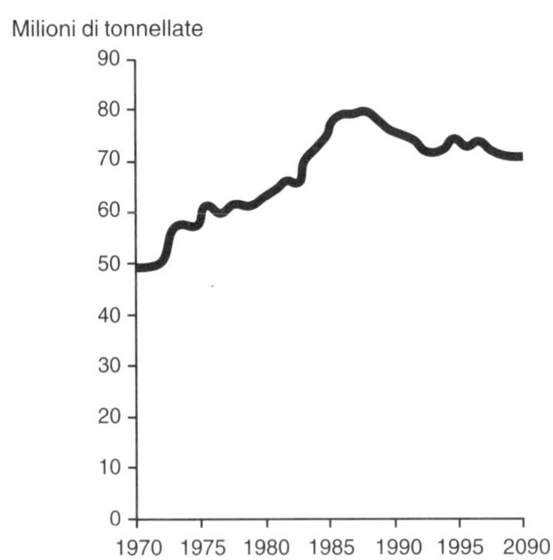

Fonte: Millennium Ecosystem Assessment

Fig. 2 – Declino del pescato

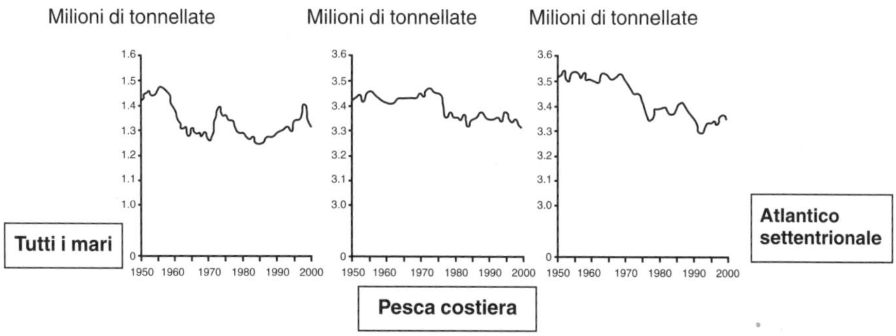

Fonte: Millennium Ecosystem Assessment

La pesca è un bell'esempio di impoverimento dell'ecosistema. La figura 1 rappresenta una stima dell'evoluzione del pescato negli ultimi trent'anni del secolo passato. Come si può vedere ad un aumento costante durato fino agli anni Ottanta ha fatto seguito un calo, dovuto alla riduzione della fauna ittica. L'impoverimento maggiore si è avuto nell'Atlantico settentrionale, che è il mare attualmente più battuto dalla pesca con mezzi tecnologicamente avanzati.

Fig. 3 – Il collasso della pesca lungo la costa orientale del Canada

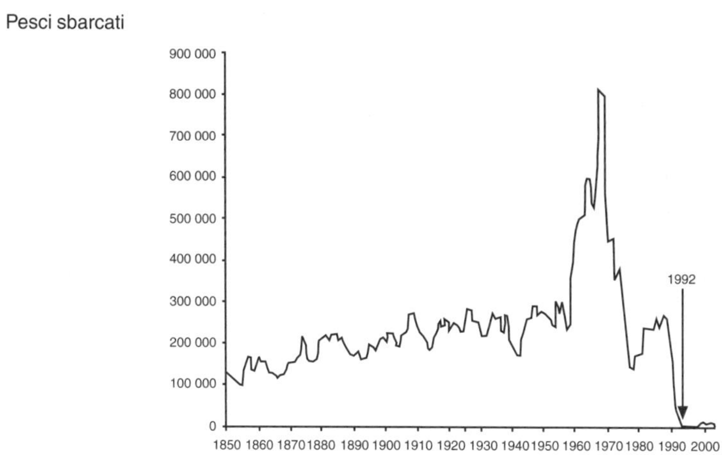

Fonte: Millennium Ecosystem Assessment

Per circa un secolo (1850-1950) la pesca di queste acque è stata effettuata in modo artigianale dalle popolazioni costiere, con piccole imbarcazioni e la quantità di pescato era relativamente modesta, oscillante di anno in anno senza mai superare le 300.000 t. A partire dalla metà del secolo scorso, con l'entrata in funzione di grandi navi con moderne attrezzature per la pesca si ebbe un rapido e forte incremento di questa attività, che portò la quantità di pesce tolto all'ecosistema a 800.000 t ed a una conseguente riduzione della biomassa. Negli anni successivi si ebbe un rapidissimo collasso; la dichiarazione da parte del Canada di una zona esclusiva di pesca non bastò a arrestare il declino e, dopo un debole aumento, nel 1990 si ebbe un tale calo che nel 2023 la pesca fu completamente proibita.

ni, il rapporto afferma che oltre a valutare il degrado e intervenire a scala globale, è indispensabile coinvolgere le *comunità locali*, che sono in grado di conoscere e quindi proteggere gli ecosistemi legati al loro territorio, anche ricorrendo alle conoscenze pratiche accumulate nel tempo.

Una valutazione dei problemi ambientali a livello globale infatti non può tener conto dei problemi e delle necessità di intervento al livello nazionale o delle comunità locali, in quanto qualsiasi intervento su un ecosistema va calibrato sulle sue caratteristiche e delle necessità in esso presente. D'altra parte una valutazione dei problemi ambientali focalizzata su un solo ecosistema o una sola nazione risulta limitata, in quanto molti processi sono globali e inoltre le risorse naturali (cibo, acqua ecc.), i servizi, i materiali e l'energia vengono quasi sempre scambiati tra le regioni. Pertanto tutti gli interventi vanno effettuali tenendo conto delle valutazioni alle *diverse scale*.

3.9 L'industria «ecologica»

Il degrado ambientale causato dall'eccesso di *prelievi e immissioni* da e nell'ambiente, ha dato luogo al nascere di un nuovo mercato e di nuove attività economiche.

In primo luogo, infatti, le risorse naturali, anche quelle che un tempo erano ritenute beni estranei al mercato, sono diventate « merci ». Nel 1776 Adam Smith poteva affermare: « Nulla è più utile dell'acqua, ma difficilmente con essa si comprerà qualcosa, difficilmente se ne può avere qualcosa in cambio ». Oggi nessuno si sentirebbe di confermare queste parole. Infatti non soltanto l'acqua è divenuta bene prezioso, venduto, acquistato e spesso conteso, ma in quanto « non inquinata », dà luogo a uno nuovo tipo di produzione e commercio. Si è creato cioè un nuovo mercato di *beni ecologici*, come le acque minerali, frutta e verdura di *agricoltura biologica* e anche abitazioni lontane dall'inquinamento cittadino e dal rumore.

Le nuove *attività economiche* legate all'ecologia o *ecobusiness*, sono finalizzate a riparare i danni apportati agli ecosistemi. Il loro campo d'azione varia dallo smaltimento dei rifiuti, al disinquinamento di aria, acqua e terreni e hanno sviluppate tecnologie specifiche per la decontaminazione e la protezione dell'ambiente;

oltre ad essere in forte espansione esse sono ormai indispensabili, soprattutto nei paesi industrializzati.

Tali tecnologie, pur contribuendo a limitare una parte dei danni ambientali, hanno tuttavia come effetto perverso una tendenza a *perpetuarsi* delle distruzioni ambientali, sia come condizione generale per il mantenimento della domanda di ripristino ambientale, sia come conseguenza dello sviluppo dell'industria *ecologica*: da un lato le attività economiche inquinano l'ambiente, dall'altro si ricorre all'industria per disinquinare o per proteggersi dai danni provocati. Ad esempio, la costruzione e l'uso di un depuratore, per rimediare all'inquinamento delle acque, provoca un nuovo consumo di materie prime per la costruzione degli impianti, di energia per il loro funzionamento, in un circolo vizioso, secondo il quale per porre rimedio ad un'alterazione dell'ecosistema se ne producono altre.

3.10 Sostenibilità: interventi a livello globale e locale

La prima *conferenza mondiale* delle Nazioni Unite sui problemi dell'ambiente si tenne a Stoccolma nel 1972. Si trattava di una conferenza voluta e organizzata prevalentemente dai paesi sviluppati, che si erano resi conto che il *degrado ambientale* derivante da uno sviluppo incontrollato stava diventando insostenibile. Il problema più trattato fu pertanto quello dell'inquinamento, che rivelò il contrasto tra i paesi industrializzati e quelli del Sud del mondo: i primi volevano porre un freno agli inquinamenti e ai danni all'ambiente in genere, e chiedevano ai secondi di adottare anch'essi misure adeguate (per esempio arrestare la deforestazione), senza tener conto che essi stessi, con il loro tipo di sviluppo, avevano provocato i maggiori danni nel pianeta. Nel contempo, i paesi meno avanzati si vedevano chiedere sacrifici avendo contribuito in minima parte agli squilibri e senza averne avuto particolari vantaggi. Inoltre la maggior parte dei paesi partecipanti vedeva con preoccupazione i costi legati alle misure da adottare per la protezione ambientale, che si volevano ridotte perciò al minimo.

Nel complesso prevalse il concetto della *riparazione* piuttosto che della *prevenzione*. La conferenza si concluse con la creazione della commissione *United Nations Environment Program* alla quale tuttavia fu concessa poca autonomia decisionale.

A vent'anni di distanza dalla conferenza di Stoccolma, quella di Rio de Janeiro (1992) mise in evidenza la necessità di ripensare a quale poteva essere un tipo di sviluppo che permettesse *l'accesso alle risorse* da parte di tutti i popoli e una riduzione degli squilibri ecologici ed economici a livello internazionale.

Sia nella fase preparatoria sia nel corso della conferenza si approfondì il contrasto tra i paesi del Nord del mondo, la cui preoccupazione maggiore consisteva ancora una volta nell'evitare squilibri ambientali e inquinamenti, e quelli del Sud del mondo che non volevano vedersi imporre sacrifici prima ancora di aver raggiunto livelli economici e di vita soddisfacenti. Scopo principale dei lavori fu di definire quale poteva essere uno *sviluppo sostenibile* a *livello planetario* e quali dovevano essere i tipi di comportamento e i compiti dei diversi paesi nel perseguirlo. Ai paesi più ricchi sarebbe toccato il compito di aiutare finanziariamente quelli più poveri, purché questi ultimi avessero adottato misure di protezione ambientale. Nel contempo gli stessi paesi industrializzati avrebbero dovuto accettare di riconvertire il loro processo produttivo in una prospettiva di rispetto ambientale.

La conferenza si concluse con la stesura dell'*Agenda* 21, documento che contiene il programma d'azione del XXI secolo nei riguardi dell'ambiente. L'Agenda illustra i principali problemi per i quali è necessaria un'azione comune a livello internazionale:

- i consumi;
- la distribuzione del reddito;
- la sostenibilità dell'agricoltura nei paesi ad economia commerciale e nel Sud del mondo;
- la protezione delle foreste;
- la conservazione del patrimonio genetico;
- gli aiuti ai paesi più poveri;
- la gestione delle acque;
- la regolazione delle emissioni gassose (in particolare la CO_2) che influiscono sul clima ecc.

Si tratta di un documento di grande importanza perché, oltre ad illustrare la situazione attuale di ogni singolo problema, indica anche come affrontarlo e con quali mezzi. Il suo limite sta nel fatto che non esiste nessun obbligo preciso e nessuna sanzione per i paesi che non lo applicano, anche se tutti i suoi sottoscrittori si sono impegnati a elaborare a livello nazionale un'Agenda analoga. A seguito della conferenza mondiale e della diffusione dell'Agenda numerosi sono stati i convegni e i dibattiti a livello regionale, nazionale, internazionale. Tra questi assunse particolare importanza la conferenza della Convenzione sul Clima, tenutasi a Kyoto nel dicembre 1997 conclusasi con la stesura del *protocollo di Kyoto*, con quale i paesi firmatari si impegnavano a ridurre l'emissione dei principali «gas serra».

Il documento, che prevedeva, per la sua entrata in vigore la ratifica da parte di almeno 55 dei paesi, all'inizio del 2004 era stato già ratificato da ben 125 paesi. Nel novembre 2004, la ratifica da parte della Russia – che rappresenta il 17,4% delle emissioni – ha fatto superare il minimo del 55%, consentendone, nel febbraio del 2005, l'entrata in vigore. I paesi firmatari sono attualmente 170, e si sono impegnati a ridurre del 5,2%, nell'arco di dieci-dodici anni, le emissioni di CO_2 principale responsabile dell'effetto serra, con quote diverse tra i diversi paesi. L'Ue ha stabilito una riduzione dell'8% e i ministeri europei dell'ambiente hanno distribuito le quote tra i vari paesi; all'Italia tocca una riduzione del 6,5%.

Se la scala globale è quella presa maggiormente in considerazione dai rapporti e dalle conferenze internazionali, la scala locale appare sempre più importante dal punto di vista delle pratiche di intervento, come è stato sottolineato anche dal rapporto MEA (vedi scheda 3.3).

Dal punto di vista geografico si tratta di stabilire cosa si intenda per *scala locale*, cioè di definirla concettualmente ma anche entro certi limiti spazialmente.

Esistono innanzi tutto gli *ecosistemi locali*, intesi come insieme di componenti biotici e abiotici legati tra di loro da una rete di relazioni. Pur essendo aperti rispetto al resto del geosistema, la rete delle relazioni interne permette di individuarne i confini, anche se labili. A questo livello è possibile valutare la situazione ambientale ed anche pianificare alcuni interventi riequilibranti.

Più valido appare tuttavia, sia dal punto di vista geografico che operativo, riferirsi al *territorio locale*, cioè ad un ambiente profondamente trasformato dalla società locale, nel quale le relazioni ecologiche si intersecano con una fitta rete di relazioni materiali e immateriali. In questo caso si prende in esame la sostenibilità di un ambiente non soltanto naturale, ma profondamente umanizzato.

Sia gli ecosistemi locali che quelli territoriali, anche se possono essere definiti spazialmente, sono sempre aperti al globale, cioè all'intero ecosistema terrestre con il quale hanno continui scambi in uscita e in entrata e di questo pertanto deve tener conto ogni valutazione e intervento.

Il riferirsi al territorio piuttosto che agli ecosistemi, appare più produttivo dal punto di vista delle azioni nell'ambito della sostenibilità, in quanto permette di tener conto della complessa rete di *rapporti socio-economici*. Permette inoltre di programmare uno *sviluppo locale* sostenibile, consapevole anche delle esigenze dell'ecosistema.

In questa ottica oggi molti enti locali (Regioni, Province, Comuni) applicano l'*Agenda 21* nella pianificazione territoriale locale.

Letture di approfondimento

BAGLIANI M., DANSERO E., 2003, *Sistemi locali territoriali e sostenibilità ambientale*, IRES, Torino.

BRESSO M., 1993, *Per un'economia ecologica*, NIS, Roma.

DEMATTEIS G., GOVERNA F. (a cura di), 2005, *Territorialità, sviluppo locale, sostenibilità: il modello SLoT*, Franco Angeli, Milano.

HAGGETT P., 2004, *Geografia. L'ambiente globale e gli strumenti del geografo*, Bologna, Zanichelli.

MARTEN G.G., 2002, *Ecologia umana, sviluppo sociale e sistemi naturali*, Edizioni Ambiente, Milano.

ODUM P.E., 2002, *Ecologia. Un ponte tra scienza e società*, Piccin, Padova.

RAPPORTO BRUNDTLAND, 1988, *Il futuro di tutti noi*, Bompiani, Milano.

SEGRE A., DANSERO E., 1997, *Politiche per l'ambiente*, UTET Libreria, Torino.

SHIVA V., 1995, *Monocolture della mente. Biodiversità, biotecnoloogie e agricoltura « scientifica »*, Bollati Boringhieri, Torino.

VALLEGA A., 1990, *Esistenza, società, ecosistema*, Mursia, Milano.

Siti consigliati

www.millenniumassessment.org
www.fao.org
www.globalchange.org
www.panda.org
www.wwf.it

Capitolo 4

La popolazione

4.1 L'esplosione demografica

Si definisce *tasso di crescita* in un dato periodo (di solito un anno) la differenza tra il tasso di natalità (numero di nati ogni 1.000 persone) e il tasso di mortalità (numero di morti ogni 1.000 persone). Quando il numero delle nascite supera il numero delle morti, il tasso di crescita è positivo e la popolazione aumenta.

La popolazione del pianeta ha superato all'inizio del XXI secolo i 6 miliardi di abitanti (6 miliardi e 190 milioni nel 2003), con una densità di 42 ab/km^2. L'umanità è arrivata molto tardi all'attuale livello di popolamento: nel corso dei secoli epidemie, carestie e guerre hanno spesso ridotto drasticamente il numero di abitanti della Terra. La figura 4.1 dà un'idea del ritmo di crescita lento e ineguale registratosi sino alle rivoluzioni agricola e industriale del secolo XVIII; dopo tali eventi il ritmo di incremento iniziò ad accelerare. Raggiunto il primo miliardo all'inizio dell'Ottocento, ci volle circa un secolo per raddoppiare tale numero una prima volta (intorno al 1920) e poco più di 50 anni per raddoppiarlo una seconda volta negli anni Settanta del Novecento. Questo rapido aumento fu detto *esplosione demografica.*

Negli ultimi decenni il tasso di crescita della popolazione mondiale ha cominciato a ridursi: dal 20, 9% della fine degli anni Settanta del XX secolo è sceso 12% all'inizio del XXI. Tuttavia l'*incremento demografico* continua ad essere di quasi 80 milioni di individui all'anno e, secondo le più recenti proiezioni delle Nazioni Unite, si prevede che tale cifra si manterrà pressoché invariata nei primi due de-

Fig. 4.1 – L'esplosione demografica

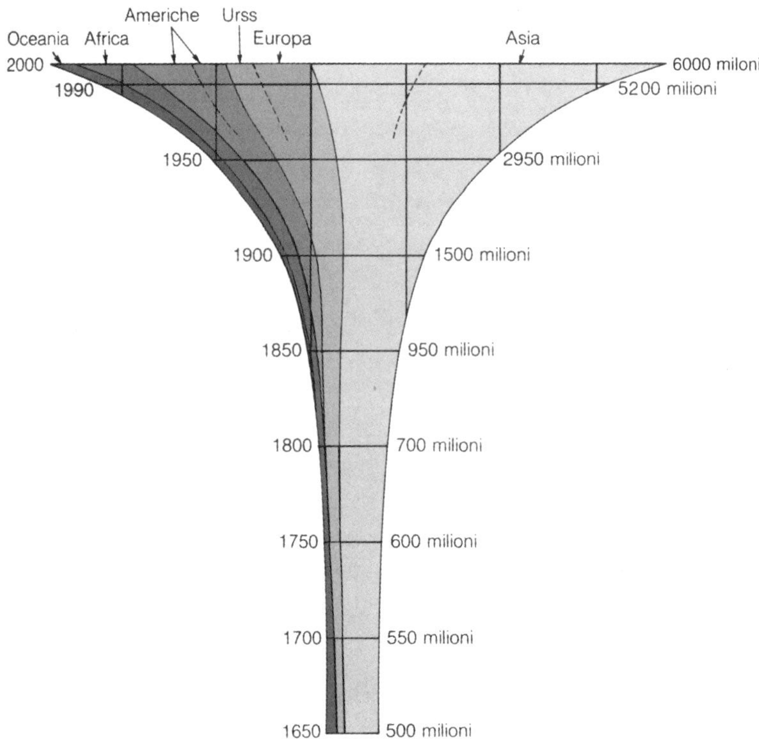

cenni del XXI secolo. La previsione si basa sul fatto che la popolazione mondiale è molto giovane: un terzo degli abitanti del pianeta ha infatti meno di quindici anni, pertanto ogni anno aumenta il numero di potenziali genitori. Tuttavia notevoli incognite pesano su queste previsioni: il declino della fertilità negli ultimi decenni è stato più rapido del previsto, la diffusione di epidemie quali quella dell'Aids, le guerre e i genocidi tendono a far crescere il tasso di mortalità.

La crescita della popolazione mondiale può essere considerata come un grande successo nella lotta contro le malattie, la mortalità infantile e per il prolungamento della vita media, ottenuti grazie al miglioramento delle condizioni di vita e ai progressi della medicina a partire dal XIX secolo. Ma nel contempo il fenomeno è anche preoccupante, in quanto la crescita non è uniforme su tutta la Terra, ma è anzi molto squilibrata con paesi la cui popolazione aumenta a ritmo elevato e altri in cui diminuisce, paesi in cui si ha un aumento delle risorse più che proporzionale a quello demografico e quelli dove la popolazione già povera e in parte sottoalimentata, cresce più rapidamente delle risorse disponibili.

Dal punto di vista demografico, infatti, il mondo è nettamente diviso in due e continuerà ad esserlo a lungo. Da una parte vi sono i paesi sviluppati con crescita demografica debolissima: è stato calcolato che nel periodo 1990-95 essi abbiano contribuito soltanto per il 6% del totale. Tra questi l'Europa detiene i valori più bassi essendo l'unico continente con saldo naturale negativo. Dall'altra si situano invece i paesi del Sud del mondo (vedi capitolo 12), che sono i principali protagonisti dell'aumento demografico.

Tab. 4.1 – La popolazione mondiale

	Popolazione in migliaia				*Tasso di crescita %*	*Ab/km²*
	1950	*1970*	*1990*	*2001*	*2000-2005*	*2001*
Mondo	2.519	3.692	5.264	6.148	12	45
Africa	**221**	**357**	**622**	**814**	**22**	**27**
A.orientale	66	108	195	259	22	41
A.centrale	26	41	71	95	27	14
A. settentrionale	53	86	143	177	19	21
A.meridionale	16	26	42	51	6	19
A.Occidentale	60	97	172	232	26	38
America latina e caraibica	**167**	**285**	**442**	**528**	**14**	**26**
Carabi	17	25	34	38	9	162
A.centrale	37	68	111	138	17	56
A. del Sud	112	192	296	352	14	20
America settentrionale	**172**	**232**	**284**	**319**	**10**	**15**
Asia	**1.398**	**2.143**	**3.168**	**3.728**	**13**	**117**
A. orientale	671	987	1.350	1.492	07	127
A.centrale meridionale	499	783	1.225	1.512	1,7	140
A. meridionale orientale	178	286	440	528	1,4	117
A. occidentale	51	87	153	196	2,1	41
Europa	**547**	**656**	**721**	**728**	**–1**	**33**
E. orientale	220	276	311	303	-5	16
E. settentrionale	77	87	92	94	2	54
E. meridionale	109	127	143	146	1	111
E. occidentale	141	166	176	184	2	166
Oceania	**12,8**	**19,4**	**26,7**	**31,0**	**2**	
Australia e Nuova Zelanda	10,1	15,4	20,2	23,1	9	4
Melaniesia	2,3	3,4	5,5	7,1	1	3
Micronesia	0,2	0,2	0,4	0,5	17	13
Polinesia	0,2	0,4	0,5	0,6	1,3	167

Fonte: United Nations Population Infoprmation Network

4.2 La transizione demografica

Come è stato detto nel paragrafo precedente il *tasso di crescita naturale* è dato dalla differenza algebrica tra tasso di natalità e tasso di mortalità.

I tassi di mortalità sono legati al tenore di vita e all'efficienza del sistema sanitario, mentre i tassi di natalità paiono maggiormente legati al modo di vita e al sistema sociale: sono infatti generalmente più alti tra le popolazioni con modelli di vita agricoli tradizionali, più bassi in quelle urbanizzate e industriali. Essi variano nello spazio, da paese a paese, e, nell'ambito di una singola regione, anche nel tempo. Per spiegare queste differenza è stata elaborata la teoria della *transizione demografica*, secondo la quale vi sarebbero un regime demografico antico e uno moderno, separati da uno stadio di transizione.

La situazione demografica definita *antica* in quanto tipica delle società preindustriali, è caratterizzata da elevati tassi di natalità compensati da corrispondenti alti tassi di mortalità. In queste società, basate su unità produttive familiari, la natalità è infatti incoraggiata in tutti i modi, sia dal sentimento popolare che dalla religione, in quanto un certo numero di individui e braccia è indispensabile alla sopravvivenza del gruppo familiare e dell'intera comunità. Tuttavia, nonostante gli elevati tassi di natalità, il saldo naturale è prossimo allo zero per gli altrettanto elevati tassi di mortalità e la crescita della popolazione è lenta e irregolare a causa di epidemie, guerre e carestie.

Lo stadio della *transizione* si divide in due fasi. Nella prima si riduce innanzi tutto la mortalità, sotto l'effetto della migliori condizioni di vita e dell'introduzione delle cure mediche, mentre la natalità rimane ancora alta. Il ritmo di crescita in questa fase si accelera, a causa del saldo fortemente positivo. La seconda presenta una riduzione del tasso di natalità, come conseguenza della mutata situazione sociale (inurbamento, maggior costo per l'educazione dei figli), per cui si ha un conseguente rallentamento nella crescita demografica.

Infine nel *regime moderno*, il tasso di natalità diminuisce ancora, fino ad eguagliare quello di mortalità; si raggiunge a questo punto il livello di crescita zero, per passare poi in alcuni periodi anche a un saldo negativo.

In Europa, già nel secolo scorso, si è verificato per la prima volta il passaggio dalla prima alla seconda fase della transizione. Attualmente anche lo stadio di transizione è quasi ovunque terminato e i paesi europei sono in gran parte entrati nel regime moderno, con un saldo che, a livello continentale, è negativo (vedi tabella 4.1). Tutti gli altri paesi si trovano in fasi diverse dello stadio di transizione. La crescita maggiore si ha nei paesi in cui la transizione è appena iniziata: si tratta di quasi tutti i paesi dell'Africa (ad eccezione di Tunisia, Marocco, Egitto e Repubblica Sudafricana), dell'Asia Meridionale e della Bolivia nell'America Latina. Altri paesi come la Cina stanno invece uscendo dallo stadio di transizione per raggiungere quello moderno, mentre altri, come l'India e gran parte dell'America Latina vi si avvicinano.

Fig. 4.2 – Teoria della transizione demografica

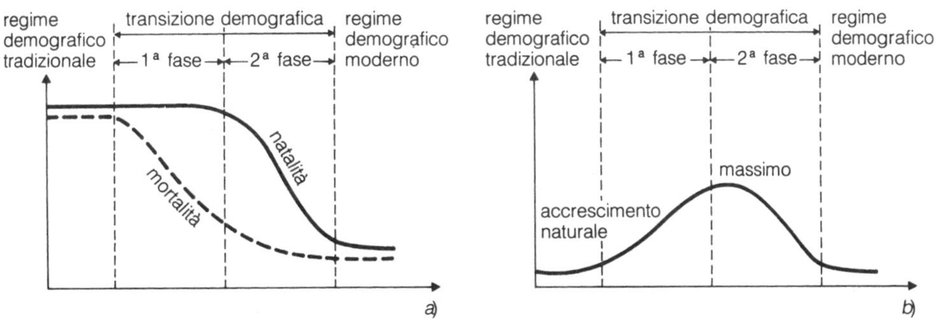

4.3 La distribuzione geografica della popolazione

Le differenze nella crescita e nella composizione demografica, in quanto frutto di una diversa evoluzione storica, si riflettono sulla distribuzione dell'umanità sulla superficie terrestre, che è molto ineguale.

Innanzi tutto esistono parti della Terra completamente disabitate, perché osti-

Fig. 4.3 – Piramidi delle età

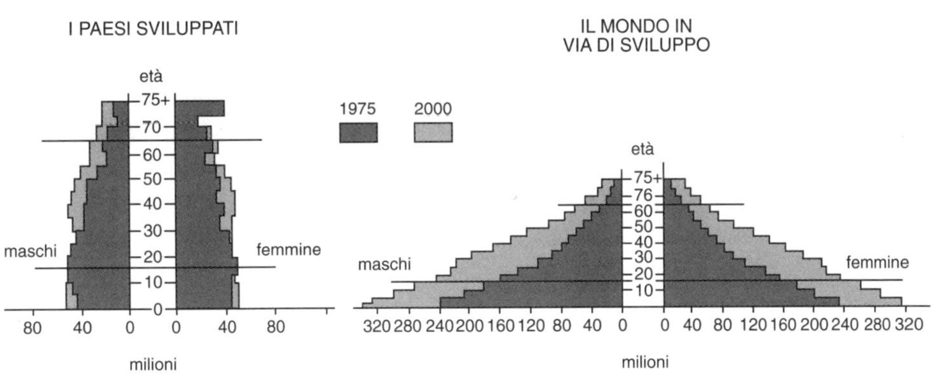

Oltre che per il ritmo di crescita le popolazioni si differenziano anche per composizione, per classi di età e per sesso, differenze che vengono messe in evidenza da grafici particolari, detti piramidi dell'età. La forma della piramide dà indicazioni sulla composizione della popolazione; grafici a forma di piramide appuntita indicano una *popolazione giovane*, cioè con classi di età giovane più numerose rispetto a quelle anziane: questa è la situazione dei paesi in via di sviluppo. Al contrario grafici a forma di piramide con punta arrotondata indicano *popolazioni vecchie*, e questa è la situazione più diffusa nei paesi sviluppati li all'insediamento umano; tali zone comprendono l'Antartide, il Canada settentrionale, gran parte della Groenlandia e della Siberia settentrionale, le isole artiche e le massime altitudini montane. La restante superficie delle terre emerse, stabilmente abitata, è detta *ecumene* e presenta densità di popolazione fortemente variabili.

Le prime differenze si possono osservare già a scala continentale. Il continente più densamente popolato è l'Asia, con 85 ab/km^2, seguita dall'Europa (64 ab/km^2) entrambe con una densità di popolazione nettamente superiore alla media mondiale (42 ab/km^2), mentre ai valori più bassi si situano l'Oceania (4 ab/km^2) e l'America meridionale (20 ab/km^2). Queste differenze sono ribadite dai valori assoluti: circa 3/4 dell'umanità vive infatti in Eurasia, mentre l'Africa, che è il continente più esteso dopo l'Asia, ne ospita poco più di 1/10.

Anche all'interno di ogni continente emergono differenze assai marcate tra regioni nelle quali si concentra la maggior parte della popolazione mondiale e vaste aree scarsamente popolate. Le prime si situano tutte nell'emisfero settentrionale e sono di due tipi: quelle derivate da una secolare colonizzazione agricola di zone fertili, per lo più comprese nella fascia tropicale o sub-tropicale, e quelle la cui densità di popolazione è derivata dallo sviluppo industriale moderno.

Al primo tipo appartiene la vasta regione asiatica compresa, da Nord a Sud, tra le pianure alluvionali cinesi e l'arcipelago indonesiano e, da Est a Ovest, tra la pianura del Gange e le isole di Formosa e Filippine nel Pacifico: questa regione ospita quasi la metà della popolazione mondiale, per un totale di circa 2,5 miliardi abitanti. In quest'area la densità di popolazione si accompagna a un'agricoltura di tipi intensivo.

Tab. 4.2 – I paesi con più di 100 milioni di abitanti nel 2000

Paese	*Abitanti in migliaia*
Cina	1.275.218
India	1.016.938
Stati Uniti	285.003
Indonesia	211.559
Brasile	171.796
Russia	145.612
Pakistan	142.654
Bangladesh	137.952
Giappone	127.034
Nigeria	114.746

Fonte: ONU

Altre aree a economia prevalentemente agricola e densamente popolate sono: in Africa la valle del Nilo e le zone costiere del golfo di Guinea, in America gli altopiani del Messico e le isole dei Carabi.

Al secondo tipo appartengono le grandi aree industriali-urbane. Nell'Europa centro-occidentale si individua un'ampia fascia densamente popolata che comprende l'Inghilterra, la regione parigina, la Francia orientale, l'Italia e la Germania. Altre regioni di questo tipo si trovano negli Stati Uniti (tra il Nord-Est e l'area dei Grandi Laghi, nella California costiera, e attorno al golfo del Messico); nell'America meridionale (l'area circostante la foce del rio de la Plata) e nell'Asia orientale (in Giappone, nella Corea del sud e nelle regioni urbane costiere della Cina).

Al di fuori di queste regioni il popolamento è molto discontinuo e concentrato soprattutto nelle aree urbane.

4.4 Le migrazioni

La popolazione di un territorio varia oltre che per movimento naturale, anche per *movimento migratorio*. Il saldo migratorio è un dato meno certo di quello naturale, sia perché la definizione di immigrato ed emigrato varia da paese a paese, sia perché esistono forti correnti migratorie clandestine. Nonostante queste incertezze sui dati reali del fenomeno, è indubbio che la fine del XX secolo e l'inizio del XXI sono stati caratterizzati da un notevolissimo incremento dei fenomeni migratori, che hanno investito praticamente ogni parte del mondo, tanto che a dispetto delle barriere frapposte dagli Stati, si parla di mondializzazione delle migrazioni. Inoltre è mutato il panorama generale dei flussi migratori, che hanno assunto percorsi e modalità differenti da quelli dei tempi passati.

Secondo i calcoli dell'ONU circa il 20% della popolazione mondiale è costituito da persone che hanno lasciato, per scelta o per forza, il loro paese d'origine per spostarsi in un altro.

I fattori generali dei movimenti internazionali di popolazione sono essenzialmente di tre tipi.

In primo luogo la *transizione demografica*, grazie alla quale accanto a paesi ormai nel regime di tipo moderno, che perciò crescono poco, ve ne sono molti ancora nella prima fase della transizione e quindi in forte crescita. In questo senso si può parlare di *transizione migratoria*, in quanto i principali flussi migratori si verificano dalle zone più povere (Africa, America Latina, parte dell'Asia) che si trovano nella prima fase della transizione, a quelle ricche (soprattutto Europa e America settentrionale) quasi tutte ormai in regime demografico di tipo moderno.

In secondo luogo, la forte *differenza nel reddito* e nella qualità della vita dei diversi paesi, che spinge molti cittadini delle aree più diseredate del globo a trasferirsi in quelle nelle quali hanno la speranza di trovare una vita migliore.

Infine la *mondializzazione dei trasporti e delle comunicazioni*, che tende a ridurre le distanze non soltanto chilometriche, ma anche culturali. Infatti, grazie soprattutto alla diffusione della televisione, ciascuno può conoscere la situazione di vita e l'economia di tutti i paesi del mondo, fare dei paragoni, e scegliere dove dirigersi.

Per questi tre motivi il mondo sta vivendo un processo di accelerazione dei movimenti di popolazione, favorito inoltre dal fatto che, con la creazione di grandi unità territoriali transnazionali, quali l'Ue, il NAFTA (associazione di libero scambio tra i paesi nord-americani), l'ASEAN (associazione dei paesi del Sud-Est asiatico) ecc., alcuni confini politici diventano più permeabili.

In questa situazione alcune parti del mondo vedono completamente mutare i loro rapporti con il fenomeno migratorio: è il caso dell'Europa, che dopo essere stato per secoli il principale focolaio di emigrazione, sta ora ricevendo forti flussi di immigrazione. Prima della sua transizione demografica la popolazione europea rappresentava il 18% di quella mondiale; nel periodo della sua massima espansione demografica, intorno al 1930, la percentuale era salita al 35% e uomini e donne di origine europea, grazie a due secoli di emigrazione, popolavano gran parte del mondo, dalle due Americhe, alla Russia a est degli Urali, all'Australia. Su 38 milioni di immigrati entrati negli Stati Uniti tra il 1800 e il 1935 ben 35 milioni venivano dall'Europa e la stessa provenienza avevano 10 milioni di immigrati sui 14 milioni dell'America del Sud.

Da alcuni decenni la situazione si è trasformata, e l'Europa è diventata uno dei principali poli di immigrazione: nel 2000 ospitava infatti circa 56 milioni di immigrati, pari ad un terzo di tutti i migranti del mondo. Di questi, poco meno della metà (26,4 milioni) si trovava nei paesi dell'Unione europea, concentrata soprattutto in Germania, Francia e Regno Unito (vedi tabella 4.4)

In Italia nel 2003 gli immigrati con regolare permesso di soggiorno erano 1362.000, pari al 2,8% della popolazione (Stati Uniti 12,4); tuttavia si calcola che tenendo conto degli immigrati irregolari (cioè senza permesso di soggiorno) il numero sia raddoppiato.

Situazione analoga a quella europea sta vivendo la Russia. All'inizio del XX secolo, quando la popolazione russa cresceva del 20 per mille annuo, la pressione demografica determinò forti correnti di emigrazione verso l'Asia centrale. Con la transizione demografica la situazione mutò e il peso della popolazione russa nei territori colonizzati diminuì.

La Russia è oggi un paese di immigrazione: tra il 1989 e il 1995 il saldo migratorio positivo è stato di 3 milioni.

Non soltanto la Russia, ma anche altri paesi europei, in seguito alla caduta del muro di Berlino, furono investiti da flussi di immigrazione, con direzione Est-Ovest, come si può vedere dalla tabella 4.3.

Grandi cambiamenti si sono avuti contemporaneamente anche in altre parti del mondo. Se un tempo i movimenti di persone si verificavano principalmente attraverso l'Atlantico, ora nuovi flussi interessano il Pacifico principalmente verso gli Stati Uniti, ma anche verso i paesi ad economia avanzata dell'Est asiatico, tra i quali emerge il Giappone. Altre direttrici, con direzione Sud-Nord, attraversano il Mediterraneo e il confine tra Messico e Stati Uniti e con direzione est-ovest collegano l'Africa con i paesi petroliferi del medio oriente.

Tra gli immigrati le categorie più rappresentate sono quelle dei *migranti per lavoro* (temporanei o definitivi) e dei *rifugiati politici*, che hanno scelto di abbandonare il loro paese o ne sono stati espulsi per forza.

La migrazione internazionale per lavoro è vista dai paesi in via di sviluppo come un rimedio contro la disoccupazione e sottoccupazione interna, a cui si aggiunge il vantaggio economico portato dalle rimesse degli emigranti e da quanti ritornano e investono i risparmi in patria. Nel Burkina Faso e nel Pakistan, ad esempio, le rimesse degli emigranti procurano entrate pari a quelle delle esportazioni; in Egitto, Turchia e Portogallo rappresentano il 60% delle entrate.

Per i paesi industrializzati gli immigrati dal Sud del mondo rappresentano una manodopera poco costosa, che si adatta a lavori spiacevoli o faticosi e spesso anche pericolosi, rifiutati dai lavoratori locali. Tuttavia l'intensificarsi dei flussi in arrivo ha creato in molti casi nei paesi di accoglienza forti preoccupazioni sulle conseguenze economiche, sul pericolo di perdita dell'identità culturale e infine sulla difficoltà politica di regolare l'afflusso. Le misure restrittive introdotte da molti paesi europei, la riduzione di richiesta di manodopera da parte dei paesi dell'area araba del petrolio, il dibattito in corso negli Stati Uniti per la riforma

Tab. 4.3 – Flussi migratori dai paesi dell'Est europeo nel periodo 1989-95 (saldo in migliaia)

Paese di immigrazione	*saldo*	*Paese di emigrazione*	*saldo*
Germania	+ 3.947	Kazakhstan	– 1.100
Russia	+ 2.952	Bosnia-Erzegovina	– 900
Francia	+ 754	Uzbekistan	– 560
Regno Unito	+ 636	Romania	– 550
Ucraina	+ 600	Kirgzistan	– 500
Spagna, Italia, Grecia	+ 400	Azerbajdžan	– 300
Austria	+ 385	Georgia, Tagikistan	– 230
		Albania, Lettonia	– 200

della legge sull'immigrazione, hanno reso molto evidente che il numero di individui che vogliono emigrare è molto superiore a quello che i paesi di immigrazione sono disposti ad accogliere. Tuttavia il persistere di forti squilibri economici nel mondo e la presa di coscienza di molte popolazioni dei paesi più deprivati della possibilità di migliorare la loro qualità della vita mediante l'emigrazione, fanno ritenere che per quanto riguarda i paesi europei i flussi in entrata continueranno e molto probabilmente si intensificheranno.

Tab. 4.4 – Gli immigrati nel mondo

	Immigrati (in migliaia)		*In % popolazione*	
Paesi	*1990*	*2000*	*1990*	*2000*
AFRICA	**16.221**	**16.277**	**2,6**	**2,1**
di cui:				
Africa occidentale	4.884	6.782	2,9	3,0
Africa orientale	6.081	4.515	3,2	1,8
AMERICA DEL NORD	**21.591**	**40.844**	**9,8**	**13,0**
di cui:				
Canada	4.319	5.826	15,6	18,9
Stati Uniti	23.251	34.988	9,1	12,4
AMERICA LATINA	**1.014**	**5.944**	**1,6**	**1,1**
di cui:				
Argentina	1.662	1.419	5,1	3,8
Brasile	809	546	0,5	0,3
ASIA	**49.986**	**49.948**	**1,6**	**1,4**
di cui:				
Cina	380	513	0,0	0,0
India	1.393	6.211	0,9	0,6
EUROPA	**48.431**	**56.100**	**6,1**	**7,1**
di cui:				
Unione europea	21.484	26.429	5,9	7,0
di cui:				
Francia	5.907	6.277	10,4	10,6
Genmania	5.236	7.349	6,6	9,0
Italia	1.346	1.634	2,4	2,8
Regno Unito	3.753	4.029	6,5	6,8
Europa dell'est	23.017	24.812	1,4	8,2
OCEANIA	**4.751**	**5.835**	**18,0**	**19,1**
di cui:				
Australia	3.984	4.705	23,6	24,6
TOTALE MONDO	**154.005**	**114.948**	**2,9**	**2,9**

Tab. 4.5 – Gli immigrati con regolare permesso di soggiorno in Italia (2003)

Provenienza	*Numero immigrati*	
Unione europea	147.495	10,8
Europa Centro Or.	394.090	28,9
Altri paesi europei	22.300	1,6
Totale Europa	**563.885**	**41,4**
Africa Settentrionale	243.846	17,9
Africa Orientale	25.351	1,9
Africa Occidentale	89.036	6,5
Africa Centro Mer.	8365	0,6
Totale Africa	**366.598**	**26,9**
Asia Orientale	136.276	10,0
Asia Centro merid.	104.893	7,7
Asia Occidentale	18.614	1,4
Totale Asia	**259.783**	**19,1**
America Sett.	46.073	3,4
America Centro Mer.	112.113	8,2
Totale America	**158.206**	**11,6**
Oceania	2.461	0,2
Apolidi	824	0,1
Ignoto	10.873	0,8
Totale	**1.362.630**	**100,0**

Fonte: Caritas

Una parte dei migranti è rappresentata dai *rifugiati politici*. Attualmente questi ultimi assommano (secondo i calcoli dell'ONU) a circa 27 milioni. Essi provengono essenzialmente da paesi con conflitti interni: le aree più coinvolte nel fenomeno sono l'America centrale, l'Africa orientale e meridionale, il Medio Oriente e l'Asia sud-orientale, a cui recentemente si è aggiunto l'Est europeo. Il maggior numero dei rifugiati è accolto nei paesi del Sud del mondo: essi formano il 20,9% della popolazione della Giordania, il 15,2% di quella del Sudan, mentre nel solo Pakistan ci sono 3 milioni di profughi afghani.

Se la condizione del rifugiato politico è sempre penosa dal punto di vista sociale e psicologico, in certi casi è addirittura tragica anche dal punto di vista materiale: in particolare i rifugiati ospitati nei campi profughi africani (nel Sudan, sulle coste del mar Rosso) vivono in condizioni di sovraffollamento e sotto alimentazione, decimati da malattie come lo scorbuto e il colera. Gli interventi dell'ONU e di altre organizzazioni internazionali sono insufficienti a sanare questa triste situazione.

4.5 La popolazione come risorsa economica

La popolazione di un paese può essere considerata una risorsa economica di fondamentale importanza, indicata come capitale umano. Infatti la produzione è legata agli investimenti e al numero di lavoratori occupati. Il numero di persone che lavorano rappresenta già di per sé una risorsa.

Si definisce *popolazione attiva* l'insieme delle persone in età lavorativa, che lavorano o che cercano un lavoro.

La percentuale degli attivi sul totale della popolazione varia da paese a paese. Essa è legata innanzi tutto alla *struttura per età*, cosicché nei paesi giovani è ridotta dall'alto numero di bambini, e in quelli vecchi dai numerosi pensionati.

Bisogna inoltre tener conto che i dati sul lavoro possono essere falsati dal fatto che le rilevazioni sono spesso approssimative e ignorano il fenomeno del lavoro nero o *lavoro sommerso*, cioè quello che non viene denunciato per evadere il fisco o eludere le leggi che tutelano i lavoratori.

In particolare viene occultato il lavoro dei *bambini* (che non fanno neppure parte della popolazione attiva) che pure è assai diffuso, soprattutto nel Sud del mondo: in alcuni paesi dell'Asia i bambini rappresentano più de 10% della forza lavoro e in numerosi paesi africani si calcola che più del 20% dei bambini siano impegnati in una attività lavorativa.

Non tutta la popolazione attiva è realmente occupata: essa comprende anche quanti, pur essendo in età lavorativa, non hanno lavoro, cioè i *disoccupati*. La disoccupazione è un fenomeno diffuso sia nei paesi ricchi che in quelli poveri, anche se di molti paesi non si conoscono i dati.

Nei *paesi industrializzati* una percentuale di disoccupazione del 3-4% è fisiologica, in quanto sempre presente, anche in periodi di crescita economica. Tuttavia in periodi di crisi o di ristrutturazione dell'economia essa può superare il 10%: per esempio in Italia alla fine del XX secolo il tasso di disoccupazione sfiorò il 12%. Inoltre la disoccupazione in questi paesi è sempre strettamente legata alle politiche per il lavoro: una deregolamentazione del lavoro ne determina una maggior flessibilità e di conseguenza fa aumentare il numero delle assunzioni (com'è avvenuto nel Regno Unito negli anni Novanta del XX secolo), anche se non garantisce i lavoratori da forme di precariato.

Per i *paesi del Sud del mondo* i dati sulla disoccupazione sono in genere poco significativi; infatti a volte mancano del tutto o rappresentano soltanto delle stime; ma anche quando esistono dati ufficiali essi non rispecchiano la realtà, in quanto buona parte della popolazione attiva nell'agricoltura e nei servizi è in realtà sottoccupata. Inoltre i dati dei diversi paesi sono difficilmente confrontabili fra loro, perché raccolti e calcolati in maniera differente. Pur con queste riserve la maggior parte di questi paesi ha tasso di disoccupazione più alto di quelli dei paesi indu-

Tab. 4.6 – Tassi di disoccupazione di alcuni paesi del mondo: disoccupati in % della popolazione attiva

Paese	*Anno*	*Totale*	*Maschi*	*Femmine*
Namibia	2000	33,8	28,3	39,0
Sudafrica	2003	29,7	26,6	33,4
Algeria	2001	27,3	26,6	31,4
Guadalupa	2002	25,7	22,6	29,1
Germania	2002	11,4		
Italia	2003	8,7	6,7	11,6
Brasile	2002	7,6		
Australia	2003	6,4		
Stati Uniti	2002	5, 4	5,9	5,1
Giappone	2002	5,4	5,5	5,1
Austria	2003	4,3	4,3	4,2
Honduras	2000	4,2	4,0	4,8
Cina	2002	4		
Bangladesh	2000	3,3	3,2	3,3
Islanda	2002	3,3	3,6	2,9
Azerbajdžan	2003	1,4	1,3	1,6
Kuwait	2002	1,1	1,0	1,7

strializzati: (33,8% in Namibia, 27% in Algeria ecc.), ma non mancano esempi di tipo contrario (Bangladesh 3,3%). Un dato tuttavia che appare comune a quasi tutti questi paesi, salvo poche eccezioni, è la presenza di un tasso di disoccupazione delle donne più elevato rispetto a quello degli uomini (vedi tabella 4.6)

Oltre che al numero di occupati, occorre tener conto della loro diversa produttività (ore di lavoro per unità di prodotto). Essa dipende da diversi fattori, tra i quali hanno molta importanza le condizioni alimentari, di salute e il livello di istruzione. Gli investimenti pubblici in questi settori migliorano quindi la produttività generale del lavoro.

4.6 La sanità e l'istruzione

Due caratteristiche della popolazione che hanno notevole importanza, oltre che dal punto di vista sociale, anche da quello della produttività del capitale umano, sono la sanità e l'istruzione.

Per quanto riguarda la *sanità* esistono ancora forti differenze tra paesi ricchi e paesi poveri, anche se nel corso della seconda metà del XX secolo il divario tra Nord e Sud del mondo rispetto agli elementi fondamentali della sopravvivenza umana si è notevolmente ridotto. Oltre il 60% della popolazione dei paesi del Sud del mondo dispone oggi di assistenza sanitaria. Tra il 1960 e il 1990 la speranza di vita media nel Sud del mondo è aumentata di un terzo, raggiungendo l'84% del livello dei paesi del Nord; i tassi di mortalità infantile e neonatale si sono più che dimezzati (un risultato che i paesi industrializzati hanno impiegato più di un secolo a raggiungere) e il numero di bambini vaccinati è passato dal 30% al 70%, con circa un milione e mezzo di vite salvate ogni anno; la provvista calorica quotidiana è aumentata del 20%, passando dal 72% all'80% di quella del Nord.

Ciò non toglie che esistano ancora ampie zone, specialmente nel continente africano, dove la situazione sanitaria è ancora precaria, come dimostrano i dati delle tabelle 4.7 e 4.8.

Di fondamentale importanza per l'economia di un paese è inoltre l'*istruzione*.

In una società moderna, o che aspira a diventarlo, un certo grado di istruzione è richiesto a tutti, per partecipare alla vita civile e politica, accedere ai servizi, inserirsi nel mondo del lavoro. Perciò in tutti gli Stati esiste un livello di istruzione di base garantito dalla scuola pubblica. Tuttavia non sempre l'accesso a questo

Tabella 4.7 – La mortalità infantile

Paese	*Bambini che muoiono entro i primi 5 anni di vita ‰*
I primi 10 paesi	
Sierra Leone	284
Niger	262
Angola	260
Afghanistan	257
Liberia	234
Somalia	225
Mali	220
Burkina Faso	207
Congo	205
Ruanda	203
Gli ultimi 10 paesi	
Svezia	3
Repubblica Ceca	4
Giappone	4
Islanda	4
Norvegia	4
Slovenia	4
Spagna	4
Paesi Bassi	5
Portogallo	5
Svizzera	5
Italia	**6**

Fonte: Elaborazione da *Calendario Atlante De Agostini 2006*

Tabella 4.8 – Speranza di vita alla nascita

Paese	*Speranza di vita in anni*
I primi 10 paesi	
Giappone	81
Australia	80
Francia	80
Islanda	80
Italia	80
Spagna	80
Svezia	80
Svizzera	80
Austria	79
Canada	79
Gli ultimi 10 paesi	
Zambia	34
Swaziland	36
Zimbabwe	39
Botswana	41
Repubblica Centrafricana	42
Niger	43
Burundi	44
Malawi	45
Etiopia	46
Tanzania	45

Fonte: Elaborazione da *Calendario Atlante De Agostini 2006*

servizio è possibile per l'intera popolazione: in molti paesi del Sud del mondo, per mancanza di mezzi, le scuole sono poche e intere aree rurali ne sono addirittura prive, inoltre in quasi tutti i paesi una parte della popolazione infantile sfugge all'obbligo scolastico per motivi di ordine vario. Pertanto l'analfabetismo è tutt'altro che scomparso non soltanto nel Sud del mondo dove si registrano tassi di analfabetismo che raggiungono anche l'80%, ma anche nel Nord, dove tuttavia non superano il 2% (Italia 1,4%).

La tabella 4.9, che indica la percentuale di analfabeti nei paesi in cui il grado di istruzione è più basso, riflette bene la situazione di grande disparità tra i paesi del mondo: particolarmente grave appare la situazione di tutto il continente africano.

Poiché il progresso economico si basa largamente sull'innovazione tecnologica e sull'aumento della produttività, a loro volta legati al grado di istruzione, sono le disparità a livello di istruzione secondaria e superiore (università) tra il Nord e il Sud del mondo che appaiono più gravi: il tasso di iscrizione all'università è infatti solo dell'8% nel Sud del mondo (2% nei paesi a sviluppo minimo), contro il 37% dei paesi del Nord del mondo.

Tabella 4.9 – L'analfabetismo

Paese	*Analfabeti in % della popolazione oltre i 15 anni d'età*
Niger	83
Somalia	80,2
Burkina Faso	74
Afghanistan	71
Uganda	69
Sierra Leone	63,7
Gambia	61
Guinea	59
Guinea Bissau	59
Iraq	59

Fonte: Elaborazione da *Calendario Atlante De Agostini 2006*

Letture di approfondimento

Arena G. (a cura di), 1990, *Geografia al femminile*, Unicopli, Milano.

Barbieri G., Canigiani F., Cassi L., 1991, *Geografia e ambiente*, UTET Libreria, Torino.

—, 2003, *Geografia e cambiamento globale*, UTET Libreria, Torino.

Boggio F., Dematteis G. (a cura di), 2002, *Geografia dello sviluppo. Diversità e disuguaglianze nel rapporto Nord-Sud*, UTET Libreria, Torino, capp. 8, 9 e 10.

De Santis G., 1997, *Demografia ed economia*, Il Mulino, Bologna.

Gentileschi M.L., 1991, *Geografia della popolazione*, La Nuova Italia, Firenze.

Golini A., 1999, *La popolazione del pianeta*, Il Mulino, Bologna.

United Nations Development Programme, *Rapporto sullo sviluppo umano*, Rosenberg & Sellier, Torino (pubblicazione annuale).

Vallega A., 2004, *Geografia umana. Teoria e prassi*, Le Monnier, Firenze, parte II.

Siti consigliati

www.worldpopulationgrowth.org
www1.worldbank.group
www1.worldbank.int
www.unicef.it
www.irpps.cnr.it Sito CNR sulla popolazione
www.fao.org
www.un.org.
www.oecd.org

Capitolo 5

L'organizzazione territoriale degli spazi agricoli*

5.1 Premessa

Come si è visto nel capitolo 1, il determinismo ambientale presupponeva l'esistenza di una stretta relazione di causa-effetto fra ambiente naturale e fatti umani. L'idea che il mondo fisico determini le attività economico-sociali e le forme di organizzazione dei gruppi umani in ambienti naturali che presentano caratteristiche «omogenee e simili», nei suoi aspetti più arcaici prescinde largamente l'idea inversa, cioè quella dell'influenza che l'attività dei gruppi sociali può esercitare sul controllo e la modificazione dell'ambiente fisico. Essa tuttavia rappresentò un riferimento teorico per svariati decenni e non mancano tuttora frequenti richiami a quello schema concettuale, sia pur mediati da argomentazioni meno rozze e semplicistiche del vecchio determinismo ambientale.

In realtà, le condizioni che l'ambiente naturale pone alle attività economiche possono diventare facilmente protagoniste nello studio delle strutture e dei sistemi agrari, dove il clima, la conformazione dei terreni e la qualità dei suoli possono, in linea generale, limitare e talvolta impedire l'attività agricola. Il senso comune suggerisce che i fattori fisici impediscono l'agricoltura su una parte cospicua dei circa 150 milioni di km^2 della superficie emersa del pianeta: su almeno il 60% delle terre emerse infatti, una o più delle tre condizioni naturali significative per l'agricoltura

* L'aggiornamento del capitolo e le schede 5.1 e 5.2 sono a cura di Alberto Vanolo.

– *clima*, *rilievo* e *qualità del terreno* – esercitano un'influenza decisiva (come nelle regioni polari o sui pendii rocciosi) che rende impossibile non soltanto l'attività agricola ma la stessa sopravvivenza dei gruppi umani.

Sul restante 35-40% della superficie emersa del globo i tre fattori ora ricordati continuano a influenzare l'agricoltura – da soli oppure combinati fra loro – rendendo alcune regioni maggiormente favorevoli di altre, oppure permettendo la coltivazione di specie vegetali diverse: ad esempio, le *condizioni ecologiche* per la coltivazione del riso sono profondamente diverse da quelle dell'olivo, mentre per certi prodotti tropicali si richiedono temperature che non si ritrovano alla latitudine dell'Europa settentrionale.

Va però tenuto presente che l'intervento umano può esercitare forme di controllo e modificare parzialmente l'ambiente naturale: ad esempio mediante opere di irrigazione e bonifica, oppure terrazzando le pendici montuose. Di fatto le società umane hanno intessuto con l'ambiente un rapporto storico complesso, per cui la formazione dei diversi sistemi agrari è dipesa largamente da fattori economici, sociali, demografici e politici e dipende tuttora da eredità culturali e infrastrutturali del passato.

Per tutte queste ragioni, è preferibile parlare di semplici *condizioni ambientali* e non di « cause naturali », in quanto la dipendenza dell'attività agricola dai fattori naturali non è mai diretta, ma è sempre mediata da scelte e da interventi umani.

5.2 Le condizioni ecologico-ambientali

Le condizioni di natura fisico-ambientale possono essere suddivise in tre gruppi principali.

1) *Il clima e le acque*. Una temperatura minima di 5-7 °C è condizione essenziale per la germinazione del seme. Il numero medio di giorni/anno con temperature superiori a questa soglia determina la durata della stagione agricola, dalla quale dipende altresì la varietà delle specie coltivabili. Così, nella tundra subartica, si ritroveranno poche specie dal periodo vegetativo assai breve, mentre nell'area subtropicale, dove le temperature sono elevate per l'intero arco dell'anno, è possibile la coltivazione di un numero maggiore di prodotti. All'interno di questi limiti grossolani è necessaria un'ulteriore distinzione: il grano, ad esempio, esige una temperatura media sensibilmente più elevata di quella della barbabietola e di regola non può essere coltivato a partire dal 60° parallelo, mentre il mais e il cotone esigono temperature medie ancora più alte e il loro limite latitudinale è rispettivamente di 50 per il primo e 60 per il secondo.

Sulla superficie terrestre è quindi possibile individuare alcune grandi aree di coltura specifiche: quella del banano, ad esempio, si estende sino ai 30 gradi di latitudine, dove si rinvengono condizioni costanti sia di calore sia di elevata umidità (almeno 2.200 mm di pioggia ripartiti in modo relativamente regolare nel corso dell'anno). La coltura dell'olivo è invece tipicamente mediterranea: necessita di scarsa irrigazione ma di temperature invernali miti (figura 5.1).

Tutti i vegetali richiedono quantità variabili di acqua, che assorbono in gran parte attraverso le radici. In genere, l'acqua è richiesta soprattutto all'inizio del periodo vegetativo (nell'area temperata in primavera e nei primi mesi estivi), mentre piogge eccessive sul finire di tale periodo possono arrecare seri danni al raccolto. Così, ad esempio, il grano e il riso possono essere coltivati su terreni che ricevono mediamente dai 25 ai 100 cm di precipitazioni annue. Il caucciù, a sua volta, ne richiede almeno 180 e il tè oltre 250. Dal momento che oltre la metà della superficie terrestre presenta i caratteri di umidità adatti alla coltivazione sia del grano che del riso, questi vegetali saranno coltivati diffusamente. Al contrario, soltanto il 10% circa della superficie terrestre sarà potenzialmente adatto alla coltivazione del caucciù e soltanto il 5% a quella del tè.

Nelle regioni temperate la perdita di umidità dei terreni avviene in larga misu-

Fig. 5.1 – I limiti latitudinali delle principali produzioni agricole (emisfero settentrionale)

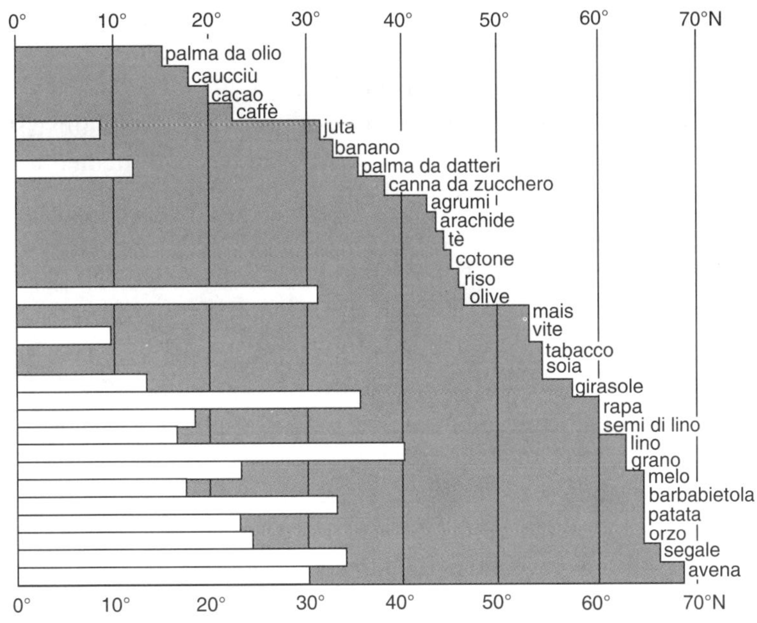

ra a causa dell'evaporazione estiva, cioè nei mesi in cui le precipitazioni si riducono. La carenza di umidità dei terreni non è quindi la conseguenza di un'assoluta mancanza di precipitazioni, bensì della loro concentrazione in un periodo breve dell'anno. In queste regioni il problema principale dell'agricoltura è perciò quello della conservazione delle acque per far fronte ai periodi di relativa siccità.

Alle latitudini tropicali la situazione è più complessa, soprattutto perché l'alternarsi delle stagioni comporta una maggior variabilità delle precipitazioni che non delle temperature. Così nelle regioni monsoniche dell'Asia meridionale, dove il ritmo della stagione vegetativa è strettamente legato alla periodicità delle precipitazioni, la rotazione delle colture segue la successione delle piogge (ad esempio, una coltura bisognosa d'acqua, come il riso, alternata a una asciutta).

A queste condizioni climatiche si sottraggono, anche in climi aridi, le aree irrigabili che traggono l'acqua dai fiumi o l'attingono a falde idriche sotterranee. Tra gli esempi più tipici ricordiamo la pianura del Nilo e le zone aride del Sud-Ovest degli Stati Uniti.

2) *Il rilievo*. È un fattore che modifica localmente le condizioni climatiche, dal momento che, all'aumentare dell'altitudine, diminuisce la temperatura (di circa 1 °C ogni 200 metri), aumentano le precipitazioni e si intensifica l'azione dei venti. Così, nelle regioni agricole della Scozia meridionale la durata della stagione vegetativa raggiunge i 240 giorni al livello del mare, scende bruscamente a 180 giorni a 330 m di altitudine e a soli 135 giorni a 600 m. Ai tropici, invece, l'altitudine dei rilievi può offrire condizioni compensative alle temperature e all'umidità eccessive delle pianure. In Kenya, per esempio, le principali coltivazioni di caffè si trovano ad altitudini comprese fra i 1.400 e i 1.800 m, mentre a Giava il tè viene coltivato di regola sui pendii al di sopra dei 1.200 m.

La *pendenza del terreno* incide inoltre significativamente sui tipi e sui metodi di coltura, sia per i rischi di erosione dei suoli, sia per la difficoltà di impiegare macchine pesanti. Se in molte regioni montuose, complesse opere di terrazzamento hanno consentito di porre a coltura pendici anche molto scoscese, oggi questi tipi di sistemazioni sono utilizzabili soltanto per colture altamente redditizie (per esempio, il vigneto pregiato dell'area alpina) o in paesi con eccesso di mano d'opera agricola (per esempio, il riso in Indonesia). A parte queste eccezioni, di regola le colture non sono praticabili per pendenze del terreno superiori al 18%.

3) *I suoli*. Il suolo è un insieme di detriti minerali misti a sostanze organiche che riveste la crosta terrestre sulla quasi totalità delle terre emerse e costituisce il substrato indispensabile per le coltivazioni. Esso si genera all'inizio per degradazione della parte superficiale della crosta terrestre a opera degli agenti atmosferici. Sui detriti minerali si depositano in seguito composti organici di origine vegetale e animale che costituiscono l'humus; in questa fase il suolo viene detto « giovane » e la sua composizione è molto simile a quella della roccia madre. Il suolo giovane

viene successivamente modificato dall'azione degli elementi del clima, in modo diverso a seconda della zona climatica. Lo spessore della roccia alterata aumenta sotto l'azione delle variazioni di temperatura, dei venti, dell'acqua. L'acqua piovana, infatti, penetrando nel terreno, scioglie i composti solubili e trascina con sé in profondità quelli insolubili (o colloidali); l'asportazione delle sostanze solubili forma delle porosità nel terreno che facilitano la discesa delle sostanze colloidali negli strati profondi: questa azione dell'acqua sui componenti del terreno, che aumenta in modo proporzionale alla temperatura, si chiama lisciviazione ed è all'origine della formazione, nelle zone equatoriali caldo-umide, di coltri di terreno argilloso che possono raggiungere i 50 metri di spessore.

In superficie, a seconda del tipo di clima, si sviluppa un determinato tipo di flora, che con i suoi detriti arricchisce l'humus e ne diversifica la composizione; in particolare, gli acidi umici prodotti dalla decomposizione delle parti vegetali morte contribuiscono in modo determinante alla trasformazione chimica delle particelle del suolo. Quelli profondamente alterati dall'azione congiunta degli elementi climatici e dei fattori edafici vengono detti maturi e hanno una composizione legata più al tipo di clima che alla natura del substrato roccioso. Ne consegue che a una diversificazione dei climi con la latitudine e l'altitudine corrisponde una analoga zonizzazione dei suoli latitudinale e verticale.

I suoli zonali naturali, quelli cioè su cui non si è ancora esercitata l'azione dell'uomo, sono più o meno fertili a seconda della maggiore o minore ricchezza di humus e di sali minerali, la grandezza delle particelle che li compongono, la presenza di microelementi utili per la crescita dei vegetali ecc. La fertilità naturale di un suolo è resa evidente dalla flora spontanea che vi si sviluppa.

Allorché un suolo viene utilizzato per l'agricoltura, da naturale diventa *suolo agrario* e la sua composizione e fertilità possono essere modificate. Un'agricoltura predatoria, che sfrutta i suoli senza curarsi di rinnovarli, li impoverisce, fino a renderli improduttivi. Questo fenomeno si verifica facilmente nel caso delle monocolture di piantagione (di caffè nel Nord-Est brasiliano, di arachidi nell'Africa centro-occidentale ecc.) delle regioni tropico-equatoriali. Infatti i suoli profondi di quelle zone forestali danno ottime rese per i primi anni, ma private della lussureggiante coltre vegetativa naturale si impoveriscono in breve tempo.

Al contrario, in un sistema agricolo razionale, i suoli non soltanto vengono reintegrati, mediante concimazione, delle sostanze prelevate dalle coltivazioni, ma vengono continuamente migliorati mediante lavorazione profonda, alternanza di colture e correttivi. Nell'Asia orientale e in Europa, ad esempio, i lunghi secoli di agricoltura intensiva hanno favorito la formazione di suoli particolarmente fertili, in grado di fornire le rese per ettaro più alte del mondo.

In sintesi, i diversi tipi di suolo, unitamente ai diversi climi, permettono di individuare i seguenti grandi tipi di regione agricole.

1) *Regioni equatoriali.* Caratterizzate da clima caldo e umido, possiedono una fitta vegetazione forestale in parte utilizzata per la produzione di legname. In alcune regioni, la foresta tende a essere sostituita dall'agricoltura commerciale e speculativa, specializzata soprattutto nella produzione di caucciù (Malaysia, Indonesia, Amazzonia) e cacao (Ghana e Zaire). Altrove vi si pratica ancora un'agricoltura di sussistenza.

2) La *savana* è situata nella zona intertropicale a stagione secca, all'interno dei continenti. Con le sue temperature elevate e la stagionalità delle precipitazioni, presenta solitamente un paesaggio prativo su cui si svolge un'economia pastorale, sia nomade (come in Nigeria e Zambia), sia di tipo sedentario estensivo (come nell'Australia e nell'America meridionale). Anche nella savana si è diffusa la monocoltura (vedi paragrafo successivo) specializzata soprattutto nella produzione di caffè, come nel Brasile meridionale, canna da zucchero (Indie occidentali) e frutta (America centrale e Africa occidentale).

3) *Regioni desertiche calde.* L'estrema aridità dei suoli consente a mala pena l'allevamento nomade, come nel Sahara (capre, pecore, cammelli). Le oasi costituiscono le uniche rare zone irrigue in cui pratiche intensive consentono la coltivazione di mais, cotone, canna da zucchero, palma. Nei *deserti freddi* degli altopiani dell'Asia centrale è invece presente soltanto l'allevamento estensivo.

4) *Regioni monsoniche.* Caratterizzate da temperature elevate e forti precipitazioni stagionali, queste regioni dell'Asia meridionale possiedono una fitta vegetazione naturale. Tuttavia l'alta densità demografica ha fatto sì che il manto vegetativo originario sia stato in gran parte sostituito da un'agricoltura intensiva in cui predomina il riso, con forte frammentazione delle colture e della proprietà. L'elevata domanda locale impedisce di regola la produzione di eccedenze da destinare al mercato, quindi anche questa agricoltura è prevalentemente di sussistenza. Spesso, nel corso delle stagioni secche, è possibile la coltivazione di un secondo prodotto, come la barbabietola, il miglio, il fagiolo. Vi si ritrovano inoltre piantagioni specializzate di semi oleaginosi tropicali, canna da zucchero, cotone, caucciù, tè.

5) *Regioni mediterranee.* Sono caratterizzate da estati calde, inverni miti con precipitazioni concentrate prevalentemente nei mesi invernali. Sono presenti pressoché tutti i tipi di struttura agraria, da quella contadina alla pastorizia, alle colture commerciali di agrumi, olivo, vite. A eccezione delle aree di *latifondo*, la proprietà agricola è tendenzialmente piccola e coltivata intensivamente. Si considerano di tipo mediterraneo non soltanto le regioni dell'Europa meridionale e delle coste settentrionali dell'Africa e del Medio Oriente, ma anche quelle del Mar Nero e del Mar Caspio, della California e del Giappone centro-meridionale.

6) *Regioni temperate.* Comprendono le principali aree agricole del pianeta, sia perché corrispondono ai paesi sviluppati, sia per via del clima temperato. Nelle zo-

ne oceaniche, come nell'Europa nord-occidentale e nel Nord-Est degli Stati Uniti, l'agricoltura commerciale è realizzata intensivamente su appezzamenti di dimensioni piccole e medie, in cui predominano l'allevamento intensivo, gli ortaggi destinati ai mercati urbani e, nelle aree più asciutte, i cereali. Altrove, come nelle grandi pianure statunitensi, nelle steppe russe e in gran parte dell'Argentina, forme di agricoltura commerciale includono la pastorizia e la coltivazione cerealicola estensiva.

7) La *tundra*, infine, con i suoi inverni rigidi e le estati brevi consente soltanto un'agricoltura rarefatta condotta con tecniche di sussistenza. Sparute regioni fertili, localizzate soprattutto nei pressi delle coste, hanno permesso la formazione di nuclei di popolazione agricola sedentaria, tuttavia vi prevale in genere la pastorizia nomade (dei lapponi, dei tungusi), la caccia e la pesca.

5.3 Sistemi colturali e società rurali

5.3.1 La formazione dell'agricoltura moderna

Storicamente le società rurali hanno intessuto con l'ambiente naturale un rapporto complesso, in cui hanno inciso significativamente i fattori demografici, sociali ed economici. Entro ciascuna delle grandi aree climatiche si è così assistito alla formazione di definiti *sistemi colturali* basati sull'associazione di due o più varietà vegetali (come l'associazione riso-piante leguminose nella zona monsonica, quella fra grano, vite e olivo nell'area mediterranea) che, pur rispettando i vincoli imposti dall'ambiente fisico, dipendono comunque dalle condizioni tecnologiche e dalle scelte dei gruppi umani. I sistemi colturali della Cina del II millennio a.C., ad esempio, non prevedevano la coltivazione del riso, allora sconosciuto. Allorché vi giunse dall'India, questo vegetale si diffuse rapidamente determinando la formazione di un nuovo sistema colturale che la civiltà cinese esportò nel giro di pochi secoli nell'intera Asia orientale.

Questo e altri sistemi policolturali equilibrati si perpetuarono nei secoli senza grosse modificazioni, sin quando, nell'Europa del tardo Medioevo, l'aratura profonda, la sostituzione del cavallo con il bue nel lavoro dei campi e l'introduzione della rotazione delle colture, determinarono la rapida crescita della produzione. Ciò consentì di alimentare una popolazione sempre più numerosa, ne favorì la concentrazione nelle città e nei villaggi e avviò il commercio dei prodotti della terra. In seguito, fra il XVIII e il XIX secolo, le produzioni agricole trovarono più ampi sbocchi di mercato e, unitamente a vari fattori di natura politica e istituzionale, favorirono la formazione delle grandi proprietà terriere: la rotazione delle colture divenne una pratica sistematica, migliorarono le tecniche di allevamento e, in seguito alla colonizzazione agricola dei territori d'oltremare, una nuova rete mondiale di produzione, scambio e consumi sostituì la vecchia rete del commercio locale. Infine, a partire dalla prima metà di questo secolo, il diffondersi dei fertilizzanti chimici, degli erbicidi e dei pesticidi, la selezione scientifica delle piante coltivate e la crescente sostituzione dell'energia umana e animale con quella delle macchine, determinarono un'ultima trasformazione dell'agricoltura.

L'affermazione della grande impresa specializzata, dell'allevamento intensivo, la diffusione di nuove specie vegetali a resa elevata crearono un sistema di produzione agricola complesso e differenziato. In certe regioni e paesi l'agricoltura «scientifica» coesiste tuttora con quella basata su metodi tradizionali di utilizzo dei suoli; altrove essa ha trasformato profondamente il paesaggio e la stessa organizzazione economica e sociale.

Se attualmente l'agricoltura è ancora l'attività economica più diffusa sulla superficie terrestre – essa occupa meno del 6% della popolazione attiva nei paesi sviluppati ma è invece la principale fonte di sostentamento per più del 60% della popolazione del Terzo Mondo (UNCTAD, 2004a) – di regola nella sua forma moderna presuppone la *separazione fisica fra luogo di produzione e luogo di consumo*, per cui necessita di propri sistemi commerciali e reti di trasporto dei prodotti, oltre che di sistemi irrigui efficienti e di nuove tecnologie.

L'insieme di questi fattori fa sì che lo spazio agricolo sia *strutturato*, ovvero abbia una propria organizzazione che dipende sia dalle condizioni ambientali, sia da fattori di natura economico-sociale, quali i mercati verso cui convogliare i prodotti, la scelta dei sistemi colturali, i livelli produttivi, l'insieme delle infrastrutture che si accompagnano a ogni forma di organizzazione produttiva.

5.3.2 I fattori tecnici

Il progresso tecnico in agricoltura si manifesta anzitutto nella crescente capacità di controllo e trasformazione delle condizioni naturali. Così, la composizione chimica dei suoli può essere modificata e migliorata mediante l'applicazione di fertilizzanti: una regione desertica può essere resa produttiva predisponendo sistemi artificiali di irrigazione. Anche i limiti climatici che incontrano talune colture possono essere parzialmente superati introducendo particolari varietà vegetali (*cultivar*): ad esempio, l'introduzione di varietà di mais ibrido dal ciclo germinativo breve ha permesso di estendere la coltura di questi cereali in regioni precedentemente inadatte. L'uso di macchine, a sua volta, ha consentito la lavorazione profonda dei terreni compatti, un tempo incolti. Infine, forme di controllo pressoché completo sull'ambiente naturale possono essere attuate, sia pure a costo di elevati investimenti finanziari, predisponendo serre riscaldate o impianti di allevamento altamente meccanizzati. L'insieme di queste misure dipende tuttavia dalle *condizioni economiche e tecnologiche* in cui operano le diverse società umane.

La figura 5.2 mette a confronto due dati relativamente elementari: nel primo planisfero è riportata la distribuzione geografica della *produttività biologica naturale* dei terreni, che misura le potenzialità agricole dei suoli.

Fig. 5.2 – *a*) Distribuzione produttività biologica dei suoli (in grammi di carbonio): 1) alta produttività biologica dei terreni (600-800); 2) media produttività biologica dei terreni (200-600); 3) bassa o nulla produttività dei terreni (0-200). *b*) Aree a elevata resa nutrizionale

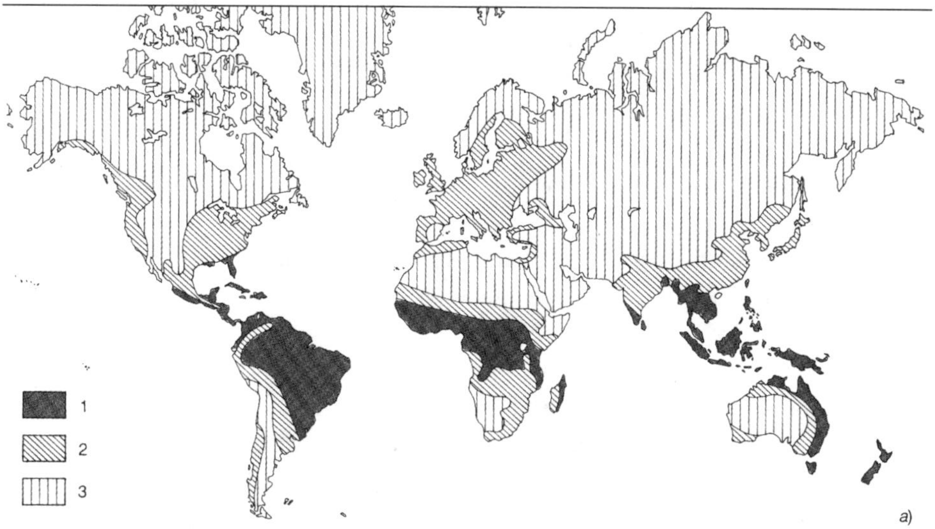

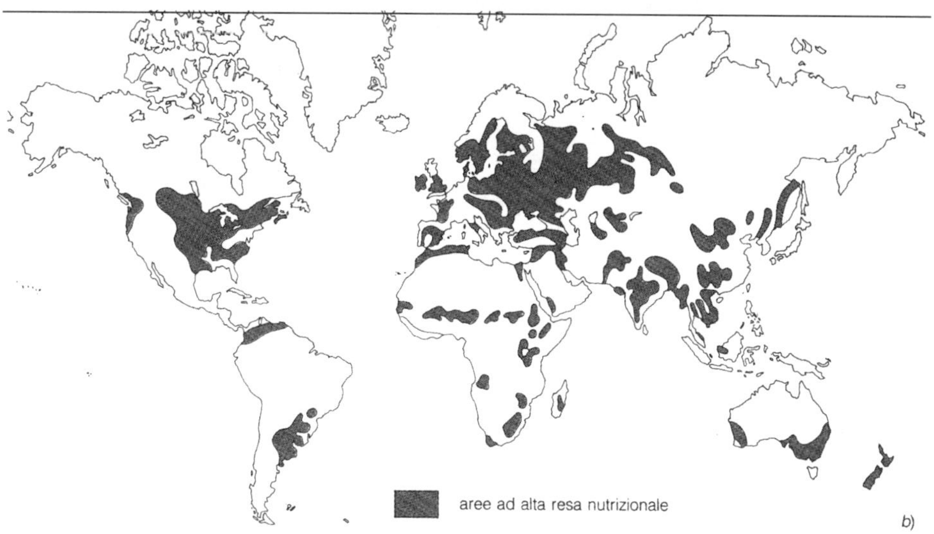

Nel secondo planisfero sono invece indicate le aree di più elevata produzione in termini di *valore nutrizionale*. Confrontando le due rappresentazioni è agevole rilevare la netta discrepanza fra la capacità biologica dei suoli e la loro reale resa in termini di prodotto. In altre parole, le aree maggiormente produttive non corrispondono necessariamente ai più alti livelli di produttività biologica: se ne desume che alcune delle più vaste e importanti regioni agricole del globo, quali il Corn Belt degli Stati Uniti centro-orientali, la Russia e gran parte del continente europeo, realizzano significative eccedenze produttive, pur registrando una produttività biologica relativamente bassa. Al contrario, gli alti valori che quest'ultima presenta in alcune aree intertropicali, si accompagnano raramente a elevate rese produttive.

Si tratta ovviamente di un raffronto parziale e semplificato che non considera altri fattori di carattere ambientale (ad esempio, i valori delle precipitazioni), tuttavia è sufficiente a dimostrare come l'intervento umano sia decisivo nel mitigare i condizionamenti imposti dall'ambiente fisico. Ciò dipende, anzitutto, dalle capacità tecniche di cui dispongono le diverse formazioni sociali.

Le tecniche agrarie possono variare dai *metodi agricoli tradizionali*, propri di ogni civiltà, alle forme più avanzate di *progresso tecnico* (motorizzazione e meccanizzazione, irrigazione artificiale, inseminazione artificiale degli armenti, lotta antiparassitaria ecc.) tipiche dell'agricoltura commerciale. Queste ultime, in particolare, hanno consentito di aumentare sensibilmente i livelli produttivi in presenza di una diminuzione costante dell'occupazione rurale.

L'introduzione della tecnologia non è tuttavia un processo automatico e diffuso. In particolare, essa può trasformare il contesto ambientale solo in presenza di determinate condizioni economiche e politiche. A un primo livello di approssimazione, gli effetti della tecnologia sull'agricoltura possono essere valutati mediante il rapporto fra l'estensione della superficie coltivata e quella potenzialmente arabile. Quest'ultima, in particolare, sulla superficie del pianeta è circa il doppio di quella attualmente utilizzata e vaste riserve di terreni coltivabili sono teoricamente disponibili soprattutto in Africa, America Latina, Australia e, in misura minore, in America settentrionale e in Russia. La figura 5.3 stima la percentuale di terreno posto a coltura rispetto al complesso delle aree potenzialmente arabili nelle grandi regioni geografiche, che qui viene fatto uguale a 100. Nella costruzione della figura non si è tenuto conto della superficie reale dei continenti ma soltanto di quella dei terreni che, tramite varie forme di intervento (quali disboscamenti, bonifiche, oppure irrigue) potrebbero in teoria venir posti a sfruttamento a fini agricoli o pastorali.

Va però sottolineato che le deforestazioni sistematiche nella zona intertropicale (dove si trova circa il 60% dei suoli potenzialmente arabili) per far posto a un'agricoltura e a un allevamento speculativi, hanno spezzato un equilibrio ecologico millenario per sostituire a esso un'agricoltura instabile e a volte con produttività relati-

Fig. 5.3 – Percentuale dei terreni coltivati rispetto all'area potenzialmente arabile nelle grandi regioni del pianeta

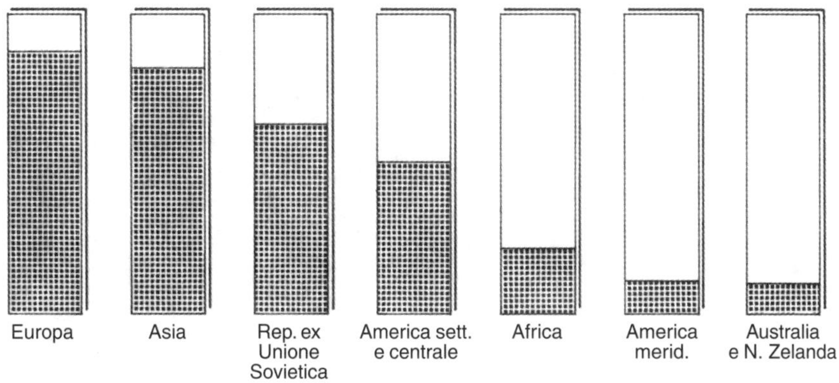

Fonte: FAO

vamente modesta. Il recupero di produttività, grazie alla disponibilità dei mezzi tecnici e finanziari di cui dispongono le grandi imprese del settore, poggia spesso sulla progressiva espansione dell'area coltivata verso i territori interni lasciando alle spalle milioni di km^2 di superficie ormai improduttiva. In Amazzonia, ad esempio, quelli coltivati e successivamente abbandonati sono infatti terreni vulnerabili alle precipitazioni che perdono conseguentemente la propria fertilità. Inoltre, per via del loro elevato contenuto di ferro, l'esposizione al sole produce un indurimento irreversibile dei suoli che pregiudica la futura possibilità di coltivazione. La colonizzazione agricola del bacino amazzonico ha coinvolto soprattutto la *terra firme*, più elevata e asciutta dell'altra grande area ecologica della regione, la *Verzea*, inondata durante la stagione delle piogge. Sulla prima ha così avviato diffusi fenomeni di desertificazione e degrado del suolo – peraltro comuni a vaste regioni del globo (figura 5.4) – contribuendo a estendere le zone di aridità presenti sul pianeta e, conseguentemente, ad acuire la strutturale povertà della popolazione rurale.

Quello dell'estensione della superficie coltivabile rappresenta un vistoso problema associato alla tecnologia agraria. Esso dimostra come le possibilità di modificare l'ambiente naturale non siano illimitate. Ricordare ciò non significa riproporre il determinismo ambientale della geografia ottocentesca; più semplicemente, significa rimettere in discussione la visione opposta, trionfalista e aggressiva, che porta ad anteporre una visione idealistica dello sviluppo economico, dove il primato viene assegnato alla società e alle forze produttive e lo sviluppo economico e tecnologico è inteso come generalizzabile e illimitato.

Fig. 5.4 – Degrado del suolo

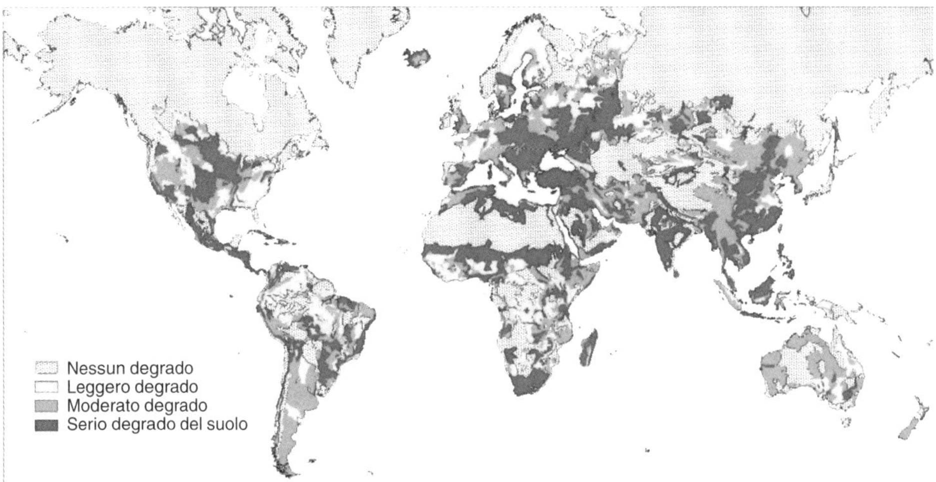

Fonte: UNEP (2005), p.27.

5.4 I fattori sociali, demografici e politico-economici

5.4.1 Grandi e piccoli strutture fondiarie

Nei fatti, la distinzione fra *grande* e *piccola proprietà* ha un valore relativo, dal momento che la dimensione della proprietà fondiaria assume un significato diverso in rapporto al contesto sociale cui si fa riferimento, al tipo di coltura, alla fertilità dei suoli, alle norme organizzative. Così, una proprietà troppo piccola può rendere inefficace l'introduzione di macchinari agricoli, mentre la grande proprietà, in assenza di una razionale organizzazione produttiva, può risultare parimenti inefficiente. Allo stesso modo in cui può risultare scarsamente efficiente una singola proprietà frazionata e dispersa in svariati apprezzamenti distanti l'uno dall'altro.

Scindere rigidamente la grande dalla piccola proprietà è dunque arduo: per esempio, nella regione francese dello Champagne, dove il valore dei terreni è particolarmente elevato, un appezzamento superiore ai 100 ettari è considerato una grande proprietà, mentre nelle regioni a coltura estensiva della Spagna meridionale, decine di proprietà individuali superano i 30.000 ettari ma non rappresentano un capitale fondiario paragonabile, per valore, a quello dei vigneti dello Champagne. E ancora, nell'agricoltura risicola di sussistenza dell'Asia sud-orientale, un ettaro di terra è spesso sufficiente al soddisfacimento dei bisogni alimentari della famiglia contadina, mentre nelle grandi pianure degli Stati Uniti un'azienda di 200 ettari è considerata di dimensioni troppo modeste per poter fornire un reddito sufficiente all'economia familiare.

Nei paesi sottosviluppati dell'America Latina, la grande proprietà indica il persistere di rapporti sociali squilibrati ed è all'origine di profonde disuguaglianze nella distribuzione del benessere. Le *haciendas* superiori ai 500 ettari coprono in questo continente oltre i tre quarti della superficie agraria complessiva: in Cile, 5.000 proprietari con più di 500 ettari possiedono i tre quarti della superficie agraria, mentre in Brasile le proprietà superiori a 1.000 ettari appartengono a meno dell'1% dei proprietari ma coprono da sole il 40% dei terreni coltivabili.

Soprattutto a partire dall'ultimo dopoguerra, in molti paesi del mondo si è assistito a una trasformazione relativamente profonda del regime della proprietà terriera, in risposta all'emergenza di molteplici fenomeni: fra questi, la decolonizzazione, l'accresciuta pressione demografica e l'instaurarsi di nuovi regimi politici, l'esplosione di movimenti di rivendicazione delle masse contadine, l'esigenza di una razionalizzazione della produzione agricola. In altre parole, si è posto con urgenza il problema della *riforma agraria*, cioè di una trasformazione sistematica delle strutture fondiarie di uno Stato o di una regione, da realizzarsi tramite la divisione delle terre in piccole e medie proprietà a conduzione diretta allo scopo di migliorare le tecniche colturali, accrescere la produzione agricola e soprattutto eliminare le cause della conflittualità sociale.

5.4.2 Le riforme agrarie

L'idea della riforma agraria non è nuova: l'Antichità ne aveva conosciuto aspetti parziali; alla fine del XVIII secolo l'aristocrazia terriera prussiana aveva favorito essa stessa la nascita della piccola proprietà individuale. La rivoluzione russa del 1917 aveva inaugurato, a sua volta, una trasformazione delle strutture agrarie di proporzioni sino ad allora sconosciute, mentre solo pochi anni prima la rivoluzione messicana aveva aperto la strada alla più sistematica riforma agraria che mai si fosse realizzata nelle campagne del Terzo Mondo.

Nel concetto di riforma agraria si abbracciano molteplici interventi volti a modificare le modalità di conduzione dei terreni, includendovi i sistemi colturali, la distribuzione della proprietà, le infrastrutture e tutti quei servizi (tecnici, commerciali, finanziari) che si accompagnano alla produzione agricola. In senso lato, gli interventi di riforma sarebbero quindi indirizzati al miglioramento delle tecniche e dell'organizzazione agricola, la quale in teoria può essere attuata prescindendo dalla modificazione della proprietà e della dimensione degli appezzamenti.

Tuttavia l'espressione «riforma agraria» è spesso sinonimo di riduzione delle dimensioni della proprietà, che si realizza di regola attraverso l'espropriazione, da

Tab. 5.1 – Le riforme agrarie in alcuni paesi

	Oggetto della riforma	*Aspetti principali del processo di riforma*	*Risultati principali*	*Osservazioni*
Cina	Grande proprietà feudale	Espropriazione senza indennizzo ma senza nazionalizzazione	Fino al 1958 cooperative di produzione; dopo il 1958 formazione delle «comuni popolari», cioè unità economiche integrate che associano agricoltura, industria e commercio. Attualmente è in corso il loro smembramento	Il paesaggio agrario e la coltura intensiva del riso e dei cereali non sono stati modificati sensibilmente
Giappone	Affittanza	Riforma dell'affittanza	Proprietà individuale	
Filippine	Affittanza	Riforma dell'affittanza	Rafforzamento della posizione dell'affittuario	
Taiwan	Affittanza	Riforma dell'affittanza	Proprietà individuale	Affitto ridotto al massimo del 37% del valore delle colture
America Latina. Modello generale	Grande proprietà	Espropriazione terreni incolti e sottoutilizzati	Ridefinizione di: 1. piccola proprietà 2. media proprietà 3. impresa agricola capitalistica	La piccola proprietà sorta sui terreni confiscati è scarsamente produttiva. Migliorie nella grande proprietà allo scopo di evitare la confisca
Cuba	Grande proprietà	Dal 1959: espropriazione dietro pagamento di indennizzo, previsto dalla legge ma in realtà non applicato; dal 1963: pagamento dell'indennizzo	Formazione imprese agricole statali	È assente la cooperativa di produzione

	Oggetto della riforma	*Aspetti principali del processo di riforma*	*Risultati principali*	*Osservazioni*
Egitto	Grande proprietà	Espropriazione dietro indennizzo	Cooperative di produzione	Fase transitoria: ripartizione delle terre
Algeria	Grande proprietà abbandonata dai colonizzatori francesi	Confisca senza indennizzo, distribuzione delle terre	Autogestione dei fondi	Evitata la fase transitoria di ripartizione delle terre
Viet-Nam del Nord	Grande e piccola proprietà	Confisca e distribuzione dei fondi	Dal 1957: collettivizzazione e formazione cooperative di produzione	Improntata al modello sovietico
Unione Sovietica	Grande proprietà e in seguito anche piccola proprietà	Confisca senza indennizzo	Dal 1928: collettivizzazione. Formazione cooperative di produzione e imprese statali	Fase transitoria: distribuzione delle terre
Olanda, Francia, Germania occidentale	Piccola proprietà	Riparcellizzazione	Consolidamento proprietario	Processo di riforma iniziato in Olanda e Germania nel 1924; in Francia negli anni Sessanta. Risistemazione fondiaria e meccanizzazione
India	Proprietà feudale	Eliminazione prerogative feudali e private di praticare l'usura e il sequestro delle terre dei debitori insolventi	Parziale riduzione delle disparità nella distribuzione della terra	Agricoltura di sussistenza

parte dello Stato, della grande proprietà terriera – solitamente sottoutilizzata – e la sua ripartizione in fondi di minor dimensione. Questi sono poi assegnati alle famiglie coloniche, che li coltiveranno in proprio oppure unendosi fra loro in forma cooperativa.

L'espropriazione, a sua volta, può avvenire a titolo oneroso, allorché al vecchio proprietario viene versato un indennizzo calcolato sulla base del valore commerciale dei terreni, oppure attraverso confisca (senza corrispettivo), come si è verificato nella Cina postrivoluzionaria, in Unione Sovietica e in alcuni paesi dell'Est europeo.

Gli obiettivi della riforma sono quindi insieme di ordine economico e di natura sociale: nel primo caso rispondono alla necessità di migliorare le condizioni produttive e la redditività nello sfruttamento dei terreni; nel secondo, soprattutto nei paesi in cui il settore agricolo è preponderante nell'economia (nel Terzo Mondo, ma pure nel Mezzogiorno italiano dell'ultimo dopoguerra), tengono conto della crescente pressione demografica nelle campagne, che rende più acute e vistose le diseguaglianze, e spingono verso una politica di redistribuzione della proprietà della terra.

Nella realtà, è tuttavia raro che gli obiettivi economici e quelli sociali siano accomunati nello spirito originario, sebbene l'esito delle riforme realizzate abbia investito tanto l'organizzazione quanto la struttura della società rurale. Così, nell'Europa settentrionale, dove l'emigrazione contadina verso i centri urbani si era ripercossa nella drastica riduzione della superficie coltivata e della popolazione rurale, le riforme hanno trovato ispirazione nell'esigenza di riunire le piccole proprietà, favorendo la formazione della media impresa agricola, innovatrice e organizzata commercialmente. Il *latifundia* dell'America Latina, a sua volta, eredità della ripartizione delle terre effettuata nel XVI secolo dopo la conquista iberica, è all'origine di una strategia di riforma – spesso fallita – che in quel continente presenta dei tratti comuni: la grande proprietà è qui tradizionalmente sottocapitalizzata e scarsamente sfruttata, nonostante l'accesso alle risorse finanziarie sia consentito di regola soltanto ai grandi proprietari terrieri. Le riforme agrarie di quel continente si sono così basate, di regola, sul convincimento che la parziale riduzione della proprietà e soprattutto la distribuzione delle terre incolte ai piccoli proprietari avrebbe consentito di ottenere una superiore resa per ettaro (tabella 5.1).

La riforma agraria avviata nel 1950 in Italia è l'esempio di una politica rivolta a dare soluzione ai « sintomi patologici dell'agricoltura contadina », come Giuseppe Medici, allora Ministro dell'Agricoltura, definiva il problema della povertà di massa fra la popolazione rurale. Gli interventi di riforma interessarono allora alcuni settori ben determinati del territorio (il 28% circa della superficie del paese) privilegiando il settore latifondista suscettibile di valorizzazione intensiva, diffuso soprattutto al Sud e nelle isole (in quelle regioni le proprietà superiori ai 1.000 ettari coprivano il 10% della superficie agricola) e dove prevaleva ancora una delle più elevate concentrazioni di popolazione rurale dell'Europa occidentale. Le terre furono espropriate, dietro indennizzo versato ai proprietari sotto forma di Buoni del Tesoro rimborsabili in 25 anni al tasso del 5% annuo, e poi suddivise in lotti fra circa 300.000 famiglie contadine.

La nuova trama della proprietà fondiaria, unitamente alla creazione di un tessuto abitativo diffuso nei diversi lotti (figura 5.5), determinò la modificazione profonda del paesaggio agrario e si accompagnò, nei dieci anni successivi, alla relativa trasformazione delle colture: la superficie arata passò complessivamente dal 53 al 68%, i terreni a pascolo vennero ridotti dal 35 al 15% e la produzione cerealicola estensiva, che copriva in precedenza il 61% della superficie dei terreni oggetto di riforma, si ridusse al 47%. Di contro, crebbero sensibilmente i capi di allevamento, le colture foraggere industriali, gli ortaggi, i vigneti e i frutteti (che passarono dal 3 al 10% della superficie coltivata).

Il relativo miglioramento delle colture si accompagnò tuttavia a un risultato economico modesto, sia perché la crescita della produzione fu inferiore a quella prevista (essa crebbe mediamente dell'8,5% annuo nel ventennio successivo), sia perché la sua incidenza su scala nazionale risultò limitata. Lo spirito della riforma

Fig. 5.5 – *a)* Italia. Superfici oggetto delle leggi di riforma agraria, 1950; *b)* Maremma. Esempio di appoderamento con nuovo habitat disperso di tipo lineare (superficie media di ogni lotto 5 ettari)

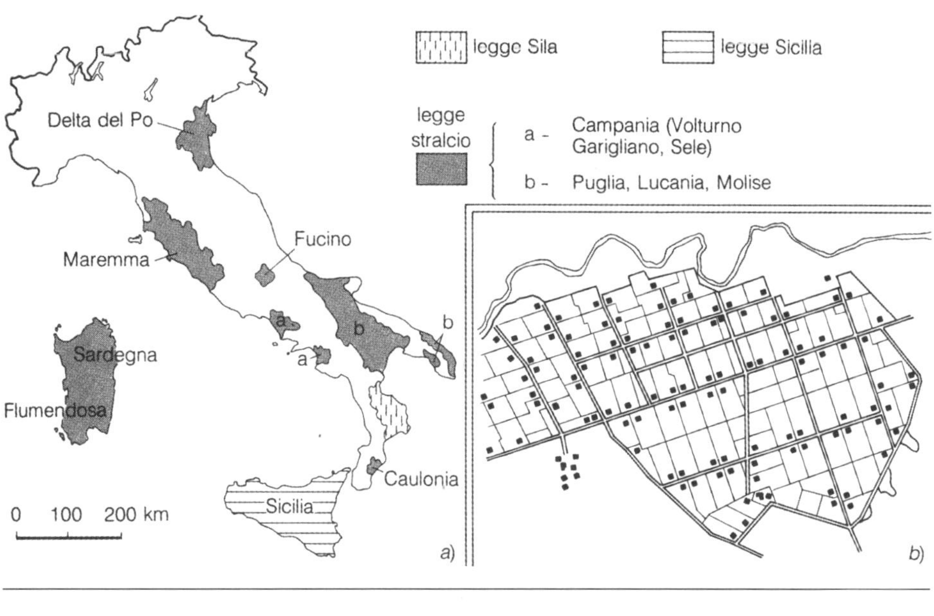

e soprattutto gli strumenti della sua realizzazione, infatti, ne avevano minato sin dall'inizio la validità economica.

La volontà di ridurre la rivendicazione politico-sociale nelle campagne, unitamente all'obiettivo di breve termine di limitare la disoccupazione bracciantile, non vennero accompagnati da una razionale coordinazione degli interventi all'interno di una strategia di lungo termine in grado di realizzare obiettivi economici duraturi: furono spesso trascurati il settore dei servizi sociali e i programmi di valorizzazione irrigua e soprattutto si optò per un eccessivo frazionamento dei fondi in proprietà che risultarono sovente di dimensioni così modeste da non consentire una gestione competitiva all'azienda familiare. Ne conseguì che il successo della riforma venne colto soltanto in alcune aree costiere, mentre soprattutto le aree interne del Mezzogiorno alimentarono, negli anni successivi, un cospicuo flusso di esodo rurale verso le grandi agglomerazioni urbane costiere e verso i centri industriali dell'Italia del Nord.

5.4.3 Le politiche agrarie

Più in generale, a partire dalla seconda guerra mondiale l'evoluzione dell'agricoltura nei paesi sviluppati a economia di mercato ha attraversato due distinte fasi di sviluppo. La prima, protrattasi sin verso la metà degli anni Ottanta, fu essenzialmente *produttivistica*, caratterizzata cioè da un processo continuativo di modernizzazione. La seconda, più recente, è definita da più autori come *post-produttivistica*, che non sostituisce ovviamente l'organizzazione già affermatasi in precedenza, ma si aggiunge a essa, caratterizzandosi per l'obiettivo di ridurre in termini relativi i livelli di produzione e intensificare le relazioni fra economia agricola e altre forme di sviluppo rurale. Entrambe queste fasi corrispondono a specifiche modalità di intervento degli organismi istituzionali (sia nazionali che sovranazionali).

Nel primo caso, lo sviluppo dell'economia agricola ha corrisposto, nei primi quattro decenni successivi la seconda guerra mondiale, ad almeno tre processi fra loro strettamente connessi: l'*intensificazione* della produzione, misurabile tramite la crescita degli input necessari all'espletamento dell'attività agricola (capitale, fertilizzanti ecc.) e del prodotto stesso (come la produzione di cereali, carne ecc.); la *concentrazione* della produzione sia dal punto di vista della proprietà dei suoli, sia a livello di economie nazionali. Così, in Europa, la produzione di cereali, patate, latte ha teso a concentrarsi soprattutto in Danimarca, Irlanda, Germania e Regno Unito, mentre quella di frutta, uova e carne ovina in paesi come la Francia, il Belgio, l'Olanda e l'Italia; infine, la *specializzazione*, per cui le imprese agricole, alla ricerca di crescenti economie di scala, hanno teso a produrre tendenzialmente un numero sempre più ristretto di varietà vegetali.

Nel loro insieme, queste tre caratteristiche hanno dato origine a forme altamente capitalistiche di organizzazione dell'attività agricola, che più recentemente sono state rafforzate dagli avanzamenti nella ricerca biotecnologica. Più in particolare, lo sviluppo dell'ingegneria genetica ha aperto nuove potenzialità per accrescere la produttività dei terreni, mediante l'introduzione di varietà maggiormente resistenti agli agenti climatici e organici (scheda 5.1). Dal canto suo, l'industria alimentare ha introdotto diffusamente nuovi enzimi e metodi di fermentazione, rendendo molti prodotti della terra competitivi, per quanto al contenuto proteico, rispetto ai prodotti animali.

A loro volta, le politiche volte al sostegno di forme non produttivistiche di agricoltura, introdotte inizialmente nell'Unione Europea e negli Stati Uniti, sono interpretabili nei termini di un rovesciamento delle tendenze precedenti, e includono la riduzione dei volumi produttivi (con l'obiettivo di limitare le eccedenze prodotte), l'introduzione di varietà maggiormente concorrenziali sui mercati mondiali, e più severi regolamenti di salvaguardia ambientale. In questo quadro, la ricerca di forme organizzative maggiormente estensive, si accompagna alla riduzione dei livelli sia di concentrazione che di specializzazione (scheda 5.2).

Scheda 5.1 – Agricoltura e biotecnologie

Iniziato nella metà del secolo scorso, il processo di ammodernamento agricolo noto come *rivoluzione verde* (paragrafo 5.7.3), basato sul trasferimento, nell'agricoltura dei paesi in via di sviluppo, del modello dei paesi sviluppati (sementi ad alta resa, concimi chimici, nuove tecniche di irrigazione), ha determinato significativi aumenti di produttività in molte aree del pianeta, in particolare in Asia e nell'America centrale e meridionale.

L'agricoltura si trova oggi dinanzi a nuove sfide e opportunità offerte dalle biotecnologie, il cui impatto è tanto significativo da far parlare di una *gene revolution* (FAO, 2004b) contrapposta, appunto, alla « vecchia » *green revolution*. Si tratta, in estrema sintesi, di modificare il patrimonio genetico delle specie vegetali, inserendovi in laboratorio caratteri ricavati da altre specie allo scopo di ottenere nuove varietà di piante, chiamate *transgeniche*. Tali specie possono offrire vantaggi come una maggior resistenza climatica o all'attacco di parassiti e insetti (riducendo al contempo l'utilizzo di antiparassitari chimici), o aumentare la resa produttiva o nutrizionale. Nel caso del riso e del mais, ad esempio, si stima che simili tecnologie aumentino la resa circa del 40%. Per questa ragione, nelle opinioni della FAO e di altri organismi internazionali, le biotecnologie possono contribuire drasticamente nel ridurre la povertà e le condizioni di fame nel mondo.

Da un punto di vista geografico, i principali utilizzatori di colture transgeniche sono oggi gli Stati Uniti (42,8% del totale mondiale nel 2003), ma il loro impiego si sta diffondendo anche in Argentina, Canada, Brasile e Cina. In Europa, al contrario, esse incontrano maggiori resistenze: poiché costruite in laboratorio, sono spesso percepite dall'opinione pubblica come « non naturali ». Inoltre, le varietà transgeniche riducono fortemente la biodiversità, rappresentando la sintesi di specie diverse che vengono sostituite con una sola: l'ambiente ne risulta impoverito e più fragile. Per queste ragioni negli ultimi anni, in particolare in Europa, si segnala l'incremento delle cosiddette *agricolture biologiche*, basate sul rifiuto dell'utilizzo di sostanze chimiche e l'impiego di tecniche tradizionali. In alcuni paesi, le colture biologiche arrivano a costituire il 15% della produzione agricola complessiva.

Scheda 5.2 – La Politica Agricola Comunitaria (PAC)

La politica agricola comunitaria, inaugurata nel 1962, si propose inizialmente l'attuazione degli obiettivi stabiliti con la stipula del Trattato di Roma, fra cui l'accrescimento della produttività agricola e del livello di vita della popolazione contadina, la stabilizzazione dei mercati, la garanzia della sicurezza degli approvvigionamenti (autosufficienza) e la definizione di prezzi ragionevoli per i prodotti destinati al consumo.

A questo scopo vennero allora definiti tre principi fondamentali che avrebbero poi regolato il funzionamento del settore:

1. il principio dell'*unicità del mercato europeo*, implicante la libera e completa circolazione dei prodotti agricoli fra i paesi membri. Ciò ha portato alla progressiva soppressione dei diritti doganali interni all'Unione e all'innalzamento delle barriere doganali unitarie nei confronti dell'esterno, oltre che all'ammodernamento delle direttive amministrative, sanitarie, veterinarie ecc.;
2. il principio delle *preferenze comunitarie*, in base al quale si tese ad assicurare la protezione dei mercati europei rispetto alle importazioni e alle fluttuazioni dei mercati mondiali. Concretamente, venne imposto ai paesi membri di acquistare i prodotti agricoli all'interno dell'Unione, nonostante i prezzi in Europa fossero generalmente più elevati di quelli praticati sui mercati esterni;
3. il principio della *sovvenzione all'esportazione*, consistente nel pagamento ai produttori del prezzo in vigore nell'Unione per le eccedenze produttive esportate sui mercati esterni (che, come abbiamo visto, vengono trattate a un prezzo inferiore).

Nel loro insieme, queste forme di sovvenzione finanziaria assorbivano, all'inizio degli anni Novanta, oltre il 55% del bilancio dell'Unione.

Poste queste premesse, l'agricoltura europea ha vissuto negli ultimi decenni delle profonde trasformazioni e, da una condizione di sottoutilizzazione delle risorse, il continente si è trasformato in un produttore di crescenti eccedenze, soprattutto per quanto riguarda il burro, i cereali, gli oleaginosi e la carne bovina. È stato nel contempo parzialmente frenato l'esodo rurale (gli occupati nell'agricoltura raggiungono ancora l'8% degli attivi, per una produzione che si assesta intorno al 5% del prodotto lordo totale dell'Unione) ed è cresciuta sensibilmente la produttività.

Ciò nonostante, gli strumenti di quella politica produttivistica non erano privi di contraddizioni. Anzitutto la modesta dimensione delle aziende, l'elevata tecnologia introdotta e la pratica di un'agricoltura scientifica e intensiva hanno originato crescenti costi di produzione, con conseguenze vistose sul fronte internazionale (gli

Stati Uniti, in particolare, hanno lamentato più volte l'eccessiva protezione del mercato comunitario nei confronti delle loro esportazioni). I prezzi elevati dei prodotti agricoli europei non hanno inoltre permesso di smaltire all'estero le eccedenze che avevano raggiunto, nel 1992, i 25 milioni di tonnellate di cereali, un milione di tonnellate di latticini e un milione di tonnellate di carne. Il problema delle eccedenze, per quanto meno drammatico che nel passato, rimane ancora oggi particolarmente vivo, per esempio con riferimento allo zucchero e al latte (figura 1).

La necessità di rendere maggiormente competitiva e meno intensiva (per ridurre lo sfruttamento dei suoli) l'agricoltura europea ha spinto verso periodiche riforme della PAC. In particolare, a una prima sensibile revisione della politica comunitaria nel 1992 è seguita una rielaborazione nel 2003, tesa non solo a rendere maggiormente efficaci gli interventi, ma anche a semplificare i complessi meccanismi di supporto all'agricoltura, riducendo tra l'altro la spesa comunitaria nel settore (oggi pari a circa 50 miliardi di euro all'anno, ossia metà del budget comunitario, European Commission, 2004).

Fra le novità di maggior rilievo introdotte con la riforma del 2003 si segnala il progressivo passaggio da una struttura guidata dall'*offerta* a una basata sulla *domanda*. L'obiettivo è di rendere gli agricoltori liberi di produrre ciò che richiede il mercato, rendendo il meccanismo dei sussidi indipendente da *cosa* e da *quanto* si produce (a differenza del passato): l'obiettivo dell'aiuto finanziario riguarderà sempre più il mantenimento della stabilità dei redditi dei coltivatori, ponendo particolare enfasi su aspetti qualitativi della produzione (standard, rispetto dell'ambiente e della salute degli animali, marchi di qualità, certificazioni ecc.) il cui mancato rispetto si tradurrà in una riduzione dei sussidi.

Fig. 1 – Autosufficienza ed eccedenze di produzione, 1974-2003

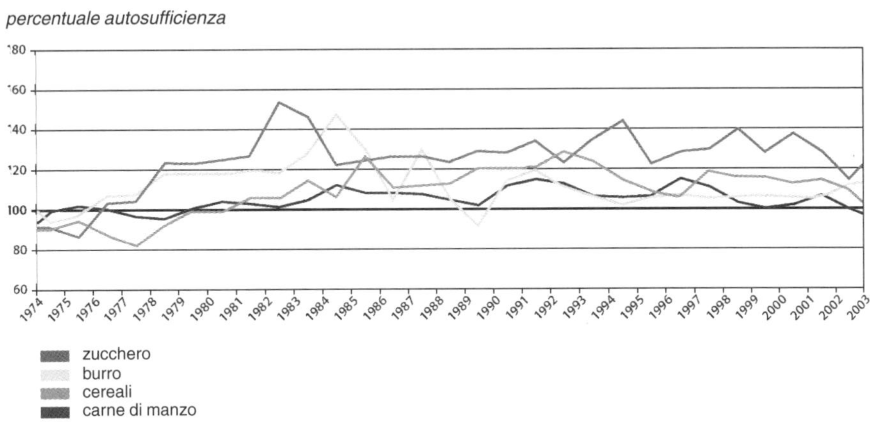

Fonte: basato su European Commission (2004), p. 9.

5.5 Consumi e commercializzazione dei prodotti agricoli

5.5.1 I regimi alimentari

Il consumo alimentare, soprattutto nei paesi sviluppati, ha subito nell'ultimo secolo profondi cambiamenti. L'aumento della popolazione urbana e la crescita, lenta ma progressiva, del potere d'acquisto, hanno provocato la drastica riduzione dei sistemi di produzione agricola rivolti all'*autoconsumo*, sostituiti da sistemi colturali relativamente specializzati (come la coltivazione di frutta e di legumi) i cui prodotti entrano in gran parte nei circuiti del commercio alimentare. Le stesse componenti della dieta si sono diversificate e arricchite, alimentando la domanda di prodotti « nuovi » (come certi frutti tropicali) e *prodotti di sostituzione*, come gli oli vegetali che hanno sostituito in molti paesi l'impiego dei grassi animali. Nei paesi sviluppati è inoltre diminuito sensibilmente il consumo pro capite di cereali ed è cresciuto quello di carne; nei paesi sottosviluppati, al contrario, la componente cerealicola della dieta è aumentata vistosamente, mentre si è ridotto, a volte, il consumo di prodotti animali.

È noto che l'esigenza alimentare di un individuo varia considerevolmente in ragione dell'età, del sesso e delle condizioni climatiche in cui questo vive. Così, si reputa convenzionalmente che un minimo di 1.800 calorie giornaliere sia necessario per un soggetto femminile anziano, mentre un massimo di 3.000 calorie sia sufficiente per un individuo maschio in età giovane. Geograficamente, inoltre, un individuo residente in Europa occidentale necessita mediamente di circa 2.650 calorie giornaliere, cioè un ammontare lievemente superiore a quello necessario a un abitante dell'America Latina (2.400) e dell'Africa centrale (2.350). Ciò nonostante, la popolazione dei paesi sviluppati consuma una quantità di calorie ben superiore al necessario, circa il doppio delle proteine richieste dall'organismo e quantità parimenti superiori di vitamine e minerali. Nei paesi sviluppati dell'Occidente, inoltre, circa il 32% delle proteine proviene da prodotti animali, mentre in molti paesi africani tale quota scende bruscamente al 7% circa.

In ragione del contenuto di carboidrati, grassi, proteine, vitamine e i prodotti alimentari in sei grandi categorie: cereali, radici e tuberi, frutta e verdura, zucchero, grassi e oli, carne e pesce. Le tre principali specie di cereali (grano, riso e granoturco) rappresentano da sole circa la metà della componente energetica alimentare consumata dalla popolazione mondiale. La parte restante proviene da numerosi altri prodotti, nessuno dei quali eguaglia per importanza e diffusione i cerali: carne e pesce, ad esempio, non coprono che l'11% del consumo alimentare del pianeta e, come si è visto, questo è concentrato in un numero limitato di paesi sviluppati; radici e tuberi, fra cui rientrano la patata, la cassava e la patata dolce, il cui contenuto acquoso è elevato (75%), sono invece componenti dominanti la dieta nei paesi sottosviluppati e non alimentano se non marginalmente i flussi commerciali internazionali.

5.5.2 Gli scambi commerciali

Le modificazioni della domanda di prodotti agricoli trovano un immediato riscontro nella struttura del commercio a livello mondiale. Soprattutto negli ultimi due decenni è andata affermandosi una fitta rete di scambi, mentre le politiche agricole nazionali sono divenute sempre più tributarie di un mercato che raggiunge dimensioni virtualmente planetarie.

Lo schema dei flussi di scambio internazionale è tuttavia relativamente semplice, dove gli Stati Uniti rappresentano il principale esportatore di cereali (raggiungendo, nel 2003, il 31% delle esportazioni mondiali), pur costituendo il secondo produttore al mondo, dietro alla Cina. Così, se la produzione cerealicola è relativamente diffusa in tutti i continenti, il fabbisogno di molti paesi deve essere spesso integrato ricorrendo all'importazione da alcuni paesi sviluppati (gli stessi

Tab. 5.2 – I dieci principali esportatori di cereali e semi oleosi

	2001	*2002*	*2003*	*Quota del totale mondiale 2001-2003*
	migliaia di tonnellate			*percentuale*
Cereali				
Stati Uniti	87.358	84.227	82.204	31
Unione Europea (15)	65.426	55.126	54.772	22
Argentina	23.728	23.309	19.584	8
Australia	21.826	18.894	19.344	7
Canada	22.885	21.523	14.666	7
Cina	13.831	8.837	14.916	5
Thailandia	6.207	8.227	7.538	3
Ucraina	1.288	5.311	12.175	2
Russia	1.263	3.425	13.532	2
India	2.822	5.432	9.570	2
Totale mondiale	272.858	262.871	279.557	100
Semi oleosi				
Stati Uniti	28.358	30.205	29.005	41
Brasile	11.519	15.684	15.978	20
Argentina	4.662	7.640	6.634	9
Unione Europea (15)	5.662	5.437	6.096	8
Canada	5.482	5.490	3.864	7
Australia	2.304	2.114	1.863	3
Paraguay	1.820	2.361	404	2
Cina	804	940	1.020	1
Russia	1.285	302	121	1
Ungheria	510	331	466	1
Totale mondiale	67.909	75.149	69.016	100

Fonte: FAO (2004a), p. 42.

Stati Uniti, Canada, Australia ed Europa occidentale) che producono significative eccedenze: il valore delle esportazioni di prodotti agroalimentari come quota del valore aggiunto generato dal settore agricolo supera infatti il 64% nel caso dei paesi sviluppati, mentre in quelli in via di sviluppo solamente il 18,3% (FAO, 2004b), evidenziando significative differenze nella capacità di accumulare e inserire eccedenze di produzione nei circuiti economici internazionali. La tabella 5.2, a questo proposito, presenta la classifica dei principali esportatori di cereali e semi oleosi: in essa figurano tanto paesi sviluppati quanto realtà in via di sviluppo, ma si evidenzia comunque la posizione elevata occupata da aree fortemente industrializzate e relativamente poco specializzate nel settore agricolo, quali Stati Uniti e Unione Europea.

La trama del commercio mondiale è tuttavia caratterizzata da significativi flussi di derrate agricole destinate ai paesi industrializzati europei e dell'America settentrionale, flussi comprendenti sia prodotti tropicali (frutta, cacao, caffè, oleaginosi ecc.) sia prodotti che provengono dai paesi temperati dell'emisfero Sud (Argentina, Australia, Nuova Zelanda) dove le vaste superfici consentono l'allevamento e la coltivazione cerealicola estensiva (figura 5.6).

Il commercio di prodotti agricoli tropicali ha quindi rilevanti conseguenze

Fig. 5.6 – Il commercio mondiale del grano

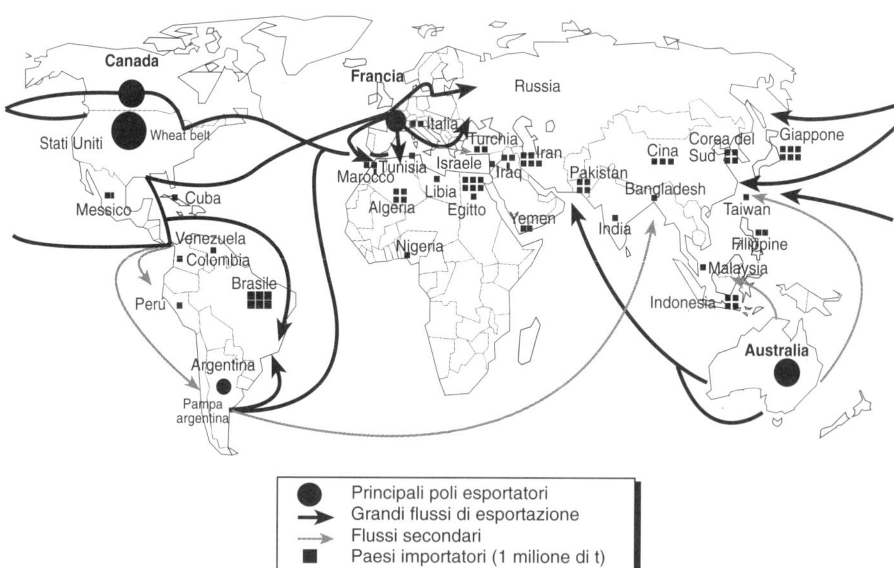

Fonte: Consiglio Internazionale dei Cereali, 1998

Fig. 5.7 – Declino e variabilità dei prezzi di alcuni prodotti

a) *Instabilità dei prezzi nominali mondiali per alcuni prodotti, 1986-1999*
I prodotti commercializzati dai paesi in via di sviluppo tendono a essere più volatili dei prodotti delle zone temperate esportati dai paesi sviluppati

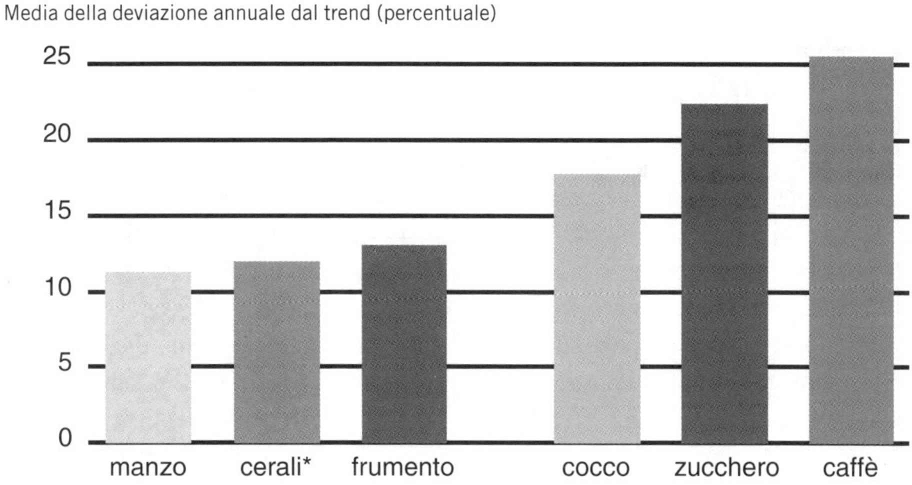

* esclusi frumento e riso

b) *Declino dei prezzi nominali per alcuni prodotti, 1980-2000*
Diversi prodotti esportati da paesi dipendenti dal commercio di pochi generi alimentari hanno sperimentato forti cali dei prezzi negli ultimi venti anni

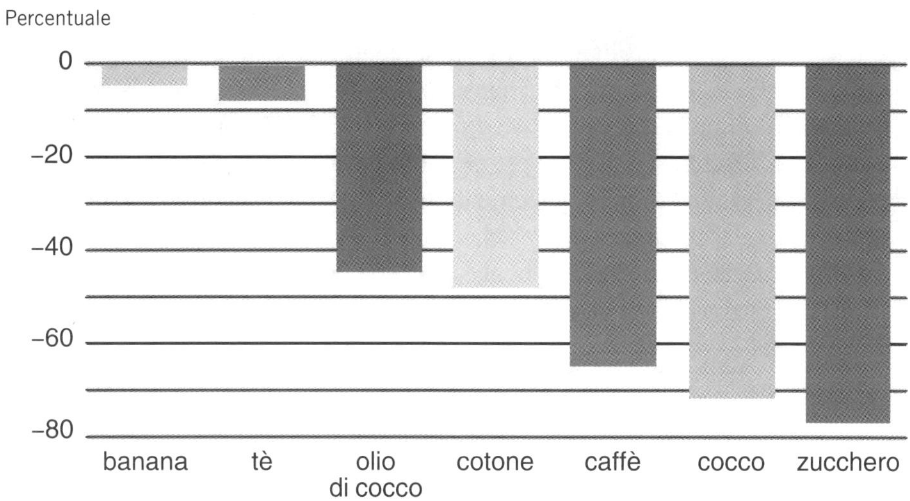

Fonte: FAO (2004a), p. 21.

sull'equilibrio economico dei paesi sottosviluppati. Nella maggior parte dei casi questi paesi sono scarsamente industrializzati, e quindi la loro struttura produttiva è fortemente dipendente dal settore agricolo, e in particolare da singole tipologie di beni.

I flussi di esportazione sono diretti, nel contempo, verso un numero limitato di mercati. I paesi della Triade (Nord America, Europa occidentale e Sud-Est asiatico) assorbono tuttora più dei due terzi delle esportazioni mondiali di prodotti agricoli (WTO, 2004). I paesi esportatori in via di sviluppo, possedendo economie fortemente tributarie dell'agricoltura, sono inoltre vulnerabili di fronte alle fluttuazioni della domanda e dei prezzi sui mercati mondiali: una riduzione della domanda o un ribasso dei prezzi – che vengono trattati nei paesi industrializzati (a New York, ad esempio, opera la Borsa merci per il caffè, a Londra viene definito il prezzo del tè) – possono tradursi in gravi crisi economiche nei paesi esportatori. Da un lato, a partire dal 1973, il prezzo di prodotti come tè, juta, banane e oli vegetali ha teso costantemente al ribasso, ponendo i paesi esportatori nella necessità di accrescere ulteriormente la quantità di prodotti esportati per ottenere un pari ammontare di divise estere. Dall'altro lato, i prezzi dei prodotti agricoli provenienti tipicamente dai paesi in via di sviluppo (come quelli tropicali) mostrano una variabilità molto superiore a quella dei prodotti agricoli esportati dai paesi industrializzati, i quali posseggono meccanismi economici di regolazione dei prezzi maggiormente efficaci (figura 5.7)

Gli stessi flussi commerciali sono controllati da un numero limitato di grandi imprese, come *Carrefour* (Francia), *Ahold* (Olanda), *Metro* (Germania), *Wal-Mart* (USA) e *Tesco* (Gran Bretagna), che da sole commercializzano una quota significativa dei prodotti agricoli europei e statunitensi. Per esempio, solamente tre imprese multinazionali controllano l'80% del mercato europeo dei semi di soia e il 70% di quello USA. La figura 5.8, a questo proposito, evidenzia la polarizzazione del settore agroalimentare da parte delle quattro maggiori imprese agroalimentari statunitensi. A differenza delle imprese petrolifere che, come vedremo nel capitolo successivo, intervengono prepotentemente nelle attività di approvvigionamento, queste lasciano ai produttori tanto i rischi legati alla produzione quanto quelli connessi all'irregolarità dei prezzi, per concentrarsi nelle fasi di commercializzazione e in numerose attività a esse connesse, come la produzione di farina, glucosio, alimenti per animali.

Fig. 5.8 – Concentrazione della produzione alimentare negli USA, 2002

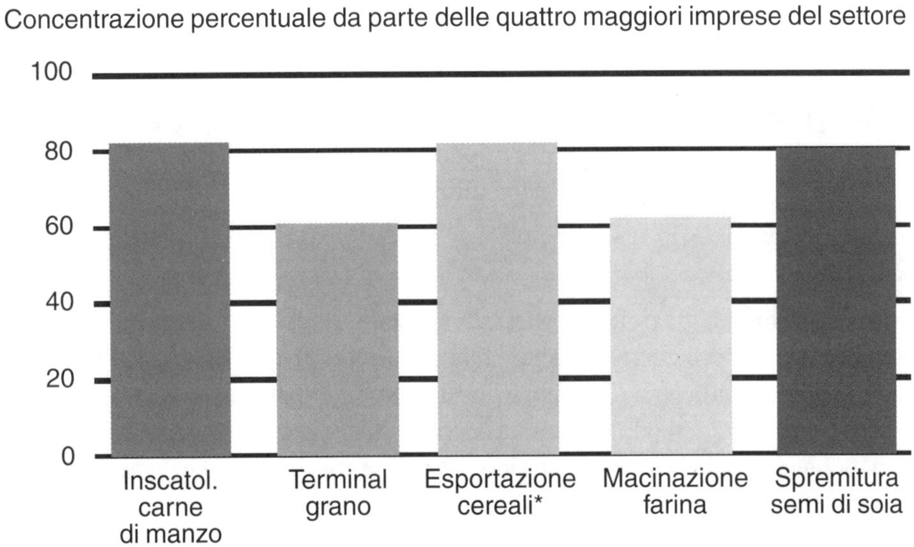

* Tre maggiori imprese
Fonte: Basato su FAO (2004a), p. 31.

5.6 I grandi sistemi di produzione

Le numerose forme di produzione agricola presenti nel mondo contemporaneo possono essere classificate, in modo sintetico, nelle due tipologie dell'agricoltura contadina o tradizionale e di quella prettamente capitalistica.

L'*agricoltura contadina o tradizionale* è diffusa soprattutto nei paesi sottosviluppati, è spesso un'agricoltura attiva, nel senso che occupa una quota consistente di popolazione pur fornendo livelli di produzione modesti. Gli agricoltori sono di regola piccoli proprietari con limitate possibilità di acquistare attrezzature e fertilizzanti, perciò quest'agricoltura è in buona misura rivolta all'autoconsumo familiare.

Occupando circa i due terzi dell'intera popolazione agricola del pianeta, è ancora ampiamente praticata nella maggior parte delle società rurali dell'Asia, dell'Africa, dell'America Latina e, in parte, della stessa Europa mediterranea. È inoltre policolturale, in quanto prevede la coltivazione di diverse specie vegetali in una stessa area e in una stessa azienda agricola e dipende significativamente dalle condizioni naturali. Nel complesso è un sistema in regresso di fronte all'avanzare dei sistemi agricoli più moderni.

Differentemente, l'*agricoltura capitalistica* dipende strettamente dal mercato e assume forme produttive che consentono la realizzazione del profitto. In questo contesto l'azienda familiare, tipica dell'agricoltura contadina, si è via via trasformata adottando nuove tecniche produttive e adattandosi alle variazioni del mercato.

Al suo interno, si è affermata inoltre la grande impresa agroindustriale, che rappresenta la forma più elevata di razionalizzazione capitalistica a livello mondiale. Essa è la principale artefice dei grandi flussi commerciali di prodotti agricoli e di trasformazione dei sistemi agrari. In particolare, il sistema agroindustriale prevede:

a) la stretta integrazione fra agricoltura e industria alimentare, nel senso che le imprese del settore controllano un ciclo produttivo tendenzialmente completo, dalla produzione alla trasformazione e alla commercializzazione dei prodotti. L'intensificazione dei rapporti fra industria e agricoltura è sintetizzata nella figura 5.9: a monte del ciclo produttivo ci sono le imprese fornitrici di mezzi di produzione, come trattori e macchine agricole in genere, e degli altri input necessari (sementi, concimi chimici, erbicidi ecc.). Immediatamente a valle riappare l'industria, che si occupa dapprima dell'immagazzinamento del raccolto e successivamente delle diverse fasi della sua trasformazione in prodotti destinati alla distribuzione per il consumo. Quest'ultima, a sua volta, può essere assicurata dalle stesse imprese dedite alla trasformazione dei prodotti;

b) il dominio crescente dell'industria sull'agricoltura, dal momento che la maggior parte del valore aggiuntivo contenuto nel prodotto finale non proviene dall'attività agricola in senso stretto bensì dalle attività industriali. Soprattutto negli anni più recenti, gli elevati profitti ottenuti nella trasformazione e nella com-

Fig. 5.9 – Il sistema agroindustriale

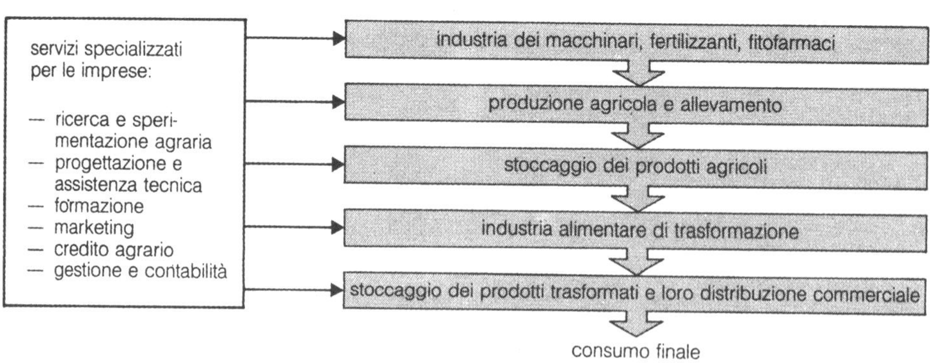

mercializzazione di prodotti agricoli, hanno spinto molte imprese industriali (già produttrici di trattori, fertilizzanti, ma anche imprese petrolchimiche e addirittura compagnie aeree) a investire massicciamente nel settore agricolo;

c) la realizzazione delle diverse fasi produttive all'interno di un'unica grande impresa, la quale fa proprie le funzioni svolte in precedenza da altri soggetti economici.

Uno degli esempi più significativi di completa integrazione del ciclo agroindustriale è fornito dalla *Unilever*, il maggior produttore mondiale di oleaginosi. Con circa 280.000 occupati e oltre 275 imprese controllate (in seguito alla fusione nel 2000 con un altro colosso del settore, la *Bestfoods*) localizzate in ben 64 paesi (UNCTAD, 2004b), questo gruppo rappresenta un vero e proprio colosso industriale che, accanto al settore agricolo, produce sotto licenza automobili (*Land Rover*) e materiali da costruzione, possiede linee di trasporto marittimo e proprie agenzie di marketing. Nei centri strategici di Londra, Bruxelles e Parigi, l'Unilever organizza la direzione delle piantagioni africane (si tratta, non a caso, delle tre metropoli che in passato avevano gestito quei vasti imperi coloniali) e, di fronte alle fluttuazioni dei prezzi, il gruppo è in grado di attuare una strategia basata sulla intercambiabilità delle materie prime per gran parte dei prodotti che immette sul mercato.

L'impresa agroindustriale rappresenta quindi un insieme di attività legate direttamente all'agricoltura: essa utilizza prodotti industriali (macchinari e fertilizzanti chimici soprattutto) e servizi (di gestione, finanziari, di ricerca scientifica e tecnologica) e fornisce a sua volta prodotti ad altre industrie e imprese di servizio. Ne consegue che nei paesi in cui l'attività agricola ha raggiunto elevati livelli di razionalizzazione, gli attivi direttamente occupati nel settore agricolo in senso stretto rappresentano una quota relativamente modesta dell'occupazione totale, mentre l'occupazione nel complesso del sistema agroindustriale raggiunge invece percentuali considerevoli. Negli Stati Uniti, ad esempio, la popolazione attiva direttamente impiegata nell'agricoltura non rappresenta che il 3% circa degli occupati complessivi; nel contempo, il settore agroindustriale assorbe da solo oltre il 20% della manodopera totale. In quel paese, l'elevata meccanizzazione dell'agricoltura ha contribuito alla formazione di una solida industria di macchinari agricoli (dominata dai colossi *Deere* e *Case*) e di un settore chimico in continuo sviluppo.

Un'ulteriore diffusa caratteristica dell'agricoltura capitalistica è la monocoltura, ovvero la specializzazione in un unico prodotto. Questo sistema, grazie all'impiego di tecniche specifiche e alla specializzazione del lavoro, consente una maggior efficienza e minori costi di produzione. Diffusa soprattutto nei paesi del Terzo Mondo e nelle aree di coltura estensiva a opera delle grandi imprese del settore, questa stessa specializzazione comporta tuttavia un più rapido esaurimento della fertilità dei terreni, l'esposizione a sensibili rischi legati alle variazioni della domanda nei mercati (come una caduta dei prezzi, figura 5.9) o alle condizioni climatiche, oltre a porsi alla base di rapporti di stretta dipendenza di molte economie sottosviluppate nei confronti dei mercati internazionali: 43 paesi in via di sviluppo basano più del 20% del valore delle proprie esportazioni su un singolo prodotto agricolo (FAO, 2004a). La maggior parte di questi paesi si trovano nell'Africa sub-sahariana o in America latina e Caraibi e dipendono dalle esportazioni di zucchero, caffè, cotone o banane (figura 5.10). Tre quarti di paesi sono classificati dalle Nazioni Uniti come « meno sviluppati » (*least developed countries*), con un reddito annuale pro capite inferiore ai 900 dollari USA, e nella maggior parte dei paesi la dipendenza da una singola tipologia di esportazioni è cresciuta negli ultimi 20 anni.

Fig. 5.10 – Quota di proventi commerciali in specifiche produzioni rispetto alle esportazioni totali

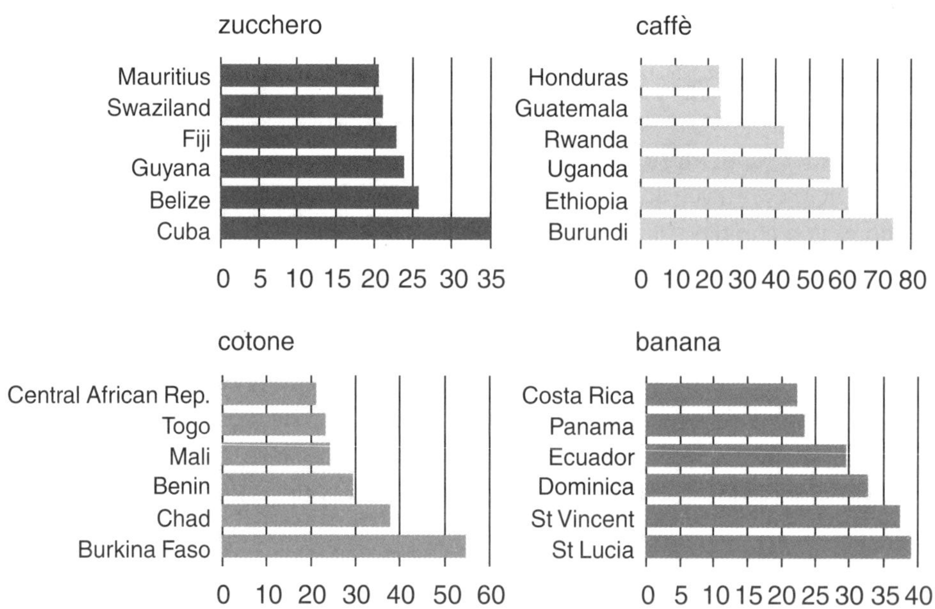

Fonte: FAO (2004a), p. 21.

5.7 Le strutture territoriali dell'agricoltura contemporanea

La rigidità strutturale dei sistemi agrari di molti paesi, la dominanza delle economie sviluppate sui mercati mondiali, la crescente intensità degli scambi, sono tutti fattori che disegnano l'immagine del sistema agricolo mondiale e delle sue modificazioni strutturali. Tutti questi fattori ispirano altresì un'analisi tipologica che sconta nel contempo la presa in carico delle condizioni di natura tecnologica, economica e politico-sociale richiamate nei paragrafi precedenti. Di seguito, si scinderanno pertanto le strutture agrarie del mondo contemporaneo in cinque grandi tipologie: agricoltura di sussistenza, agricoltura commerciale contadina, speculativa di piantagione, capitalistica dei grandi spazi e socializzata.

5.7.1 I sistemi agricoli di sussistenza

Nel senso stretto del termine, l'agricoltura di sussistenza comprende i sistemi agricoli « naturali » a elevata intensità di lavoro manuale che non prevedono scambi di prodotti. Sotto questa forma, la si ritrova attualmente soltanto presso remote comunità dell'Amazzonia, dell'Africa interna e della Nuova Guinea, dove ristretti gruppi tribali sopravvivono in un isolamento relativamente stabile.

In senso lato, all'agricoltura di sussistenza si assegna tuttavia un significato più esteso: non si escludono infatti limitati scambi con gruppi vicini che possono avvenire sia in moneta sia in natura, sebbene l'attività agricola rimanga destinata al consumo diretto e sia esercitata mediante tecniche tradizionali tese a sfruttare la grande varietà di vegetali presenti di regola nell'area intertropicale. Sebbene caratterizzati da modalità tradizionali di conduzione dei terreni, i sistemi agricoli di sussistenza non sono tuttavia strutture immutate da millenni: l'avvento del colonialismo prima e successivamente quello della grande impresa agro-industriale hanno infatti distorto profondamente questi sistemi colturali antichi, modificando il regime della proprietà fondiaria, introducendo l'economia monetaria e respingendo l'agricoltura tradizionale verso terreni marginali.

L'area su cui si è sviluppata l'agricoltura di sussistenza è lontana dall'omogeneità, così come il degrado delle strutture agrarie tradizionali non è avvenuto in modo uniforme: la diffusione dei rapporti di produzione capitalistici si è sovrapposta infatti a una grande varietà di colture, di sistemi religiosi e politici tra loro eterogenei, che in varia misura interagiscono con i modelli importati.

Nelle forme agricole di sussistenza predomina il lavoro manuale, dove l'utilizzo di strumenti tradizionali è associato di regola alla sottoutilizzazione del potenziale agricolo. Si tratta di un aspetto paradossale, dal momento che coinvolge regioni in cui il popolamento è spesso elevato e l'evoluzione demografica assume a volte forme esplosive. Il fenomeno della miseria rurale è qui diffuso e l'agricoltura di sussistenza è associata spesso a forme di sottoalimentazione (soltanto nei paesi a economia irrigua dell'Asia sud-orientale il lavoro manuale e le elevatissime intensità di popolamento sono connessi all'utilizzo intensivo e meticoloso di tutte le potenzialità offerte dall'ambiente naturale e umanizzato). Secondo le stime della FAO (2004c), 852 milioni di individui hanno sofferto di sottonutrizione fra il 2000 e il 2002. La « geografia della fame » pone in evidenza modelli diversi di sottoalimentazione, dove l'Africa Sub-Sahariana, l'estremo oriente e l'America latina denunciano, sia in termini relativi che assoluti, le situazioni più drammatiche: basti pensare che la quota di popolazione sottonutrita, nel caso dell'Africa Subsahariana, supera il 30%, ovvero 204 milioni di individui (FAO, 2004c).

Dal punto di vista tipologico, si possono individuare almeno tre tipi di agricoltura di sussistenza.

1) L'agricoltura di sussistenza ad *alta intensità di lavoro* è presente dove le colture predominano nettamente sull'allevamento e il territorio, sebbene sfruttato sistematicamente, è tuttavia esiguo se rapportato alla elevata densità del popolamento. L'irrigazione, quale fattore essenziale di intensificazione delle colture, consente sia una maggiore durata del periodo vegetativo, sia la diffusione del riso, che è intensamente coltivato nella Cina meridionale, nel Sud-Est asiatico e lungo le coste indiane. Altrove, come nella Cina settentrionale, nell'India continentale, in Pakistan, lungo la valle del Nilo e in Iraq, lungo il Tigri e l'Eufrate, predominano invece il grano, il sorgo e l'orzo, che rappresentano le componenti pressoché esclusive della dieta. Il rapporto stretto fra coltivatore e terra si esprime in un intenso popolamento delle aree rurali, e di regola una fitta rete di villaggi raggruppa la popolazione contadina.

2) L'agricoltura *itinerante* del *ladang* è la tipica forma di agricoltura tropicale umida, dove l'accetta è spesso lo strumento privilegiato rispetto alla zappa: esso viene utilizzato, infatti, per l'abbattimento della foresta la quale, una volta bruciata, lascierà spazio alle colture. Dopo la coltivazione, la foresta si riformerà, per essere dopo alcuni anni nuovamente incenerita e coltivata.

Questa agricoltura rudimentale, che non esclude l'allevamento, trova sviluppo soprattutto sui terreni poveri della foresta equatoriale e monsonica: è diffusa in tutta l'Africa centrale, in quella parte dell'Indocina dove non è giunta la risicoltura, in tutta l'Indonesia, nel Borneo e, nel continente latino-americano, nel bacino dell'Amazzonia, nei paesi andini settentrionali e nelle regioni dell'America centrale dove non è ancora giunta la piantagione.

A volte, forme di agricoltura sedentaria si incuneano nelle regioni del ladang. Il fenomeno è tuttavia limitato ad alcune aree dell'Africa nera (nel Togo e nel Camerun settentrionale, fra alcuni gruppi etnici del Senegal, della Nigeria e del

Ruanda), le quali possono essere considerate come forme di transizione dall'agricoltura itinerante a quella sedentaria.

Sebbene definita come itinerante, questa agricoltura non esclude inoltre l'insediamento stabile. La popolazione vive infatti concentrata in villaggi di discreta dimensione e adibisce di volta in volta i terreni circostanti a coltivazione. Questa viene fatta ruotare intorno al villaggio secondo un disegno preciso, volto a trasferire ogni due o tre anni le colture (soprattutto mais, manioca, miglio, patata) su nuove porzioni di terreno.

3) L'agricoltura delle *oasi*, spazialmente ristretta e quantitativamente poco significativa, è anch'essa irrigua, dal momento che tende a sfruttare al massimo le zone umide all'interno di regioni dall'aridità stridente. Essa comprende sia le grandi pianure irrigue del basso corso dell'Indo nel deserto pakistano, l'Asia centrale (Turkmenistan, Kazakhstan, Uzbekistan) e le valli del Nilo, sia le piccole e disperse oasi del deserto del Sahara dell'Arabia e del Medio Oriente. Prodotti di questa agricoltura, strettamente dipendente dai lavori di raccolta e conservazione delle acque, sono vegetali tipici di altre aree a coltura secca, quali cereali, frutta, cotone, legumi.

5.7.2 Le forme agricole commerciali contadine

È una forma di agricoltura assai complessa dal punto di vista tipologico, per via delle profonde trasformazioni subite nel corso dei secoli e per gli stretti legami instaurati con l'economia industriale e urbana. Generalizzatasi in Europa con la rivoluzione industriale, essa ha progressivamente sostituito le forme di produzione agricola tradizionali, sotto l'incalzare di una società urbana che richiedeva via via maggiori prodotti di consumo.

Oggi interamente commerciale, in gran parte specializzata e legata alla meccanizzazione e all'adozione di nuove tecniche colturali, questa forma di agricoltura si è dotata di strutture che rispondono al carattere scientifico dello sfruttamento dei terreni e all'inseparabilità fra economia agricola ed economia urbana. Oltre alla forma di conduzione, in gran parte familiare e diretta, ciò che differenzia l'economia contadina della zona temperata da quella puramente speculativa dei grandi spazi e della piantagione, è il particolare rapporto fra produzione e consumo. I suoi prodotti, infatti, sono destinati prevalentemente a mercati urbani, regionali o nazionali relativamente vicini al luogo di produzione, pur non escludendosi la presenza di colture aventi anch'esse un mercato di dimensione virtualmente planetaria (basti ricordare il vino e la frutta di alcune regioni europee come la Champagne, la Linguadoca, il Chianti e della stessa California negli Stati Uniti).

Con i mercati urbani, in particolare, esiste un fitto intreccio di rapporti che poggia sulla rete di distribuzione del prodotto (*infrastruttura tecnica*) e sull'esistenza di stretti legami finanziari (*infrastruttura finanziaria*).

Altri fattori che caratterizzano l'agricoltura commerciale contadina della zona temperata sono di seguito elencati:

a) l'elevato prezzo dei terreni, soprattutto in prossimità dei centri urbani e nelle regioni a coltura altamente specializzata impone la costante ricerca di un'elevata produttività. Se il ricavato della vendita dei prodotti non è sufficiente a coprire i costi di produzione e a fornire un utile, spesso questa agricoltura viene abbandonata;

b) essa è concorrenziale con altre attività, prima fra tutte l'industria, sia per quanto riguarda il costo del lavoro sia l'occupazione del suolo. Storicamente, i salari più elevati offerti dall'industria e dalle altre attività urbane (il commercio e i servizi in genere) hanno attratto quote cospicue di popolazione agricola, determinando un diffuso esodo rurale, che ha riguardato, sia pure in misura diversa, tutti i paesi europei. Contemporaneamente, la maggior remuneratività dei terreni a uso urbano-industriale ha provocato la progressiva erosione delle superfici destinate all'agricoltura;

c) in queste condizioni, l'attività agricola ha teso verso una crescente specializzazione, tale da permettere rese produttive elevate e rispondere alla domanda di mercato. La concentrazione produttiva, l'organizzazione razionale delle colture e la presenza di un adeguato sistema di trasporti giustificano tale specializzazione e consentono di ottenere ricavi elevati.

Le grandi trasformazioni che si sono verificate nell'agricoltura negli ultimi decenni hanno seguito spesso una logica dettata dalla vicinanza o meno alle aree urbane.

Nel primo caso (*agricoltura periurbana*) l'attività agricola si è trasformata e specializzata: i suoi prodotti (ortaggi, alcuni tipi di frutta, a volte fiori e piante da vivaio) sono coltivati su appezzamenti di dimensione modesta e trasportati rapidamente al mercato. Benché tenda a coprire una quota sempre più limitata del consumo alimentare, questa forma di agricoltura è presente negli intorni di tutti i centri urbani dei paesi industrializzati: l'Europa, la costa orientale degli Stati Uniti e lo stesso Giappone. L'agricoltura di questo paese, in particolare, pur rientrando fra le colture irrigue dell'Estremo Oriente, con la rapida industrializzazione nipponica si è ridimensionata e trasformata, orientandosi marcatamente verso il mercato urbano; nell'area metropolitana di Tokyo, ad esempio, l'agricoltura periurbana, votata in larga misura all'allevamento di volatili, si estende per un raggio superiore ai 100 km. Se volgiamo infine l'attenzione agli Stati Uniti, verificheremo come, all'inizio degli anni Novanta del Novecento, i territori definiti come metropolitani non contenessero se non il 15% scarso di tutti i terreni agricoli del paese. Da questi, tuttavia, provenivano oltre i tre quarti della frutta e dei vegetali immessi sul mercato statunitense. Questa forma di agricoltura è spesso realizzata, infine, in ambiti quasi-artificiali: così la serra è diventata spesso una componente del paesaggio suburbano.

Altrove si sono formate *regioni agricole specializzate* in prodotti destinati a un mercato relativamente lontano, nazionale o estero. La scelta delle varietà agricolo-zootecniche prodotte, la struttura della proprietà, i tipi di conduzione e l'entità degli investimenti dipendono in questo caso da molteplici fattori: a) il mercato, per cui si realizzano quelle produzioni che consentono profitti maggiori; b) le politiche agricole nazionali (o sovranazionali), le quali operano mediante incentivi e sussidi finanziari tesi a favorire certe colture e certe regioni; c) le condizioni ambientali, la struttura della proprietà e delle imprese, sovente derivate dall'evoluzione storico-culturale di ogni paese e regione.

5.7.3 L'agricoltura speculativa di piantagione

Questa forma di agricoltura non si estende sull'intera area intertropicale, benché sia altamente specializzata nella coltivazione di prodotti tipici delle regioni a clima tropicale umido: privilegia l'America centrale e insulare, alcuni paesi andini, il Sud-Est del Brasile, la vasta regione prospicente il Golfo di Guinea, l'Asia sudorientale (Malaysia e Indonesia) (figura 5.11).

Trattandosi di un'agricoltura votata interamente all'esportazione, predilige la

Fig. 5.11 – L'agricoltura di piantagione nel mondo

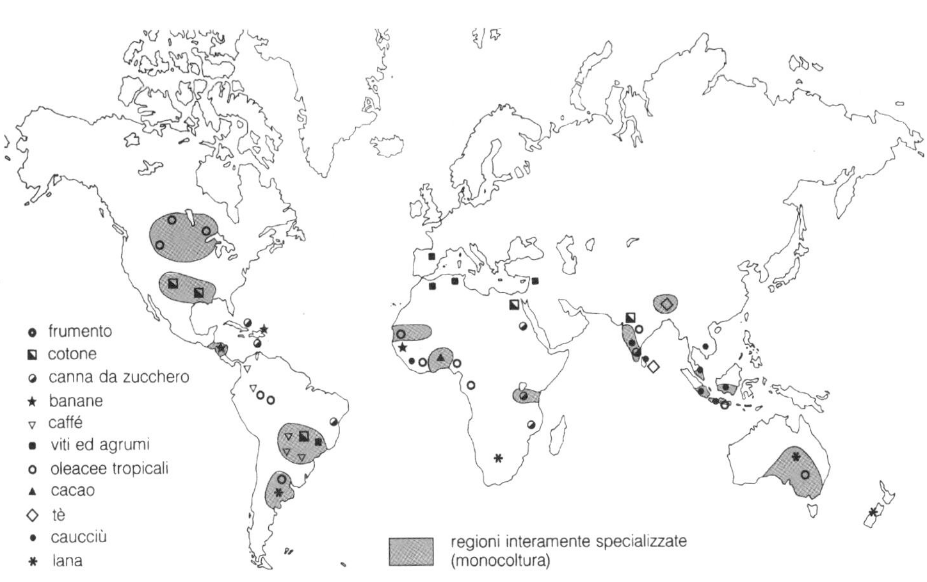

localizzazione lungo le coste e le vie navigabili interne, ribadendo in tal modo il modello di sfruttamento coloniale del passato, allorché vennero messi a coltura i territori in funzione della loro accessibilità da parte dei colonizzatori.

La sostituzione delle grandi imprese del settore agroindustriale al vecchio controllo coloniale fondato un tempo sulla grande proprietà familiare e l'utilizzo di mano d'opera salariata oppure di schiavi, non modifica l'obiettivo economico di fondo, che rimane quello di rifornire di prodotti tropicali i mercati dei paesi industrializzati: prodotti alimentari come il caffè, il tè, il cacao, lo zucchero da canna, frutta, bevande, ma pure prodotti industriali, quali il caucciù, l'olio di palma, il cotone.

Si tratta quindi di un'agricoltura che fornisce un numero relativamente limitato di prodotti per i quali si possono individuare alcune grandi *regioni altamente specializzate*: pressoché l'intera produzione di caucciù è di provenienza asiatica, i due terzi del cacao sono coltivati nelle piantagioni africane e una quota analoga delle banane e del caffè è prodotta in America Latina. Livelli ancor più elevati di specializzazione si ritrovano all'interno dei singoli paesi: il caffè, lo zucchero e il cacao in Brasile; il tè nello Sri Lanka; il caucciù e la palma da olio in Malaysia; ancora il caffè, il cacao e le banane nella Costa d'Avorio. La quota di superficie utile occupata dalle piantagioni è inoltre molto variabile da un paese all'altro: ad esempio, essa copre quote inferiori al 20% delle terre arabili in India e Indonesia; dal 25 al 40% in Costa Rica, Colombia, Perù ed Ecuador; oltre il 50% in Malaysia, Sri Lanka, Costa d'Avorio e Brasile; quote elevatissime, infine, sono destinate a piantagione nei paesi centroamericani, per raggiungere addirittura il 98% nell'isola Maurizio.

Se l'impatto delle grandi imprese del settore agroindustriale è molto diverso a seconda del paese e del tipo di coltura, possono tuttavia essere individuate alcune logiche generali, utili a definire il funzionamento del sistema.

Se l'agricoltura di piantagione si era sviluppata già in epoca coloniale, gli anni successivi al secondo conflitto mondiale hanno alterato profondamente l'organizzazione dello sfruttamento agricolo della regione intertropicale, coinvolgendo l'economia dei paesi produttori in misura assai ampia. Nelle campagne del Terzo Mondo, grazie anche ai finanziamenti elargiti dagli organismi internazionali (ONU, FAO, Banca Mondiale ecc.) iniziò in quegli anni un'intensa attività di investimento con la costruzione di porti, vie di comunicazione, opere irrigue; contemporaneamente, negli Stati nazionali, si formavano le prime industrie indigene per la lavorazione dei prodotti della terra.

Quel vistoso processo di trasformazione, sintetizzato nel termine di *rivoluzione verde*, mirava a intensificare l'utilizzo della terra mediante la meccanizzazione, nuovi programmi irrigui, la diffusione dei pesticidi e soprattutto l'introduzione di nuove varietà di *cereali ibridi* a elevata resa e con alto contenuto proteico da destinare all'alimentazione della popolazione locale (fra cui il famoso riso IR-8, introdotto sperimentalmente negli anni Sessanta nelle Filippine). Più in particolare, la rivoluzione verde comportò l'accorpamento dei piccoli appezzamenti in grandi colture specializzate e l'introduzione su vasta scala di nuove tecniche e strumenti produttivi la cui fornitura poteva essere assicurata soprattutto dalle grandi imprese del settore, spesso multinazionali (quali la Standard Oil, l'Imperial Chemical, la Fison ecc.), che penetrarono così nei paesi sottosviluppati costituendo il primo anello del ciclo agroindustriale. Una volta ottenuto il controllo dei terreni, la grande impresa straniera poteva modificare i regimi colturali, introdurre gamme di prodotti più sofisticati e diversificare la produzione in risposta alla domanda sui mercati mondiali. Questi cambiamenti furono radicali nel Sud-Est asiatico, lungo la costa occidentale dell'India, nel Nord-Ovest del Messico, in Colombia e in genere nell'America centrale. In altre regioni le grandi imprese si sostituirono direttamente alle piantagioni coloniali (come in Brasile, Venezuela, Ecuador, Costa d'Avorio ecc.).

Dall'altro lato, solo una parte ristretta della popolazione agricola di questi paesi poté beneficiare dei rivolgimenti in atto; l'accorpamento dei terreni, i lavori di infrastrutturazione, l'acquisto di macchinari e fertilizzanti, erano possibili soltanto ai coltivatori che disponevano di adeguate risorse finanziarie e capacità imprenditoriali. Ciò decretò un'ulteriore spaccatura fra la grande proprietà e le masse di popolazione indigena verso cui la rivoluzione verde era virtualmente rivolta. Le conseguenze investirono l'organizzazione economica e sociale dei paesi interessati molto al di là dei confini del settore: l'eliminazione della vecchia proprietà individuale, unitamente alla massiccia introduzione di tecnologia, favorì la diffusione della disoccupazione rurale. Essa inaugurò, inoltre, diffuse correnti migratorie: se nel passato coloniale la piantagione era stata all'origine della tratta della popolazione negra verso le coste americane, in epoca recente si sono verificate consistenti migrazioni internazionali, soprattutto di popolazione cinese, verso la Malaysia, il Borneo e Sumatra; nella zona delle piantagioni della Costa d'Avorio, a sua volta, la popolazione immigrata dai paesi vicini (primo fra tutti il Burkina Faso) è passata in vent'anni dal 15 al 52% della forza lavoro agricola.

L'agricoltura speculativa, diffondendosi a spese di quella tradizionale di sussistenza, è altresì responsabile di consistenti *migrazioni interne* dalle campagne alle città e quindi dell'esplosione demografica delle aree urbane: secondo le stime delle Nazioni Unite, le migrazioni provenienti dalle aree rurali sono state responsabili del 60% circa della crescita della popolazione urbana dei paesi sottosviluppati fra il 1950 e il 1970 e di oltre il 40% nel ventennio successivo.

Trattandosi infine di un sistema votato interamente all'esportazione, esso necessita di strette connessioni con i mercati di destinazione dei prodotti. Queste si realizzano mediante specifiche *relazioni tecniche* che modificano profondamente l'organizzazione territoriale dei paesi interessati. Elementi portanti di queste relazioni sono i centri di commercio, smistamento e trasformazione del prodotto, collegati fra loro e con le piantagioni, oltre che con il centro di rango più elevato rappresentato solitamente dal grande porto specializzato. Quest'ultimo, riunendo insieme funzioni commerciali e di direzione dell'economia di ampi territori, corrisponde spesso alla capitale e al maggior centro urbano del paese (ad esempio Accra, capitale del Ghana e principale porto di esportazione del cacao; Dakar in Senegal, specializzata nell'esportazione degli oleaginosi; Singapore per il caucciù e Santos, in Brasile, per il caffè).

A questo proposito, la figura 5.12 esemplifica le modalità attraverso cui l'economia di piantagione è all'origine di una riorganizzazione complessiva del territorio. La localizzazione non casuale delle aree di piantagione lungo le due tratte ferroviarie che penetrano la Penisola di Malacca (Malaysia occidentale) spiega la stretta connessione – comune a tutta la nuova agricoltura speculativa – fra sistemi di trasporto, aree di produzione e centri di esportazione (Singapore in questo caso), disegnando in tal modo la netta spaccatura che si realizza fra agricoltura moderna speculativa e agricoltura tradizionale.

Spostando l'osservazione a una scala più ristretta, la problematica sinora af-

Fig. 5.12 – L'agricoltura di piantagione nella penisola di Malacca

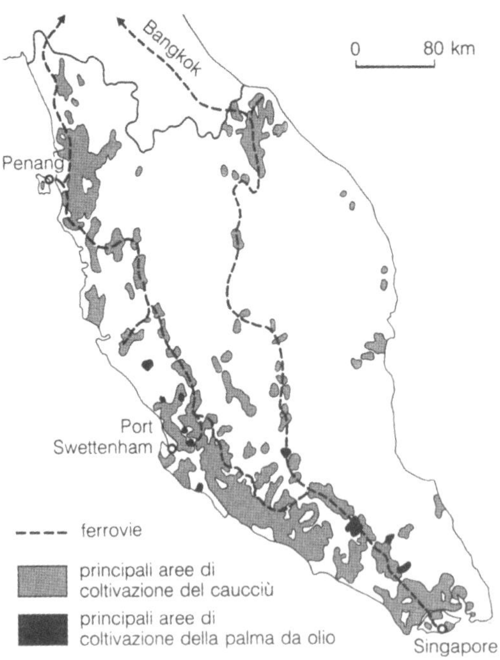

frontata si arricchisce e nel contempo si dà ragione, sia pure parzialmente, delle strategie d'impresa, che mutano significativamente in rapporto alle condizioni locali. In particolare, queste possono esprimersi in due diverse forme di intervento, a ognuna delle quali corrisponde un grado diverso di integrazione agroindustriale.

La prima forma presuppone il coinvolgimento della società contadina indigena nel sistema produttivo importato, e si afferma allorché particolari legislazioni nazionali o specifiche opportunità politiche prevengono la grande impresa capitalistica dal diventare proprietaria dei terreni. Questa si limiterà a controllare indirettamente la produzione dei piccoli proprietari locali, i quali rimangono la figura sociale dominante, sebbene dipendente – sia come fornitore dei prodotti sia come acquirente degli input necessari – dal sistema agroindustriale. Quest'ultimo verrà comunque a trovarsi in una condizione di quasi-monopolio e intere regioni si trasformeranno in senso monoproduttivo: esempi di questo tipo riguardano la coltivazione del tabacco nella Thailandia settentrionale, quella delle arachidi in Africa occidentale o quella del latte nella regione peruviana dell'Arequipa, controllata pressoché interamente dalla Carnation Gloria Milk. Altrove, l'impresa di provenienza esterna «delega» la produzione a pochi grandi proprietari (o a imprese di Stato) che si sono sostituiti alla piccola proprietà individuale oppure sorti in conseguenza dell'eliminazione della grande piantagione. Per esempio, la United Fruit (la maggiore impresa di piantagione del mondo, oggi divisa in varie unità, ad esempio Chiquita), dopo aver posseduto per decenni vastissime piantagioni di banane in America centrale, ha ceduto per ragioni politiche parte dei terreni ad alcune grandi imprese nazionali legate contrattualmente all'impresa statunitense.

La seconda forma – la più diffusa e quella che meglio risponde alla logica dell'agricoltura speculativa di piantagione – presuppone l'appropriazione fondiaria da parte della grande impresa agroindustriale e la contemporanea «disgregazione» della società contadina indigena.

L'espropriazione dei coltivatori autoctoni e la loro trasformazione in proletariato agricolo segue in questo caso l'ingresso massiccio del capitale estero, l'introduzione di tecnologia avanzata e la massima integrazione del sistema agroindustriale. Ancora le società collegate alla vecchia United Fruit possiedono in America centrale oltre un milione di ettari di terra (di cui un quarto coltivato a banane), occupa oltre 100.000 salariati agricoli e acquista i prodotti di altri milioni di coltivatori. Essa esercita nel contempo una forma di controllo pressoché totale dell'intera economia centroamericana: vi possiede oltre 3.000 km di strade ferrate, porti bananieri e terreni di «riserva» non coltivati che eccedono mediamente il 30% della superficie dei terreni controllati.

A sua volta, la Paramount Communications, prima di specializzarsi nel mercato cinematografico, ha controllato con il nome di Gulf & Western (fino al 1989) oltre 1.100 km^2 di terreno nella Repubblica Dominicana, di cui il 44% coltivato a canna da zucchero. La Gulf & Western esemplificava assai bene l'integrazione funzionale del sistema: essa non controllava soltanto la produzione agricola e le altre attività a valle del ciclo colturale, ma anche una rete ferroviaria che penetrava capillarmente le piantagioni, la prima zona industriale franca dell'area, varie produzioni per il mercato interno (come i materiali da costruzione), oltre a essere responsabile della valorizzazione sistematica del potenziale turistico della regione.

5.7.4 L'agricoltura capitalistica dei grandi spazi

Anche in questo caso si tratta di un'agricoltura specializzata altamente speculativa e caratterizzata dalla grande distanza che separa i luoghi di produzione dai centri di mercato e di consumo dei prodotti. Al pari dell'agricoltura di piantagione, il suo funzionamento non può essere capito se non nel più ampio contesto internazionale; tuttavia si differenzia dalla precedente per via della localizzazione in regioni a clima temperato scarsamente abitate, sovente comprese in territori di paesi industrializzati: le Grandi Pianure degli Stati Uniti e del Canada, la Pampa argentina, l'Australia occidentale, la Nuova Zelanda e le steppe del Sudafrica. Si distingue inoltre per il suo carattere estensivo (basso rendimento per unità di superficie), la scarsa quantità di mano d'opera impiegata e l'alta intensità di capitale investito. Dalle coltivazioni di queste *regioni agricole totali* provengono enormi quantità di cereali e prodotti dell'allevamento, sui quali gli agricoltori non esercitano praticamente prelievo per i loro consumi.

Le origini di questa forma di agricoltura risalgono all'arrivo dei coloni europei nei territori d'oltre oceano, per cui la messa in valore di nuovi spazi si accompagnò all'avanzamento della frontiera del popolamento bianco.

Inizialmente fu l'allevamento estensivo ad assorbire le energie dei coloni (bovini nelle praterie degli Stati Uniti, nei *llanos* del Venezuela e nella Pampa argentina; ovini in Sudafrica, Australia e Nuova Zelanda). In seguito due fenomeni fra loro connessi aprirono la strada alle coltivazioni cerealicole.

La rivoluzione industriale in Europa e in America settentrionale portò alla formazione di grandi mercati per l'assorbimento dei prodotti, mentre le nuove industrie fornirono i macchinari agricoli e consentirono la diffusione delle tecniche di trasporto rapido delle derrate. In secondo luogo, i bassi costi di produzione e dei terreni (spesso ceduti gratuitamente ai coloni) posero i produttori di queste regioni nelle condizioni di competere con successo con quelli delle vecchie regioni agrarie europee. Di conseguenza, mentre queste ultime, alla ricerca di minori costi unitari di produzione, andavano trasformandosi in colture intensive, le praterie di oltre oceano, che esigevano un basso investimento fondiario, giocarono un ruolo sempre più incisivo sui mercati mondiali della carne e dei cereali: nel volgere di settant'anni, fra il 1830 e il 1900, il tempo-lavoro necessario per produrre un quintale di grano nei nuovi paesi agricoli si ridusse di ben 15 volte.

La disponibilità quasi illimitata di spazio è un fattore essenziale per il funzionamento di questa agricoltura. Anzitutto consente di adeguare l'offerta al variare della domanda: se quest'ultima diminuisce, la superficie coltivata viene rapidamente ridotta, anche di migliaia di ettari, per ritornare a estendersi non appena il mercato ritorna ai livelli precedenti. Ciò è reso possibile da un sistema di conduzione dei fondi basato sulla grande proprietà capitalistica e dalla mancanza di uno stretto legame fra la popolazione e il territorio agricolo, quale si ha invece nelle agricolture di sussistenza dei paesi sottosviluppati e nei sistemi agrari tradizionali delle campagne europee.

Essa può inoltre adattarsi rapidamente alle nuove tecniche agricole e trasformarsi di fronte alla modificazione della domanda. Quest'ultimo aspetto può essere spiegato facendo riferimento all'agricoltura commerciale americana. Il diffondersi per esempio del *dry-farming*, una tecnica di irrigazione con cui si cerca di trattenere sui terreni la maggior quantità possibile di umidità, ha consentito di conquistare alle colture vaste distese di terreni aridi nell'Oregon, nel Kansas, nel Minnesota e nel Dakota settentrionale. Con lo sviluppo delle comunicazioni e del popolamento, l'allevamento estensivo, che dominava precedentemente queste regioni, è stato spinto progressivamente verso Occidente, dove il prezzo dei terreni è sensibilmente inferiore. Le grandi aree agricole in cui è possibile suddividere il territorio degli Stati Uniti sono quindi il risultato della progressiva estensione verso Ovest delle aree messe a coltura. Nelle grandi pianure, per la conduzione di molte imprese di 100 ettari è sufficiente il lavoro meccanizzato di un solo agricoltore, per cui la concentrazione della proprietà fondiaria è elevata: oltre la metà della superficie agricola degli Stati Uniti è costituita da imprese con superfici superiori ai 200 ettari; nelle grandi pianure del Centro e dell'Ovest oltre 100.000 proprietà superano i 400 ettari.

In altre aree fattori ambientali, politici e sociali particolari hanno conferito un carattere diverso a questa agricoltura. Nella Pampa argentina l'elevata specializzazione nell'allevamento da carne risponde alla tardiva introduzione delle colture a cereali, dal momento che il mercato mondiale era già saturo del prodotto americano. Le condizioni in cui si è sviluppato l'allevamento in Nuova Zelanda sono ancora diverse: oltre alle condizioni climatiche favorevoli, che permettono la presenza di aree verdi a pascolo per tutto il periodo dell'anno, la monocoltura è qui la conseguenza, tra l'altro, dell'integrazione dell'economia neozelandese nell'ambito del Commonwealth britannico, che assorbe gran parte dei prodotti: la regione del Taranaki, nell'isola settentrionale del paese, rappresenta ad esempio una delle più elevate concentrazioni di allevamento bovino del pianeta.

Letture di approfondimento

BASILE E., CECCHI C., 2001, *La trasformazione post-industriale della campagna*, Rosenberg & Sellier, Torino.

FORMICA C., 1996, *Geografia dell'agricoltura*, Nuova Italia Scientifica, Roma.

GRILLOTTI DI GIACOMO M.G., 1992, *Una geografia per l'agricoltura*, Reda, Roma.

JONES E., 1982, *Agricoltura e rivoluzione industriale*, Editori Riuniti, Roma.

LEONE U., 1999, *Scenari per il XXI secolo. Temi di geografia economica*, Giappichelli, Torino.

Siti consigliati

European Commission, Directorate General for Agriculture, 2004, *The Common Agricultural Policy Explained*, Office for Official Publications of the European Communities, Luxembourg; http://europa.eu.int/comm/agriculture/publi/cap_en.pdf

Food and Agriculture Organization of the United Nations (FAO), 2004a, *The State of Agricultural Commodity Markets*, FAO, Roma; www.fao.org/sof/soco/index_en.htm

Food and Agriculture Organization of the United Nations (FAO), 2004b, *The State of Food and Agricolture 2003-2004. Agricultural Biotechnology. Meeting the Needs of the Poor?*, FAO, Roma; www.fao.org/es/esa/en/pubs_sofa.htm

Food and Agriculture Organization of the United Nations (FAO), 2004c, *The State of Food Insecurity in the World 2004*, FAO, Roma; www.fao.org/sof/sofi/index_en.htm

Unione Europea, 2001, *La situazione dell'agricoltura nell'Unione Europea 2000*, Unione Europea, Lussemburgo; http://europa.eu.int/eur-lex/it/com/rpt/2003/com2003_0064it01.pdf

United Nations Conference on Trade and Development (UNCTAD), 2004a, *Development and Globalization: Facts and Figures*, United Nations, New York and Geneva; www.unctad.org

United Nations Conference on Trade and Development (UNCTAD), 2004b, *World Investment Report 2004*, United Nations, New York and Geneva; www.unctad.org

United Nations Environment Programme (UNEP), 1992, *World Atlas of Desertification*, Arnold, London; www.unep.org

United Nations Environment Programme (UNEP), 2005, *One Planet, Many People. Atlas of Our Changing Environment*, United Nations, New York and Geneva; www. unep.org

World Trade Organization (WTO), 2004, *International Trade Statistics 2004*, WTO Publications, Ginevra; www.wto.org

Capitolo 6

La produzione mineraria ed energetica *

6.1 Premessa

Le materie prime minerarie ed energetiche sono alla base di gran parte delle attività produttive e il loro possesso è considerato da millenni un fattore strategico per la potenza economica di un paese e per l'evoluzione delle relazioni internazionali. Sebbene utilizzate sin da epoca preistorica, il loro sfruttamento su larga scala iniziò soltanto con la rivoluzione industriale, caratterizzata appunto da un uso massiccio del ferro come materia prima e del carbone come fonte di energia. Nel contempo, la storia recente suggerisce come la dominazione politica delle economie industrializzate, a partire dalla seconda metà del XIX secolo, non sia separabile dal controllo da queste esercitato sulle fonti di approvvigionamento minerarie ed energetiche, allo stesso modo in cui l'esplosione dei grandi conflitti economici e militari è stata spesso imputabile alla strategia, da parte delle grandi potenze industriali, tesa ad assicurarsi le fonti maggiormente « sicure » ed economiche. Ad esempio, l'origine del primo conflitto mondiale è in parte ascrivibile alla spartizione ineguale dei domini coloniali dell'epoca e delle loro risorse, che favoriva Francia e Inghilterra a scapito della Germania; l'offensiva militare giapponese del 1941 trova origine, a sua volta, nella strategia di estendere il controllo sulle fonti minerarie da parte dell'industria nipponica.

* L'aggiornamento del capitolo è a cura di Alberto Vanolo.

Lo sviluppo industriale, a sua volta, fu strettamente associato alla capacità e alle forme di utilizzo dell'energia. Se le prime manifatture seguirono inizialmente la localizzazione delle fonti idrauliche, successivamente l'utilizzo del carbone, dalla cui combustione si ottiene l'energia termica che permette l'impiego della macchina a vapore, rappresentò un fondamentale fattore di stimolo alla diffusione del moderno modo di produzione industriale.

Una seconda rivoluzione coincise con la scoperta di nuove fonti energetiche, più facilmente trasportabili, immagazzinabili e convertibili: in particolare, l'impiego del petrolio e del gas naturale rappresentò la sostituzione di una fonte energetica abbondante (come il carbone) con altre più efficienti, sebbene meno abbondanti e diffuse. Più recentemente, la parziale introduzione di un'altra risorsa fossile, l'uranio, in sostituzione del petrolio e di altre fonti energetiche, ha diffuso in alcuni paesi l'utilizzo dell'energia nucleare.

6.2 I concetti utilizzati

6.2.1 Le materie prime minerarie

Tra le materie prime minerarie si distinguono i *minerali metallici*, fra cui rientrano i minerali di ferro, alcuni metalli preziosi e svariati altri metalli non ferrosi, e i *minerali non metallici* (o industriali) quali il potassio, lo zolfo, il sale, i fosfati ecc.

Il ferro è il più diffuso di tutti i metalli (costituisce il 6% circa della crosta terrestre), tuttavia è normalmente estratto soltanto in quei depositi le cui rocce hanno un contenuto ferroso superiore al 30% della massa. I metalli preziosi, come oro, argento e tungsteno, si caratterizzano per la loro elevata resistenza al calore e all'azione di agenti chimici e per la loro alta compattezza. I metalli non ferrosi di più ampio impiego economico sono il rame, lo stagno, lo zinco, il piombo e l'alluminio.

I minerali non metallici si ritrovano pressoché in tutte le formazioni geologiche e sono utilizzati nell'industria, nell'agricoltura e nell'edilizia: l'asbesto, la mica (particolarmente resistente al calore), lo zolfo, il salgemma, sono infatti materiali essenziali per l'industria; i nitrati, i fosfati e il potassio, a loro volta, sono diffusi fertilizzanti agricoli; marmi, pietre ornamentali in genere e argille per laterizi sono infine materiali utilizzati nell'edilizia.

Nel complesso, degli 88 elementi conosciuti, presenti in quantità sulla crosta terrestre, alcuni sono estremamente diffusi e altri relativamente scarsi: alcuni dei più importanti materiali per l'utilizzo industriale, come si evince dalla figura 6.1, rientrano infatti nella categoria « altri elementi » che costituiscono solo una parte limitatissima (l'1% circa) di tutti gli elementi che formano la crosta terrestre.

Fig. 6.1 – Gli elementi della crosta terrestre (%)

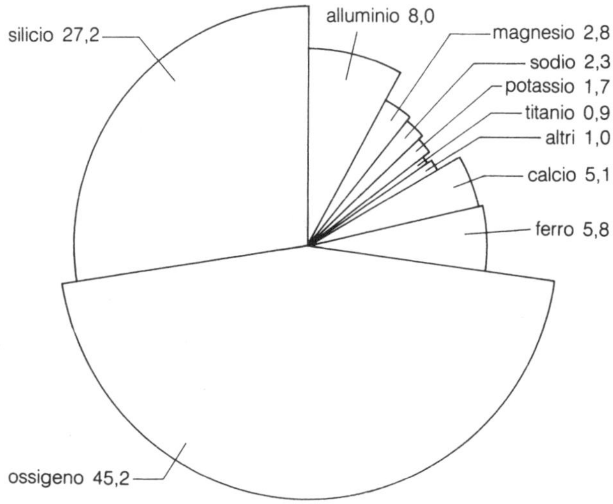

Dal punto di vista delle condizioni politiche ed economiche di sfruttamento di un minerale, è fondamentale distinguere preliminarmente il concetto di risorsa da quello di riserva. Per *risorse minerarie* si intende di regola la quantità di minerali scoperti – di natura metallica e non – il cui volume, sia pure approssimativamente, è stato stimato e il cui sfruttamento è economicamente e tecnologicamente *possibile*.

Si tratta quindi di quella parte dello stock totale di materiali esistenti sulla crosta terrestre che è stata individuata e dal cui utilizzo si può ottenere un vantaggio economico. Ciò significa che un determinato materiale entra a far parte delle risorse soltanto quando acquista un'utilità economica e sociale: così, sino al 1847, allorché venne introdotta sul mercato la prima modesta quantità di petrolio estratto negli Stati Uniti, questo faceva parte dello stock di materiali esistenti nell'ambiente terrestre, ma non ancora delle risorse. Allo stesso modo, per quasi un secolo da quella data, il più pesante degli elementi naturali, l'uranio, non faceva parte delle risorse, dal momento che era ancora sconosciuta la tecnica della sua disintegrazione da cui ottenere i diversi elementi radioattivi.

Il termine *riserva* è ancor più restrittivo. Esso comprende, infatti, solo quella parte delle risorse che sono *effettivamente* disponibili, per le quali esistono cioè le condizioni tecnologiche, economiche e politiche per il loro immediato sfruttamento. Le riserve costituiscono pertanto solo una parte delle risorse.

Le materie prime sfruttate a fini economici si presentano sotto forma di giacimenti, cioè accumuli di materiali utili, di dimensione e forme diverse. Il più ricco deposito metallico del mondo è il giacimento di piombo e zinco di Broken Hill, in Australia, che conteneva all'origine circa 16 milioni di tonnellate di zinco e 120.000 tonnellate di argento, estendendosi su una superficie lunga 1.200 metri e larga 200. Il giacimento di ferro di Kiruna, in Svezia, è invece un esempio di giacimento di profondità: si tratta di una massa di magnetite larga 100 metri e lunga 5,5 km, che si estende nel sottosuolo sino a circa 2.000 metri di profondità.

La giacitura geologica incide direttamente sulle modalità di estrazione. I giacimenti di superficie sono ovviamente di più agevole sfruttamento e l'estrazione è definita in questo caso *a cielo aperto*. Per i depositi di profondità, il metodo più economico di estrazione consiste invece nella costruzione di tunnel sotterranei da cui si dipartono gallerie e condotte che seguono la disposizione delle vene. I minerali, inoltre, si ritrovano raramente allo stato puro, ma quasi sempre frammisti a *ganga*, priva di valore economico. Così, gran parte dei depositi di rame rinvenuti contengono di regola meno dell'1% di minerale utile; quei depositi il cui contenuto in rame raggiunge il 6% della massa, come i giacimenti nello Zambia e sulle Ande cilene, sono considerati quindi eccezionalmente ricchi.

6.2.2 Fonti e forme energetiche

Sotto il profilo merceologico si distinguono *le fonti usate come combustibile* nella produzione termoelettrica, dalle *fonti di energia naturale*. Le prime comprendono i combustibili minerali fossili (carbone e idrocarburi), le biomasse e i minerali radioattivi usati nelle centrali nucleari. Le fonti naturali di energia sono rappresentate dalle acque correnti utilizzate nella produzione idroelettrica, dall'irradiamento solare, dal calore interno della crosta terrestre (energia geotermica), dai venti, dalle maree. Una distinzione essenziale è inoltre quella tra fonti energetiche *non rinnovabili*, che usano risorse minerarie e producono scorie e inquinamenti, e fonti *rinnovabili*, che usano invece la biomassa e le fonti energetiche naturali, senza essere di regola inquinanti.

A partire dalla rivoluzione industriale la maggior parte dell'energia proviene, con l'unica eccezione di quella di origine idroelettrica, da fonti non rinnovabili. Fra queste rientrano il *petrolio* che, tra tutte le altre fonti energetiche, si caratterizza per una superiore flessibilità di fronte alle variazioni della domanda, in conseguenza della minore quantità di mano d'opera richiesta nella produzione, dell'entità degli investimenti relativamente bassa e dei più brevi tempi di redditività. Mentre il petrolio, infatti, è facilmente trasportabile, le altre fonti energetiche presentano vincoli più o meno rigidi di localizzazione: la produzione di energia geotermica, ad esempio, dipende dalla presenza locale dei fluidi (i soffioni boraciferi di Lardarello in Italia, i geyser dell'Islanda e della Nuova Zelanda ecc.); le energie di fonte idroelettrica e solare, a loro volta, dipendono strettamente dalle condizioni ambientali (la presenza di acqua e di dislivelli, nel primo caso, di temperature relativamente elevate, nel secondo).

Le altre fonti di energia di tipo fossile trovano dei limiti a monte del processo di produzione energetica.

L'*energia nucleare* è altamente costosa, sia per il problema della sicurezza degli impianti, sia per la limitatezza delle riserve di uranio. Il *gas naturale*, una fonte molto diluita a temperatura e pressione normali, necessita a sua volta di complesse infrastrutture di trasporto (metanodotti e gasdotti) che finiscono per raddoppiare o a volte quintuplicare i costi, in rapporto a quantità energetiche analoghe sotto forma di petrolio. Un'ulteriore complicazione sorge dalla non completa sostituibilità di questa risorsa al petrolio; spesso, inoltre, il gas naturale non può essere estratto separatamente da quest'ultimo col quale è associato nei giacimenti (come nelle riserve del Medio Oriente). Anche il *carbone*, infine, richiede investimenti ingenti per l'estrazione e il trasporto: se le riserve carbonifere maggiormente estese si trovano nei paesi a più elevato consumo energetico – Stati Uniti e Russia – in entrambi i casi i giacimenti sono infatti assai lontani dalle aree di maggior consumo.

Le forme di produzione energetica basate su fonti rinnovabili hanno registrato negli ultimi anni un sensibile sviluppo a livello di popolarità, ma non di utilizzo. Attualmente assicurano solamente lo 0,5% della produzione globale (Iea, 2004) e vengono sovente raggruppate sotto il nome di energie alternative, il cui utilizzo non altera l'equilibrio naturale. Il loro principale svantaggio è dovuto al fatto che nelle economie moderne, sia di mercato che pianificate, è vantaggiosa la concentrazione della produzione in pochi impianti ad alta potenza installata, mentre le energie alternative, nelle condizioni tecniche attuali, sono prodotte nella maggior parte dei casi in piccoli impianti diffusi sul territorio (scheda 6.1).

Scheda 6.1 – Le fonti energetiche alternative

A seconda del tipo di risorsa utilizzata, le fonti energetiche si possono distinguere in tre grandi gruppi.

1) *Energia ottenuta dal calore*. a) *Solare*: la radiazione solare può essere «catturata» sulla superficie terrestre mediante un recettore piano (come avviene normalmente nelle serre) oppure tramite tecniche di concentrazione dei raggi solari mediante una serie di superfici esposte che ricevono l'irradiazione e la concentrano su superfici più piccole. L'energia così catturata può essere utilizzata direttamente sotto forma di calore (pannelli solari e simili) oppure trasformata in energia elettrica da cellule fotovoltaiche. b) *Geotermica*: consiste nell'utilizzo del calore interno della terra, emesso in superficie tramite acqua o vapore a temperatura elevata. Allorché

questa è compresa fra i 50 e i 90 °C, l'acqua può essere convenientemente utilizzata per il riscaldamento domestico; può essere usata per produrre elettricità se affiora a temperature superiori ai 100 °C. c) *Gradienti termici* degli oceani: differenze di temperatura fra le acque superficiali e quelle profonde (nei mari tropicali possono raggiungere i 22 °C) consentono l'utilizzo di un ciclo termodinamico la cui resa rimane tuttavia modesta.

2) *Energie ottenute da movimenti naturali.* a) *Eolica*: è data dall'utilizzo dei venti in quelle regioni in cui questi spirano in modo relativamente regolare, come lungo le coste o sulle zone montuose. b) *Marina*: utilizza l'alternanza delle maree dove la loro ampiezza è particolarmente forte (una centrale elettrica è installata in Francia alla foce della Rance).

3) *Energia contenuta nella biomassa vegetale e animale.* La biomassa, cioè la materia organica che ha la sua origine nella fotosintesi vegetale, può essere trasformata in fonte energetica mediante due processi: il primo consiste nel recuperare i residui vegetali non utilizzati e il biogas dei liquami animali, il secondo nel coltivare piante destinate specificamente alla produzione energetica (coma la canna da zucchero, da cui si può ricavare alcool per i motori) o da usare direttamente come combustibile.

Se le fonti energetiche tradizionali e quella nucleare evocano un preciso modello di sviluppo economico e sociale, quelle cosiddette alternative, portatrici di un'ipotesi di sviluppo nuova e diversa dal passato, non rappresentano tuttavia un'immediata e totale panacea. È pur vero che a eguale quantità di energia prodotta esse creano maggiore occupazione, che non prevedono nei fatti fenomeni di esaurimento delle fonti e in molti casi non producono inquinamento. Tuttavia se venissero impiegate su vasta scala si rivelerebbero altamente consumatrici di spazio, in quanto necessitano di superfici vastissime: e ciò contraddirebbe anzitutto la storia energetica degli ultimi due secoli, nel corso dei quali si è assistito alla concentrazione crescente delle unità di produzione energetica. Dev'essere inoltre considerato l'impatto ambientale indiretto, prodotto dalla fabbricazione dei componenti destinati alle centrali energetiche basate su alcune fonti alternative: in termini relativi, infatti, questa consuma quantità di prodotti semplici di base (quali cemento, vetro, acciaio) superiori a quanti ne vengono impiegati per la predisposizione di impianti tradizionali. Si tratta cioè di materiali per la cui produzione è necessaria paradossalmente una grande quantità di energia.

6.3 Prospezione, esaurimento e risparmio delle risorse minerarie ed energetiche

6.3.1 Materie prime minerarie

Lo sviluppo industriale degli ultimi due secoli si è realizzato sulla base di alcune certezze: che le risorse terrestri fossero illimitate o comunque non pienamente sfruttate, e che comunque fosse sempre possibile, grazie allo sviluppo tecnologico, rinvenire altre fonti sostitutive di quelle ormai esaurite. Sviluppo industriale e sfruttamento delle risorse sono andati quindi di pari passo, con il risultato che la società umana è entrata in un'area caratterizzata da una sempre maggior dipendenza dalle risorse minerarie ed energetiche

La tabella 6.1 riporta la stima delle riserve dei principali minerali nel dopoguerra (la cui entità è via via cresciuta, grazie alla diffusione e al miglioramento delle tecniche di prospezione) e i relativi livelli di produzione (o estrazione), i quali hanno registrato, almeno fino agli anni Novanta, un aumento costante. In realtà, fino al 1973, anno in cui aumentarono notevolmente i prezzi delle materie prime, le società industrializzate non avevano messo in atto alcuna misura che potesse in qualche modo limitare l'utilizzo massiccio e indiscriminato dei materiali esistenti.

Trattandosi di risorse non rinnovabili, si è progressivamente imposto il concetto di esauribilità, inteso come quantità di tempo necessario a consumare una quota notevole di un dato materiale, di solito l'80%. Ciò incentiva nuove attività di prospezione e, al tempo stesso, politiche più o meno esplicite di risparmio, sostituzione e riciclaggio delle risorse minerarie.

Deve inoltre aggiungersi la stretta connessione fra crescita dell'attività estrattiva e di consumo di risorse minerarie e quelle di risorse energetiche (ad esempio, la produzione di alluminio richiede l'utilizzo di circa 20.000 kwh per ogni tonnellata prodotta) con il risultato che consumo delle risorse energetiche e minerarie vanno di pari passo.

Le misure volte a ridurre il consumo delle riserve, in realtà, sono tuttora relegate in secondo piano, e alcune di esse si sono rivelate essenzialmente teoriche, ad

Tab. 6.1 – Riserve e produzione di alcuni minerali metallici

a) *Riserve (in milioni di t metriche)*				
	1950	*1970*	*1990*	*2004*
Bauxite	532	3.113	23.600	23 - 33.000
Rame	129	320	580	470 - 940
Ferro	26.500	96.600	220.000	160 - 370.000
Nickel	33	66	110	62 - 140
Stagno	7	4	11	6 - 11
Zinco	64	117	297	220 - 460
b) *Produzione (migliaia di tonnellate)*				
	1960	*1980*	*1990*	*2004*
Bauxite	77.045	93.772	112.859	156.000
Rame	4.226	7.863	9.036	14.500
Ferro	245	917	973	1.250
Nickel	342	742	874	1.400
Stagno	189	236	210	250
Zinco	3.350	6.162	7.290	9.100

Fonte: dati US Geological Survey; http://minerals.usgs.gov

esempio, la sostituzione di alcuni minerali con altri di più recente scoperta. La realtà è che gli otto metalli più importanti già nell'antico Egitto (oro, argento, rame, stagno, zinco, piombo, ferro e mercurio) sono tuttora quelli maggiormente impiegati ed estratti con intensità crescente. Anche per quanto riguarda il riciclaggio dei minerali già utilizzati, i risultati sinora ottenuti consentono in alcuni casi limitati risparmi, sia per l'impossibilità tecnica di ritrattare alcuni metalli già precedentemente lavorati, sia perché, a fronte del costo di riciclaggio, le imprese trovano ancora conveniente l'utilizzo di nuovi materiali. Negli Stati Uniti, nel 2004, il riciclaggio ha fornito risultati significativi rispetto a svariati minerali, come piombo (84% del consumo nazionale), nickel (44%), cobalto (31%), cromo (28%). Le quote sono più limitate per risorse come alluminio (19%) e rame (9%); inoltre, per alcuni minerali (come asbestro, bauxite, litio, titanio) questa forma di risparmio risulta, di fatto, insignificante.

In realtà, la strategia delle imprese minerarie ha continuato a indirizzarsi verso la diffusione dell'attività estrattiva, che ha preso forma nella ricerca e nello sfruttamento di risorse localizzate in regioni precedentemente inesplorate e difficilmente raggiungibili. In tal modo, nel dibattito vivace sulle conseguenze future della limitatezza delle materie prime, la «fiducia tecnologica» è uscita vincente nei confronti delle ipotesi pessimistiche le quali pongono l'accento sulla scarsità e l'esaurimento delle materie prime non rinnovabili.

Lo sviluppo tecnologico, com'è noto, è stato sempre un elemento essenziale nel definire il rapporto fra uomo e ambiente naturale. Nel contesto cui si fa qui riferimento, esso determina, da un lato, la capacità di utilizzo di un determinato materiale (sino a pochi anni addietro, ad esempio, era impensabile prevedere forme di utilizzo di un materiale strategicamente importante come il plutonio) e, dall'altro lato, la stessa *capacità di sfruttamento* (solo da pochi anni si dispone infatti di scavatrici capaci di raggiungere, a una velocità relativamente elevata, giacimenti di notevole profondità). Negli anni più recenti, inoltre, i metodi di prospezione mineraria hanno vissuto una trasformazione tecnologica radicale, accrescendo sensibilmente la stessa *capacità di rinvenimento* di nuovi depositi.

L'accresciuta capacità di prospezione, in particolare, è alla base di profonde trasformazioni nella geografia delle materie prime. I metodi di ricerca mineraria indiretti, anzitutto, sono andati sostituendosi alle tecniche tradizionali: così, la classificazione della crosta terrestre effettuata sulla base dei caratteri geologici comuni, consentendo di predeterminare le aree in cui avviare i lavori di estrazione, ha rivoluzionato l'attività mineraria. A sua volta, il telerilevamento da satellite, basato sull'elettromagnetismo e sull'uso di sensori a raggi infrarossi, ha consentito la determinazione dei componenti della crosta terrestre sino a profondità dell'ordine di 50 metri e sugli stessi fondali marini, dove l'individuazione dei giacimenti sarebbe stata impossibile a occhio nudo. Il telerilevamento è prezioso per l'individuazione delle faglie, ricoperte di depositi sedimentari che nascondono spesso giacimenti petroliferi e di gas naturale. Alla fine degli anni Ottanta, già si contavano impianti per la prospezione petrolifera al largo delle coste di 80 paesi. Nelle acque marine, inoltre, si è rilevata l'esistenza di almeno 60 degli elementi naturali di base, mentre sui fondali è stata accertata la presenza di noduli che contengono il 24% di manganese, il 14% di ferro e quantità minori di nickel, cobalto e rame.

La relativa diffusione delle fonti energetiche si è accompagnata, nell'ultimo secolo, all'aumento vertiginoso dei consumi e a un costante processo di sostituzione di una fonte con un'altra (figura 6.2). Più in particolare, il consumo energetico mondiale è cresciuto in progressione geometrica: è raddoppiato una prima volta fra il 1910 e il 1950, e una seconda volta nel ventennio successivo; in tempi più re-

Fig. 6.2 – Gli elementi della crosta terrestre (%)

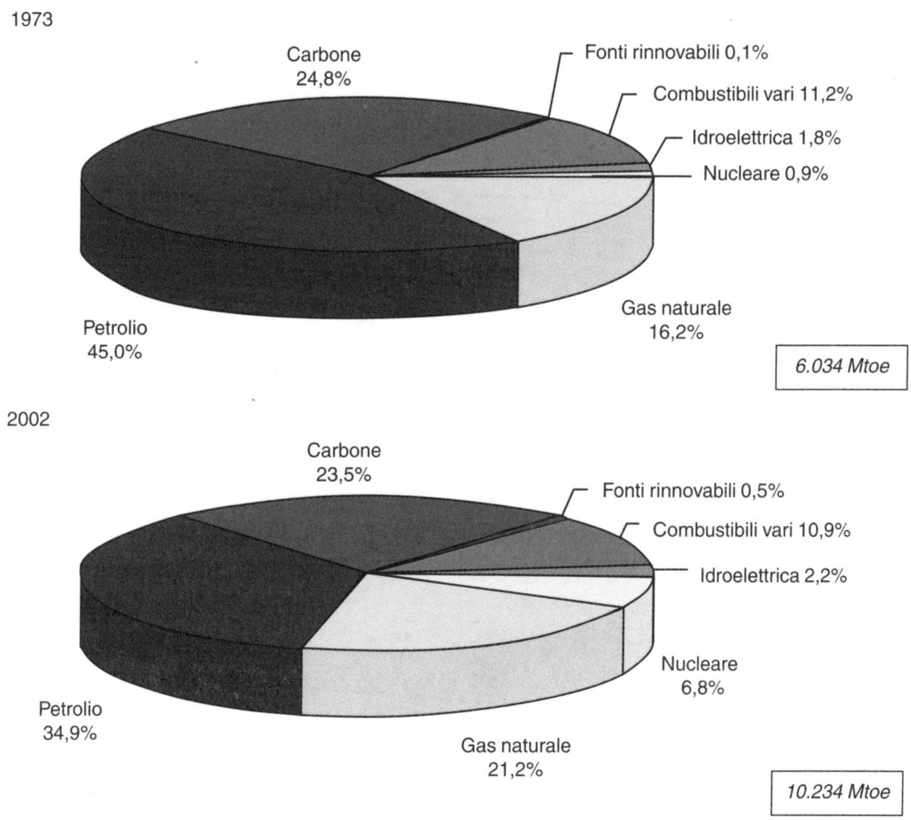

Fonte: Iea (2004), p. 6.
Note: 1 Mtoe = 10^7 Gcal

centi, invece, esso si è ridotto, con una crescita, fra il 1980 e il 2004, di poco inferiore al 50%. Il carbone, che nei primi tre decenni del secolo copriva oltre il 60% del consumo totale, è stato in seguito sostituito progressivamente dal petrolio e dal gas naturale e in alcuni casi dall'energia nucleare. Inoltre, la crescita del prezzo del petrolio e la riduzione delle riserve negli ultimi trent'anni hanno portato a un calo della percentuale di petrolio utilizzato sul totale delle fonti di energia (figura 6.2); la quota persa dal petrolio è stata sostituita per metà dall'energia nucleare e per metà dal gas naturale.

Le figure 6.3 e 6.4 evidenziano la ripartizione geografica della produzione e del consumo di energia nel mondo.

La rapida evoluzione dei consumi è stata resa possibile, fino al 1973, dal prez-

Fig. 6.3 – Produzione di energia per area geografica, 1973 e 2002

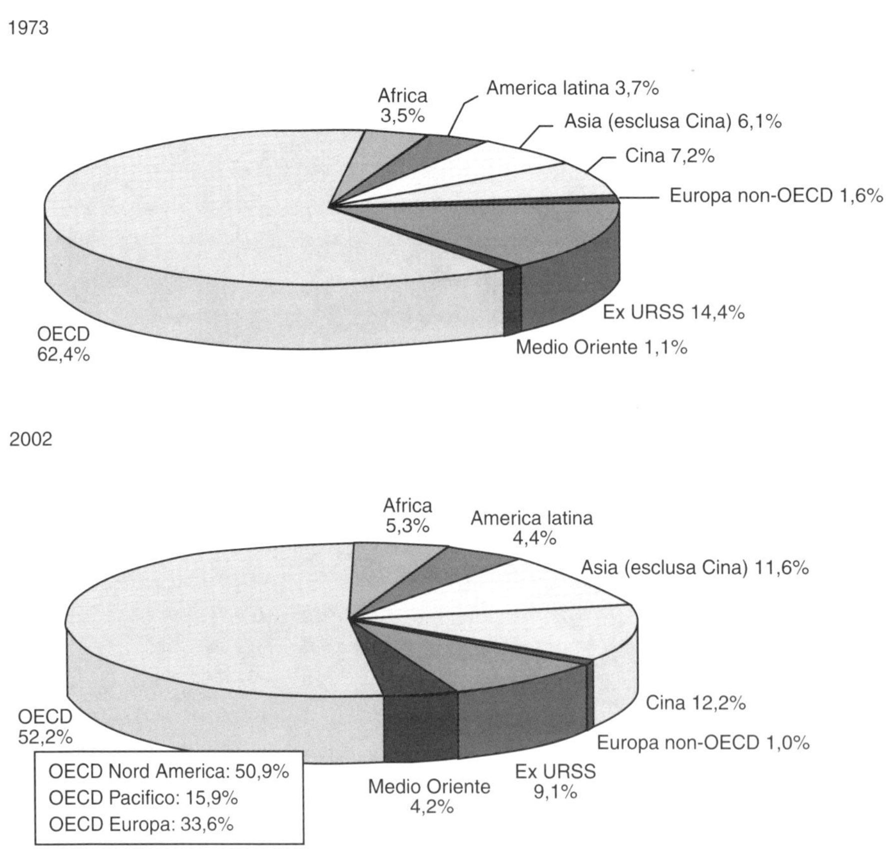

Fig. 6.4 – Consumo di energia per area geografica, 1973 e 2002

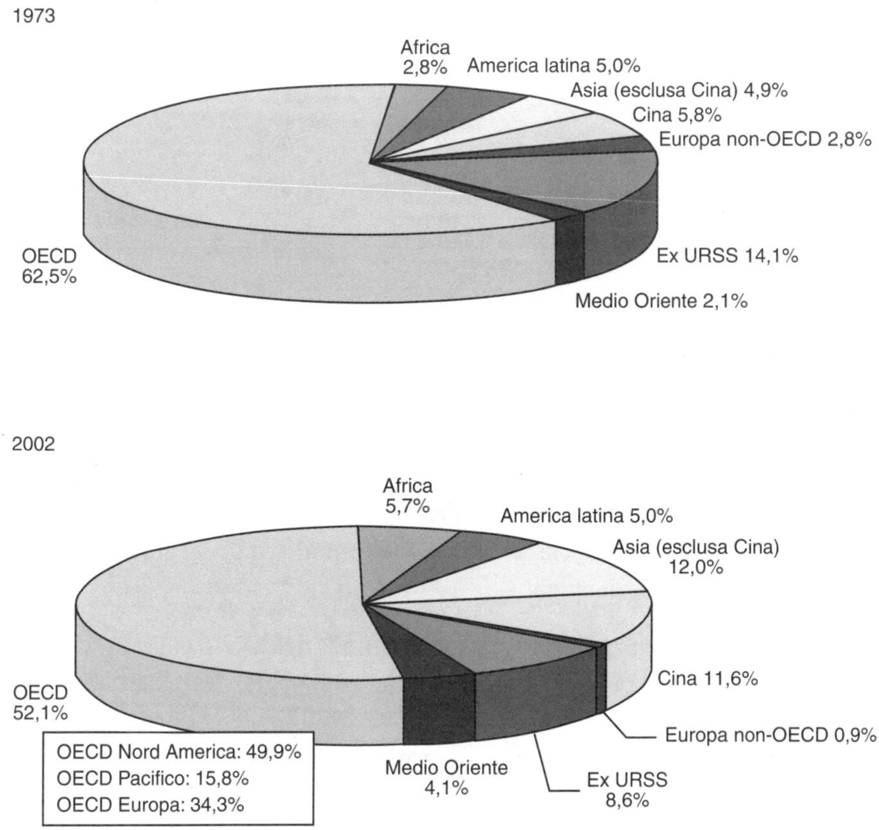

Fonte: Iea (2004), pp. 8, 9, 30 e 31.
Note: *OECD Nord America*: USA,Canada, Messico; *OECD Europa*: Ue (25) (tranne Cipro, Malta, Slovenia e Repubbliche baltiche), Islanda, Norvegia, Svizzera e Turchia; *OECD Pacifico*: Giappone, Corea del Sud, Australia, Nuova Zelanda.

zo relativamente basso degli idrocarburi. Ciò ha concorso a determinare un modello di sviluppo economico a consumo energetico estensivo (fondato cioè sull'impiego di una grande quantità di energia), caratterizzato, com'è noto, da:

• un'espansione industriale basata largamente su settori a elevato consumo energetico (quali siderurgia e petrolchimica);

• una rapida diffusione di beni di consumo durevoli altamente consumatori di energia (automobili, elettrodomestici ecc.);

Tab. 6.2 – Prospettive di evoluzione dei consumi energetici per area geografica (10^{15} Btu)

Regione	*1990*	*2002*	*2015*	*2025*
Paesi sviluppati	183,6	213,5	247,3	271,8
Economie in transizione	76,2	53,6	68,4	77,7
Paesi in via di sviluppo	88,4	144,3	237,8	295,1
Asia	*51,5*	*88,4*	*155,8*	*196,7*
Medio Oriente	*13,1*	*22,0*	*32,4*	*38,9*
Africa	*9,3*	*12,7*	*19,3*	*23,4*
Centro e Sud America	*14,5*	*21,2*	*30,4*	*36,1*
Totale mondiale	248,2	411,5	553,5	644,6

Fonte: Eia (2005), p. 7.
Nota: Btu = British Thermal Unit. 1 Btu = 1.055 Joule = 2.52 * 10^{-5} tonnellate equivalenti di petrolio

- un sistema di trasporti in cui il mezzo privato si è sviluppato più rapidamente di quello pubblico, e quello su strada più intensamente di quello su rotaia;
- un modello residenziale basato sulla casa unifamiliare e sulla diffusione suburbana delle residenze, che ha prodotto crescite esponenziali dei consumi energetici per spostamenti e riscaldamento

Le previsioni dei consumi sono diverse a seconda delle fonti cui si fa riferimento. In linea di massima si prevede che i paesi sottosviluppati, alle prese con una crescita demografica spettacolare, aumenteranno sensibilmente nei prossimi decenni la quota di consumo totale. Nei paesi sviluppati si assisterà verosimilmente a un rallentamento della crescita dei consumi di energia primaria, grazie all'introduzione di nuove tecnologie nell'industria e nei trasporti e alla prevedibile maggior diffusione dei trasporti pubblici. A questo proposito, la tabella 6.2 riporta i dati relativi a un'ipotesi di evoluzione dei consumi energetici in presenza di una crescita economica mondiale «moderata»: gran parte della crescita relativa ai paesi in via di sviluppo è prevista in Asia, dove si suppone di raddoppiare i consumi nel periodo considerato. In generale, nei paesi in via di sviluppo si prevede un aumento medio annuo, nel periodo 2002-2025, pari al 3,2%, mentre nei paesi sviluppati, in cui le tecnologie sono già assestate e diffuse, dell'1,1%. Nelle economie in transizione dell'Est europeo e dell'ex URSS si prevede invece un tasso medio dell'1,6%.

6.4 Regioni di produzione e di consumo minerario

La geografia degli spazi minerari ed energetici si basa su due ordini spaziali: quello dei luoghi di estrazione delle fonti e quello delle zone di distribuzione dell'energia prodotta. Le due aree sono connesse tra loro da flussi di prodotto: per alcune fonti (come il petrolio) si delinea una fitta rete di connessioni, per altre la rete presenta maglie più rade, per altre ancora le connessioni hanno un'importanza ristretta a singole aree geografiche.

Quello della produzione mineraria ed energetica è dunque uno spazio puntuale, i cui elementi di connessione sono rappresentati da flussi fra luoghi diversi:

a) fra aree di estrazione delle fonti e aree della loro trasformazione in semilavorati o in energia, allorché queste sono separate geograficamente;

b) fra luoghi di estrazione e luoghi di distribuzione dei semilavorati e dell'energia prodotta, allorché la trasformazione primaria (come nel caso degli impianti di raffinazione petrolifera) avviene nei pressi dei giacimenti.

Circa il 40% dei giacimenti di materie prime è localizzato nei paesi industrializzati (Stati Uniti, Canada, Europa occidentale, Giappone, Sudafrica e Australia); il 25% si trova nel sottosuolo della Russia e della Cina e la restante quota nei paesi del Sud del mondo.

All'interno di questi tre grandi insiemi regionali, la distribuzione è tuttavia assai diseguale: nell'area industrializzata dell'Occidente, ad esempio, quattro soli paesi (Stati Uniti, Canada, Australia e Sudafrica) detengono oltre l'85% circa delle risorse accertate. Elevate concentrazioni di ricchezze minerarie si ritrovano inoltre anche all'interno dell'area sottosviluppata, dove un numero ristretto di paesi «dotati» (Cina in primo luogo, poi Cile, Congo, Brasile, Bolivia, Indonesia, Nigeria, Guinea, Nuova Caledonia; vedi tabella 6.3) si contrappone al cosiddetto «deserto minerario» di gran parte del Terzo Mondo. Questi raffronti sommari non indicano soltanto l'ineguale distribuzione delle fonti minerarie, ma suggeriscono altresì la condizione di relativa dipendenza in cui si trovano molte economie industrializzate, quindi a elevato consumo di materie prime, nei confronti dei paesi che detengono le quote maggiori di riserve.

Accanto a queste diseguaglianze nella distribuzione delle riserve, esistono nel mondo profondi squilibri nei livelli di consumo. L'economia statunitense, ad esempio, con il 6% scarso della popolazione, consuma attualmente circa un quarto dei minerali (e delle fonti di energia) mondiali, una quota analoga a quella dell'Europa occidentale nel suo complesso. Il Giappone, dal canto suo, pur disponendo di riserve pressoché trascurabili, utilizza oltre il 10% della produzione mondiale. La Russia è autosufficiente e fortemente esportatrice: l'esportazione di materie prime minerarie costituisce infatti per questo paese, come anche per vari paesi sottosviluppati, la voce più importante delle correnti di esportazione, per cui rappresenta una fonte essenziale di finanziamento, dipendente dalle fluttuazioni nei prezzi e nello stesso volume dei materiali esportati (tabella 6.3).

La geografia mineraria, in seguito al rinvenimento di nuovi depositi e alla dif-

Tab. 6.3 – I principali produttori di alcuni minerali metallici

Principali produttori di minerali di ferro

1995			*2003*		
paesi	*milioni di t*	*% del totale*	*paesi*	*milioni di t*	*% del totale*
Cina	139	25,0	Cina	261	21,1
Brasile	158	16,6	Brasile	234	18,9
Paesi CSI	133	13,9	Australia	213	17,2
Australia	128	13,5	India	121	9,8
USA	88	6,1	Russia	92	7,4

Principali produttori di minerali di rame

1995			*2003*		
paesi	*milioni di t*	*% del totale*	*paesi*	*milioni di t*	*% del totale*
Cile	2.488	24,8	Cile	4.904	36,1
USA	1.865	18,6	USA	1.130	8,3
Canada	728	7,3	Indonesia	1.003	7,4
Russia	480	4,8	Perù	842	6,2
Indonesia	460	4,6	Australia	830	6,1

Principali produttori di minerali di bauxite

1995			*2003*		
paesi	*milioni di t*	*% del totale*	*paesi*	*milioni di t*	*% del totale*
Australia	43	38,6	Australia	55	35,5
Guinea	14	13,0	Brasile	18	11,6
Giamaica	11	9,8	Guinea	17	11,0
Brasile	9	7,8	Giamaica	13	8,4
Cina	6	5,9	Cina	11	7,1

Principali produttori di minerali di stagno

1995			*2003*		
paesi	*milioni di t*	*% del totale*	*paesi*	*milioni di t*	*% del totale*
Cina	54	28,0	Cina	99	39,1
Indonesia	46	23,9	Indonesia	64	25,3
Perù	22	11,6	Perù	40	15,8
Brasile	19	10,1	Bolivia	16	6,3
Bolivia	14	7,5	Brasile	12	4,7

Principali produttori di minerali di zinco

1995			*2003*		
paesi	*milioni di t*	*% del totale*	*paesi*	*milioni di t*	*% del totale*
Canada	1.110	24,8	Cina	1.800	19,6
Australia	903	18,6	Australia	1.479	16,1
Cina	734	7,3	Perù	1.373	14,9
Perù	689	4,8	Canada	788	8,6
USA	609	4,6	USA	738	8,0

Fonte: basato su dati Taylor, Hillier e Benham (2005).

fusione dei centri di estrazione, si è assai modificata negli ultimi decenni. Paesi che nell'immediato dopoguerra non conoscevano la presenza di minerali sul proprio territorio, sviluppando le attività di prospezione si sono trasformati in grandi possessori di riserve: la Nuova Caledonia per il nickel, la Guinea per la bauxite, l'Australia per lo zinco, il ferro, il nickel e la bauxite. La Russia, a sua volta, ha accresciuto vistosamente le proprie riserve di minerali ferrosi, nickel e rame. Altri paesi, come Cuba per il nickel, hanno invece visto ridurre enormemente l'importanza relativa dei propri giacimenti.

Per nessuno dei minerali ora menzionati le economie industrializzate hanno tuttavia ridotto le quote relative delle proprie riserve: se esse sono rimaste stabili per il ferro e il rame, sono invece raddoppiate per la bauxite e il nickel. Questo guadagno di posizioni non è tuttavia da attribuire ai nuovi ritrovamenti nei vecchi paesi industrializzati, bensì all'intensificazione delle attività di prospezione nei paesi «nuovi» (Australia e Canada anzitutto), che si sono imposti tra i principali fornitori del mercato mondiale, e al crescente ruolo di produttore della Russia.

Attualmente, la complessa realtà della geografia mineraria può essere sintetizzata individuando quattro grandi situazioni regionali, ognuna delle quali mostra specifiche caratteristiche e problemi.

1) L'Europa occidentale e il Giappone, cioè due grandi regioni altamente consumatrici ma scarsamente dotate di materie prime, le cui principali aree di approvvigionamento sono rispettivamente l'Africa e l'area del Pacifico. Il caso del Giappone, cioè di un'economia non dotata di materie prime ma impegnata in un processo di industrializzazione intenso, esemplifica assai bene l'influenza dei costi di trasporto sulla produzione mineraria. Aumentando la domanda nipponica di materie prime, i costi di trasporto nell'area asiatica e australiana sono diminuiti rapidamente; al tempo stesso il Giappone ha sostituito gli Stati Uniti e l'Europa occidentale come principale destinatario dei materiali qui estratti. Entrambi questi fattori hanno contribuito a loro volta a intensificare la prospezione mineraria (ed energetica) nell'Asia sud-orientale: così, fra il 1970 e il 1979, sono stati scoperti in Indonesia ben 190 nuovi giacimenti petroliferi, contro i 68 rinvenuti fino a quella data. Lo stesso sviluppo della produzione mineraria australiana è debitore dell'accresciuta domanda dell'industria nipponica.

2) L'America settentrionale è insieme un'area altamente consumatrice ed esportatrice di taluni minerali. Benché l'interscambio con altre regioni di consumo sia intenso, l'America Latina è quantitativamente il maggior fornitore della porzione settentrionale del continente.

3) Sino a epoca recente la Russia e l'Est europeo costituivano un'area quasi chiusa, dove i reciproci interscambi, poco rilevanti sia in valore sia in quantità, prevalevano nettamente sugli scambi con gli altri paesi. I recenti accordi di forni-

tura di prodotti minerari verso l'Europa occidentale e il Giappone hanno mutato significativamente questa realtà, e attualmente le esportazioni russe sono rappresentate per il 70% da materie prime.

4) I paesi sottosviluppati, visti tradizionalmente come esportatori, devono essere invece suddivisi al loro interno, dal momento che gran parte delle riserve è concentrata in un numero limitato di paesi (stagno in Bolivia, fosfati in Marocco, rame in Cile, Zambia e Congo, ferro in Brasile e India). Nonostante la nazionalizzazione del settore minerario verificatasi in molti di essi, il calo dei prezzi internazionali ha impedito che si riducesse la loro dipendenza nei confronti dei paesi importatori.

6.5 Gli spazi energetici

Così come per le materie prime minerarie, anche la geografia degli spazi energetici deve tener conto, anzitutto, delle aree di estrazione e di quelle di consumo. Ciò nonostante, il quadro di riferimento presenta un'articolazione superiore a quella precedente, che può essere avvicinata scindendo fra loro le diverse tipologie energetiche.

6.5.1 L'energia idroelettrica

Questa forma di energia caratterizza i paesi e le regioni maggiormente ricchi di fonti idriche. Fra i paesi europei, solo in Austria e Svezia l'energia idroelettrica è prioritaria rispetto ad altre fonti, oltre a fornire una modesta eccedenza per l'esportazione nei paesi vicini. Nel complesso, la produzione di energia idroelettrica gioca un ruolo decisivo soprattutto in regioni scarsamente popolose e in alcuni paesi sottosviluppati non produttori di petrolio.

Il Québec e l'Ontario canadesi sono le aree di maggior produzione mondiale (il 70% circa della produzione energetica del Canada è di origine idroelettrica) e di più elevati flussi di esportazione (con la regione industrializzata dei Grandi Laghi, negli Stati Uniti, è andata formandosi una fitta rete di scambi di energia). I grandi fiumi della Russia asiatica (fra cui l'Ob, l'Angara e lo Jenisej) sono stati, a loro volta, il cardine su cui si è basata la colonizzazione economica delle regioni a Est della catena degli Urali. Le Alpi neozelandesi, nell'emisfero australe, rappresentano infine un potenziale idroelettrico che avrà presumibilmente, in futuro, una valorizzazione crescente.

Regioni a elevata produzione e consumo idroelettrico (ma di portata locale) circondano l'alto corso del Danubio, il Caucaso, i Carpazi, le Ande meridionali, le Montagne Rocciose statunitensi e il Sud della Cordigliera australiana. Nei paesi sottosviluppati dell'area intertropicale, la presenza di fiumi di grande portata e di rilievi elevati hanno consentito di avviare progetti di elettrificazione su vasta scala, i quali sono tuttavia dipendenti dalla notevole variabilità delle precipitazioni: fra questi spiccano i grandi complessi idroelettrici costruiti lungo il corso dello Zaire nel continente africano, sul Parana fra il Brasile e il Paraguay, e lungo i corsi d'acqua delle Ande peruviane.

6.5.2 L'energia da carbone

La possibilità di trasportare il materiale, benché costosa e meno redditizia di quella del petrolio, fa sì che questa fonte energetica presenti una localizzazione meno rigida di quella idroelettrica. Il carbone può costituire inoltre una fonte energetica alternativa (grazie all'enorme volume dei giacimenti accertati) di fronte al costo e alla scarsità delle risorse petrolifere e alle difficoltà di realizzare programmi nucleari. Nonostante i vantaggi dati dal costo relativamente basso del materiale (circa la metà di quello dell'olio combustibile), diversi fattori hanno impedito di fare del carbone la fonte energetica principale: i tempi lunghi di attivazione dei giacimenti e di adeguamento dei sistemi di trasporto, l'elevato inquinamento ambientale prodotto dalla sua combustione e, non ultimo, il minor contenuto calorico rispetto ad altre fonti.

Per questi motivi, l'utilizzo del carbone a uso energetico si presenta tuttora in buona parte dipendente dalla localizzazione dei giacimenti. Ciò è dimostrato altresì dallo scarso volume degli scambi nel commercio internazionale, che, pur essendo cresciuto negli ultimi due decenni, non raggiunge se non il 20% del totale del carbone estratto. Ciò ribadisce una forma di utilizzo «regionale» e una geografia dell'energia carbonifera in cui la presenza dei giacimenti incide significativamente sulle politiche energetiche dei diversi paesi. A questo proposito si possono distinguere alcune regioni tipiche.

a) Nelle vecchie aree carbonifere dell'Europa occidentale, il parziale esaurimento dei depositi di superficie e l'alto costo di estrazione nei piccoli giacimenti di profondità (superiori ai 1.000 metri) limita l'impiego del carbone come fonte energetica sostitutiva.

b) Negli Stati Uniti, che pur detengono l'80% delle riserve del mondo occidentale, il carbone copre a mala pena il 20% della produzione energetica. Quest'ultima è concentrata lungo la costa atlantica (Appalachi della Virginia occidentale e della Pennsylvania), dove si trova una parte relativamente ristretta delle riserve (il 20% circa) ma da cui si ricavano attualmente oltre i tre quarti del carbone prodotto in quel paese. Dal porto di Hampton Roads, in Virginia, si dipartono le correnti di esportazione indirizzate soprattutto verso l'Europa.

c) In Russia i giacimenti della regione del Don, che sino alla fine degli anni Ottanta fornivano oltre il 30% del carbone sovietico, hanno perso importanza man mano che l'asse dell'industria energetica si spostava verso Oriente, a favore del Kuzbass, del Karaganda e della Yakutia: la Siberia centrale è giunta così a fornire oltre il 40% del carbone prodotto in tutte le repubbliche dell'ex Unione Sovietica.

d) In Estremo Oriente, il Giappone importa carbone in misura crescente: ciò spiega, almeno in parte, l'aumento della produzione sudcoreana e australiana, oltre al ruolo sempre più attivo giocato dalle imprese nipponiche sul territorio sovietico.

e) Altre regioni a elevata produzione e consumo carbonifero sono la Cina (dove nel Chen si ritrovano i più ricchi giacimenti del Terzo Mondo), l'India, l'Africa australe (regione del Transvaal) e la Nuova Zelanda.

6.5.3 L'energia da idrocarburi

Le aree di estrazione degli idrocarburi si sono notevolmente diffuse sulla superficie del globo in seguito al perfezionamento delle tecniche di prospezione e di perforazione, che hanno consentito lo sfruttamento di giacimenti sempre più profondi: all'inizio degli anni Ottanta la produzione di gas naturale, anche grazie alla diffusione delle tecniche geofisiche che accrescono lo stimolo dei pozzi e la permeabilità del sottosuolo, era cresciuta da cinque a otto volte rispetto ai livelli dell'immediato dopoguerra.

Presenti in rocce porose (sabbie, arenarie e rocce salifere) o in scisti (dette «rocce magazzino»), il petrolio e il gas naturale sono spesso estratti congiuntamente, sebbene la geografia della loro produzione presenti caratteri alquanto dissimili. Mentre il primo è facilmente immagazzinabile già sul luogo di estrazione e trasportabile con una pluralità di mezzi, il gas naturale presenta notevoli difficoltà di immagazzinamento ed è trasportabile soprattutto mediante tubazioni. Nel 1990 la rete dei gasdotti nel mondo era stimata in circa 850.000 km (escludendo la distribuzione al consumo), di cui circa la metà localizzata negli Stati Uniti e nel Canada e un quarto fra Russia e Ucraina. Per questi motivi, esso è economicamente utilizzato in aree relativamente vicine ai luoghi di estrazione e in aree lontane solo quando l'entità della produzione e dei consumi consente di ammortizzare i costi di costruzione dei gasdotti. Per questi motivi, la quota di gas sul totale dei consumi mondiali di energia primaria non è molto elevata (il 21,2% nel 2002).

In Europa occidentale, la scoperta di giacimenti consistenti (come quello di Groninga, nei Paesi Bassi, e di Lacq nei Pirenei francesi), unitamente alle importazioni massicce dalla Russia, dall'Algeria e, in minor misura, dalla Libia, hanno fatto sì che il consumo di gas naturale sia molto cresciuto negli ultimi vent'anni, diventando parzialmente sostitutivo del petrolio.

Diversa è la geografia del petrolio. Nonostante la crescita sensibile dei prezzi energetici durante gli anni settanta (nel 1980 quello del petrolio era di 12 volte superiore rispetto al 1973, figura 6.5), nel complesso il consumo mondiale di energia non è sostanzialmente diminuito (né si prevede diminuirà, figura 6.6), anche se i rapidi aumenti di prezzo degli ultimi anni hanno in qualche modo rallentato i consumi a livello mondiale.

La figura 6.7 evidenzia la grande distanza che separa i centri di estrazione dalle principali aree di consumo, ciò che alimenta flussi di scambio internazionali di ampio raggio. La tabella 6.4, differentemente, mette in luce la geografia della produzione di petrolio greggio. A questo proposito, è possibile individuare alcune grandi regioni geografiche.

a) Il Medio Oriente fornisce quasi il 30% del petrolio commercializzato nel mondo e possiede due terzi delle riserve (di cui il 23% in Arabia Saudita). In quest'area, sei giacimenti giganti (Burgan nel Kuwait, Ghawar e Safaniya-Khafji in Arabia Saudita, Agha Jari in Iran, Kirkurk e Rumaila in Iraq) concentrano da soli oltre il 40% delle riserve mondiali; da solo, il petrolio arabico rappresenta il 15% delle esportazioni mondiali. Soprattutto dopo il 1973, l'afflusso finanziario seguito

Fig. 6.5 – Evoluzione prezzi Petrolio, 1970-2004

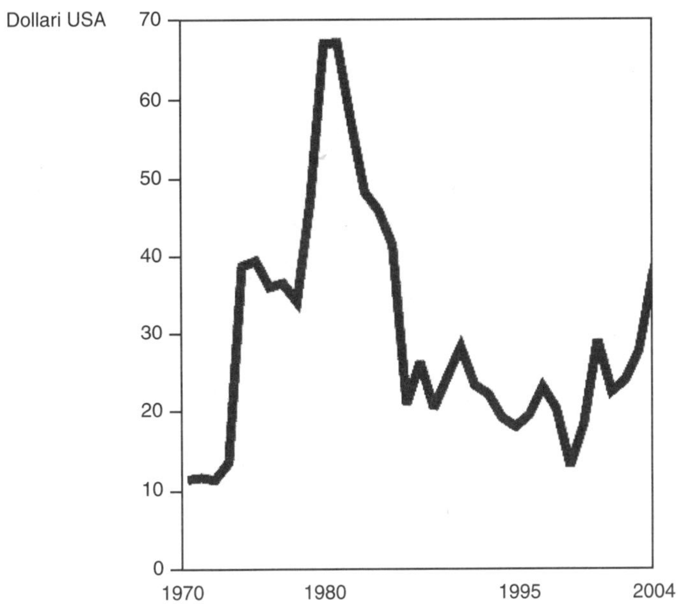

Fonte: basato su Eia (2005), p. 28.

Fig. 6.6 – Variazioni nel consumo di petrolio per regione, 1970-2025 (milioni di barili al giorno)

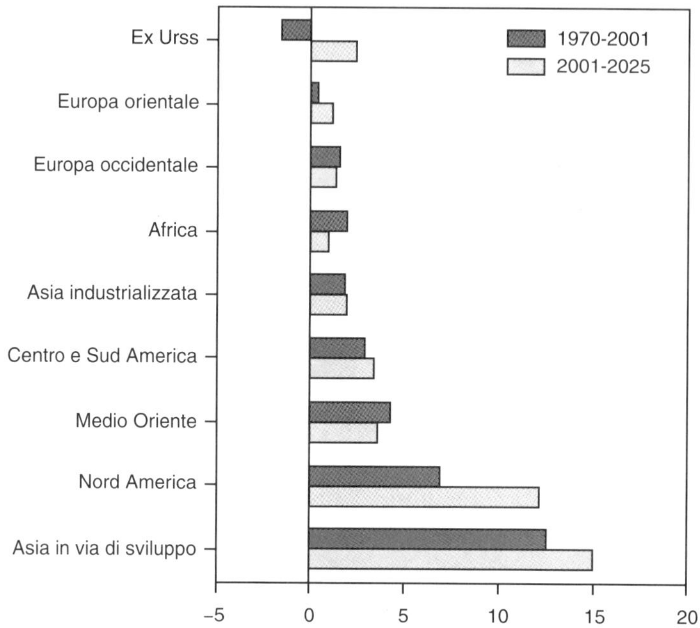

Fonte: basato su dati Eia (2005).

all'esportazione petrolifera ha prodotto la trasformazione relativamente profonda dell'economia e della società di questi paesi: la crescente immigrazione e l'esplosione dell'urbanizzazione ha qui portato alla crescita di un settore terziario abnorme se paragonato alla scarsa percentuale degli addetti nel settore direttamente legato alla produzione petrolifera (il 2% circa della popolazione attiva, sempre nella penisola arabica).

b) I paesi costieri del Mediterraneo costituiscono un'importante area di importazione e trasformazione del greggio di provenienza mediorientale. La capacità di raffinazione dei paesi rivieraschi, e in particolar modo dell'Italia, è nettamente superiore rispetto alle esigenze dei mercati nazionali, alimentando flussi di esportazione del prodotto raffinato verso le aree industrializzate dell'Europa centrale.

c) Gli Stati Uniti, con il 4% circa delle riserve, denunciano una costante riduzione del loro ruolo di produttori (nel 2003 fornivano il 9,4% della produzione mondiale). La produzione è qui concentrata in quattro grandi sistemi petroliferi: la Gulf Coast (litorale del Texas e la Louisiana) fornisce il 44% della produzione americana, ottenuta da una miriade di piccoli giacimenti su cui opera una molte-

Fig. 6.7 – I flussi mondiali di petrolio

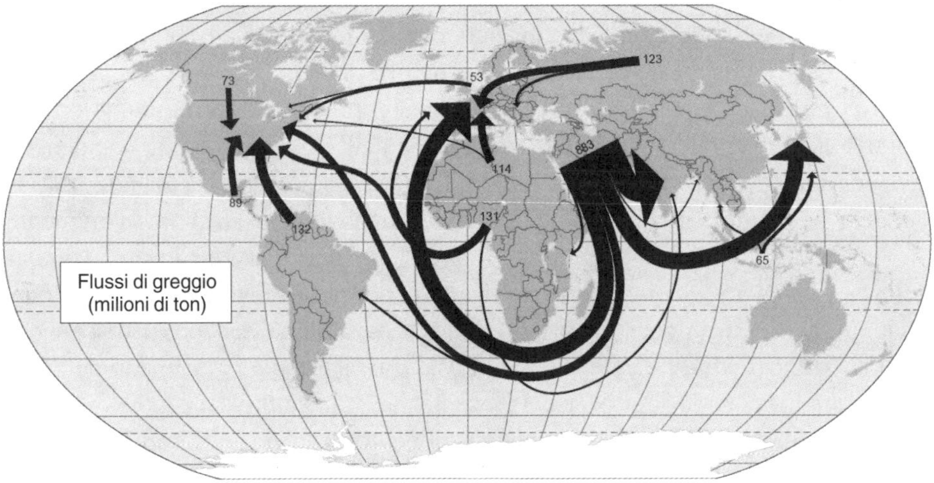

Fonte: basato su Eia (2005), p. 28.

plicità di piccole e medie concessioni (nel Texas si contano oltre 17.000 punti di estrazione); il Midcontinent (30% della produzione), fra l'Oklahoma, il Kansas, l'Illinois e le aree interne del Mississippi e del Texas; l'area delle Montagne Rocciose, che penetra, a Settentrione, lo Stato canadese dell'Alberta; la California,

Tab. 6.4 – Principali produttori di petrolio greggio, 2003

Produttore	*Mt*	*Percentuale del totale mondiale*
Arabia Saudita	470	12.7
Russia	419	11.3
Stati Uniti	348	9.4
Iran	194	5.2
Messico	189	5.1
Cina	165	4.4
Norvegia	151	4.1
Venezuela	149	4.0
Canada	138	3.7
Emirati arabi	120	3.2
Resto del mondo	1.369	36.9
Totale mondiale	*3.712*	*100.0*

Fonte: Iea (2004), p. 11.

caratterizzata anch'essa dalla presenza di molteplici giacimenti di piccola dimensione.

d) La Russia nel 2003 era il secondo produttore mondiale. Avviandosi all'esaurimento i bacini europei e centroasiatici (Baku in Azerbajdžan e la regione del Volga prospicente il Mar Nero), la chiave di volta della politica petrolifera sovietica fu la progressiva penetrazione verso Oriente, rallentata soltanto dalle difficili condizioni ambientali. I giacimenti della Valle dell'Ob, nella Siberia occidentale, scoperti nel 1959 ma tuttora scarsamente sfruttati, costituiscono la maggior riserva del pianeta, mentre i giacimenti della Yakutia rimangono da sfruttare interamente.

e) In Europa occidentale, infine, l'estrazione petrolifera è rilevante soltanto nel Mare del Nord. Quei giacimenti, sfruttati da Gran Bretagna e Norvegia, pongono entrambi questi paesi nella posizione di esportatori, sebbene, proseguendo l'attuale ritmo di sfruttamento, si stima l'esaurimento di quei giacimenti nell'arco di vent'anni. Anche in questo caso, la recente messa in valore dei depositi rinvenuti ha prodotto acuti fenomeni di polarizzazione urbana nei centri portuali e ai terminali degli oleodotti e dei gasdotti sottomarini. Alle quattro basi logistiche principali di Great Yarmouth (Inghilterra), Aberdeen (Scozia), Stavanger (Svezia) e Rotterdam (Paesi Bassi), si è accompagnata la diffusione di numerosi centri costieri – definiti come basi secondarie – che hanno parzialmente ridisegnato, soprattutto in Scozia, la geografia industriale della regione.

f) Le restanti regioni del pianeta producono proporzionalmente alle proprie riserve. Il continente africano, le cui riserve sono concentrate in Libia, Nigeria, Algeria e, in misura assai limitata, in Gabon, fornisce complessivamente il 10,8% della produzione mondiale, che corrisponde a una quota analoga delle riserve rinvenute.

L'America Latina (in particolare Venezuela e Messico, mentre Argentina, Brasile, Bolivia, Perù ed Ecuador sono produttori minori) presenta complessità notevoli dato il mosaico variegato delle condizioni politiche e la tendenza di alcuni paesi a limitare l'esportazione. Con il 13% circa delle riserve e il 9,1% della produzione mondiale, l'America Latina è quindi un continente relativamente chiuso su se stesso; solo il Venezuela ha seguito, nei decenni precedenti, una chiara politica di esportazione, soprattutto verso gli Stati Uniti e il Canada.

L'area del Pacifico (Indonesia e, a distanza, Australia) produce il 4% circa del greggio mondiale disponendo del 3% delle riserve accertate. La Cina, infine, con una produzione che si aggira sui 165 milioni di t, occupa una posizione ragguardevole (4,4%), superando la quantità prodotta congiuntamente da Indonesia e Australia.

6.5.4 L'energia nucleare

Per la sua produzione si utilizzano minerali di uranio e di torio, i cui atomi hanno la caratteristica di emettere energia (elettroni) in un processo naturale definito come decadimento radioattivo. Quest'ultimo nei reattori nucleari viene accelerato mediante un processo di fissione consistente nel bombardamento dei nuclei dei metalli radioattivi, con conseguente emissione di energia in notevoli quantità.

Nei termini maggiormente semplificati, la produzione di energia nucleare è scindibile in due fasi principali: la preparazione del combustibile e il suo utilizzo nelle centrali elettronucleari. La prima fase, a monte del ciclo, consiste nell'approvvigionamento del minerale di uranio e in una serie di operazioni (conversione e arricchimento del metallo) per renderlo utilizzabile. La seconda fase comprende l'immagazzinamento del combustibile, la sua fissione nelle centrali, il ritrattamento delle scorie ancora utilizzabili e infine il condizionamento e lo stoccaggio delle scorie finali. Il ciclo completo prevede varie operazioni di trasporto, i cui costi sono proporzionali al livello di pericolosità dei materiali e alla distanza da coprire; entrambe le fasi del ciclo di produzione energetica necessitano di impianti che richiedono anch'essi investimenti elevatissimi e tempi assai lunghi di costruzione.

La catena, tecnicamente ben più complessa di quella di ogni altro sistema di produzione energetica, porta a un elevato grado di interdipendenza fra produttori e utilizzatori del combustibile. Inoltre, data la natura altamente rischiosa del ciclo produttivo, le varie fasi sono soggette a standard e regolamenti nazionali e internazionali relativamente rigidi.

Per quanto riguarda la produzione di energia elettronucleare, la «grande paura» energetica dei primi anni Settanta ha indotto molti paesi ad accelerare i programmi di installazione di centrali nucleari, utilizzando tuttavia una tecnologia che rimane saldamente nelle mani di pochi paesi. Alla fine degli anni Ottanta, nel mondo occidentale, gli Stati Uniti fornivano ancora il 70% dei reattori. Oggi la situazione è decisamente mutata: dei 440 reattori operativi al mondo, 103 (il 23%) sono localizzati negli Stati Uniti, e la geografia dell'energia nucleare coinvolge numerosi paesi in via di sviluppo come Armenia, Repubblica Ceca, Brasile, India e Pakistan. La produzione di energia di origine nucleare (che nel 2002 copriva il 6,8% della produzione energetica mondiale) non è più strettamente controllata dai paesi che avevano sviluppato, a partire dalla seconda guerra mondiale, tecnologie militari basata sulle armi atomiche. Al contrario, molti paesi, sia industrializzati sia del Terzo Mondo, hanno acquisito centrali nucleari non solo per accrescere le proprie fonti energetiche, ma anche per dotarsi di strumenti e risorse nucleari (come il plutonio) in funzione della loro strategia militare (tabella 6.5).

Tab. 6.5 – Reattori nucleari nel mondo, 2005

	Elettricità generata (miliardi kwh)	*Reattori operativi*		*Reattori in costruzione*		*Reattori previsti*		*Uranio richiesto (ton)*
		Numero	*Potenza (MWe)*	*Numero*	*Potenza (MWe)*	*Numero*	*Potenza (MWe)*	
Argentina	7.3	2	935	1	692	0	0	0
Armenia	2.2	1	376	0	0	0	0	0
Belgio	44.9	7	5728	0	0	0	0	0
Brasile	11.5	2	1901	0	0	1	1245	0
Bulgaria	15.6	4	2722	0	0	0	0	1
Canada	85.3	17	12080	1	515	4	2570	0
Cina	47.8	9	6587	2	1900	8	8000	19
Repubblica Ceca	26.3	6	3472	0	0	0	0	2
Egitto	0	0	0	0	0	0	0	1
Finlandia	21.8	4	2656	0	0	1	1600	0
Francia	426.8	59	63473	0	0	0	0	1
Germania	158.4	17	20303	0	0	0	0	0
Ungheria	11.2	4	1755	0	0	0	0	0
India	15.0	15	2993	8	3638	0	0	24
Indonesia	0	0	0	0	0	0	0	2
Iran	0	0	0	1	950	1	950	3
Israele	0	0	0	0	0	0	0	1
Giappone	273.8	55	47700	1	866	12	14782	0
Corea del Nord	0	0	0	1	950	1	950	0
Corea del Sud	124.0	20	16840	0	0	8	9200	0
Lituania	13.9	1	1185	0	0	0	0	0
Messico	10.6	2	1310	0	0	0	0	0
Olanda	3.6	1	452	0	0	0	0	0
Pakistan	1.9	2	425	0	0	1	300	0
Romania	5.1	1	655	1	655	0	0	3
Russia	133.0	31	21743	4	3600	1	925	8
Slovacchia	15.6	6	2472	0	0	0	0	2
Slovenia	5.2	1	676	0	0	0	0	0
Sudafrica	14.3	2	1842	0	0	0	0	1
Spania	60.9	9	7584	0	0	0	0	0
Svezia	75.0	10	8857	0	0	0	0	0
Svizzera	25.4	5	3220	0	0	0	0	0
Turchia	0	0	0	0	0	0	0	3
Ucraina	81.1	15	13168	0	0	1	950	0
Regno Unito	73.7	23	11852	0	0	0	0	0
Stati Uniti	788.6	103	97838	1	1065	0	0	0
Vietnam	0	0	0	0	0	0	0	2
Totale mondiale	*2618.6*	*440*	*367.684*	*23*	*17.431*	*39*	*41.472*	*73*

Fonte: dati www.world-nuclear.org

L'impatto ambientale delle centrali nucleari comporta ovunque problemi di non facile soluzione. Nella fase di costruzione, ogni impianto esige un'elevata quota di addetti, che scende bruscamente allorché la centrale diventa operativa. La scelta dei siti, inoltre, pone condizioni altamente vincolanti: aree isolate, poco popolose, non sismiche e prossime a un corso d'acqua, o sul mare, per assicurare il raffreddamento. L'espulsione di acqua a temperatura elevata (oltre 30 °C) produce alterazioni degli ecosistemi. Ancora più gravi, e per ora privi di soluzioni soddisfacenti, sono i problemi relativi allo smaltimento delle scorie e al rischio di fughe radioattive.

I tempi eccezionalmente lunghi per l'entrata in funzione delle centrali (negli Stati Uniti trascorrono solitamente dai 13 ai 16 anni), unitamente ai rischi ambientali e ai costi crescenti di costruzione hanno indotto molti paesi (tra cui l'Italia) alla cancellazione di numerosi impianti progettati e, in certi casi, alla chiusura delle centrali in funzione.

6.6 La geografia mineraria

6.6.1 I fattori localizzativi

La profondità del deposito e il tenore del contenuto di minerale, incidendo direttamente sul costo di estrazione, determinano in linea di massima la convenienza a sottoporre a sfruttamento un giacimento. Tuttavia, la presenza di infrastrutture di trasporto, la vicinanza di centri urbani o ancora la prossimità ai centri di esportazione dei minerali (i porti, in particolare) possono rappresentare delle variabili significative nella scelta dei giacimenti. Per esempio, i depositi di ferro di Kiruna e Gallivare, in Svezia, si trovano in un ambiente particolarmente inospitale, oltre il Circolo Polare Artico, e a grande distanza dal mare e dai centri siderurgici dove il materiale subisce le prime trasformazioni. La grande dimensione dei giacimenti e soprattutto l'elevato contenuto metallico (compreso fra il 55 e il 70%) hanno reso economicamente conveniente lo sfruttamento e la costruzione di una ferrovia che raggiunge il porto di Narvik, sulle coste atlantiche della Norvegia.

Per altro verso, lo sfruttamento dei giacimenti della Lorena, in Francia, per quanto il contenuto ferroso non superi il 30%, è ancora in parte conveniente per via della loro vicinanza ai maggiori centri industriali europei. Analogamente, l'estrazione a cielo aperto di stagno in Malaysia e Indonesia è economicamente più vantaggiosa di quella dei giacimenti britannici della Cornovaglia, dove il minerale è presente in vene di profondità che si incuneano fra dure rocce metamorfiche.

La massa mineraria, il suo tenore in materiali utili, la posizione geologica dei giacimenti (come la profondità) e la loro posizione geografica (come la localizzazione rispetto ai mezzi di trasporto) sono dunque le principali condizioni che influenzano la geografia mineraria. Ne deriva che il valore di una determinata riserva di materiale dipende dalla misura in cui essa è economicamente sfruttabile, e non tanto dal fatto che essa sia fisicamente disponibile. Il concetto di economicità dello sfruttamento possiede pertanto una spiegazione complessa, che varia nel tempo e dipende da molteplici fattori che si influenzano reciprocamente: fra questi assumono un'importanza essenziale i costi di trasporto, le condizioni di mercato e i fattori politici e strategici.

6.6.2 La riduzione dei costi di trasporto

A una scala geografica planetaria, i costi di trasporto dal dopoguerra in poi hanno subito una costante riduzione, in conseguenza di molteplici cause: la comparsa di navi da carico di grande stazza e specializzate (mineraliere), l'aumento delle quantità trasportate e la conseguente riduzione delle spese unitarie (grazie alle economie di scala); la diffusione, sia nei paesi produttori sia in quelli importatori, di una nuova rete di porti minerari.

Nel periodo successivo al secondo conflitto mondiale, il costo di trasporto dei minerali di ferro, ad esempio, si è più che dimezzato (sulla rotta tra il Brasile e il Giappone il costo di trasporto è sceso addirittura dai 20 dollari ai 4 dollari per tonnellata). La conseguenza più vistosa è stato il generale abbandono dei giacimenti localizzati nelle vecchie regioni industriali a vantaggio di quelli, a più ricco tenore, siti in paesi sottosviluppati o comunque in altri continenti.

Ad esempio, il grande complesso siderurgico costruito negli anni Sessanta a Dunkerque, nella Francia settentrionale, prevedeva la trasformazione del minerale di ferro estratto in Lorena, da cui lo separava una strada ferrata lunga soltanto 350 km. Quei giacimenti, che fornivano un minerale dal contenuto ferroso che si aggirava sul 33% della massa, vennero tuttavia abbandonati pochi anni dopo l'apertura dello stabilimento siderurgico, a vantaggio dei giacimenti africani della Liberia, distanti svariate migliaia di chilometri, ma dai quali si estraeva un minerale di elevato contenuto ferroso (oltre 65%).

Questo esempio è significativo della tendenza, diffusasi soprattutto a partire dagli anni Sessanta, da parte dei paesi industrializzati a rifornirsi di materiali estratti nei giacimenti d'oltremare, dove le grandi imprese del settore iniziarono a investire massicciamente. Relativamente al minerale di ferro, che costituisce il prodotto più trasportato via mare dopo il petrolio (figura 6.8), le principali correnti di scambio si affettuano fra alcuni grandi produttori – Brasile, Australia, India, Canada – e i centri industriali statunitensi e dell'Europa occidentale.

Negli stessi paesi produttori i giacimenti appartengono spesso a grandi imprese siderurgiche, tese a mantenere il controllo delle fonti di approvvigionamento (come l'americana *International Steel Group*). Altre volte si tratta di imprese nazionali specializzate nella sola attività estrattiva (è il caso della *Hamersley* Iron australiana, che ha raggiunto una capacità di esportazione, nel 2004, di 76 milioni di tonnellate di minerale di ferro), o di imprese a totale o parziale proprietà statale: è il caso della brasiliana *Companhia Vale del Rio Doce*, diventata la maggior produttrice mondiale del settore.

Fig. 6.8 – I flussi mondiali di minerali ferrosi

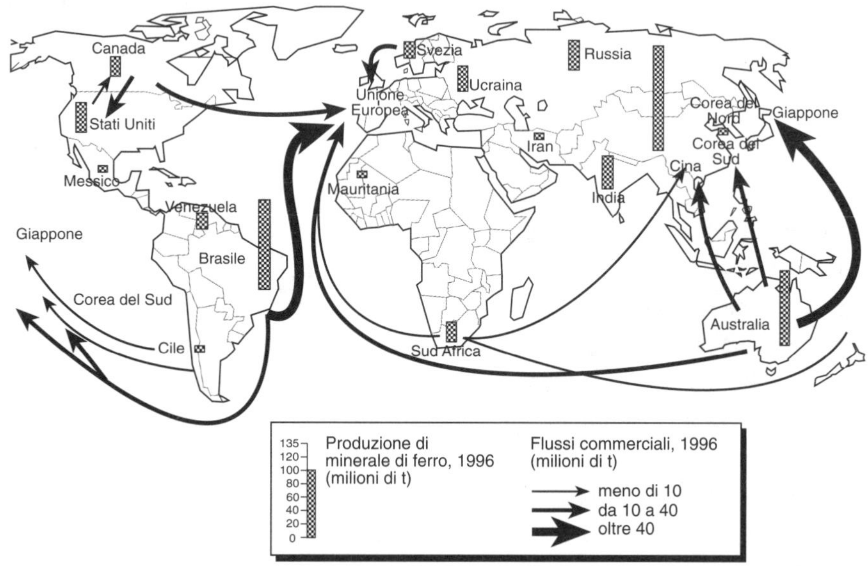

6.6.3 Attività estrattiva e organizzazione territoriale

Ragionando per grandi aree geografiche, è possibile sostenere che l'aumento della domanda e la riduzione relativa dei costi di trasporto hanno avuto l'effetto di allargare l'area di estrazione e accrescere la resa dei giacimenti minerari marginali e più lontani dalle aree di consumo.

Ragionando invece su una scala geografica più ristretta, nazionale o regionale, l'impatto dell'attività mineraria può essere spiegato a partire dagli effetti che produce sull'organizzazione economico-sociale e sull'ambiente delle regioni interessate. A questo livello l'analisi è duplice: essa riguarda, da un lato, l'influenza che la localizzazione dei giacimenti può avere sulla più generale struttura territoriale delle regioni coinvolte; dall'altro lato, essa deve prendere in carico il rapporto esistente fra attività estrattiva e infrastrutture di trasporto.

Sotto il primo aspetto, la decisione di sottoporre a sfruttamento una riserva produce degli effetti a catena capaci di modificare le tradizionali forme di organizzazione territoriale. Nei primi decenni dopo la rivoluzione industriale, ad esempio, la localizzazione dei depositi minerari ha rappresentato una precisa condizione per lo sviluppo regionale. Dati gli elevati costi di trasporto e l'insufficienza delle infrastrutture viarie, le aree di estrazione mineraria e di approvvigionamento energetico rappresentarono la « naturale » sede delle grandi concentrazioni industriali. Venuti meno questi impedimenti tecnici alla diffusione delle attività industriali, queste hanno iniziato a « muoversi » più liberamente, creando spesso una sorta di separazione funzionale fra regioni industriali e regioni minerarie.

Attualmente una regione mineraria è un'area di esportazione di materiali utilizzati altrove per cui la sua organizzazione territoriale poggia su un efficiente sistema di trasporti e di infrastrutture specializzate per avviare i minerali estratti verso i paesi e le aree industriali. Così, le modificazioni della geografia portuale nel mondo sono in parte tributarie dei flussi di materie prime fra regioni spesso lontane: mentre molti porti europei si sono specializzati nello scarico di materie prime minerarie ed energetiche, nei paesi esportatori sono stati costruiti nuovi centri portuali specializzati nelle operazioni di carico e stoccaggio (come i terminali di Monrovia e Buchanan, in Liberia, specializzati nell'esportazione di minerali ferrosi). A sua volta, lo sfruttamento dei fosfati del Marocco ha contribuito a rivoluzionare la tradizionale organizzazione sociale di quel paese, fondata sul makzen (governo del sultano) e l'estrema frammentazione del potere locale, che si riproduceva nella debolezza relativa dell'armatura urbana della regione. A essa è andata sostituendosi la lenta ma progressiva crescita delle « città dei fosfati », che hanno attratto concentrazioni significative di popolazione e di servizi (come a Youssoufia, Khouribga e nel centro portuale di Safi), inaugurando una crescita squilibrata a livello dell'intero paese.

La figura 6.9 esemplifica invece la problematica relativa all'influenza che le vie di comunicazione possono esercitare sulla valorizzazione del potenziale minerario. La parte asiatica della Russia (Siberia ed Estremo Oriente) è nota da decenni come un potenziale strategico vitale per l'economia di quel paese: al di là degli Urali si trova infatti gran parte delle risorse minerarie e attualmente dai depositi siberiani proviene già il 25% dei minerali metallici estratti nel paese, il 40% circa delle risorse energetiche e oltre il 25% del legname. La distanza, le difficili condizioni ambientali e i costi elevati per accedervi hanno marcato le tappe dello sfruttamento di un potenziale che non è peraltro ancora del tutto valutato. Nel 1974 vennero avviati i lavori di costruzione della BAM (Bajkal-Amur Magistral), strada ferrata che corre per oltre 3.100 km da Ust-Kut a Komsomolsk, a Nord della vecchia Transiberiana. La crisi energetica internazionale degli anni Settanta e il parziale esaurimento dei vecchi giacimenti della Russia europea (nella zona carbonifera del Don, ad esempio, si era giunti a scavare gallerie sino a una profondità di 1.000 m), indussero i dirigenti di quel paese a mobilizzare enormi risorse nel « cantiere del secolo », come la stampa sovietica definì allora i lavori di realizzazione della nuova strada ferrata. Penetrando fin nel profondo della taiga, la ferrovia avvicina enormi risorse ai centri di trasformazione e pone le basi per la forma-

Fig. 6.9 – La ferrovia Bajkal-Amur in Siberia orientale. Risorse e zone di influenza economica

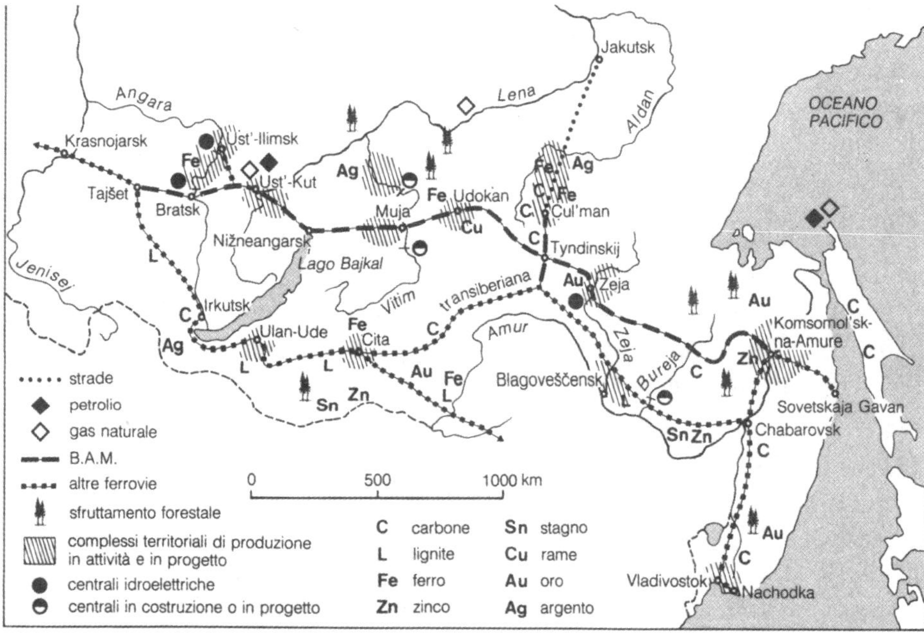

zione lungo il suo percorso di nuovi complessi industriali, che dovrebbero accelerare la messa in valore di una regione vastissima.

In altri casi, dopo una crescita e un popolamento spettacolari, possono verificarsi, una volta esaurite le capacità produttive, fenomeni di declino rapido e irreversibile. Uno degli esempi più appariscenti di rapida crescita e di successivo declino di regioni minerarie è quello del Klondyke, in Canada. In quella regione, il rinvenimento di giacimenti auriferi nella seconda metà dell'Ottocento attivò una corrente migratoria spettacolare e la formazione, nel giro di un anno, di una città (Dawson) di circa 40.000 abitanti; solo cinque anni più tardi, allorché furono in gran parte esaurite le vene aurifere della regione, gli abitanti di Dawson erano scesi a poche centinaia. Allo stesso modo, le centinaia di città minerarie sorte sulle Montagne Rocciose durante la corsa all'oro, si trasformarono nel giro di pochi decenni in « città fantasma ».

L'attività mineraria produce inoltre specifiche trasformazioni negative del paesaggio e dell'ambiente, sotto forma di impianti e linee ferroviarie dismesse, aree disboscate e superfici ingombre di detriti. È il caso delle regioni carbonifere del Galles, della Rühr e della Slesia, delle grandi miniere di rame dell'Arizona, dello Utah e del Montana negli Stati Uniti. Altri fenomeni negativi sono l'inquinamento dei corsi d'acqua e dell'aria, la distruzione dell'ecosistema e gli effetti che le estrazioni di profondità possono produrre sull'assestamento del suolo, rendendolo sovente soggetto a sprofondamenti e inadatto alle costruzioni.

6.7 Prezzi, mercati, manovre speculative

In generale, cioè non tenendo conto del fatto che i meccanismi di formazione dei prezzi variano sensibilmente per i diversi minerali, l'organizzazione dei mercati e i prezzi relativi scontano una certa qual rigidità dell'offerta. Ciò dipende anzitutto dai tempi relativamente lunghi che si interpongono fra ricerca mineraria, decisione di sottoporre a sfruttamento un determinato deposito e momento in cui può realizzarsi la produzione su grande scala. Ogni decisione di investimento nel settore minerario, infatti, deve prevedere una relativa incertezza, in quanto la realizzazione dei profitti è inevitabilmente procrastinata nel tempo (anche vari anni) e dipende dalla domanda e dalle fluttuazioni di prezzo future. Allo stesso modo, la riduzione dei prezzi può scontrarsi con la necessità, da parte dei produttori, di mantenere elevata l'offerta del prodotto, indispensabile a volte per rientrare dell'anticipazione finanziaria resasi necessaria per porre a sfruttamento un deposito. Dall'altro lato, la scarsità di un minerale può indurre una lievitazione del suo prezzo di mercato, ciò che si traduce, a volte, nella messa in valore di depositi a tenore più povero oppure nella sostituzione di un minerale con un altro.

A un livello molto generale, osservando le fluttuazioni di prezzo di lungo periodo, si rileva come negli anni precedenti e durante l'ultimo conflitto mondiale i prezzi sui mercati internazionali fossero relativamente elevati. Il dopoguerra ha invece inaugurato una fase, protrattasi fino all'inizio degli anni Settanta, in cui i prezzi reali delle materie prime ed energetiche rimasero costantemente bassi, cosa che portò a un'intensificazione dei flussi di minerali verso i paesi industrializzati e a un utilizzo estensivo delle risorse stesse. In quelle condizioni, nel 1973 i prodotti minerari ed energetici coprivano pressoché l'80% del valore delle importazioni provenienti dai paesi sottosviluppati. Nello stesso anno iniziò una fase di brusca e generalizzata lievitazione dei prezzi, che tuttavia ricominciarono a scendere a partire dal 1978.

Le variazioni di prezzo incidono ovviamente sulla scelta, da parte delle imprese minerarie, di porre a sfruttamento un deposito anziché un altro. Un esempio significativo è quello dei giacimenti di stagno della Cornovaglia (Inghilterra); questa regione, che era stata uno dei principali produttori mondiali di stagno fin dall'antichità, dovette chiudere progressivamente le sue miniere verso la fine dell'Ottocento, allorché i minori costi di estrazione del metallo in Bolivia, in Indonesia e nella penisola di Malacca la posero nell'impossibilità di competere sui mercati mondiali. All'inizio degli anni Settanta, tuttavia, la lievitazione dei prezzi (fra i principali prodotti minerari lo stagno ha osservato il maggior aumento del prezzo reale, crescendo del 112% fra il 1950 e il 1980) rese profittevole anche lo sfruttamento dei depositi precedentemente marginali. Ciò ha portato all'apertura, nel 1971 e nel 1973, di nuovi centri estrattivi nella stessa Cornovaglia (fra cui Wheal Jane e Penderves), alcuni dei quali sono stati però chiusi dopo il 1978, in seguito a una nuova riduzione del prezzo del minerale.

I prezzi delle materie prime sono soggetti inoltre a oscillazioni di breve periodo determinate da operazioni sui mercati a termine (come la Borsa di Penang per lo stagno, il London Metal Exchange, il New York Commodity Exchange) e da manovre speculative da parte degli Stati e delle imprese che operano nel settore, tese all'accaparramento di stock strategici. Gli Stati Uniti, ad esempio, alla fine degli anni Settanta detenevano risorse di stagno pari alla produzione mondiale annua, di tungsteno pari alla produzione di un anno e mezzo, di argento pari alla produzione di un quadrimestre

Attualmente, la struttura del commercio e dei mercati mondiali è significativamente differente per i diversi minerali. Per i materiali ferrosi, ad esempio, la concorrenza fra i paesi esportatori, data la diffusione del materiale e le abbondanti riserve accertate, è relativamente poco aspra. Alcuni prodotti minerari (quali cromo, manganese, nickel, tungsteno ecc.) possiedono tuttavia una rilevante importanza strategica, sia perché essenziali in alcune produzioni (come l'industria militare e aerospaziale), sia in quanto prodotti da un numero relativamente esiguo di paesi, in genere non appartenenti all'area industrializzata dell'Occidente (figura 6.10). Il cromo esemplifica la problematica relativa ai minerali strategici non energetici. Esso possiede un ampio ventaglio di applicazioni industriali: se sotto forma di cromite è impiegato nella produzione di forni e caldaie, il suo più importante utilizzo avviene nella forma di componente di leghe d'acciaio, delle quali accresce la resistenza. Allorché combinato a nickel, cobalto, alluminio o titanio, il cromo è alla base della produzione di superleghe, impiegate in prodotti resistenti alle temperature elevate e all'azione frizionale. Sebbene rinvenibile in svariati paesi, Sudafrica, India e Kazakistan detengono tuttora oltre i quattro quinti della produzione mondiale, esercitando di conseguenza una sorta di oligopolio sui mercati. Se gli Stati Uniti importano oltre due terzi del cromo utilizzato, Giappone ed Europa occidentale sono interamente dipendenti dalle fonti internazionali e pertanto altamente vulnerabili nei confronti dei paesi produttori.

Relativamente alle materie prime energetiche, fino agli anni Settanta poche grandi imprese, in cui prevaleva il capitale anglosassone, ne dominavano la prospezione, l'estrazione e la commercializzazione. Ciò rifletteva i caratteri strutturali del settore estrattivo: grazie agli alti profitti, le imprese che disponevano dei giacimenti migliori avevano potuto realizzare tassi di crescita elevati e l'assorbimento

Fig. 6.10 – La produzione dei minerali strategici nelle grandi regioni geografiche

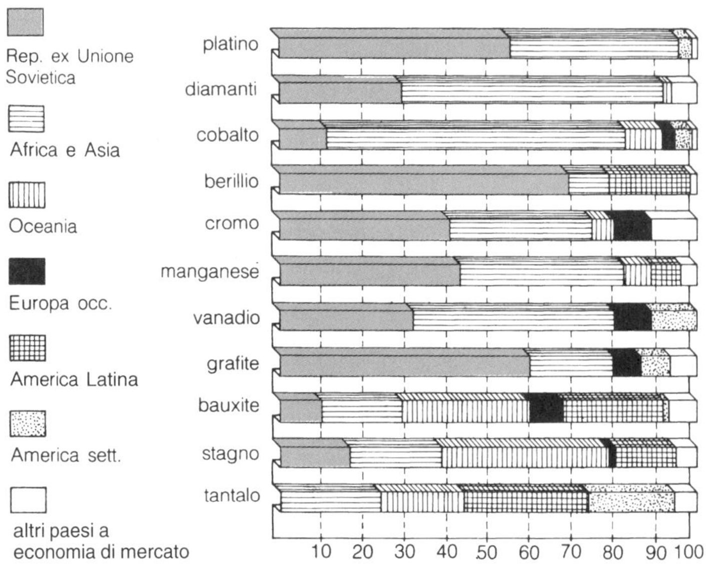

di numerose imprese minori; inoltre, gli elevati costi per la valorizzazione dei giacimenti e i tempi relativamente lunghi per il «ritorno» dei capitali investiti richiedevano un'anticipazione finanziaria possibile soltanto alle imprese maggiori.

Se questa è stata la tendenza generale, il settore petrolifero è quello che meglio illustra la formazione di un sistema di quasi-monopolio, dominato nel dopoguerra da sette grandi imprese altamente integrate verticalmente, chiamate le sette sorelle: Texaco, Exxon, Standard Oil of California (meglio nota come Chevron), Gulf, Mobil, Royal Duch-Shell e British Petroleum (rimaste in sei, dopo la fusione fra Gulf e Chevron nel 1983). Ad eccezione della Texaco, che limitava il suo intervento all'estrazione e alla raffinazione, il ciclo produttivo di queste imprese prevedeva sia l'estrazione che la trasformazione e la distribuzione dei prodotti petroliferi.

Fra gli anni Sessanta e Settanta la situazione mutò sensibilmente. Molte imprese di Stato, sia dei paesi produttori sia di quelli consumatori (fra cui l'Agip in Italia) entrarono in lizza per negoziare accordi di prospezione e di fornitura. Tra i primi cominciò pertanto ad affermarsi il principio della sovranità degli Stati e la priorità del capitale nazionale sulle proprie riserve e, nel campo petrolifero, prese vigore l'azione dell'Opec, l'Organizzazione dei paesi esportatori che raggruppa oggi 11 dei maggiori produttori mondiali di greggio (Iran, Iraq, Arabia Saudita, Kuwait, Qatar, Emirati Arabi Uniti, Algeria, Libia, Nigeria, Indonesia e Venezuela). A più riprese, nel contempo, la stessa Assemblea Generale delle Nazioni Unite affermò il principio della sovranità assoluta e permanente degli Stati sulle proprie risorse naturali.

L'industria petrolifera, da settore dominato dal capitale privato, si trasformò progressivamente in un settore misto in cui il capitale pubblico controlla una quota più o meno consistente dell'industria estrattiva e di prima trasformazione. Strumenti di quella strategia furono la nazionalizzazione dell'industria petrolifera e mineraria, la rinegoziazione delle partecipazioni statali e delle concessioni, la modificazione delle condizioni fiscali e legislative nell'ambito delle quali le imprese di provenienza estera potevano sfruttare le risorse degli stati nazionali.

L'Opec, in particolare, a partire dal 1973 riuscì a imporre una politica di prezzi alti, grazie al contenimento programmato della produzione offerta (fra il 1973 e il 2002 la quota dei paesi dell'Opec è scesa dal 54 al 36% circa della produzione petrolifera mondiale, toccando punte nettamente inferiori). Per tutti gli anni Settanta e la prima metà del decennio successivo, gli elevati prezzi del petrolio costrinsero i paesi importatori, e gli stessi Stati Uniti, a ridurre i consumi e a sfruttare fonti di approvvigionamento ad alto costo, sia petrolifere (come i giacimenti del Mare del Nord) sia di altra natura (nucleare, solare ecc.).

In quelle condizioni, la strategia delle imprese minerarie e petrolifere si è modificata, pur non mutando tuttavia la loro capacità di incidere sui mercati e sugli scambi delle materie prime. Conservando il controllo della tecnologia per la prospezione e l'estrazione, esse hanno continuato a giocare un ruolo decisivo come prestatori di servizi, consulenza tecnica e macchinari. In secondo luogo è stata avviata una sistematica strategia di differenziazione dei settori di intervento, ciò che ha portato a una crescente interpenetrazione dei settori petrolifero e minerario: l'aumento del prezzo delle materie prime, accanto all'accresciuta capacità finanziaria e al virtuale monopolio della capacità di prospezione, hanno dato luogo a una crescente diversificazione produttiva e geografica.

A partire dal 1982 la coesione fra i membri dell'Opec ha teso progressivamente ad allentarsi e i prezzi del greggio, di fronte all'incremento della quota prodotta dai paesi non aderenti all'Organizzazione, hanno cominciato a scendere. Per i paesi importatori è diminuito di conseguenza il grado di dipendenza, a tutto vantaggio delle grandi imprese del settore che nel frattempo hanno diversificato le proprie fonti di approvvigionamento.

Letture di approfondimento

Biancotti A., Biancotti C., 2004, *Geopolitica del petrolio*, Bem, Milano.
Ceré L., 1991, *L'energia nucleare: aspetti tecnici e ambientali*, Giappichelli, Torino.
Clo A., 1997, *Economia e politica del petrolio*, Editrice Compositori, Bologna.

DEZI L., 1994, *Il mercato dell'energia tra profitto e pubblica utilità*, Cedam, Padova.
MENNA R., 2003, *L'energia pulita*, Il Mulino, Bologna.

Siti consigliati

Energy Information Administration (Eia), 2005, *International Energy Outlook 2005*, US Department of Energy, Washington; www.eia.doe.gov
International Energy Agency (Iea), 2004, *Key World Energy Statistics*, Iea, Paris; www.iea.org
TAYLOR L.E., HILLIER J.A., BENHAM A.J., 2005, *World Mineral Production 1999-2003*, British Geological Survey, Keyworth, Nottingham; www.bgs.ac.uk
US Department of the Interior e US Geological Survey, 2005, *Mineral Commodity Summaries 2005*, United States Government Printing Office, Washington; http://minerals.usgs.gov

Capitolo 7

L'industria manifatturiera *

7.1 Concetti generali

7.1.1 Il processo produttivo

Nei due secoli successivi alla rivoluzione industriale l'industria manifatturiera ha inciso vistosamente sull'organizzazione economica e territoriale dello spazio terrestre, producendo una trasformazione così profonda che non ha precedenti nella storia delle società umane. Al pari della prima grande rivoluzione della storia economica (la scoperta dell'agricoltura, avvenuta in epoca preistorica), la nascita della manifattura non fu un evento improvviso ma venne preceduta da altre trasformazioni economiche, sociali, tecnologiche che la resero possibile. Così come la sua diffusione non interessò inizialmente tutti i paesi e le regioni del globo, attualmente l'attività industriale non si estende uniformemente sulla superficie del pianeta, ma presenta al contrario uno sviluppo profondamente squilibrato e discontinuo.

Per via degli stretti legami che necessariamente instaura con gli altri comparti dell'economia (l'agricoltura, il commercio, i trasporti ecc.), l'attività manifatturiera è estremamente importante in tutti i sistemi economici moderni. Il suo sviluppo produce infatti conseguenze vistose sull'occupazione e sui livelli di reddito sia al suo interno, sia negli altri settori che le forniscono beni e servizi oppure dipendono da essa per la loro attività.

Se, in senso lato, il termine industria comprende svariate fasi e tipi di attività economica (includendovi l'estrattiva, le costruzioni e certi servizi), in senso stretto

* L'aggiornamento del capitolo e la scheda 7.3 sono a cura di Alberto Vanolo.

l'industria è sinonimo di settore secondario, cioè l'insieme delle attività manifatturiere di trasformazione di prodotti primari (dell'agricoltura, minerari, forestali, dell'allevamento) in beni destinati al consumo. In particolare, l'attività manifatturiera comprende tre fasi distinte.

1) L'*approvvigionamento* di una o, più frequentemente, di svariate materie prime o semilavorati, che vengono riuniti in un determinato luogo dove si procede alla loro trasformazione. Per loro natura, le imprese appartenenti a certi settori industriali necessitano di un numero limitato di materiali (ad esempio, quelle appartenenti all'industria conserviera); per produrre un bene finito, altri tipi di imprese necessitano invece di centinaia di semilavorati (o input produttivi): fra queste rientrano, ad esempio, le industrie automobilistiche, il cui prodotto deriva dall'assemblaggio di laminati metallici, plastica e svariati altri componenti.

2) La *produzione*, ovvero la trasformazione delle materie prime e dei componenti nel prodotto finito. Di regola, più lunga e complessa è la trasformazione subita dal materiale originario, più ampia sarà la differenza fra il valore iniziale del materiale e il valore del prodotto finito. Questa differenza viene indicata come valore aggiunto, ovvero il valore che il bene prodotto acquisisce nel corso del processo produttivo. Nell'economia di mercato esso include vari costi sostenuti dall'impresa, quali i salari e gli stipendi erogati alla forza lavoro occupata, quello dei macchinari acquistati per realizzare la produzione, i costi generali di funzionamento (energia, tasse ecc.), i costi per i servizi e il profitto trattenuto dall'imprenditore.

Le voci che compongono il valore aggiunto possono variare anche notevolmente fra le diverse imprese e i diversi settori. Nel complesso universo dell'industria manifatturiera alcune produzioni sono infatti basate prevalentemente sul lavoro della mano d'opera (come nell'industria tessile, dell'abbigliamento, in certi settori a produzioni altamente sofisticate) per cui il costo del lavoro copre una quota elevata del valore aggiunto: si parlerà in questo caso di industrie o settori produttivi a prevalente intensità di lavoro. In altri settori, i macchinari sono invece preponderanti, come nella trasformazione primaria dei metalli e degli idrocarburi, e in svariate produzioni in serie in cui le operazioni sono svolte generalmente da macchine utensili. Si parlerà quindi di industrie a prevalente intensità di capitale. Non si tratta ovviamente di una demarcazione rigida, in quanto anche all'interno di uno stesso settore alcune imprese possono optare per una strategia tesa a sostituire mano d'opera con macchinari tecnologicamente avanzati, mentre altre imprese possono optare per una strategia opposta. Similmente, in quei paesi in cui l'offerta di lavoro è scarsa e si dispone di tecnologie avanzate, le imprese tendono a sostituire il lavoro con macchinari, mentre imprese appartenenti allo stesso settore ma operanti in realtà economiche in cui il costo del lavoro è sensibilmente inferiore, hanno spesso convenienza a privilegiare un ciclo produttivo basato in prevalenza sul lavoro manuale.

3) La *distribuzione* del bene prodotto sul mercato. Quest'ultimo sarà il mercato dei consumatori finali, allorché l'impresa produce un prodotto finito (un'automobile, un capo di abbigliamento, una bevanda), oppure il mercato delle imprese stesse, se dal processo produttivo origina un semi-prodotto che costituirà a sua volta una « materia prima » (sotto forma di semilavorati, componenti oppure macchine utensili) utilizzata da altre unità produttive.

7.1.2 I rapporti funzionali

Se quelle ora ricordate sono le tre fasi fondamentali di cui si compone un processo produttivo, soltanto quella della produzione corrisponde, a rigore, con l'attività manifatturiera. Nell'ampia gamma delle attività proprie del settore secondario, questa presenta infatti un carattere comune consistente nella trasformazione di materiali primari o nell'assemblaggio di parti da cui ottenere un prodotto nuovo. Tra le materie prime (o i semilavorati) e il prodotto finito si collocano quindi una o più fasi di lavorazione, ognuna delle quali implica una trasformazione dei materiali utilizzati.

Ciò suggerisce, nel contempo, quanto stretti e inscindibili siano i legami fra l'attività industriale e i comparti del sistema economico situati a monte e a valle della produzione manifatturiera. L'industria, in altre parole, opera nel sistema economico non isolatamente, bensì instaura un indispensabile fascio di relazioni funzionali che si fanno più complesse man mano che procede lo sviluppo industriale. Esse sono fondamentali per il funzionamento di un'economia industriale e per l'esistenza stessa della singola unità produttiva. Nella tradizione degli studi economici si distinguono, in particolare, tre tipi di rapporti tecnico-funzionali:

a) *verticali*, allorché una serie di processi produttivi sono legati l'uno all'altro in successione e contribuiscono alla graduale trasformazione della materia prima in prodotto finito. Nell'industria siderurgica, ad esempio, una prima fase di lavorazione primaria del minerale di ferro è seguita dalla sua fusione, quindi dalla sua trasformazione in acciaio e da successive svariate fasi per la produzione di altri prodotti (laminati, tubi ecc.). Quando le successive fasi sono realizzate da differenti imprese o impianti si parlerà di *disintegrazione verticale* di un settore industriale; si parlerà invece di *integrazione verticale* quando l'intero ciclo produttivo si realizza all'interno di un unico impianto o fra impianti appartenenti a una stessa impresa;

b) *laterali*, allorché le imprese producono certi componenti o servizi destinati a convergere verso un'unica impresa di assemblaggio. Un esempio è costituito dai rapporti di fornitura che le imprese automobilistiche instaurano con imprese esterne fornitrici di parti e componenti;

c) *di servizio*, quando le imprese utilizzano un processo o servizio comune fornito in una determinata area.

Le relazioni funzionali, che dal punto di vista della geografia economica sono fattori essenziali di localizzazione e di organizzazione del territorio, sono più complesse e numerose al crescere della dimensione e del livello tecnologico dell'impresa. Esse si concretizzano, inoltre, in semplici movimenti di un prodotto o servizio da un'impresa all'altra, oppure consisteranno in un complesso intreccio di scambi di prodotti, servizi, informazioni fra numerosi soggetti economici. Così, saranno relativamente semplici e di modesta entità per la piccola impresa artigianale, che trasforma un numero limitato di materiali utilizzando tecnologie relativamente semplici, e via via più complessi e numerosi man mano che aumenta la dimensione e il livello tecnologico dell'impresa, cosa che richiede di regola molta mano d'opera, tecnologie più sofisticate e più intensi e complessi rapporti con l'esterno. Non solo, procedendo l'industrializzazione anche l'insieme dei rapporti funzionali si complica: la relazione relativamente lineare materie prime – industria di trasformazione – mercato, spiega solo superficialmente e in astratto il funzionamento dell'attività produttiva, la quale dovrà comprendere necessariamente nuove e fitte relazioni con altre imprese, con i fornitori di servizi e il capitale finanziario, con la mano d'opera.

Sotto questa luce, il processo produttivo può essere descritto nei termini di una *filiera*, comprendente una pluralità di imprese e di settori fra loro complementari: dalla produzione dei componenti, all'assemblaggio del prodotto, alla sua commercializzazione e alle altre attività materiali e immateriali (produttive e di servizio). Si tratta, in buona sostanza, di una vera e propria catena del valore, la quale, se coordinata adeguatamente, produrrà un vantaggio competitivo per tutte le imprese che ne fanno parte. Ciò significa che la generazione del valore economico non è un fenomeno che possa determinarsi in un punto isolato della filiera, ma richiede il coordinamento e il concorso di tutte le attività, le quali producono un vantaggio competitivo in forza della loro complementarietà. Procedendo lo sviluppo e intensificandosi le relazioni fra le imprese, queste attività mutano costantemente nel tempo, coinvolgendo nuove imprese o eliminandone altre. Alcune, inoltre, avranno un'estensione geografica limitata, allorché l'insieme dei rapporti fra le imprese si sviluppa su una scala territoriale ristretta, o locale, altre un'estensione virtualmente globale, quando hanno per oggetto il coordinamento di attività e imprese distribuite in più paesi e continenti. A titolo di esempio, la figura 7.1 rappresenta schematicamente l'organizzazione della filiera di produzione automobilistica.

L'insieme di questi rapporti funzionali non si concretizza dunque nel vuoto, ma sul territorio, dando a esso un'organizzazione che riflette, e al tempo stesso consente, l'espletamento dell'attività produttiva. È in esso, infatti, che si realizza la rete, più o meno fitta, di interscambi necessari sia per il reperimento dei diversi fattori di produzione sia per la distribuzione e la vendita dei prodotti. Le diverse fasi del processo produttivo, infatti, non si svolgono necessariamente nella stessa

Fig. 7.1 – La filiera automobilistica

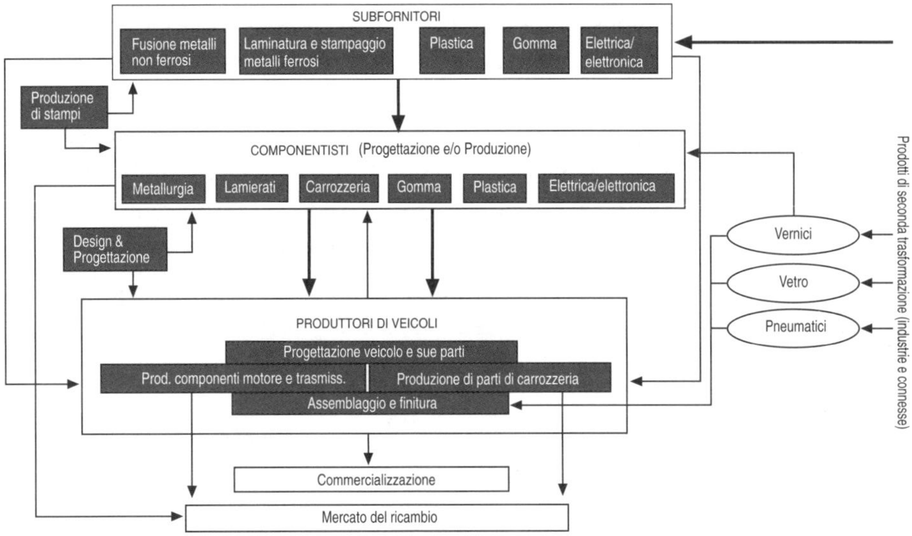

località: la localizzazione dei giacimenti di materiali, ad esempio, è spesso separata dagli impianti destinati alla loro lavorazione, così come questi ultimi non operano necessariamente presso il mercato verso il quale sarà poi distribuito il prodotto.

Se la realizzazione di una catena di relazioni è indispensabile per il funzionamento dell'industria, l'accessibilità ai servizi e agli altri fattori di produzione si ripercuote in costi che l'impresa deve sostenere per poter operare. La loro riduzione è dunque un obiettivo essenziale per le imprese, così come una razionale catena di relazioni rende maggiormente efficiente la produzione: consente la riduzione dei costi e il miglioramento delle condizioni di funzionamento. Certi settori produttivi che richiedono una struttura di relazioni relativamente semplice instaureranno limitati rapporti con l'ambiente esterno all'unità produttiva e la rete delle relazioni si dispiegherà in genere entro un ambito locale. In quei settori in cui è invece presente l'impresa di grandi dimensioni si realizzeranno sia relazioni con il territorio immediatamente circostante, sia relazioni di più ampio raggio, arrivando a comprendere mercati e unità produttive distribuiti su scala planetaria.

L'organizzazione dello spazio industriale dipende pertanto da un insieme di condizioni relativamente complesso. Al contrario dello spazio agricolo, dove le colture si distribuiscono in modo relativamente continuo sul territorio, lo spazio industriale è uno spazio discontinuo, ovvero uno spazio di relazioni tra molteplici elementi variamente localizzati.

7.1.3 Le origini dell'industria manifatturiera

I primi addensamenti industriali, che si formano nel XVIII secolo, consistevano soprattutto in manifatture tessili e impianti per la lavorazione dei metalli. Nel primo caso, i centri più importanti erano le contee inglesi dello Yorkshire e del Norfolk-Norwich, la città di Leeds e Halifax, oltre ad alcune località minori della Slesia, della Boemia e del Basso Reno. I maggiori impianti per la lavorazione dei metalli si trovavano attorno ai centri di Birmingham e Sheffield, sempre in Inghilterra, nella Renania, nel Belgio, in Slesia, Austria e Svezia. La localizzazione di quei primi distretti industriali era decisamente orientata verso i giacimenti minerari (ferro) e le fonti di energia (salti d'acqua e poi carbone). Il carbon fossile, in particolare, rappresentò a partire dalla metà del secolo scorso la principale fonte di energia, per cui favorì la concentrazione delle manifatture nei pressi dei centri di estrazione.

Per tutto l'Ottocento e ancora per i primi decenni di questo secolo, la presenza di giacimenti di materie prime e di fonti energetiche contribuì a determinare la localizzazione industriale.

In Italia, le prime lavorazioni tessili, nella seconda metà del secolo scorso, si localizzarono nelle basse valli alpine del Piemonte e della Lombardia, attratte, tra l'altro, dall'abbondanza di energia idrica; fenomeni analoghi si verificarono anche nelle valli alpine francesi, nei Vosgi e nel Lancashire. Sino all'invenzione dei trasformatori e dei motori elettrici non era infatti possibile trasferire a lunga distanza l'energia prodotta alla fonte; inoltre, la rete dei trasporti era ancora inadeguata a trasportare i minerali estratti (specie se pesanti e voluminosi) lontano dai luoghi di estrazione. La formazione dei primi distretti industriali non fu quindi tributaria di complessi fasci di relazioni funzionali, ma di un rapporto diretto con le risorse naturali locali. Esse privilegiarono, cioè, una sorta di rapporto ecologico con il territorio, simile a quello che si instaura nell'agricoltura.

Il problema era quello di ridurre il costo di trasporto, che rappresentava una delle componenti più rilevanti del costo complessivo di produzione: si pensi, ad esempio, al minerale di ferro il quale, nel corso della lavorazione, subisce una forte diminuzione di peso (per l'eliminazione di scorie prive di valore) cui consegue la riduzione del costo di trasporto del prodotto al mercato.

7.1.4 Economie di agglomerazione e di urbanizzazione

Ben presto i primi distretti industriali attirarono consistenti flussi migratori provenienti dalle campagne, favorendo la concentrazione di popolazione, in gran parte scarsamente qualificata. Accanto a quelle agglomerazioni se ne svilupparono altre, già esistenti, in cui la presenza di notevoli concentrazioni di popolazione e una tradizione artigiana consolidata da secoli, favorirono la crescita di industrie leggere. In esse, la parte più consistente dei costi di produzione non era data dal trasporto bensì da un'abbondante forza lavoro, diversificata e relativamente qualificata. Presenza di materie prime ed energetiche, bacini di forza lavoro e mercati sui quali commercializzare i prodotti, costituivano dunque le tre condizioni generali di localizzazione delle imprese nei primi due secoli di sviluppo industriale. Tributaria di sistemi di relazioni relativamente semplici, dove la riduzione dei costi di trasporto giocava un ruolo fondamentale, quella prima fase di industrializzazione favorì, accanto a fattori di ordine politico-sociale, l'affermazione delle prime potenze industriali: Gran Bretagna, Francia, Germania, Stati Uniti.

Con l'ultimo secolo, e soprattutto a partire dal secondo dopoguerra, lo sviluppo industriale si diffuse in altre regioni e paesi. Tuttavia, sotto molti aspetti, le regioni che per prime si erano industrializzate, hanno mantenuto per vari decenni, e di regola mantengono tuttora, strutture produttive particolarmente solide.

Il processo di localizzazione industriale opera infatti con un certo grado di *inerzia*, nel senso che le aree nelle quali si erano concentrati i primi fenomeni industriali hanno sovente continuato ad attrarre successivi investimenti. La concentrazione di industrie determina infatti la profonda trasformazione dell'area interessata: vi si addensano numerose infrastrutture (trasporti, servizi, abitazioni) che nel loro insieme costituiscono un vantaggio per altre imprese che vi si localizzano successivamente. Si vengono così a creare quelle condizioni che favoriscono l'instaurarsi di relazioni che l'impresa deve necessariamente intessere con l'ambiente esterno e che, riducendo i costi di funzionamento, inducono l'ulteriore concentrazione di imprese e di nuovi investimenti in infrastrutture.

L'intensificazione di queste relazioni si realizza sia all'interno sia all'esterno dell'impresa, determinando in entrambi i casi profonde conseguenze sul piano dell'organizzazione territoriale.

All'*interno* della singola impresa, la riduzione dei costi di produzione è avvenuta anzitutto aumentando la dimensione degli impianti, come conseguenza della standardizzazione e della produzione di massa. La produzione di uno o pochi prodotti da parte di un'impresa industriale consente un notevole risparmio in termini di costo: sia perché l'investimento viene indirizzato verso attrezzature e macchinari specializzati, sia perché all'interno delle imprese si realizza una divisione del lavoro fra i diversi reparti e fra gruppi di lavoratori, a ciascuno dei quali viene assegnata l'esecuzione di specifiche mansioni sempre più parcellizzate

La divisione del lavoro all'interno dell'impresa ha consentito, sin oltre la metà del Novecento, di accrescere la produttività del lavoro utilizzando ampie quote di mano d'opera scarsamente qualificata alla quale veniva assegnata l'esecuzione di operazioni semplici e ripetitive. I vantaggi derivanti, o *economie interne*, accanto alla crescente specializzazione e interdipendenza fra i reparti, producono concentrazione di capitali e di popolazione verso le aree in via di industrializzazione e la formazione nei pressi delle imprese di un ampio mercato del lavoro.

All'*esterno* dell'impresa, l'intensificarsi delle relazioni tra più imprese localizzate in una stessa area produce vantaggi collettivi, o economie di agglomerazione: entrando a far parte di un'agglomerazione industriale, infatti, la singola impresa usufruisce di condizioni favorevoli che non potrebbe trovare se operasse isolatamente. La ricerca di tali condizioni accelera dunque la concentrazione di numerose industrie in uno spazio ristretto e consente la formazione di fitte relazioni funzionali fra di esse e con l'ambiente sociale e culturale circostante. Agglomerandosi, le imprese possono quindi realizzare risparmi di costo, o *economie esterne*, riconducibili alle seguenti principali tipologie.

a) L'instaurarsi di relazioni di scambio fra imprese che intervengono in uno stesso ciclo produttivo. Ciò consente di realizzare una divisione del lavoro fra le diverse unità produttive, per cui si creano rapporti di fornitura di semilavorati e parti di prodotto. Allorché certe operazioni risultano eccessivamente onerose se svolte all'interno della singola impresa, diviene conveniente affidarne la produzione ad altre le quali, in virtù della propria specializzazione, del minor costo del lavoro o per altri fattori ancora, realizzano il prodotto a costi inferiori. Definito come *decentramento produttivo*, quando viene praticato sistematicamente e su larga scala questo processo porta alla disintegrazione verticale del ciclo produttivo, il quale viene così suddiviso tra più produttori autonomi che operano all'esterno dell'unità principale (solitamente una grande impresa), ma è realizzato tuttavia entro l'ambito ristretto dell'agglomerazione.

b) La possibilità di utilizzare congiuntamente, da parte di più imprese, un unico sistema di infrastrutture e di servizi (reti stradali, ferroviarie, servizi di consulenza e di ricerca tecnico-scientifica ecc.).

c) La particolare «atmosfera» industriale presente in una determinata area. Allorché più imprese appartenenti allo stesso settore produttivo sono localizzate nella stessa zona, si crea fra queste un fitto interscambio di personale e di informazioni, a cui consegue una rapida diffusione della conoscenza; la rivalità fra le imprese stesse stimola il processo innovativo, mentre fra la popolazione si diffonde una cultura dell'industrializzazione che facilita la formazione professionale della forza lavoro.

d) La reputazione acquisita dai prodotti provenienti da una determinata località: ciò stimola fra i consumatori la domanda per quel particolare tipo di beni.

Allorché l'agglomerazione industriale si sviluppa entro un'area urbana di medie o grandi dimensioni, le imprese insediate ricevono a loro volta alcuni vantaggi aggiuntivi, o *economie di urbanizzazione*, fra cui rientrano:

a) un mercato del lavoro maggiormente differenziato per età, sesso, qualifiche e specializzazioni;

b) un più vasto mercato di sbocco per i prodotti;

c) una dotazione di infrastrutture e servizi collettivi di livello superiore. Una città, di regola, è infatti meglio servita dalla rete dei trasporti (ferrovie, aeroporti) e dispone inoltre di servizi e residenze e altre infrastrutture per la popolazione occupata. La dotazione di servizi, le opportunità culturali e di svago offerte da una grande città sono particolarmente importanti per attrarre dirigenti, quadri e personale altamente qualificato, al punto da essere un fattore considerato nella localizzazione delle industrie innovative;

d) un'area urbana, infine, può offrire un'ampia gamma di servizi per la produzione e di attività collaterali che le imprese, di regola, non trovano vantaggioso realizzare al proprio interno: organismi di ricerca e consulenza tecnico-scientifica, servizi finanziari, commerciali e amministrativi cui l'impresa può rivolgersi accrescendo così la propria efficienza e riducendo i costi.

Una riprova dell'operare di economie legate alla concentrazione spaziale è fornita dalla constatazione di come, sullo spazio terrestre, le più estese, più grandi, più significative regioni industriali siano concentrate in un numero ristretto di paesi e, all'interno di questi, in aree piuttosto limitate e circoscritte che corrispondono spesso ai vecchi bacini carboniferi (quelli centro-europei della Ruhr e della Sambra-Mosa, del Donbas e del Kuznetsk in Russia, della Pennsylvania e in genere del Nord-Est degli Stati Uniti) e alle grandi aree metropolitane e portuali (Parigi, Londra, New York, Los Angeles, Mosca, Tokyo, Osaka ecc.), testimoniando una certa *inerzia* nella localizzazione industriale (figura 7.2).

Attualmente, i sette paesi più industrializzati del mondo (Stati Uniti, Giappone, Germania, Francia, Italia, Gran Bretagna e Canada – il cosiddetto *G7*), con poco più dell'11% della popolazione mondiale, rappresentano oltre la metà del reddito mondiale. Fra i paesi sviluppati, gli Stati Uniti costituiscono tuttora il principale produttore mondiale, sebbene la loro quota sia scesa, fra il 1963 e il 2003, dal 49 al 20% della produzione mondiale. In Europa permangono significative differenze nazionali: la Germania si pone in una posizione di netta supremazia, mentre il Regno Unito è sceso dal terzo al quinto posto mondiale tra il 1963 e il 2003. Il Giappone, infine, ha fatto registrare, per tutto il periodo successivo alla seconda guerra mondiale, i ritmi di crescita più vistosi, sino a raggiungere la seconda posizione mondiale.

Fig. 7.2 – Le grandi regioni industriali nel mondo

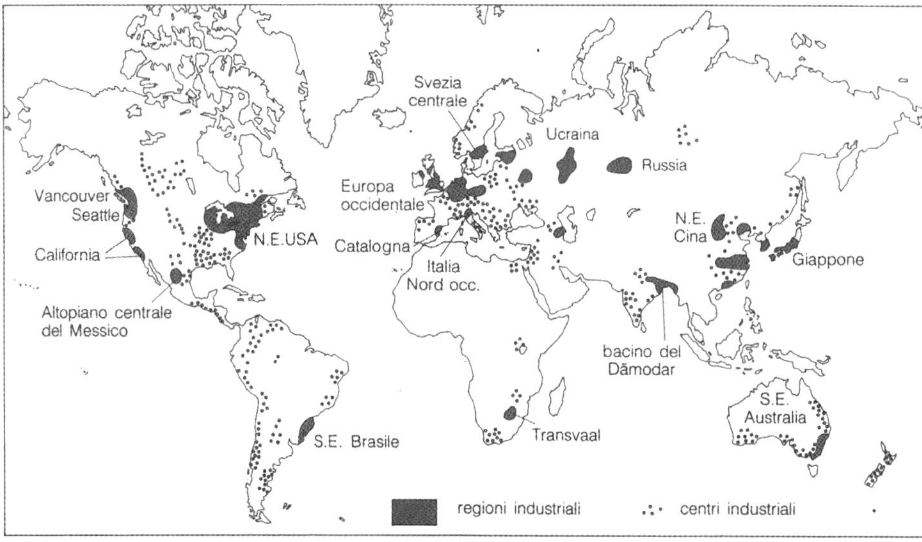

7.1.5 Decentramento e processi diffusivi

La ricerca dei vantaggi derivanti dalle fitte relazioni interindustriali e fra imprese e ambiente in cui esse producono non esaurisce la spiegazione della complessità e delle profonde differenze che esistono fra le diverse forme di sviluppo industriale del mondo contemporaneo. L'industria è infatti un settore notevolmente dinamico, che si trasforma continuamente al suo interno e al tempo stesso si diffonde nello spazio, coinvolgendo nuove regioni e paesi.

I processi di concentrazione delle strutture industriali discussi nei paragrafi precedenti non si riproducono all'infinito. La continua addizione di unità produttive in uno spazio ristretto – e la conseguente concentrazione di popolazione, servizi e infrastrutture – può tradursi infatti in una serie di costi che annullano i vantaggi iniziali. Spesso l'elevata concentrazione porta a congestione del traffico, inquinamento, perdita di efficienza dei servizi. Inoltre, la competizione fra le imprese per accaparrarsi i siti migliori (in termini di posizione) fa crescere il prezzo del suolo: l'offerta del terreno, soprattutto nelle aree ad alta concentrazione di industrie e residenze, è infatti limitata, per cui la crescente domanda fa sì che il prezzo dei terreni disponibili cresca vistosamente. Infine, se un'area urbana può offrire alle imprese il vantaggio di un mercato del lavoro ampio e flessibile, ciò si accompagna di regola, nei paesi industrializzati, a una crescita relativa dei livelli salariali che si traduce in costi crescenti per le imprese ivi insediate.

L'insieme dei fenomeni ora ricordati può far sì che i vantaggi derivanti dalla concentrazione si traducano in *diseconomie*. Queste danno origine, a loro volta, a processi di *deglomerazione*, per cui certe imprese sono spinte a ricercare altre localizzazioni esterne ai centri urbani ormai troppo congestionati. Questi processi possono assumere forme diverse.

1) *Rilocalizzazione* (o *decentramento territoriale*). Si afferma allorché le imprese, di fronte all'aumento dei costi nelle tradizionali aree urbane, spostano la sede della propria attività produttiva nelle aree suburbane oppure in regioni più lontane. Se il decentramento avviene nelle aree periferiche delle grandi agglomerazioni, dove c'è disponibilità di terreni occupabili a un costo inferiore, si parla di suburbanizzazione. Si tratta in questo caso di un fenomeno tipico di tutte le economie industriali: esso ha interessato gli Stati Uniti fin dagli anni fra le due guerre mondiali e successivamente tutte le grandi agglomerazioni industriali europee, determinando un processo centrifugo di allargamento delle aree urbane. Rilocalizzandosi negli spazi immediatamente esterni ai vecchi nuclei industriali, le imprese perseguono un duplice obiettivo: la ricerca di costi di insediamento meno elevati e nel contempo la conservazione dei vantaggi derivanti dalla prossimità al vecchio centro urbano, dove rimangono localizzate altre funzioni, meno consumatrici di spazio, ma indispensabili al funzionamento delle imprese (istituti finanziari, centri di consulenza, di ricerca ecc.).

La figura 7.3, a questo riguardo, illustra gli esiti dei processi di decentramento suburbano realizzatisi nella più tipica delle città industriali degli Stati Uniti, Detroit, il cui modello di industrializzazione, fondato sulla « monocoltura » automobilistica, seguì, al pari di quello di altre grandi agglomerazioni industriali, la progressiva « invasione » delle aree esterne al vecchio centro. Esso fece perno sulla formazione dei corridoi industriali che seguono le principali linee ferroviarie che connettono Detroit con gli altri centri della regione statunitense dei Grandi Laghi. L'espansione industriale ridefinì la tradizionale logica di uso industriale del territorio: i corridoi industriali, che interessarono dapprima le aree contigue al vecchio nucleo urbano per unire successivamente Detroit ai centri industriali dell'area metropolitana, risposero a due fondamentali esigenze di razionalizzazione della città industriale: da un lato, quella di espandere la base produttiva senza cancellare le funzioni industriali originarie della città; dall'altro, consentì di decentrare le funzioni produttive rispondendo in tal modo alle contraddizioni sociali e urbanistiche venute a maturazione nel vecchio centro. La formazione dei corridoi rappresentò pertanto la forma di trasformazione territoriale che permise di rafforzare la trama delle economie esterne. Essi furono il veicolo per il transito di prodotti e semilavorati fra un'impresa e l'altra, fra Detroit e le aree di mercato. La loro ulteriore estensione – verso i centri dell'Ohio, dell'Indiana e gli altri Stati della regione – finì per

Fig. 7.3 – I «corridoi industriali» nell'area metropolitana di Detroit

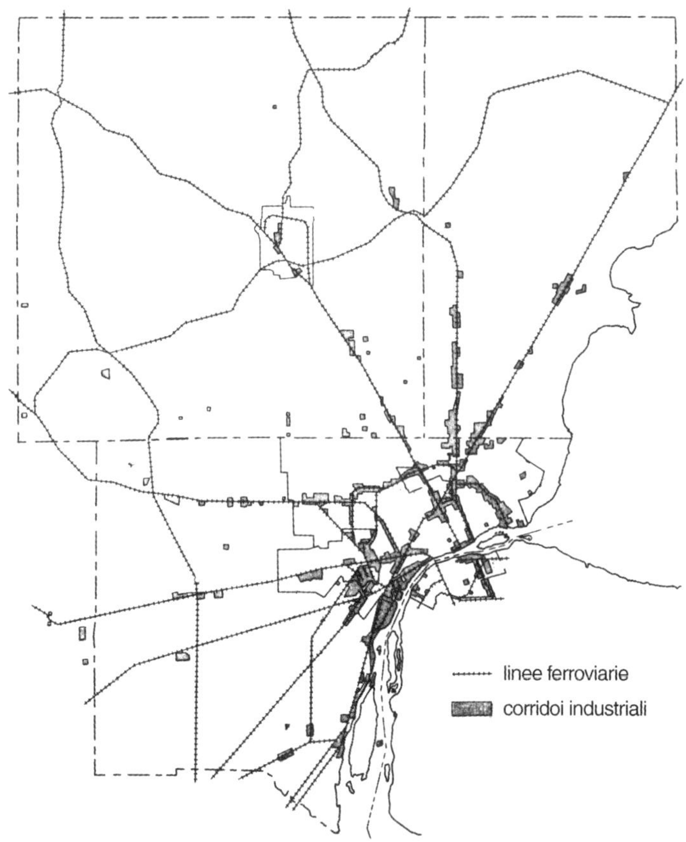

costituire l'ossatura di una vasta area funzionale (il cosiddetto « reame automobilistico ») che estende i suoi fasci di relazioni sull'intero Midwest degli Stati Uniti e nell'Ontario canadese.

Il decentramento territoriale può inoltre assumere la forma di una rilocalizzazione di ampio raggio, allorché l'unità produttiva si sposta verso aree decisamente esterne all'agglomerazione originaria, dirigendosi verso centri di modesta dimensione o aree periferiche non ancora urbanizzate. Come vedremo in seguito, la costruzione di impianti di produzione decentrati in alcuni paesi sottosviluppati a basso costo del lavoro e con legislazioni fiscali e ambientali assai permissive (come nel Sud-Est asiatico) risponde a una chiara strategia territoriale delle grandi imprese industriali.

2) *Decentramento produttivo.* È un fenomeno in parte simile al precedente, pur rispondendo a motivazioni e logiche diverse. In particolare, si ha quando le imprese non trovano più governabile o conveniente la grande dimensione degli impianti. Ciò può verificarsi allorché cresce la sindacalizzazione della forza lavoro, oppure quando un rapido progresso tecnologico rende obsolete le strutture produttive dell'impresa. Il ciclo produttivo viene così scomposto in segmenti, assegnati ad altre imprese di più modesta dimensione, non necessariamente presenti nella stessa area geografica, che poi inviano parti e componenti all'impresa principale, la quale di regola provvede all'assemblaggio.

Negli Stati Uniti, ad esempio, i vecchi centri industriali del Nord-Est e del Midwest hanno perso, negli anni Settanta, quote consistenti di occupazione industriale a vantaggio degli Stati del Sud e dell'Ovest (Texas, Alabama, Louisiana, California, Nuovo Messico). Il decentramento produttivo verso queste regioni è stato favorito dei bassi salari ivi vigenti, da vari incentivi fiscali e finanziari e soprattutto dalla diffusione delle nuove tecnologie di produzione e comunicazione, che consentono di realizzare certe produzioni anche a grande distanza dai centri decisionali delle imprese.

La logica del decentramento produttivo ha origini diverse da quelle del decentramento territoriale e diversi sono altresì i suoi effetti sulla struttura industriale di una regione e di un paese: il decentramento produttivo porta infatti alla formazione di un tessuto di imprese di piccola e media dimensione – localizzate nei pressi dell'impresa che si scorpora, oppure in aree non metropolitane – che forniscono una maggiore flessibilità rispetto alla grande impresa, i cui costi gestionali sono solitamente superiori a quelli della piccola unità produttiva.

3) *Formazione di sistemi industriali periferici.* Questi si sviluppano in parte come conseguenza di processi di decentramento, ma anche, e più sovente, seguendo logiche proprie, dettate dalle condizioni della società, dell'economia e dell'organizzazione territoriale « periferica ».

Il rapido sviluppo industriale delle regioni dell'Italia centrale e nord-orientale (definite tradizionalmente come « periferiche » rispetto alle vecchie agglomerazioni del Nord-Ovest) è uno degli esempi più significativi di crescita industriale relativamente autonoma. Come vedremo meglio in seguito, questa periferia industriale si è sviluppata sulla base delle piccole e medie imprese le quali, al contrario delle grandi unità produttrici di beni standardizzati, hanno saputo rispondere alla domanda crescente, ma anche fortemente variabile del mercato, sia nazionale che internazionale. Al tempo stesso, le piccole imprese hanno potuto accrescere i propri livelli produttivi a costi relativamente contenuti: sia perché utilizzano un mercato del lavoro flessibile e facilmente « manovrabile », sia perché la diffusione delle imprese sul territorio non produce quelle diseconomie di agglomerazione che si traducono in costi per il sistema industriale.

7.2 I soggetti industriali

7.2.1 Grandi e piccole imprese

Per comprendere il funzionamento e le trasformazioni delle moderna economia industriale è ora necessario volgere l'attenzione ai principali soggetti operanti nel sistema – le imprese – dalle cui decisioni e comportamenti dipende il modo in cui vengono organizzate le attività economiche. È l'impresa, infatti, il soggetto che decide, in ultima istanza, quali beni produrre e immettere sul mercato, quali processi produttivi adottare (ad esempio, se impiegare una quota elevata di manodopera oppure se meccanizzare i cicli di produzione) e dove localizzare le proprie attività manifatturiere. Ne consegue che le decisioni delle imprese influenzano direttamente lo sviluppo di una regione o di un paese, i livelli di occupazione, le relazioni che si instaurano fra paesi e regioni diverse.

Volta al perseguimento della riduzione dei costi di produzione e alla generazione del profitto, l'impresa svolge il fondamentale ruolo di organizzare i fattori che concorrono all'espletamento dell'attività produttiva: essa coordina attività e funzioni che acquisisce all'esterno (manodopera, materiali, servizi e semilavorati) e che, al termine del ciclo di produzione, riconsegna al mercato sotto forma di prodotti. Per questo motivo, un'impresa deve necessariamente porsi in relazione con altri soggetti presenti nella società, dando luogo a relazioni molto complesse e a volte conflittuali. Essa è cioè in costante competizione con altre imprese per l'accaparramento dei fattori di produzione (come materiali e semilavorati), con la manodopera nella stipulazione dei contratti salariali, con la società nel suo complesso allorché, nella realizzazione del processo produttivo, provoca inquinamento e deterioramento dell'ambiente fisico-naturale.

A parte la distinzione fra imprese moderne (o tecnologicamente avanzate) e tradizionali, è necessario distinguere preliminarmente fra grandi e piccole imprese, essendo molto diversa la capacità di questi due gruppi di organizzare il proprio ciclo di produzione e quindi di incidere sull'organizzazione del sistema economico-sociale nel suo complesso.

È agevolmente intuibile, infatti, che la grande impresa, potendo acquisire consistenti vantaggi sui mercati, nell'accesso all'informazione e nella capacità di elaborare le proprie decisioni, è in grado di attuare strategie di sviluppo che travalicano i confini di una ristretta area geografica e di instaurare rapporti di dominanza con altri soggetti e imprese (come la Pubblica Amministrazione, i fornitori di semilavorati ecc.). Al contrario, un'impresa di piccole dimensioni, possedendo di regola modeste potenzialità tecnologiche e finanziarie, esprime una più limitata capacità di azione strategica nei confronti del mercato e di altri soggetti operanti nel sistema economico. Nelle prime, inoltre, le decisioni non vengono assunte, di regola, da un unico soggetto, bensì da un gruppo di individui preposti all'attività esecutiva (la tecnostruttura); nelle seconde, impegnate su mercati più ristretti e coincidenti spesso con un unico stabilimento, le decisioni sono solitamente assunte da un unico soggetto, il proprietario imprenditore. Ciò nonostante, entrambi questi gruppi di imprese sono sempre compresenti nel mondo industriale contemporaneo.

La distinzione fra grande e piccola impresa è solo apparentemente agevole e criteri puramente dimensionali spiegherebbero solo in parte la realtà dei moderni sistemi industriali. Secondo la classificazione adottata dall'OCSE (l'Organizzazione per la cooperazione e lo sviluppo economico) le imprese operanti nel mercato vengono distinte dimensionalmente in rapporto al numero di occupati: fra le grandi rientrerebbero le imprese con oltre 500 addetti, quelle con occupazione compresa fra i 50 e i 500 addetti vengono classificate come medie imprese, mentre rientrano fra le piccole imprese le unità con meno di 50 occupati. Si tratta comunque di una distinzione molto generale, in quanto non tiene conto dei caratteri intrinseci delle varie imprese: ad esempio, una piccola impresa può al limite realizzare volumi produttivi e fatturati superiori a una grande impresa, operante nello stesso settore ma basata essenzialmente sul lavoro manuale (una condizione abbastanza comune nei paesi sottosviluppati). E ancora, una piccola impresa che produce dispositivi tecnologicamente avanzati può risultare maggiormente dinamica e concorrenziale di una grande impegnata in un settore tradizionale.

7.2.2 La grande impresa nell'economia moderna

Se passiamo a osservare le grandi trasformazioni dell'economia mondiale di quest'ultimo secolo, rileviamo che per lunghi decenni il sistema industriale ha teso a essere sempre più dominato dall'impresa di grandi dimensioni, la quale ha finito spesso per assumere un'organizzazione nazionale o multinazionale. Tra gli impianti che la compongono si è cioè realizzata, di regola, un'accentuata specializzazione e divisione del lavoro, per cui ogni unità produttiva, sia pur appartenente a un unico centro decisionale, ha espresso proprie logiche di localizzazione e di rapporto con l'ambiente esterno.

Questo tipo di impresa, cui sono state attribuite rilevanti capacità manageriali e competitive, è peraltro un fenomeno abbastanza recente nella storia dell'economia occidentale. Comparsa sul finire dell'Ottocento, con la Prima guerra mondiale essa si era già imposta, a partire dagli Stati Uniti, come l'istituzione di governo dell'economia maggiormente influente in tutti i paesi industrializzati, impegnandosi in quei settori (come l'automobilistico e il siderurgico) in cui la tecnologia del tempo consentiva di produrre volumi elevati di beni per mercati distribuiti su uno spazio geografico assai ampio. A strutture produttive caratterizzate dalla presenza di numerose imprese di dimensioni modeste, operanti su mercati regionali o nazionali, andò così sostituendosi un modello organizzativo in cui alcuni giganti industriali incorporano molteplici unità produttive, dapprima nel paese d'origine e poi a livello internazionale, assicurandosi il controllo delle fonti di approvvigionamento delle materie prime, dei fornitori di semilavorati e della distribuzione dei prodotti sui mercati.

In questo senso, la grande impresa rappresentò una formidabile innovazione organizzativa e il sistema economico ha così vissuto per oltre un secolo un processo non ancora concluso di concentrazione, per cui un numero sempre più limitato di imprese è andato dotandosi di una capacità produttiva e finanziaria crescente. Volte al controllo di crescenti segmenti dell'economia, queste imprese hanno teso a concentrare al loro interno, cioè internalizzare, il maggior numero possibile di funzioni, allo scopo di accrescere la loro capacità di coordinamento e controllo sui mercati, risorse, tecnologie ecc.

Ne consegue che una moderna organizzazione d'impresa con impianti distribuiti su scala regionale, nazionale o sovranazionale, intesse fra questi una distribuzione di funzioni diverse, realizzando una divisione funzionale del lavoro fra sede centrale, incaricata del coordinamento delle varie divisioni, le sedi centrali delle singole divisioni e infine le unità operative cui è demandata l'attività produttiva vera e propria. Essa si sovrappone di regola a una contemporanea divisione spaziale del lavoro, ove funzioni diverse sono demandate a regioni e paesi differenti, per cui, sia pure a un livello astratto e generale, è possibile rappresentare la moderna impresa industriale in termini di un'organizzazione gerarchica, scindibile in almeno tre distinti livelli funzionali e spaziali:

1. le funzioni di decisione, pianificazione strategica, ricerca e sviluppo, sono concentrate di regola in un numero ristretto di grandi centri metropolitani dei paesi industriali avanzati, ove più immediato e agevole è il contatto reciproco fra i soggetti decisori e dove l'impresa interagisce con altri centri di ricerca e organismi direzionali dell'industria e della finanza. Gli stessi centri urbani di rango elevato non escludono la presenza di funzioni produttive di medio e alto contenuto tecnologico;
2. altre funzioni produttive che richiedono lavoro qualificato e la presenza di infrastrutture specifiche (trasporti, energia, scuole professionali ecc.) saranno localizzate in aree già dotate di una base industriale consolidata. Questo secondo livello gerarchico corrispondente a centri di media, ma anche di grande dimensione, richiama altresì la localizzazione delle funzioni di coordinamento amministrativo e divisionale;

3. al terzo livello, infine, si situeranno le produzione standardizzate e a basso contenuto tecnologico che necessitano solitamente di mano d'opera abbondante ma di qualificazione inferiore, e sono pertanto maggiormente sensibili ai differenziali salariali. In altri casi, la localizzazione di impianti decentralizzati può discendere da una strategia volta al controllo delle fonti di materie prime o a imporre la presenza dell'impresa sui mercati finali.

Uno schema di questo genere riflette in modo assai semplice la struttura spaziale della produzione nel mondo reale. L'impresa, il cui comportamento strategico è volto alla ricerca dei vantaggi derivanti dalle diseguaglianze fra paesi e regioni nella disponibilità di certi fattori localizzativi (lavoro qualificato e non, accessibilità alla ricerca e all'informazione ecc.) è così assunta quale fattore determinante la divisione spaziale del lavoro, sia a livello nazionale che internazionale, che è andata realizzandosi nel corso del XX secolo.

La figura 7.4 consente di schematizzare questi concetti in forma alquanto semplificata. Per semplicità i quattro impianti di cui si compone l'organizzazione tipica di una moderna impresa industriale sono definiti come centrali (i primi due), semiperiferico e periferico (questi ultimi localizzati in paesi diversi da quello d'origine. L'impianto localizzato in posizione centrale (A) comprende la sede centrale e il principale centro di innovazione all'interno della struttura organizzativa dell'impresa, destinato alla definizione delle strategie d'impresa e allo sviluppo e all'introduzione di forme più avanzate di tecnologia. Fra questo e gli altri impianti,

Fig. 7.4 – L'organizzazione spaziale della grande impresa industriale: il modello tradizionale

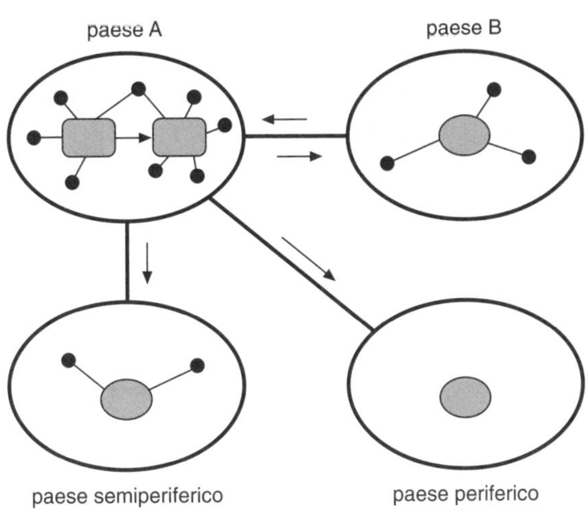

localizzati sia nello stesso paese, sia in paesi esteri, si instaurano di conseguenza rapporti di tipo gerarchico (trasmissione di ordini, informazioni, interscambi di prodotti ecc.). Dal punto di vista del livello tecnologico delle produzioni, il primo impianto a beneficiare della diffusione delle tecnologie introdotte nella sede centrale sarà quello localizzato ancora nel paese centrale (B). Lo stabilimento operante in un paese semiperiferico utilizzerà a sua volta sia recenti, sia vecchie innovazioni, ma non le forme più avanzate, mentre l'impianto decentrato in un paese periferico utilizzerà le tecnologie più obsolete con poca o nulla capacità innovativa.

7.2.3 Le imprese industriali multinazionali

Le trasformazioni più vistose dello spazio industriale dipendono dunque dal comportamento delle imprese di grande dimensione, le quali sono in grado di attuare una strategia che travalica i ristretti ambiti regionali o nazionali, per incidere significativamente sull'organizzazione economica a molteplici livelli spaziali, da quello locale a quello planetario. Come abbiamo visto, nei primi decenni del XX secolo l'affermazione della grande impresa rispose a una chiara scelta strategica: il reperimento e il controllo delle fonti di risorse primarie (materie prime minerarie e alimentari). Così le decisioni di investimento delle principali imprese europee nei primi decenni del secolo vennero rivolte verso quei paesi nei confronti dei quali già esistevano consolidate relazioni coloniali. Negli stessi anni, le strategie orientate alla conquista di nuovi mercati furono invero poco incisive e si consumarono soprattutto nella forma di investimenti manifatturieri rivolti ad altre economie sviluppate, vedendo per protagoniste soprattutto le imprese americane: la Ford, la General Motors e la General Electric, per esempio, furono fra le prime a investire sul mercato europeo.

Se alla vigilia del secondo conflitto mondiale la geografia degli investimenti esteri diretti di queste imprese (cioè destinati a impiantare nuove unità produttive all'estero o ad acquistare impianti già operanti) non era mutata di molto rispetto all'inizio del secolo (le economie fornitrici di risorse primarie dell'America Latina e dell'Asia detenevano nel 1939 quasi il 67% di tutti gli investimenti internazionali), la situazione era cambiata radicalmente negli anni Settanta, al culmine di una fase di crescita senza precedenti dell'economia occidentale, nel corso della quale la conquista e il controllo di nuovi mercati, unitamente a una diffusa strategia di diversificazione produttiva, si erano imposti quale obiettivo prioritario da parte delle maggiori imprese multinazionali. Nei primi trent'anni del dopoguerra, mentre la decolonizzazione scoraggiò molte imprese a investire ulteriormente nei paesi del Terzo Mondo, era andata consumandosi una forte concentrazione degli investimenti nelle economie industrializzate, ovvero in quei paesi nei quali i mercati erano in espansione e in cui esistevano le condizioni tecnologiche per ampliare le dimensioni produttive. Fu così che alla vigilia del primo shock petrolifero (1973), gli investimenti esteri nel settore delle materie prime e delle risorse naturali non rappresentavano se non il 23% dell'intero stock di investimenti esteri diretti (essi scenderanno peraltro al 9% nel 1990 e a poco più del 3% nel 2002).

Nel contempo, se ancora all'inizio degli anni Cinquanta pressoché la totalità degli scambi internazionali di materie prime e manufatti avveniva tra gli stati e i rapporti economici venivano governati dal mercato, trent'anni dopo la situazione si era già capovolta: all'inizio degli anni Ottanta, infatti, oltre la metà degli scambi internazionali avveniva all'interno dell'attività di queste imprese. L'espansione del sistema di produzione capitalistico, che a partire dai centri storici dello sviluppo (Europa, Stati Uniti e più recentemente Giappone) si è profondamente esteso a livello planetario, è così strettamente legata alle strategie di investimento di queste imprese, il cui flusso di investimenti diretti è cresciuto mediamente del 15% annuo tra il 1970 e il 1980, cioè a un tasso di crescita tre volte superiore a quello fatto registrare nei due decenni precedenti.

Quell'ondata di investimenti fu resa possibile dalla venuta a maturazione di alcune fondamentali innovazioni tecnologiche. Anzitutto, la possibilità di scomporre il ciclo produttivo favorì la disseminazione di impianti manifatturieri destinati a produzioni standardizzate, per le quali si richiedeva mano d'opera a un livello di qualificazione relativamente basso (vedi scheda 7.1). In secondo luogo, lo sviluppo delle infrastrutture di trasporto e di comunicazione, con la conseguente possibilità di trasferire prodotti e popolazione a costi sensibilmente contenuti, rese le imprese « virtualmente » indipendenti rispetto ai vincoli esercitati dalla distanza.

A quelle condizioni tecnologiche si aggiunse l'omogeneizzazione dei mercati, per cui molteplici manufatti (come i prodotti dell'elettronica di consumo e dell'industria dell'abbigliamento) iniziarono a essere venduti in forma identica pressoché in tutti i paesi. A loro volta, la progressiva eliminazione delle barriere commerciali agevolò le imprese maggiori ad attuare una strategia internazionale volta non solo a realizzare elevati volumi produttivi, ma altresì allo sviluppo tecnologico e al controllo della commercializzazione dei prodotti.

In sintesi, nelle condizioni tecnologiche del dopoguerra, il trasferimento di capitale (oltre che di prodotti manifatturieri) a lunga distanza pose le basi per la formazione di sistemi d'impresa fortemente internazionalizzati. La conseguente dequalificazione della forza lavoro ridusse a sua volta la dipendenza dell'impresa rispetto alle tradizionali concentrazioni di mano d'opera qualificata, con la conseguenza che numerosi segmenti della produzione (di regola a basso contenuto tecnologico) furono oggetto di sistematiche strategie di delocalizzazione. Ciò segnò il passaggio del capitalismo concorrenziale di inizio secolo al cosiddetto capitalismo monopolitico. A partire da quegli anni, la divisione internazionale del lavoro fu in sostanza sempre meno espressione dei rapporti economici fra Stati o economie nazionali – come nella divisione del lavoro classica affermatasi nelle condizioni del laissez faire impostosi sotto l'egemonia britannica – per discendere, al contrario, dalla divisione tecnica e funzionale del lavoro che si realizzava nell'ambito dell'impresa.

Nel corso dei decenni successivi l'espansione degli investimenti esteri è cresciuta senza precedenti, superando notevolmente i tassi di crescita del PIL, della produzione e del commercio. Attualmente, gli investimenti diretti esteri ammontano a circa 50 miliardi di dollari all'anno, coinvolgendo 64.000 imprese multinazionali a cui si collegano 866.000 affiliate straniere dove lavorano 53 milioni di persone (UNCTAD, 2004a).

A ciò si deve aggiungere la crescente concentrazione dei sistemi produttivi nelle mani di un numero relativamente esiguo di grandi imprese, per cui verso la metà degli anni novanta circa 300 di esse (di cui quasi la metà di origine statunitense) controllavano da sole circa un quarto dell'intera produzione industriale del mondo sviluppato (tabella 7.1).

Tab. 7.1 – Le maggiori 20 imprese multinazionali per dotazione estera (foreign assets), milioni di dollari, 2002

Nome	*Sede*	*Settore industriale*	*Valore*
General Electric	Stati Uniti	Apparecchiature elettriche ed elettroniche	229.001
Vodafone	Regno Unito	Telecomunicazioni	207.622
Ford Motor Company	Stati Uniti	Veicoli a motore	165.024
British Petroleum	Regno Unito	Petrolio (estrazione, raffinazione e distribuzione)	126.109
General Motors	Stati Uniti	Veicoli a motore	107.926
Royal Dutch/Shell Group	Regno Unito e Paesi Bassi	Petrolio (estrazione, raffinazione e distribuzione)	94.402
Toyota Motor Corporation	Giappone	Veicoli a motore	79.433
TotalFinaElf	Francia	Petrolio (estrazione, raffinazione e distribuzione)	79.032
France Telecom	Francia	Telecomunicazioni	73.454
Exxonmobil Corporation	Stati Uniti	Petrolio (estrazione, raffinazione e distribuzione)	60.802
Volkswagen Group	Germania	Veicoli a motore	57.133
E.On.	Germania	Elettricità, gas e acqua	52.294
RWE Group	Germania	Elettricità, gas e acqua	50.699
Vivendi Universal	Francia	Diversificato	49.667
Chevron Texano Group	Stati Uniti	Petrolio (estrazione, raffinazione e distribuzione)	48.489
Hutchinson Whampoa Ltd	Hong Kong	Diversificato	48.014
Siemens AG	Germania	Apparecchiature elettriche ed elettroniche	47.511
Electricité de France	Francia	Elettricità, gas e acqua	47.385
Fiat Spa	Italia	Veicoli a motore	46.150
Honda Motor Co Ltd	Giappone	Veicoli a motore	43.641

Fonte: basato su UNCTAD (2004b), escluse imprese del settore finanziario

La fase più recente di sviluppo della grande impresa multinazionale porta alle estreme conseguenze quelle condizioni tecnologiche e corrisponde all'approfondimento delle tendenze volte alla scomposizione internazionale dei cicli produttivi. Essa aggiunge nel contempo rilevanti novità. Il basso livello salariale di molti paesi dell'area sottosviluppata (Asia sud-orientale e America Latina in particolare, ma altresì alcune economie della regione mediterranea) rappresentò, a partire dagli anni Settanta, un formidabile fattore di attrazione dei flussi internazionali di capitale.

Alcuni fatti tra loro intrecciati starebbero alla base dell'affermazione di un nuovo sistema di relazioni. Inizialmente, lo sviluppo delle tecnologie informatiche e la maggior efficienza delle comunicazioni (vedi l'introduzione dei containers) e delle telecomunicazioni (specialmente quelle via satellite) hanno consentito l'organizzazione di un sistema produttivo che presenta un'elevata flessibilità, il quale, pur conservando nelle aree «centrali» del sistema le attività direzionali, appare così ramificato in impianti separati fra loro da notevole distanza. In secondo luogo, l'introduzione delle tecnologie agricole legate alla rivoluzione verde (v. capitolo 5), specialmente nell'Asia di Sud-Est, avrebbe spinto masse ingenti di popolazione ad abbandonare l'agricoltura di sussistenza. La presenza di questi serbatoi di forza lavoro a basso livello di qualificazione e di salario costituì per molte imprese un fondamentale fattore attrattivo.

Scheda 7.1 – Il ciclo di vita del prodotto

Uno schema di riferimento assai noto nella geografia economica per comprendere i processi di distribuzione geografica delle varie fasi del ciclo produttivo è quello del ciclo di vita del prodotto, introdotto da Raymond Vernon, nel 1966. Il modello, fondato sull'osservazione del comportamento di un certo numero di grandi imprese statunitensi, descrive come la produzione di un bene attraversi tre successive fasi, per ciascuna delle quali sarà conveniente produrre il bene in oggetto in presenza di certe condizioni territoriali – e pertanto in determinate aree geografiche - piuttosto che in altre.

1) La prima fase, quella dell'*innovazione*, è caratterizzata dalla sperimentazione di nuovi prodotti da introdurre sul mercato e di nuove tecniche produttive. Sono quindi fondamentali le attività di ricerca, il capitale di rischio e i relativi servizi finanziari, la presenza di lavoratori altamente qualificati, nonché di fornitori di servizi e di semilavorati anch'essi di contenuto tecnologico relativamente elevato – condizioni normalmente soddisfatte nei paesi e nelle aree a capitalismo più avanzato.

Il prodotto nuovo, inoltre, poiché racchiude molti investimenti, sarà costoso e accessibile a pochi consumatori caratterizzati da capacità di spesa, condizione anch'essa caratteristica dei centri metropolitani dei paesi maggiormente industrializzati.

2) La seconda fase, quella della *maturità*, è caratterizzata dalla progressiva mes-

sa a punto del prodotto e del processo produttivo, che permette la riduzione dei costi di produzione. Si rende possibile, a questo punto, aumentare l'incidenza del lavoro meno qualificato adibito alla produzione: gli impianti di produzione possono essere decentrati al di fuori delle tradizionali aree metropolitane, oppure verso altri paesi industrializzati. A sua volta, l'esportazione del prodotto verso altri paesi porta all'apertura, in questi ultimi, di filiali commerciali.

3) Nella terza fase, quella della *standardizzazione*, il prodotto e le tecniche produttive sono ormai note e diffuse. In queste condizioni, il decentramento della produzione verso i paesi a basso costo del lavoro (figura 1) e con una mano d'opera abbondante, anche se scarsamente qualificata, consente alle imprese di far fronte alla concorrenza sul piano del prezzo del prodotto. In questa fase, il paese in cui il bene era stato originariamente introdotto diventa, da esportatore, importatore dello stesso bene prodotto altrove.

In modo schematico, si può di conseguenza rilevare che, a ognuna delle tre fasi di sviluppo tecnologico del prodotto, corrispondono diversi gruppi di paesi produttori di beni, legati tra loro da rapporti di gerarchia. Sotto questa luce, il sistema industriale mondiale risulta strutturato in tre livelli distinti.

a) Le operazioni della fase di *innovazione* sono concentrate in un numero limitato di paesi sviluppati, gli unici che dispongono dell'infrastruttura culturale e della capacità finanziaria per far fronte alle spese di ricerca e sviluppo di prodotti ad alta tecnologia. Qui hanno sede i centri direzionali e i laboratori di ricerca delle principali imprese che operano su scala mondiale, e sono disponibili una solida rete di servizi per le imprese e una vasta quota di tecnici e di mano d'opera altamente qualificata. Così, fra i paesi a economia di mercato, Stati Uniti, Giappone, Germania, Gran Bre-

Fig. 1 – Il ciclo di vita del prodotto

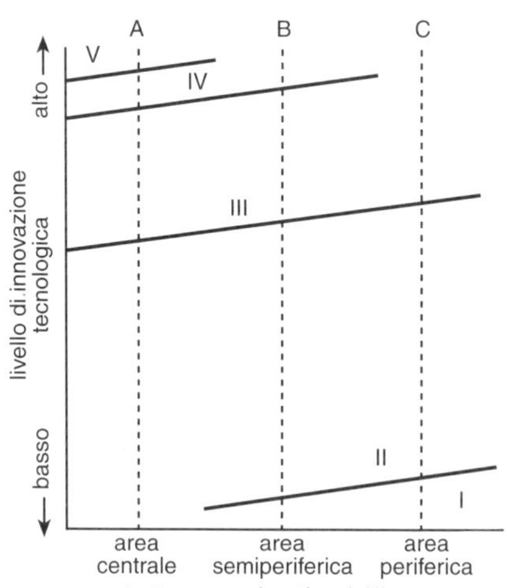

tagna e Francia, oltre a concentrare i più significativi potenziali produttivi, sono ai primi posti come quota di investimenti destinati alla ricerca.

b) Le operazioni della fase della *maturità* sono invece concentrate in quei paesi o in quelle regioni che, pur non disponendo di una capacità tecnologica particolarmente elevata, possiedono tuttavia una struttura industriale relativamente solida e sono quindi in grado di accogliere le innovazioni prodotte altrove, modificarle e avviare certe produzioni di massa. L'Italia, ad esempio, si trova per molte produzioni in una posizione di questo genere, intermedia fra le economie altamente industrializzate e i paesi a basso livello di sviluppo tecnologico.

c) Le operazioni della fase di *standardizzazione*, infine, si collocano in quei paesi in via di sviluppo (caratterizzati quindi da basso costo del lavoro, figura 2) verso i quali si decentrano le produzioni maggiormente standardizzate e ad alta intensità di lavoro (in particolare nell'Asia sud-orientale, in alcuni paesi dell'America Latina e del Mediterraneo extra-europeo).

Il modello, estremamente schematico rivela tuttavia alcuni limiti: considerando la crescente complessità delle reti di imprese multinazionali (cfr. paragrafo successivo), è irrealistico assumere un modello lineare che presuppone il progressivo estendersi degli orizzonti geografici delle imprese: anche nel caso di imprese operanti in settori economici fortemente innovativi, per esempio, la fase dell'introduzione può riferirsi

Fig. 2 – Costo medio annuo della mano d'opera nell'industria manifatturiera (dollari USA)

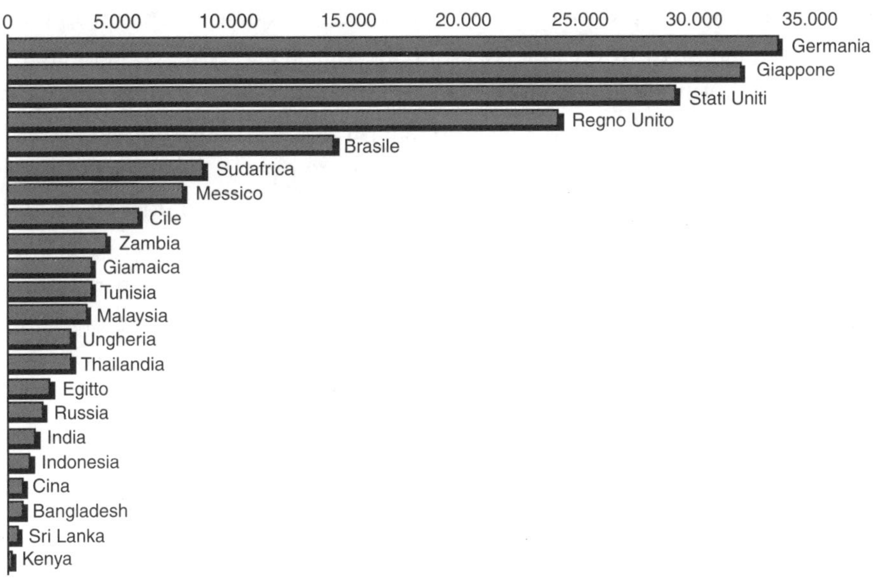

Fonte: dati Banca mondiale e Organizzazione internazionale del lavoro; in Achcar et al. (2003), p. 77.

ad ambiti geografici differenti da quello della sede centrale dell'impresa. Inoltre, molti paesi in via di sviluppo rappresentano oggi importanti mercati di sbocco per i prodotti, da cui la necessità di strategie maggiormente diversificate e complesse.

Tuttavia, il modello pone in risalto come, consentendo la separazione geografica delle diverse fasi del ciclo produttivo, l'innovazione tecnologica e la diffusione dei sistemi di comunicazione creino una nuova struttura dei rapporti funzionali fra le unità produttive, meno legata al tradizionale vincolo della distanza. Ciò favorisce l'affermarsi di una crescente *divisione del lavoro* fra regioni e fra paesi diversi (cfr. par 7.2.4), la quale comporta altresì una crescente interdipendenza fra le economie all'interno del sistema industriale mondiale e l'affermazione di « nuovi spazi industriali ».

7.2.4 L'impresa globale

Con gli anni Ottanta, in conseguenza della rapidità delle trasformazioni economiche e tecnologiche e della crescente concorrenza internazionale, la strategia di queste imprese ha subito una nuova profonda trasformazione. I sempre più elevati investimenti nella R&S, l'integrazione crescente fra le stesse tecnologie (informatica e telecomunicazioni, microelettronica e tecnologie ottiche ecc.) e fra i settori economici (agricoltura, chimica ed energia, telematica e informazione ecc.), hanno posto le imprese di fronte a nuove emergenti esigenze. Fra queste rientrano l'ampliamento dei propri settori di attività (comprendendovi la finanza); l'ulteriore differenziazione del prodotto, allo scopo di poter accedere su molteplici mercati; il perseguimento, di fronte alla crescente incertezza e al costo della ricerca tecnologica, di accordi di cooperazione con altre imprese e organismi pubblici e privati per lo sviluppo della ricerca tecnologica. In queste condizioni, alla strategia « tradizionale » tesa a concentrare nell'impresa gran parte delle funzioni (dalla produzione alla ricerca al marketing) sono andate accompagnandosi nuove forme di comportamento strategico, non più fondate soltanto su crescenti investimenti esteri, ma sulla ricerca di alleanze e la stipulazione di accordi di cooperazione con altri soggetti – spesso addirittura concorrenti – in svariate parti del globo. Questi riguardano un ampio ventaglio di settori economici, sebbene siano stati privilegiati sinora i comparti delle tecnologie avanzate (microelettronica, robotica, telecomunicazioni, industria aeronautica, biotecnologie), e conducono alla formazione di *reti* più o meno complesse che si modificano costantemente in ragione del mutevole scenario internazionale.

Più in particolare, nelle nuove condizioni competitive e tecnologiche, sono andate affermandosi nuove forme di comportamento d'impresa che modificano alla radice le strutture organizzative del passato. Schematicamente è possibile identificarne alcune tipologie essenziali:

• *acquisizioni*: le unità acquisite conservano la propria autonomia giuridica e funzionale, ma, rientrando a far parte di una più ampia rete d'impresa, consentono al sistema nel suo complesso di raggiungere un miglior posizionamento sul mercato;

• *joint ventures* e *accordi di cooperazione* fra imprese autonome in specifici progetti e iniziative produttive (come lo sviluppo di nuovi prodotti o nuove tecnologie o ancora l'utilizzo congiunto di certe funzioni commerciali). Gli obiettivi perseguiti sono in questo caso la distribuzione dei rischi, la ricerca di sinergie nella produzione di conoscenza tecnologica e ancora l'aggiramento di barriere politico-culturali (come nel caso di accordi stipulati con imprese del Terzo Mondo);

• *alleanze strategiche*, che rappresentano la novità più diffusa e radicale rispetto ai comportamenti tipici delle imprese multinazionali dei decenni precedenti. Questi accordi collaborativi tendono a favorire la ricerca di complementarietà strategiche – e quindi di vantaggi competitivi – fra imprese radicate in aree diverse.

L'impresa multinazionale dell'ultima generazione appare di conseguenza più flessibile e libera di muoversi sui diversi continenti e, perseguendo l'obiettivo di ridurre i costi (di produzione, di approvigionamento di semilavorati e tecnologia ecc.), realizza una scomposizione del ciclo produttivo fra molteplici regioni e paesi. Si parlerà in questo caso di *impresa globale*, che rappresenta l'ultimo stadio, in ordine di tempo dell'evoluzione del sistema industriale: le attività all'estero di queste nuove forme di impresa non sono più limitate a poche affiliate operanti nello stesso settore di attività, ma si estendono a rete su tutti i continenti, coprendo un ventaglio molto ampio di settori produttivi, con un giro d'affari complessivo che può superare il prodotto lordo di intere economie nazionali (tabella 7.2).

Dal punto di vista della sua struttura organizzativa, l'impresa *globale* si differenzia dunque vistosamente dall'immagine descritta in precedenza: a una struttura tradizionalmente rigida, si sovrappone – e a volte si sostituisce – una flessibilità organizzativa che rimette in discussione le gerarchie verticali di comando e di organizzazione della produzione. Ne consegue che una strategia globale involge insieme la standardizzazione e la differenziazione dei prodotti e dei processi e si fonda in misura crescente sulla capacità di coordinare un ventaglio più o meno ampio di conoscenze, capacità e funzioni produttive svolte da più unità localizzate in paesi e regioni diverse. L'impresa, in ragione dei mercati di destinazione, è impegnata contestualmente nella produzione di beni altamente specializzati e prodotti standardizzati a consumo di massa, per cui le diverse unità perseguono strategie localizzative differenti: alcune sono orientate a trarre vantaggio dai differenziali di costo (primo fra tutti il lavoro), altre sono volte ad « avvicinare » regioni a forte vocazione tecnologica. I rapporti fra i sottosistemi che compongono l'impresa assumono dunque un'elevata articolazione, travalicando i confini nazionali (e continenta-

Tab. 7.2 – Principali imprese multinazionali per indice di transnazionalità, 2002

Impresa	*Nazionalità*	*Settore principale*	*Indice di transnazionalità*
NTL	USA	Telecomunicazioni	99.1
Thomson Canada	Canada	Media	97.9
Holcim AG	Svizzera	Materiali da costruzione	95.5
CRH Plc	Irlanda	Legname	94.7
ABB Switzerland	Svizzera	Macchinari	94.5
Roche	Svizzera	Farmaceutica	91.0
Interbrew	Belgio	Bevande	90,8
Publicis	Francia	Servizi alle imprese	90,7
News Corporation	Australia	Media	90,1
Philips Electronics	Paesi Bassi	Apparecchi elettrici ed elettronici	86,8
Vodafone	Regno Unito	Telecomunicazioni	84,5
Nortel Networks	Canada	Macchinari	83,4
Astrazeneca	Regno Unito	Farmaceutica	81,7
British Petroleum	Regno Unito	Petrolio	81,3
Reed Elseviero	Regno Unito/Paesi Bassi	Editoria	78,4
Alcan	Canada	Lavorazioni metalliche	78,2

Fonte: basato su dati UNCTAD (2004b).

Nota: L'*indice di trasnazionalità* è costituito dalla media dei seguenti tre rapporti: a) investimenti esteri su investimenti totali (nazionali e stranieri); b) vendite estere su vendite totali; c) occupati esteri su occupati totali.

li) e la strategia delle singole divisioni investe mercati molteplici. La produzione può infatti avvenire contemporaneamente in paesi diversi, mentre la fornitura di componenti di prodotto è demandata a imprese indipendenti il cui raggio d'azione è anch'esso virtualmente globale (*subfornitura internazionale*) oppure ad affiliate (*fornitori internazionalizzati*) che riforniscono impianti distribuiti in paesi e continenti diversi.

Praticamente sconosciuto sino agli anni Sessanta, il «modello» della fornitura internazionale si è sviluppato rapidamente nei decenni successivi, introdotto da alcune grandi imprese statunitensi e successivamente adottato dai produttori europei e giapponesi. Queste forme di produzione *offshore* hanno coinvolto prepotentemente alcuni paesi in via di sviluppo, soprattutto nei settori dell'elettronica (Hong Kong, Taiwan, Singapore, Corea del Sud, Messico), della produzione di parti di autoveicoli (pistoni e cilindri in Corea e Taiwan, sistemi frenanti in India, accumulatori in Thailandia), dell'abbigliamento (nelle Indie occidentali, nel Sud-Est asiatico e in Messico), dell'orologeria (nelle isole Mauritius). Così, mentre il centro divisionale rimane saldamente legato all'area centrale del sistema, le attività produttive seguono una logica duplice: per le produzioni che si collocano in una fase matura del ciclo di vita del prodotto, i paesi in via di sviluppo offrono le condizioni più attrattive; al contrario, le fasi produttive emergenti e a contenuto tecnologico relativamente elevato seguono di regola una strategia localizzativa contrapposta, privilegiando paesi e regioni che dispongono di una consolidata base industriale.

Dal punto di vista organizzativo, le configurazioni d'impresa a rete sottendono dunque tipologie organizzative quanto mai differenti, seppur caratterizzate da alcuni tratti comuni, fra cui:

- l'*interdipendenza* fra le imprese, per cui l'efficienza discenda da un insieme di effetti sistemici valutabili soltanto a livello di rete nel suo complesso;
- la *varietà* delle forme contrattuali che regolano i rapporti fra i soggetti presenti nel sistema.

È in relazione a questi fenomeni che è stato coniato il concetto di *nuova divisione internazionale del lavoro*. In passato, la « periferia » mondiale era concepita come un immenso fornitore di materie prime (sia minerarie che agricole), la cui trasformazione in prodotti vendibili sul mercato sarebbe poi avvenuta nelle regioni « centrali » del sistema (Stati Uniti, Europa, Giappone). Gli stessi prodotti industriali sarebbero stati utilizzati per finanziare, nel Sud del mondo, l'estrazione e la trasformazione primaria dei prodotti di base. L'affermazione di alcune economie manifatturiere all'interno della vasta area del sottosviluppo mondiale sembra ora contrastare processi e tendenze che sino a non molti anni addietro sembravano doversi riprodurre e durare, e con essi il ruolo assegnato alle diverse economie che si confrontano sullo scenario del mondo contemporaneo.

7.3 Innovazione tecnologica e trasformazioni dello spazio industriale

7.3.1 Il mondo del fordismo

La sintetica ricostruzione della logica d'azione dell'impresa multinazionale ci ha messo con le carte in regola per poter cogliere le fondamentali dinamiche che hanno accompagnato l'evoluzione del sistema capitalistico mondiale. Perché queste non rimangano dei vuoti contenitori, è ora necessario che attorno alle categorie sinora introdotte venga costruito uno spaccato conoscitivo più sistematico, che ci consenta di rendere maggiormente esplicite le grandi trasformazioni sopravvenute.

Per gran parte del XX secolo, e con un'accelerazione vistosa a partire dalla Seconda guerra mondiale, l'economia industriale è andata organizzandosi intorno alla grande impresa e la concentrazione delle funzioni produttive in spazi relativamente ristretti, segnando così una drastica rottura con il modello di organizzazione produttiva dell'Ottocento, in cui lo sviluppo della manifattura fu contrassegnato dalla crescente specializzazione, sia all'interno dei singoli stabilimenti (spesso di dimensione modesta), sia delle economie locali in particolari tipi di prodotto.

L'organizzazione produttiva dominante il XX secolo è tradizionalmente definita come ford-taylorista. Il termine fordismo fa esplicito riferimento alle modalità organizzative introdotte per la prima volta da Henry Ford nei suoi impianti automobilistici presso Detroit, nel Michigan, e diffusesi rapidamente negli altri paesi industrializzati. Esse si fondavano sulla grande dimensione degli impianti, l'integrazione verticale del ciclo produttivo, elevati livelli di occupazione e di produzione di beni standardizzati. Con il termine taylorismo si intende invece l'organizzazione del lavoro e dei cicli di produzione che consentiva a quel tipo di impresa di espandersi e di diventare il soggetto dominante dell'economia. Quei principi, introdotti appunto da Frederick Taylor, un sociologo industriale americano attivo nei primi decenni del Novecento, prevedevano, semplificando, la scomposizione in segmenti separati del processo produttivo all'interno dell'impresa e la separazione assai netta (parcellizzazione) delle mansioni fra gruppi di lavoratori.

Quel tipo di organizzazione fu reso possibile sia da particolari condizioni tecnologiche (la catena di montaggio, ad esempio, consentendo il movimento delle parti di prodotto fra i lavoratori anziché il movimento di questi fra le attività, non richiedeva più, come nel passato, significative qualificazioni professionali, né tecnologie e metodi di lavorazione flessibili), sia da un particolare sistema di regolazione sociale. Quest'ultimo prevedeva, in particolare, l'intervento diretto e indiretto dello Stato nell'economia, allo scopo di predisporre i centri industriali di adeguate infrastrutture, il mantenimento di salari relativamente alti e, in genere, il sostegno di una domanda crescente di prodotti industriali standardizzati.

In quelle condizioni, le grandi imprese iniziarono a concentrare in misura crescente le proprie funzioni nei pressi delle grandi agglomerazioni (dapprima nei centri urbani, successivamente verso i suburbi e poi ancora verso le aree periferiche) e a instaurare rapporti ineguali con gli altri produttori. Così, ad esempio, l'espansione delle grandi imprese automobilistiche americane, nella prima metà del XX secolo, è esemplare di questi processi: il successo delle tre principali imprese produttrici di autoveicoli (General Motors, Ford e Chrysler) si accompagnò alla drastica riduzione del numero degli altri produttori di automobili (sceso rapidamente dai 300 circa del 1914 a soli 44 nel 1927) e all'affermazione della più grande metropoli industriale del mondo: a Detroit, nel 1930 si produceva già quasi il 70% di tutta la produzione americana di automobili e autocarri e nella città lavorava oltre il 45% di tutta la popolazione americana addetta a quel settore. Allo stesso modo, nei decenni successivi alla Seconda guerra mondiale, l'espansione della Fiat nel Torinese riprodusse fenomeni analoghi: lo sviluppo del sistema di produzione automobilistico fu per svariati decenni caratterizzato dalla polarizzazione delle strutture produttive entro un'area ristretta e la concentrazione della produzione in pochi grandi impianti verticalmente integrati. La stessa espansione metropolitana, che riguardò le aree immediatamente a ridosso del capoluogo piemontese, portò all'affermazione di un continuum urbanizzato che andò espandendosi lungo le principali vie d'uscita dalla città, la cui dinamica espresse a un tempo sia crescita industriale che crescita demografica.

Quel tipo di organizzazione della produzione era coerente con l'imperativo tecnologico del tempo, secondo cui dimensione degli impianti ed efficienza della produzione andavano di pari passo. L'impresa, in altre parole, era spinta a internalizzare funzioni crescenti al proprio interno allo scopo di realizzare sia economie di scala, sia economie di varietà.

Le prime rispondono all'assunto secondo cui l'aumento dei volumi produttivi riduce l'entità dei costi unitari di produzione, per cui la crescita della dimensione e della capacità produttiva assicurerebbe una superiore redditività del capitale investito. La produzione di massa e standardizzata presupponeva dunque immobilizzi considerevoli e aveva altresì l'effetto di erigere vere e proprie barriere nei confronti di altri potenziali concorrenti, per i quali diventava così arduo raggiungere quote di mercato tali da consentire loro di abbassare i costi di produzione. Ne consegue che la strategia di espansione dell'impresa «fordista» è stata per decenni volta a realizzare al proprio interno quelle economie (o effetti) di scala che possono in realtà essere ottenuti anche esternamente, ovvero nelle condizioni in cui molteplici produttori indipendenti, allo scopo di ridurre i costi di trasporto e di funzionamento, tendono ad agglomerarsi spazialmente.

Le economie di varietà possono sommarsi alle precedenti, essendo conseguite da parte di imprese impegnate su più prodotti (nel torinese, ad esempio, la Fiat non realizzò solamente tutto il ciclo di produzione dell'auto, ma partecipò all'intero ventaglio delle produzioni che prevedessero il motore a scoppio, dall'aeronautica alle turbine alle macchine agricole). In altre parole, si assume che i costi unitari diminuiscano con l'aumento della produzione complessiva e dalla sua composizione. Le condizioni perché si realizzino economie di varietà giacciono dunque sul fatto che un'impresa produce congiuntamente due o più prodotti a un costo inferiore rispetto a quanto potrebbero farlo due o più imprese diverse specializzate ciascuna nella produzione di uno solo di questi prodotti. Essi si avranno quindi allorché l'impresa, diversificata su più mercati, riesce a coordinare gli sforzi di innovazione e di promozione del prodotto.

Quel modello di organizzazione della produzione, se consentì, unitamente ad altre condizioni, lo sviluppo della grande impresa verticalmente integrata e la formazione delle moderne città industriali, era nel contempo alquanto rigido. Tra la fine degli anni Sessanta e l'inizio del decennio successivo quelle stesse rigidità si trasformarono in veri e propri fattori involutivi – se non di paralisi del sistema –

che aprirono la strada all'introduzione di nuove significative innovazioni nell'elettronica, nelle telecomunicazioni, nell'informatica.

7.3.2 Il paradigma dell'informazione

Nei paragrafi precedenti si è fatto spesso riferimento alla tecnologia e si è più volte affermato come le strategie d'impresa (anche localizzative) siano strettamente connesse al livello e alla natura della tecnologia impiegata. Tuttavia si è deliberatamente omesso ogni riferimento esplicito al rapporto fra produzione industriale e innovazione tecnologica. Soltanto indagando alla radice di questo nesso, l'analisi può far propria una complessità superiore, indispensabile a sciogliere alcune delle maggiori zone d'ombra che sottendono la comprensione più piena dei sistemi industriali contemporanei. Per compiere questo passo è necessaria, tuttavia, una superiore articolazione del discorso che prevede anzitutto la precisazione di alcuni concetti fondamentali, sintetizzati nella scheda 7.2. Il problema dell'innovazione tecnologica, infatti, introduce una notevole complessità nello studio delle economie e dei processi di localizzazione, oltre a portare con sé un ampio ventaglio di concetti.

Come abbiamo visto, nei primi decenni del XX secolo l'introduzione della catena di montaggio rappresentò un'innovazione tecnologica fondamentale per il successivo sviluppo dell'industrializzazione. La quantità di prodotto ottenuta fu immensamente superiore a quella realizzabile nelle condizioni tecnologiche precedenti.

A partire dagli anni Settanta si è realizzata, soprattutto nei paesi sviluppati, una nuova rivoluzione tecnologica che ha avuto effetti tanto profondi da essere paragonabili a quelli prodotti, nel Settecento, dalla prima rivoluzione industriale. Essa si realizza essenzialmente sul potenziale offerto dalle nuove tecnologie elettroniche venute a maturazione in quel decennio: fu nel 1971, infatti, che l'Intel introdusse il primo microprocessore, portando in tal modo a compimento precedenti significativi sviluppi che si erano concretizzati nell'introduzione del transistor, avvenuta nel lontano 1947, e del primo circuito integrato (1957).

Se paragonato a quello degli altri settori industriali, lo sviluppo dell'industria elettronica aveva già registrato nei primi decenni del dopoguerra tassi di crescita straordinari, accompagnati da continue innovazioni incrementali che portarono alla progressiva miniaturizzazione dei dispositivi e all'incremento del numero dei componenti contenuti. Il microprocessore fu tuttavia rivoluzionario, rivelandosi uno strumento capace di svolgere differenti funzioni logiche non consentite ai dispositivi precedenti (ad esempio, la riprogrammazione).

Scheda 7.2 – L'innovazione tecnologica

Si può definire l'*innovazione* come la prima utilizzazione commerciale, coronata da successo, di una conoscenza tecnico-scientifica (invenzione) da parte di un'impresa; in altre parole, è l'utilizzo delle conoscenze scientifiche a fini produttivi, il cui successo è sancito dal mercato. L'innovazione differisce quindi dall'invenzione, in quanto non tutte le invenzioni vengono utilizzate per creare prodotti da immettere sul mercato. Essa non riguarda soltanto un nuovo prodotto, ma anche le modificazioni dell'organizzazione aziendale (delle strutture gestionali, commerciali e distributive), il miglioramento di un prodotto già esistente allo scopo di adattarlo alle modificazioni della domanda e, ancora, il perfezionamento dei processi produttivi per ridurne i costi e aumentarne la produttività.

L'innovazione può essere dunque:

- *di prodotto*, se riferita direttamente all'introduzione o al miglioramento di un prodotto;
- *di processo*, se è destinata a modificare l'organizzazione della produzione.

Parlare di introduzione di un prodotto o di una tecnica produttiva nuova e di miglioramento di una già esistente significa distinguere ulteriormente l'innovazione in:

- *radicale*, se riguarda un prodotto o una tecnica produttiva o gestionale interamente (radicalmente) nuova, la cui introduzione modifica le precedenti condizioni di mercato o la precedente organizzazione produttiva (ad esempio, l'introduzione della macchina a vapore);
- *incrementale* (o non radicale), se riferita al normale progresso tecnico che si concretizza nel continuo e successivo miglioramento di una innovazione radicale già introdotta con successo (ad esempio, la continua addizione di motori più potenti e a minor consumo a un aereo come il Boeing 747).

Nella tradizione degli studi economici, un *processo innovativo* si comporrà quindi di tre distinte e successive fasi: l'invenzione, per lo più legata alla sfera della ricerca scientifica; l'innovazione (imitazione), cioè l'applicazione industriale e commerciale dell'invenzione; infine la sua diffusione ad altre imprese, attraverso continui miglioramenti e adattamenti.

Da questo quadro deriva che l'universo delle imprese operanti in un sistema economico non è differenziato solo in base ai diversi settori produttivi o alla dimensione, ma anche in ragione della loro propensione a innovare.

L'*impresa innovativa* è dunque quella che destina un'ampia quota dei propri investimenti alla ricerca e allo sviluppo (R&S) di prodotti e tecnologie produttive nuove, che si diffonderanno verosimilmente tra le altre imprese. Dovrà disporre quindi di forza lavoro altamente qualificata e dovrà essere in grado di realizzare investimenti (sovente cospicui) a redditività differita nel tempo (vari anni) e ad alto rischio. Perciò l'impresa innovativa deve essere sostenuta non solo da centri di ricerca esterni, per lo più statali, ma anche da strutture finanziarie potenti e complesse.

Questa definizione di impresa innovativa è ovviamente alquanto restrittiva e avvicina maggiormente il concetto di *impresa tecnologica*. Una parte consistente delle attività di R&S non viene infatti realizzata da imprese specializzate, ma *all'interno della grande impresa*, la quale destina parte delle proprie strutture e dei suoi investimenti alle attività di ricerca (fondamentali se l'impresa vuole conservare una capacità concorrenziale), benché gran parte dell'occupazione e degli investimenti siano invece destinati ad attività produttive e di routine.

Esiste un chiaro rapporto fra innovazione e organizzazione territoriale, che va al di là del contesto ristretto della singola impresa. Lo sviluppo di una nuova tecnologia dipende da specifiche condizioni economiche, culturali e politiche, le quali si ritrovano di regola soltanto in *determinate località*.

Si può quindi sostenere che esistono determinate condizioni territoriali che favoriscono la localizzazione di industrie e settori produttivi tecnologicamente avanzati e produttori di nuove innovazioni sia di prodotto sia di processo.

Un modo di analizzare il rapporto fra crescita economica e innovazione tecnologica è ricorrere alla *teoria delle onde lunghe* dello sviluppo, derivata dalle intuizioni di uno storico sovietico degli anni Venti, Kondratiev.

Secondo tale teoria, la storia dell'economia capitalistica degli ultimi secoli sarebbe scomponibile in cicli comprendenti ognuno quattro fasi: prosperità, recessione, depressione e ripresa. Allorché si afferma un'innovazione, infatti, il sistema economico entrerebbe in una fase espansiva, in conseguenza del fatto che l'impresa innovatrice, utilizzando commercialmente i nuovi prodotti, ottiene profitti superiori che le consentono nuovi investimenti. Il suo comportamento è seguito da altre imprese imitatrici, con il risultato di produrre una generale espansione del sistema e diffondere l'innovazione da poco introdotta. Tuttavia, nella stessa fase espansiva verrebbero alla luce vari settori di disturbo (come investimenti errati o manovre speculative), che attenuerebbero l'effetto positivo iniziale e avvierebbero una fase di recessione. Il declino procederà sin quando non si elimineranno i suddetti fattori di disturbo, ovvero finché le imprese che non hanno adottato l'innovazione saranno eliminate dal mercato e gli investimenti errati assorbiti.

Nel contempo, non tutte le innovazioni possiedono la stessa importanza e capacità di incidere sul funzionamento del sistema. Così, mentre alcune esauriscono i loro effetti espansivi in un periodo assai breve, per altre si richiedono vari decenni affinché siano consumati i loro effetti sul ciclo dell'economia (si pensi all'influenza epocale esercitata dall'invenzione della macchina a vapore, e comunque a tutte le grandi innovazioni tecnologiche). Lo sviluppo sarà contrassegnato di conseguenza, da cicli che si succedono l'uno all'altro.

Secondo una schematizzazione consueta, il primo ciclo di sviluppo dell'economia capitalistica, compreso fra il 1782 e il 1845, prese le mosse dalle grandi innovazioni che segnarono l'inizio della rivoluzione industriale (macchina a vapore e industria tessile). Il secondo, fra il 1845 e il 1892, fu caratterizzato dallo sviluppo della ferrovia e dell'industria siderurgica. L'inizio del terzo, negli anni a cavallo degli ultimi due secoli, coincide con l'affermazione dell'industria automobilistica, elettrica e chimica.

Il *ciclo attuale* si baserebbe invece sulla rivoluzione informatica, l'automatica, le telecomunicazioni e la telematica e si caratterizzerebbe per il fatto che l'innovazione (e le stesse sue applicazioni) si fonda prepotentemente sulla produzione e la manipolazione dell'informazione. Più in particolare, l'automatica rappresenta un insieme di tecnologie che si occupano dei processi di automazione (applicati largamente ai processi produttivi); l'informatica, a sua volta, va intesa come un insieme di tecniche

che si occupano della rappresentazione di fenomeni e processi mediante dati (numerici, alfabetici e, in genere, simbolici); la telematica, infine, indica l'adozione congiunta dell'informatica e delle telecomunicazioni, che consente di moltiplicare le potenzialità dell'una e dell'altra.

Fig. 1 – I cicli economici

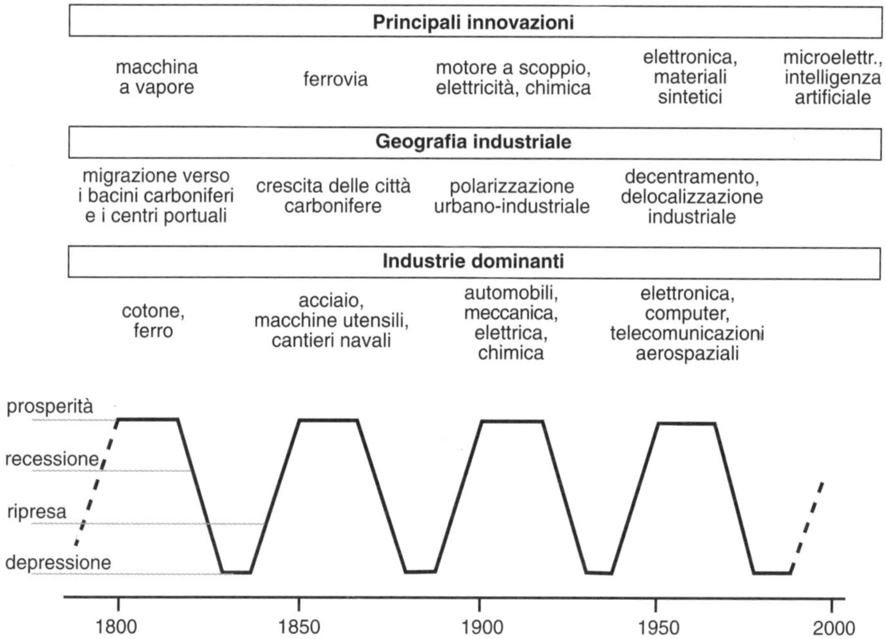

Le telecomunicazioni a loro volta, quale fondamentale vettore della diffusione e dell'utilizzazione dell'informazione, ne rappresentano il vero e proprio sistema nervoso centrale. Sebbene esistano da oltre un secolo, con gli anni Settanta l'accresciuta capacità di trasformare i segnali analogici in impulsi digitali, e viceversa, ha rivoluzionato il modo di produrre. L'introduzione dei cavi a fibre ottiche e l'utilizzo dei satelliti amplificarono enormemente la capacità di diffusione delle comunicazioni e consentirono la creazione di complesse reti di comunicazione mondiali.

Sul fronte dell'organizzazione dei processi manifatturieri e gestionali delle imprese, le ricadute si sono concretizzate nella robotica industriale, esemplificata dell'automazione flessibile e dai noti concetti di Computer Aided Design (CAD) e Computer Aided Manufacturing (CAM), che consentono la progettazione e la realizzazione industriale di prodotti su terminali interattivi e riducono drasticamente il tempo di lavoro necessario.

Il paradigma che è andato affermandosi si fonda, in sostanza, sulla crescente capacità e sul basso costo della memorizzazione, del trattamento e della trasmissione delle informazioni, producendo per questo effetti a catena su svariati altri comparti dell'economia. Il nuovo paradigma tecnologico si caratterizza, in sintesi, per due fondamentali valenze. Anzitutto, le « alte » tecnologie si incentrano sul trattamento dell'informazione, la quale, come abbiamo visto, rappresenta a un tempo l'input e l'output del processo di cambiamento tecnologico: da un lato, la microelettronica offre la base tecnica per la produzione di informazioni, le telecomunicazioni forniscono l'opportunità di trasmetterle, la robotica le introduce nei processi produttivi; dall'altro lato, ciò che le nuove tecnologie producono è altresì informazione, la quale viene incorporata in beni e servizi, decisioni e procedure. Sotto questa luce, l'alta tecnologia non rappresenta di per sé una particolare tecnica produttiva, ma una forma di produzione che ha effetti su un vasto insieme di attività.

In secondo luogo, le conseguenze della rivoluzione tecnologica sono essenzialmente innovazioni di processo e non già di prodotto. Ciò non significa negare che non siano comparsi e non compariranno prodotti nuovi, ma è fondamentale il fatto che il più profondo impatto dell'innovazione è associato alla trasformazione organizzativa della società e dell'economia. Non è questa una novità nella storia dell'Occidente, in quanto le precedenti rivoluzioni tecnologiche – fondate rispettivamente sulla macchina a vapore e sulla produzione di energia – rivoluzionarono gradualmente l'intera organizzazione sociale, permeando la produzione, la distribuzione, i trasporti e la più complessiva gestione dell'economia.

Come le precedenti, le nuove tecnologie informatiche pervadono la società nel suo insieme, accrescendo vistosamente la flessibilità organizzativa della produzione, dei consumi e, come si è già ricordato, della gestione delle imprese. Più in generale, la tendenza verso una crescente flessibilità del sistema è spiegabile ricorrendo ad alcune connotazioni piuttosto ben definite, che sintetizzando possiamo individuare nelle seguenti:

a) l'automazione dei cicli produttivi, per cui una data macchina può essere utilizzata per la produzione di un numero di prodotti e di configurazioni di prodotto assai ampio. Ciò mette le imprese nelle condizioni di rispondere a una domanda di mercato mutevole senza per questo prevedere cospicue anticipazioni di capitale fisso. Si riduce, quindi, l'importanza delle economie interne di scala (perlomeno in alcuni settori) e si spiega l'affermazione di forme organizzative d'impresa di più piccola dimensione;

b) l'adozione di processi lavorativi flessibili rovescia la precedente tendenza verso la parcellizzazione delle mansioni e la dequalificazione della forza lavoro impegnata nel processo produttivo. L'impresa richiede ora di modificare rapidamente la posizione dei lavoratori nel proprio ciclo produttivo – ora polivalente e non più tayloristico – in relazione alla modificazione della domanda e alle strategie di marketing adottate. In secondo luogo, l'impresa necessita di variare il quantitativo di manodopera impiegato in relazione ai cambiamenti della domanda, oltre che a utilizzare in modo crescente i lavoratori part time e ricorrere alla subfornitura.

Oltre che sul piano dei comportamenti strategici che abbiamo descritto nei paragrafi precedenti (stipulazione di accordi di cooperazione, *joint ventures*, alleanze strategiche ecc.), nelle nuove condizioni tecnologiche le imprese tendono a modificare – e rendere più complessi – i propri comportamenti localizzativi. Esse tendono, da un lato, ad approfondire le precedenti strategie di decentramento (anche internazionale) delle proprie funzioni produttive e di molti servizi d'impresa. Dall'altro lato, esse perseguono nel contempo comportamenti volti a riconcentrare (o *riagglomerare*) le proprie attività. In particolare:

a) le funzioni di livello più elevato (tecnologiche e strategico-direzionali) tendono a concentrarsi nei punti nevralgici dello spazio terrestre (come le «città globali», di cui parleremo nel capitolo 13), ovvero nei nodi delle reti di informazione, comunicazione, commerciali e finanziarie mondiali;

b) le stesse funzioni manifatturiere tendono verso nuove forme di agglomerazione. Dal punto di vista dell'organizzazione del sistema produttivo è qui necessario, infatti, fare riferimento all'adozione di tecniche modulari (come il *just-in-time*) di gestione tecnica della produzione, affermatesi dapprima in Giappone e diffusesi rapidamente negli altri paesi industrializzati. La loro caratteristica distintiva è la minimizzazione delle scorte di magazzino sia di prodotti che di componenti, per cui la imprese, anziché produrre grandi volumi di manufatti in anticipo rispetto alla domanda, procedono alla produzione solo su richiesta del mercato. In queste condizioni la *prossimità geografica* delle imprese appartenenti a una data filiera di produzione (siano esse fornitrici di componenti che assemblatrici del prodotto finale o incaricate della sua distribuzione), ritorna a essere una fondamentale condizione di competitività.

7.4 La globalizzazione dell'economia

7.4.1 Internazionalizzazione e globalizzazione

L'introduzione di nuove tecnologie flessibili, sia pure in modo diverso da paese a paese e fra settori industriali non è tuttavia un fenomeno estraneo ad altri processi sociali ed economici. Essa è, anzitutto, la risposta da parte dei soggetti economici alla crescente *globalizzazione* e alla differenziazione della domanda di mercato.

Se la domanda di beni standardizzati è ancora dominante in certi settori produttivi (come per l'elettronica di consumo e per certi prodotti dell'abbigliamento), l'abbattimento delle frontiere commerciali e la crescita dei livelli di redditi (per lo meno nei paesi sviluppati) ha determinato l'innalzamento della qualità dei bisogni e la moltiplicazione dei prodotti richiesti dai consumatori, specifici per ogni paese o segmento di mercato.

Sotto questa luce, è di fondamentale importanza aprire uno squarcio sul fenomeno della globalizzazione, un concetto ormai largamente utilizzato ma nel contempo non agevolmente definibile.

Come abbiamo visto in precedenza, per *internazionalizzazione* si intendono i processi che hanno cadenzato, nel corso del Novecento, l'evoluzione delle grandi imprese industriali, volte a integrare in misura crescente le economie nazionali tramite flussi di conoscenze tecniche, materie prime, beni intermedi, prodotti e servizi finali. In quella logica, l'espansione multinazionale dell'impresa rifletteva scelte strategiche volte a controllare e coordinare un insieme di attività distribuite fra impianti e unità diverse in differenti parti del globo.

Ora, se per internazionalizzazione si intendono processi essenzialmente *quantitativi* che portano a un modello economico sempre più geograficamente esteso, la globalizzazione è qualitativamente differente. Essa non riguarda unicamente l'estensione geografica delle attività economiche, ma anche – e soprattutto – l'integrazione funzionale di queste attività distribuite a livello internazionale, per cui i manufatti e i servizi prodotti esprimono un complesso insieme di legami in una catena di produzione che coinvolge numerosi paesi. Si tratta nondimeno di due fenomeni che coesistono. In alcuni casi i processi attualmente in corso non sono altro che il proseguimento di tendenze di lunga durata di distribuzione internazionale delle attività economiche; in altri casi si assiste a un vertiginoso incremento dell'interazione fra attività localizzate in spazi diversi. Nel complesso, tuttavia, la perdurante internazionalizzazione e la crescente globalizzazione della vita economica fanno sì che i cambiamenti che hanno origine in una parte del mondo si diffondano rapidamente nelle altre.

Con un'accelerazione vistosa nel corso degli anni Ottanta, la globalizzazione si è manifestata, anzitutto, nella crescita dei movimenti internazionali di capitale. Più in particolare, nel quadro di un progressivo aumento degli investimenti esteri provenienti dal Giappone e dall'Unione europea (in precedenza era dagli Stati Uniti che proveniva la parte preponderante), la quota crescente rappresentata dal settore dei servizi spiega la formazione di grandi imprese multinazionali anche nei settori della finanza e dei trasporti. In quest'ambito, è opportuno rilevare come una parte ingente degli scambi abbia per oggetto il trasferimento di brevetti o diritti per nuovi prodotti e nuovi processi produttivi. Ciò ha peraltro accelerato l'adozione, da parte delle imprese, di tecnologie di provenienza plurinazionale, oltre che il rapido incremento dei flussi internazionali di informazione economica, tecnologica, politica e culturale: è sulla base di questi fattori strutturanti che già negli anni Settanta venne coniato il termine di « villaggio globale ».

Con l'inizio degli anni Novanta, se gli investimenti esteri diretti hanno registrato, come vedremo meglio in seguito, una riduzione relativa, si è fatta invece più marcata la tendenza all'integrazione regionale e alla formazione di accordi inter-impresa (nelle attività finanziarie, nella ricerca e lo sviluppo, nella produzione e nella commercializzazione). Ciò porta in sostanza a definire la globalizzazione nei termini di una forma di produzione internazionalizzata in cui le attività generatrici del valore, possedute, controllate e gestite dall'impresa si distribuiscono su una pluralità di mercati per cui una quota crescente del valore e della ricchezza è prodotta e distribuita tramite un complesso ventaglio di processi e di relazioni che integrano, tramite le imprese, le diverse economie nazionali. A differenza della internazionalizzazione che ha cadenzato i primi tre decenni del dopoguerra, le nuove forme di relazione non si esprimono, infatti nella mera espansione internazionale della singola impresa, bensì nello sviluppo di una divisione del lavoro fra imprese fondata in misura crescente sugli accordi e la cooperazione fra soggetti diversi (figura 7.5).

Se volgiamo l'attenzione ai flussi commerciali di prodotti industriali, è anzitutto agevole rilevare come fra il secondo dopoguerra e la fine degli anni Sessanta l'economia mondiale si sia sviluppata a tassi spettacolari e senza precedenti sia dal punto di vista della produzione sia del commercio internazionale (quest'ultimo crebbe mediamente, in quel ventennio, di oltre il 7% annuo).

A sua volta, l'intensificazione degli scambi di beni e servizi di ogni genere ha coinvolto in misura crescente i paesi in via di sviluppo: se nel 1960 essi originavano il 24,7% del valore delle esportazioni, la loro quota nel 2003 ha raggiunto il 32%. Le ragioni di questa crescita sono in parte spiegabili considerando come una quota rilevante degli scambi si realizzi tra filiali o succursali di imprese multinazionali, assai spesso in base alla formazione di nuove alleanze e accordi fra imprese (soprattutto nell'industria automobilistica, nell'informatica, nella farmaceutica).

Dal nostro punto di vista, è significativo il fatto che per l'intero periodo postbellico il commercio internazionale sia cresciuto a ritmi ben più sostenuti della produzione, risultando per questo un fondamentale indicatore di internazionalizzazione delle attività economiche e di crescenti interdipendenze fra economie nazionali diverse. Una conferma diretta di quest'affermazione si ricava osservando come, considerando una media annuale, fra il 1948 e il 1997 la crescita del commercio sia stata, in termini reali, del 6%, a fronte di un aumento del prodotto interno lordo del 3,7%; nel 2003 gli scambi commerciali sono cresciuti del 4,5%, a fronte di una crescita della produzione di merci leggermente inferiore al

Fig. 7.5 – Internazionalizzazione e globalizzazione dell'economia

Internazionalizzazione	*Globalizzazione*
Rapida crescita del commercio internazionale fra economie industrializzate	Più rapida crescita del commercio internazionale fra paesi sviluppati ed economie in via di sviluppo
Accordi internazionali bilaterali	Moltiplicazione degli accordi fra i paesi, formazione di aree di libero scambio e ruolo crescente esercitato dagli organismi economici mondiali (GATT, Fondo Monetario Internazionale ecc.)
Il commercio internazionale riguarda soprattutto i prodotti manifatturieri	I flussi commerciali di servizi crescono più rapidamente di queli dei manufatti
Gli investimenti internazionali sono diretti quasi esclusivamente verso i paesi industrializzati	Gli investimenti internazionali coinvolgono pressoché tutti i paesi
Le imprese multinazionali operano in un numero limitato di paesi	Le imprese multinazionali operano in un ampio ventaglio di paesi, sia industrializzati che in via di sviluppo
Le fonti tecnologiche sono essenzialmente nazionali	La provenienza della tecnologia è multinazionale
Il ciclo di vita dei prodotti evolve lentamente	In seguito all'innovazione e alla crescente competizione internazionale si riduce il ciclo di vita dei prodotti
Gli scambi internazionali di brevetti e di risorse umane avvengono all'interno delle grandi imprese multinazionali	Si moltiplicano gli scambi, si specializzano le risorse umane e le fonti di informazione tecnica e scientifica
I semiprodotti e le materie prime provengono da un numero limitato di economie	I semiprodotti e le materie prime provengono da una pluralità di fonti

3% (UNCTAD, 2004b). È nel contempo da rilevare che i tre quarti di tutte le esportazioni di prodotti industriali provengano tuttora dalle economie «centrali» e si consumano in buona parte all'interno di questo stesso gruppo di economie. La struttura del commercio internazionale segue inoltre un modello spiccatamente regionalizzato: così, nel 2003, il 67,7% di tutti i flussi di merci provenienti dai paesi dell'Europa occidentale sono destinati ad altri paesi della stessa area (che rappresenta per questo l'area commercialmente più significativa del pianeta), mentre il 49% delle esportazioni giapponesi sono destinate ad altri paesi asiatici. Per quanto riguarda l'America settentrionale il quadro è schiettamente asimmetrico: mentre l'85,8% delle esportazioni canadesi hanno come destinazione gli Stati Uniti, soltanto il 23,4% di quelle statunitensi sono dirette verso il Canada.

Nel complesso, la struttura del commercio mondiale di manufatti segue comunque le trasformazioni sopravvenute nella distribuzione della capacità produttiva: se fra il 1963 e il 2003 gli Stati Uniti hanno visto ridursi dal 17 al 10%

circa la propria quota di esportazioni mondiali e quella britannica dall'11 al 4%, si sono nel frattempo imposti paesi come il Giappone e la Cina, le cui quote nel 2003 hanno superato, in entrambi i casi, il 6%. Ciò conferma, peraltro, come sul mappamondo dell'economia contemporanea le trasformazioni più vistose, negli ultimi decenni, abbiano riguardato proprio la regione del Sud-Est asiatico (tabella 7.3).

7.4.2 La scala globale del sistema industriale

L'organizzazione spaziale del sistema globale e multinazionale è caratterizzata da una struttura altamente integrata e gerarchizzata che si articola su tre livelli principali.

1) Al livello superiore si trovano alcune aree metropolitane dove operano i centri decisionali, responsabili delle grandi scelte strategiche delle imprese. In queste *città « mondiali »*, che già in passato erano state i principali centri decisionali a scala nazionale o continentale (come New York, San Francisco e Los Angeles negli Stati Uniti, Tokyo in Giappone, Londra in Gran Bretagna e Parigi in Francia) (vedi capitolo 10), le imprese realizzano uno stretto legame con le altre funzioni di alto livello (banche e società finanziarie, centri di ricerca, servizi ammini-

Tab. 7.3 – I maggiori esportatori di manufatti, 2003 (milioni di dollari e percentuali)

Area	*Valore 2003*	*Quota delle esportazioni mondiali*			
		1980	*1990*	*2000*	*2003*
Unione europea (15)	2358.4	50.7	50.3	40.5	43.4
Esportazioni extra-Ue (15)	957.4	21.3	18.0	15.9	17.6
Stati Uniti	586.7	13.0	12.1	13.8	10.8
Giappone	438.7	11.2	11.5	9.6	8.1
Cina	397.0	0.8	1.9	4.7	7.3
Hong Kong, Cina	215.5	–	–	–	–
Corea	177.1	1.4	2.5	3.3	3.3
Canada	164.8	2.7	3.1	3.7	3.0
Taiwan	141.1	1.6	2.6	3.0	2.6
Messico	134.7	0.4	1.1	3.0	2.5
Singapore	120.9	0.8	1.6	2.5	2.2
Svizzera	92.5	2.4	2.5	1.6	1.7
Malaysia	77.3	0.2	0.7	1.7	1.4
Thailandia	60.1	0.1	0.6	1.1	1.1
Repubblica Ceca	43.8	–	–	0.5	0.8
Polonia	43.4	1.1	0.4	0.5	0.8
Totale (dei 15 precedenti)	4.851.0	87.8	91.9	90.0	89.2

Fonte: WTO (2004), p. 120.

strativi, università, organismi politici ed economici internazionali). Ciò non esclude la presenza, all'interno delle stesse aree metropolitane, di produzioni industriali tecnologicamente avanzate.

2) A un secondo livello gerarchico si pongono i *grandi centri industriali*, che in passato svolgevano una funzione trainante nelle rispettive economie nazionali ma che attualmente, a causa della concentrazione del potere economico nelle grandi imprese, stanno perdendo relativa importanza. Aree urbano-industriali come quelle di Chicago, Detroit e Boston negli Stati Uniti, Francoforte e l'agglomerazione della Rühr nella Germania, Lione in Francia, Milano e Torino in Italia, le agglomerazioni di Amsterdam e Rotterdam in Olanda e di Osaka in Giappone sono soprattutto importanti centri dell'attività manifatturiera, in quanto possiedono una base industriale consolidata, pur detenendo nel contempo alcune grandi sedi direzionali e, in qualche caso, un significativo potere finanziario.

Ognuna di queste agglomerazioni possiede ovviamente una propria area di influenza, regionale o anche nazionale, su cui esercita il proprio dominio economico. In queste regioni, la ristrutturazione dell'apparato produttivo (volta ad accrescere continuamente il contenuto tecnologico dei processi di produzione e dei prodotti stessi) si accompagna a profonde modificazioni nella struttura dell'occupazione: diminuisce la quota di occupati nell'industria manifatturiera e si accresce quella nei servizi e nel terziario.

3) Al livello inferiore si trovano le *aree di decentramento* delle funzioni produttive più standardizzate. Esse si sono sviluppate all'interno di un limitato numero di *nuovi paesi industrializzati*, che si sono dotati di infrastrutture e possono offrire altri requisiti che incentivano le imprese a localizzarsi (aree urbane, concentrazioni di mano d'opera). Il decentramento produttivo ha riguardato soltanto pochi paesi ed è ristretto in genere a limitati settori produttivi (anzitutto tessile, abbigliamento, elettronica) dove la tecnologia consente di scomporre il ciclo produttivo affidando alle aree di decentramento le fasi a più alto contenuto di lavoro manuale e ripetitivo.

7.5 Lo spazio industriale contemporaneo

Nelle condizioni tecnologiche e concorrenziali ora brevemente descritte si modificano radicalmente i fondamenti su cui era poggiata la precedente forma di organizzazione della produzione, inaugurando nuove modalità di organizzazione territoriale dei sistemi produttivi che, in parte, approfondiscono le logiche organizzative precedenti e, in parte, ne suscitano delle nuove. Sintetizzando, esse riguardano: a) il decentramento crescente delle funzioni produttive e di molti servizi d'impresa (vedi anche capitoli 9 e 10); b) la contemporanea selettività spaziale dei processi di industrializzazione; c) la formazione e il consolidamento dei sistemi produttivi «periferici» rispetto alle vecchie concentrazioni industriali; infine, d) l'affermazione di nuove concentrazioni produttive fondate sulla ricerca e la produzione di beni a elevato contenuto tecnologico.

7.5.1 La «nuova» economia mondiale

Il *decentramento internazionale* di molte funzioni produttive si è intensificato negli ultimi decenni del XX secolo, coinvolgendo numerose economie in via di sviluppo e rendendo la geografia del mondo industriale contemporaneo ben più complessa di quanto non lo fosse in precedenza.

Gran parte dell'attività manifatturiera è tuttora concentrata in un numero relativamente ristretto di paesi: i tre quarti del valore aggiunto generato dal settore manifatturiero, infatti, si distribuiscono nei paesi sviluppati (tabella 7.4), mentre la maggior parte dei paesi sottosviluppati possiede ancora una trascurabile base manifatturiera.

La vasta area del sottosviluppo costituisce un mondo variegato. In generale, i processi di industrializzazione hanno coinvolto soprattutto i paesi a reddito medio, privilegiando l'Asia orientale e sud-orientale e marginalizzando vistosamente l'Africa sub-sahariana (l'America Latina si pone fra i due estremi). Conseguentemente, soltanto un numero ristretto di paesi (i cosiddetti nuovi paesi industriali) rientra attualmente fra le economie che esercitano un ruolo rilevante sulla scena manifatturiera mondiale.

Tab. 7.4 – Distribuzione del valore aggiunto del settore manifatturiero (%)

Regione	*1980*	*1990*	*2001*
Mondo	100.0	100.0	100.0
Paesi in via di sviluppo	13,7	14,4	23,7
Africa	*0,9*	*0,9*	*0,8*
America	*7,1*	*5,6*	*5,7*
Sud ed Est asiatico	*4,1*	*6,1*	*16,0*
Asia occidentale ed Europa	*1,6*	*1,8*	*1,2*
Europa centrale e orientale	19,3	8,9	2,7
Paesi sviluppati	67,0	76,7	73,6
America settentrionale	*22,1*	*23,3*	*30,1*
Europa occidentale	*32,1*	*34,0*	*26,2*
Altri	*12,8*	*19,4*	*17,3*
Memorandum			
Cina	3,9	2,6	7,2
Paesi meno sviluppati	–	0,3	1,0

Fonte: UNCTAD (2004a), p. 89.

7.5.2 La Triade globale

La destinazione di questi flussi di investimenti ha teso nel contempo a crescere in complessità. In termini generali i destinatari principali sono ancora le economie sviluppate, che hanno peraltro accresciuto in modo rilevante la quota da essi detenuta rispetto agli anni precedenti il conflitto. Queste economie non sono soltanto l'origine della quasi totalità (il 94% nel 2003) del totale degli investimenti in uscita, ma raccolgono altresì il 74% degli investimenti in entrata. sviluppati. Il rimanente 26%, inoltre, è costituito per più di due terzi dai soli investimenti rivolti alla Cina; l'intero continente africano, al contrario, è destinatario solamente del 2% degli investimenti mondiali.

Più nel dettaglio, mentre nei primi tre decenni del dopoguerra era possibile distinguere in modo piuttosto netto i paesi investitori da quelli destinatari dei flussi di investimento, quell'immagine semplice è andata sostituendosi con un modello di investimenti esteri incrociati che coinvolge soprattutto le economie industrializzate. Fatta eccezione di ambiti come il Giappone (forte investitore) e la Cina (destinataria), infatti, pressoché tutti i paesi inseriti nei circuiti economici mondiali sono ora a un tempo fonte e destinazione dei grandi flussi di investimenti esteri diretti.

Al contrario, i paesi sottosviluppati continuano ad attrarre quote piuttosto modeste di investimenti, i quali hanno peraltro coinvolto un numero esiguo di economie. Una misura di questo squilibrio è offerta dal rapporto fra gli stock di investimenti in entrata e il PIL. Nel caso dei paesi sviluppati, gli stock di investimenti hanno rappresentano, nel 2002, il 18,7% del valore del prodotto interno lordo, una quota cresciuta rapidamente negli ultimi 20 anni, passando dal 4,9% del 1980 all'8,2% del 1990 e al 16,5% del 2000, a testimonianza della crescente importanza degli investimenti negli equilibri economici mondiali. L'Unione europea costituisce, fra i paesi sviluppati, l'ambito geografico maggiormente dipendente dagli investimenti esteri: essi rappresentano in valore il 31,4% del PIL, mentre nelle altre aree industrializzate si segnalano il 12,9% degli USA e l'1,5% del Giappone, paese, come si è detto, fortemente « investitore ».

Il rapporto assume tuttavia valori sensibilmente più elevati nelle aree in via di sviluppo, dove si è passati da una quota media del 12,6% nel 1980 al 14,8% nel 1990, per poi passare al 31,1% nel 2000 e crescere fino al 36% nel 2002, durante un periodo di generale recessione economica. I valori più elevati si individuano nell'America meridionale (48,7%), in particolare in paesi come Argentina, Bolivia e Guyana, nell'Asia Centrale (45,8%, con picchi nell'Azerbajdžan e nel Kazakhstan) e nel Sud Est asiatico (37,9%). Sono esclusi da questa classifica i cosiddetti « paradisi fiscali », ambiti geografici che attirano capitali stranieri grazie a legislazioni e sistemi tariffari a dir poco favorevoli: nell'arcipelago Bermuda e nelle isole Cayman, per esempio, il valore degli investimenti esteri è centinaia di volte superiore al valore del PIL. All'estremo opposto, i valori inferiori si registrano nell'Europa centrale ed orientale (20,8%) e, soprattutto, nel Medio Oriente (10,1%).

Infine, la misura dello squilibrio fra paesi sviluppati e terzo mondo è osservabile anche nel rapporto fra investimenti in uscita e PIL: mentre questi ultimi rappresentano mediamente il 24,4% del valore del PIL nel mondo industrializzato, la quota scende al 13,5% negli altri casi. In pratica, non solo i paesi in via di sviluppo investono molto meno in termini assoluti, ma anche in termini relativi, evidenziando una naturale mancanza di capacità di accumulare, investire e partecipare attivamente ai meccanismi dell'economia internazionale. Alcune aree geografiche rivelano, pertanto, una tendenziale «esclusione» o comunque «perifericità» rispetto al sistema economico globalizzato. In particolare, nel Nord Africa (dove il rapporto è dell'1,6%) o in Asia centrale (4,4%, contro un rapporto in entrata del 45,8%), è plausibile supporre situazioni di vera e propria dipendenza e subalternità economica.

Sia pure a un elevato livello di generalizzazione, l'immagine che si evince è in sostanza quella di una crescente selettività delle aree destinatarie dei flussi internazionali di investimento (sia nella manifattura che, più recentemente, nei servizi e nelle attività finanziarie). A questo proposito, con il termine *Triade globale* si vuole dare senso alle grandi tendenze in atto nell'economia mondiale e che sinora abbiamo succintamente ripercorso. Secondo questo modo di vedere, il mondo economico è ora organizzato essenzialmente attorno a una macrostruttura tripolare, i cui vertici – Nord America, Europa e Asia orientale e sudorientale (in particolare a partire agli anni Ottanta) – raccolgono, dal punto di vista statistico, gran parte della produzione, del commercio e degli investimenti diretti (tabella 7.5). Le tre potenze economiche, insieme, dominano tutta l'economia del pianeta, costituendo

Tab. 7.5 – Investimenti diretti esteri, 2003

Area geografica	*Investimenti in entrata*	*Investimenti in uscita*
Unione europea	295.154	336.994
Lussemburgo	87.557	95.991
Francia	46.981	57.279
Regno Unito	14.515	55.093
America settentrionale	36.352	173.426
Altri paesi sviluppati	49.161	64.282
Giappone	6.324	28.800
Tigri asiatiche	29.175	18.413
Paesi in via di sviluppo	142.858	17.178
Cina	53.505	1.800
Totale mondiale	circa 600.000	

Fonte: basato su dati WTO (2004).

oggi quasi i due terzi del PIL mondiale, più di metà delle esportazioni di merci, generando circa tre quarti degli investimenti diretti esteri in uscita e accogliendo una quota simile di quelli in entrata. Occorre notare come, nel caso asiatico, alcuni ambiti geografici tradizionalmente periferici, e in particolare la Cina, abbiano conosciuto negli ultimi anni un'espansione economica senza precedenti, divenendo a tutti gli effetti ambiti emergenti della Triade globale (scheda 3).

Scheda 7.3 – Cina e India nell'attrazione di investimenti

La Cina, con una popolazione che nel 2005 ha sfiorato gli 1,3 miliardi di individui, costituisce un vero e proprio gigante mondiale. La miracolosa e continua espansione dell'economia cinese, divenuta evidente a partire dagli anni Ottanta, determina trasformazioni economiche di portata senza dubbio mondiale: basti pensare che tra il 1990 e il 2003 gli investimenti diretti in entrata sono cresciuti da un valore di 3,5 a 53,5 miliardi di dollari. Questi flussi di investimenti hanno contribuito a una notevole espansione della esportazione di merci, cresciuta tra il 1989 e il 2001 a un tasso annuo medio del 15%. Gli investimenti diretti esteri, infatti, sono rivolti per due terzi al settore manifatturiero, in particolare alla fabbricazione di beni di consumo. Tuttavia, non mancano investimenti nei settori dell'alta tecnologia: la Cina è infatti divenuta un ambito strategico per la progettazione e la costruzione di hardware per imprese come Acer, Ericsson, Intel, LG, Microsoft, Motorola, Nokia, Philips, Samsung, Sony e Toshiba.

Alla base dell'attrattività cinese gioca un ruolo certamente importante il basso costo della mano d'opera locale, che si accompagna a una legislazione in materia di lavoro particolarmente favorevole agli imprenditori. Inoltre, si tratta generalmente di personale di buona qualità, come testimoniano livelli di alfabetizzazione relativamente elevati nell'ambito dei paesi in via di sviluppo. Non bisogna poi trascurare la buona disponibilità di materie prime e risorse naturali che si accompagna a una discreta dotazione di infrastrutture di trasporto, soprattutto nelle aree costiere.

Tuttavia, la Cina offre anche esternalità di natura differente. Innanzitutto, occorre considerare i tassi di crescita del PIL a dir poco eccezionali (9,1% nel 2003, con livelli di inflazione del solo 1,2%). La rapida crescita dell'economia cinese ha fortemente innalzato la domanda locale di beni di lusso, come per esempio elettrodomestici e automobili. Per questa ragione, la Cina è sempre più un ambito strategico per le imprese multinazionali intenzionate a penetrare il mercato locale.

Accanto alla crescita della domanda locale non bisogna inoltre sottovalutare spiegazioni di natura politica: la Cina ha aperto le porte agli investimenti diretti esteri nel 1979, e da allora ha perseguito una politica di progressiva liberalizzazione dei regimi di investimento, tanto che nel 2001 è entrata ufficialmente a far parte dell'Organizzazione Mondiale del Commercio.

Infine, occorre considerare alcune peculiarità del capitalismo cinese (in molti casi asiatico in generale), come la presenza di *network familiari internazionali*. In pratica, numerose reti di imprese si sovrappongono a reti familiari solide e stabili nel tempo. Non è raro che uomini d'affari di origine cinese operanti e residenti all'estero, per esempio, decidano di investire nel paese asiatico, e in particolare in attività economiche di parenti più o meno prossimi, a prescindere da altre considerazioni di carattere economico. Le reti familiari transnazionali, infatti, svolgono funzioni di mutuo supporto economico, incoraggiando legami di lunga durata basati sulla fiducia personale e sulla cooperazione, permeati da una diffusa etica confuciana. Considerando come i cinesi residenti all'estero superino oggi i 60 milioni, l'importanza economica di simili reti sovranazionali diviene evidente.

Il miracolo cinese spinge a domandarsi come mai ambiti geografici relativamente simili non riescano a cogliere con la stessa intensità i vantaggi della globalizzazione economica. Si tratta, ad esempio, del caso dell'India, paese di quasi 1,1 miliardi di abitanti, caratterizzato anch'esso da una fortissima crescita del PIL (7,4% nel 2003). Nonostante la somiglianza di queste cifre, gli investimenti rivolti all'India sono cresciuti, fra il 1990 e il 2003, da 0,4 a 5,5 miliardi di dollari, una quota nettamente inferiore a quella cinese. L'India, tuttavia, si propone sul mercato internazionale come un competitore diretto della Cina in materia di attrazione di investimenti esteri.

Le ragioni delle minori performance indiane sono da imputare a differenti scelte strategiche e orientamenti economici. Innanzitutto, mentre l'attività manifatturiera cinese è fortemente orientata alle esportazioni, l'India persegue prevalentemente una politica industriale rivolta al consumo sul mercato interno. Inoltre, gli investimenti esteri sono scarsamente legati allo sfruttamento del basso costo della mano d'opera nei settori manifatturieri, bensì indirizzati ai servizi nel settore delle tecnologie dell'informazione e comunicazione: numerose imprese statunitensi ed europee come Amazon.com, American Express, British Airways e Dell Computer hanno trasferito funzioni di *back-office* legate a questi settori nel paese, e in particolare nella città di Bangalore. Il 60% del valore aggiunto dei *call-center* indiani (1,5 miliardi di dollari) è generato da imprese straniere.

Nonostante il sistema di regolamentazione indiano in materia ambientale e fiscale sia in alcuni casi più favorevole di quello cinese, la normativa in materia di lavoro e di investimenti rende più attrattiva la scelta della Cina, che segnala tra l'altro livelli di alfabetizzazione e di reddito pro capite superiori a quelli indiani. Inoltre, seppur le reti familiari siano diffuse anche nel caso indiano, si tratta di un fenomeno più limitata, sia in termini di numerosità di collegamenti sia di volume di denaro coinvolto. Infine, non bisogna trascurare come molti imprenditori tendano a investire in ambiti geografici noti e circondati da un alone di successo: la notorietà della Cina come ambito di investimento è oggi indiscussa, tanto che circa l'80% delle 500 imprese della classifica di *Fortune* del 2001 sono localizzate in Cina. La popolarità degli investimenti in India, seppur elevata, è certamente inferiore.

I casi di Cina e India si prefigurano come emblematici della peculiare posizione di alcuni paesi tradizionalmente «in via di sviluppo» nelle logiche dell'economia globale: si tratta di economie emergenti, non più strettamente in posizione subalterna rispetto alle economie della Triade, come evidenziato, ad esempio, da alcuni recenti avvenimenti, come la richiesta, da parte di gruppi di imprenditori italiani, di «protezioni» contro l'eccessiva competitività dei prodotti orientali, invocando tra l'altro l'imposizione di legislazioni in materia di lavoro maggiormente umane (e, quindi, meno competitive). Nondimeno, occorre considerare come oggi la stessa Cina rappresenti un importante ambito di origine di investimenti diretti esteri, rivolti soprattutto al sud est asiatico, ma anche, e in misura crescente, agli Stati Uniti, all'Africa, all'America latina e all'Europa: basti pensare che la media degli investimenti cinesi in uscita è passata dagli 0,4 miliardi di dollari degli anni Ottanta ai 2,3 miliardi degli anni Novanta, per giungere a uno stock di investimenti in uscita, al termine del 2003, di ben 37 miliardi di dollari.

7.5.3 Piccole imprese e nuovi spazi industriali

Come si ricorderà, nei primi decenni del XX secolo l'affermazione della produzione di massa decretò la crisi di un modello di organizzazione produttiva fondato sulla piccola impresa e la specializzazione delle economie locali in particolari tipi di prodotto. Ora, il nuovo modello tecnologico e un contesto di concorrenza internazionale sempre più aggressiva hanno privato molte imprese di quel quadro di certezze entro cui realizzare una programmazione delle proprie strategie di lungo periodo, fondata su ingenti immobilizzi tecnici e finanziari la cui redditività era assicurata dall'espansione dei mercati e da produzioni di massa e standardizzate.

Le nuove forme di organizzazione flessibile della produzione, creando le condizioni per restituire competitività alla produzione di beni non standardizzati, la crescente differenziazione dei mercati e, nei paesi sviluppati l'aumento del costo del lavoro, rivalutano la funzione svolta nell'economia dalle piccole e piccolissime imprese, altamente specializzate e contrapposte ai sistemi di grande impresa verticalmente integrati. Negli ultimi decenni in tutti i paesi industrializzati il numero delle piccole imprese iniziò, a partire dagli anni Settanta, a crescere rapidamente, sia per effetto dei processi di decentramento produttivo (quindi in seguito allo scorporo dei cicli di produzione concentrati in precedenza nella grande impresa), sia autonomamente, in quanto si offrirono le opportunità tecnologiche e di mercato (soprattutto nei beni di consumo e nelle produzioni tecnologicamente avanzate) per la loro affermazione (tabella 7.6). In Italia, nel 2003, le imprese di piccola e media dimensione hanno impiegato l'83% della popolazione attiva, mentre in Francia il 66%.

Le strutture produttive dei diversi paesi, in realtà, variano notevolmente in relazione alla maggiore o minore presenza delle piccole o delle grandi imprese. In genere, nei paesi di più antica industrializzazione, nel corso dei decenni si sono realizzati processi di fusione fra imprese che hanno dato vita a unità di maggiore dimensione e sono via via diminuite le unità più piccole, di carattere artigianale e semiartigianale. A questo proposito, la tabella 7.7, che illustra la situazione di alcuni paesi europei, evidenzia come in Italia le piccole imprese detengano tuttora una quota molto elevata di occupazione rispetto a quelle di grande dimensione,

Tab. 7.6 – Numero di piccole e medie imprese (2003) e tassi di crescita (1990-2001)

	Numero pmi (migliaia)	*Crescita percentuale*
Austria	267	0,6
Belgio	437	5,3
Danimarca	205	3,9
Finlandia	221	-17,2
Francia	2495	4,3
Germania	3008	7,9
Gran Bretagna	2226	3,6
Grecia	771	38,3
Irlanda	97	42
Italia	4486	-0,2
Lussemburgo	24	33,2
Olanda	570	13,2
Portogallo	6935	
Spagna	2674	12,2
Svezia	485	-9,9

Fonte: basato su dati European Commission (2004).

Tab. 7.7 – Distribuzione addetti (migliaia) per classi dimensionali d'impresa, 2003

Paese	*Micro*	*Piccole*	*Medie*	*Piccole*	*Grandi e medie*	*Totale*
Austria	1.094	555	462	2.111	826	2.938
Belgio	1.310	535	422	2.267	997	3.264
Danimarca	744	417	352	1.512	570	2.082
Finlandia	526	232	225	983	540	1.523
Francia	7.024	3.039	2.550	12.614	6.318	18.932
Germania	10.488	5.553	3.961	20.002	10.882	30.884
Gran Bretagna	7.933	3.664	3.044	14.641	10.089	24.730
Grecia	1.013	302	230	1.545	239	1.78
Irlanda	234	218	196	648	281	927
Italia	10.702	3.178	1.855	15.735	3.099	18.834
Lussemburgo	55	55	55	165	61	225
Olanda	2.205	1.245	1.084	4.533	2.417	6.951
Portogallo	1.201	743	589	2.533	678	3.210
Spagna	7.901	3.069	1.799	12.769	2.868	15.637
Svezia	1.240	516	438	2.194	1.035	3.288
Unione europea (15)	53.669	23.320	17.261	94.251	40.902	135.152

Fonte: European Commission (2004), p. 78.
Nota: *micro*: meno di 10 addetti; *piccole*: fra 10 e 50; *medie*: fra 50 e 250; *grandi*: più di 250.

mentre in paesi come la Gran Bretagna, giunta ben prima sulla scena dei paesi industrializzati (o nel caso di piccoli paesi dominati da pochi giganti multinazionali, come in Finlandia), presentano una percentuale superiore di occupati nelle grandi imprese.

La realtà dimostra inoltre come il dinamismo di queste imprese sia stato particolarmente vivace in regioni periferiche dei paesi industrializzati, che nei decenni precedenti erano state interessate solo marginalmente dai processi di industrializzazione e urbanizzazione e la cui economia non è dominata dalle imprese di grandi dimensioni, che finiscono spesso per assorbire gran parte delle risorse disponibili (finanziarie, di manodopera ecc.). Al contrario, l'affermazione della piccola impresa si è fondata spesso sulla valorizzazione di condizioni imprenditoriali, infrastrutturali e tecnologiche locali, ovvero su sistemi caratterizzati da un'identità culturale ed economica propria, e nel contempo capaci di attivare relazioni (per l'acquisizione di tecnologia, per la vendita dei prodotti) con ambiti più vasti, nazionali e internazionali.

In Italia, il moltiplicarsi a partire dagli anni Settanta del numero delle imprese, unitamente alla crescita dell'occupazione industriale, si sovrappose a una nuova dinamica territoriale, segnando l'affermazione delle regioni centrali e nord-orientali, la cui dinamica espansiva si contrappose sia alla perdita relativa di posizioni del vecchio triangolo industriale del Nord-Ovest (soprattutto in termini occupazionali), sia alla perdurante marginalità funzionale delle regioni meridionali. La tabella 7.8 restituisce il quadro più aggiornato del fenomeno: nonostante una certa riduzione del divario Nord-Sud, l'industria rimane fortemente concentrata nel Nord-Ovest, che però sta gravemente accusando l'attuale situazione di crisi, assai più che non nelle regioni centrali e meridionali. Il numero di addetti, invece, si rivela in crescita nel Nord-Est.

L'affermazione del «modello» di industrializzazione periferica non è ovviamente scindibile dalle grandi trasformazioni che interessarono, a partire dalla seconda metà degli anni Sessanta, tutte le economie industrializzate: la rapida crescita della domanda di beni di consumo non standardizzati, la crescita del costo del lavoro nelle tradizionali agglomerazioni industriali, la diffusione delle nuove tecnologie informatiche ed elettroniche (tutti fattori che posero le piccole imprese nella condizione di competere con successo nei confronti delle grandi unità indu-

Tab. 7.8 – Addetti nell'industria in Italia, 1991 - 2001

	Addetti 1991	*Addetti 2001*	*Variazione (%)*	*Numero di unità locali (2001)*
Nord-Ovest	2.550.876	2.323.941	–8,9	1.314.371
Nord-Est	1.733.685	1.809.907	+4,4	977.024
Centro	1.208.651	1.187.369	–1,8	922.956
Sud e isole	1.270.013	1.265.492	–0,3	1.189.080
Totale	6.763.225	6.586.709	–2,6	4.403.431

Fonte: Istat; www.istat.it (dati censimento 1991 e 2001)

striali o di entrare nei cicli produttivi di esse in seguito al decentramento produttivo). Il loro sviluppo spettacolare nella periferia italiana non è tuttavia spiegabile prescindendo dalle condizioni storico-culturali di queste regioni, le quali definiscono appunto la componente endogena del modello. Fra queste, devono essere ricordate:

- la presenza di capitale formatosi endogenamente e disponibile a essere investito nell'attività manifatturiera;
- una tradizione commerciale e artigianale storicamente radicata in una fitta rete di città piccole e medie;
- una forza lavoro dispersa in una miriade di unità di piccola dimensione (spesso in attività lavorative a domicilio), con solidi legami con l'agricoltura;
- la struttura familiare «allargata», capace di attivare fra i suoi membri capacità imprenditoriali e, a volte, fornire il capitale necessario per dar vita a microunità manifatturiere;
- la tradizionale frammentazione della proprietà agricola, dove i rapporti di produzione relativamente autonomi hanno storicamente prodotto una cultura del lavoro positiva;
- la diffusione territoriale delle residenze e dei servizi, conseguenza della mancata polarizzazione urbano-industriale, ha evitato l'esplosione di diseconomie tipiche dei grandi centri urbani delle aree di vecchia industrializzazione;
- infine, la forte coesione sociale e culturale, come base di amministrazioni e istituzioni locali intraprendenti ed efficienti.

7.5.4 Imprese innovative e spazi della tecnologia

La piccola impresa non è soltanto l'attore principale di diffusi processi di sviluppo coinvolgenti regioni in precedenza non industrializzate, le quali diventano così depositarie di consistenti capacità produttive in beni «leggeri» e tradizionali. In virtù della loro elevata flessibilità, queste sono vieppiù coinvolte, unitamente alle grandi imprese, nella ricerca e nello sviluppo di produzioni tecnologicamente avanzate.

Anche da questo punto di vista, numerose piccole imprese si sono affermate quali soggetti essenziali nel produrre una trasformazione dell'economia e della società. Ne deriva che l'universo dei soggetti operanti in un sistema economico non è differenziato soltanto in base ai diversi settori produttivi o alla dimensione delle imprese, ma anche in ragione della loro propensione e capacità a innovare. Come abbiamo visto, l'impresa innovativa è quella che destina un'ampia quota dei propri investimenti non già alla produzione in serie di prodotti più o meno standardizzati ma alla ricerca e allo sviluppo (R&S), di prodotti e tecnologie produttive nuove, che si diffonderanno verosimilmente tra le altre imprese. Disporrà pertanto di forza lavoro altamente qualificata e dovrà essere in grado di realizzare investimenti a redditività differita nel tempo e ad alto rischio.

Il comportamento localizzativo di queste funzioni può essere analizzato scomponendo due logiche diverse, sia pur fra loro interagenti.

La prima si riferisce al fatto che, nella nuova divisione internazionale del lavoro, mentre la diffusione delle funzioni industriali più banali crea nuove strutture produttive nelle aree e nei paesi periferici, nelle aree «centrali» si affermano nuove forme di agglomerazione, o polarizzazione, basate sui processi produttivi tecnologicamente più avanzati.

Nel complesso, l'egemonia dei paesi sviluppati nei segmenti maggiormente innovativi si deve ad alcuni fattori decisivi:

a) la più alta quota di investimenti destinati alle attività di ricerca tecnologica. In questo contesto un ruolo fondamentale è svolto in molti paesi dalla ricerca militare e aerospaziale (finanziata largamente con fondi statali), la quale ha spesso rilevanti ricadute sui settori industriali. Una funzione sempre più importante è inoltre esercitata dal cosiddetto *capitale di ventura*, termine con il quale si definiscono organismi finanziari (di regola a partecipazione mista pubblica-privata) i cui obiettivi sono il sostegno finanziario delle attività di ricerca – economicamente più rischiose delle altre – e la creazione di nuove imprese tecnologiche;

b) la definizione di specifiche strategie nazionali – e plurinazionali, come in Europa – di politica tecnologica. Rientrano in questo campo i programmi di politica territoriale volti a favorire la diffusione di centri e imprese tecnologiche in talune aree, o le differenti tendenze nazionali al finanziamento delle attività di ricerca (figura 7.9);

c) la presenza di particolari condizioni infrastrutturali e localizzative favorevoli alla formazione e all'attività di questo tipo di imprese.

La seconda logica che presiede la formazione di «nuovi» spazi tecnologici discende dai caratteri stessi dell'attività in cui queste imprese sono coinvolte. Sempre più spesso, la ricerca e lo sviluppo non vengono realizzati all'interno delle grandi strutture d'impresa, ma coinvolgono, accanto alle precedenti, *reti di imprese* di più piccola dimensione, fra le quali si svolge un'intensa e reciproca interazione, riguardante lo scambio di informazioni e di personale tecnico. È attraverso la comunicazione e la collaborazione (fra imprese, istituzioni, altri organismi di ricerca tecnologica), infatti, che si creano le condizioni affinché si inneschi un'attività tecnologica che produce innovazioni sia di prodotto sia di processo.

Per queste imprese, infatti, le condizioni tradizionali (come i mercati, i trasporti, le fonti di materie prime ed energetiche) sono di importanza limitata, men-

Fig. 7.9 – Percentuale ricercatori, paesi OECD e in via di sviluppo, 2002

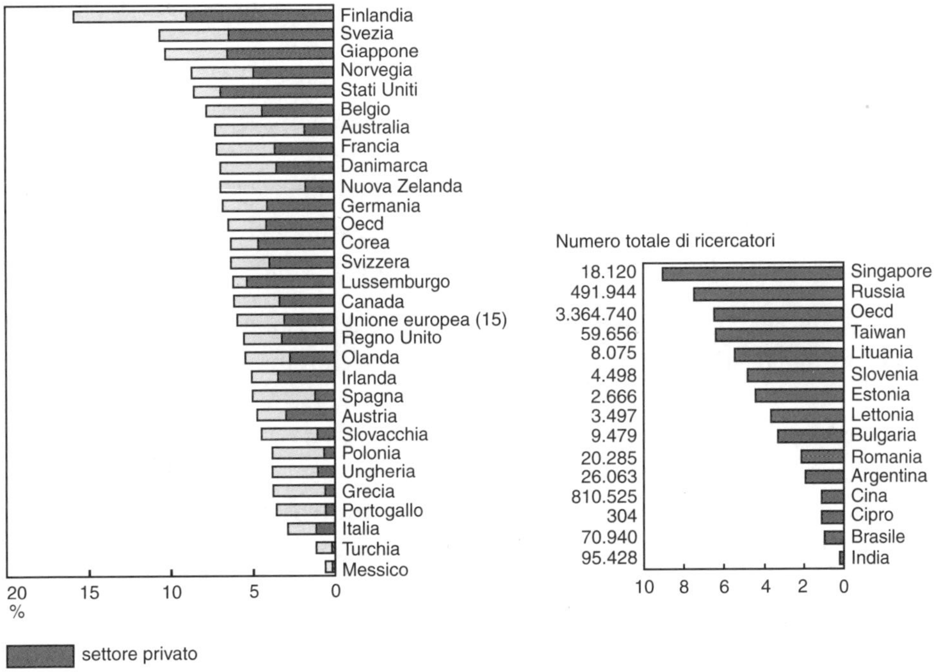

Fonte: OECD (2004), p. 31 e p. 33

tre giocano un ruolo centrale altri fattori che di regola si trovano soltanto nelle aree centrali del sistema. Fra queste rientrano:

a) la vicinanza ai centri di ricerca universitari e ad altre strutture di ricerca tecnologica di livello elevato. Ciò non soltanto favorisce la diffusione della conoscenza, ma conferisce alle aree dotate di queste strutture le potenzialità di attrarre altre imprese innovative, in conseguenza dell'ampia offerta di ricercatori e tecnici altamente qualificati;

b) un efficiente sistema di infrastrutture (autostradali, aeroportuali, di telecomunicazione). Le produzioni tecnologicamente avanzate (e la microelettronica in particolare) consentono la separazione tra le fasi della ricerca, della produzione, dell'assemblaggio, del collaudo ecc. e, date le differenti esigenze di ciascuna di queste funzioni (soprattutto in termini di lavoro), presentano spesso una configurazione spaziale interconnessa che poggia necessariamente sulla rete delle comunicazioni;

c) la presenza di particolari economie di urbanizzazione, che incidono sulla concentrazione, ai più alti livelli gerarchici, delle imprese e delle funzioni tecnologiche;

d) la presenza di una base industriale differenziata, di un tessuto di piccole e medie imprese e di uno spirito imprenditoriale radicato;

e) la vicinanza a centri di ricerca e sperimentazione militari, sia per l'effetto tecnologico da questi prodotto, sia in ragione dei flussi di spesa pubblica destinati ai programmi militari e aerospaziali;

f) infine, favorevoli condizioni climatico-ambientali ed eccellenti livelli di « qualità della vita » costituiscono un fattore non trascurabile di attrazione nei confronti dei tecnici e della mano d'opera altamente qualificata.

Date queste premesse si spiega la diffusione e il consolidamento di *nuovi spazi industriali* specializzati nelle funzioni di ricerca e produzione di beni a elevato contenuto tecnologico (tecnopoli, parchi scientifici, poli e distretti tecnologici) ove interagiscono la ricerca scientifica e l'industria, al fine di sviluppare ricerca non immediatamente applicabile ai processi produttivi (ricerca pura) o diffondere l'innovazione prodotta direttamente alla produzione (ricerca applicata).

In questi « villaggi della ricerca » sono localizzati istituti di sperimentazione, sia universitari che privati, finanziati spesso dagli enti pubblici (come si verifica di regola in Europa) o congiuntamente dallo Stato e dalle industrie private (come accade in modo massiccio negli Stati Uniti e in Giappone). Altre volte ancora, i capitali sono di origine transnazionale, come nel caso del MIT (Massachusetts Institute of Technology) di Boston, dove la ricerca elettronica è stata recentemente finanziata dalla industrie giapponesi Toshiba e Sanyo.

Questi centri di ricerca tecnologica, concentrati nei paesi sviluppati (con alcune eccezioni per il Sud-Est asiatico) sviluppano soprattutto la robotica, le biotecnologie agroalimentari, l'energia, i nuovi materiali, l'informatica, le telecomunicazioni, la fisica, l'ambito spaziale e aerospaziale. Gli Stati Uniti, dove le prime tecnopoli sono sorte già negli anni Cinquanta, sono attualmente il paese che ne detiene il numero maggiore. Tra le principali vanno segnalate la *Silicon Valley* (elettronica, aerospaziale, informatica, robotica, biotecnologie), la *Strada 128* che cinge Boston (settori avanzati strettamente dialoganti con il MIT: tecnologie aeronautiche, elettroniche, informatiche), e l'area *Washington-Baltimora* (fisica, genetica, biotecnologie, informatica).

In Giappone il fenomeno è relativamente recente (risalendo agli anni Settanta), ma si è diffuso rapidamente giungendo a contare decine di poli tecnologici sparsi su tutto il territorio, tra cui spicca *Tsukuba*, creato nel 1970 e localizzato a 70 km da Tokyo, che comprende oggi circa 300 centri di ricerca per un totale di 13.000 scienziati. In Europa, infine, lo sviluppo di queste fenomenologie si è avuto soprattutto nel corso degli anni Ottanta. Vale qui la pena di ricordare il parco scientifico di *Cambridge* (Gran Bretagna), con la sua nota università, che si occupa soprattutto di informatica e di medicina, e la «città scientifica» di *Parigi-Sud*, che comprende, oltre all'Università con 30.000 studenti, svariate imprese private e più di 120 laboratori impiegati nella ricerca tecnologica (informatica, elettronica, agronomia ecc.).

Letture di approfondimento

Becattini G., 2000, *Dal distretto industriale allo sviluppo locale*, Bollati Boringhieri, Torino.

Capello R., 2004, *Economia regionale. Localizzazione, crescita regionale e sviluppo locale*, Il Mulino, Bologna.

Conti S., 1996, *Geografia economica. Teorie e metodi*, UTET Libreria, Torino.

Dicken P., Lloyd P., 1994, *Nuove prospettive su spazio e localizzazione*, Franco Angeli, Milano.

European Commission, Enterprise and Industry (2004), *Observatory of European Smes. Smes in Europe 2003*, Office for Official Publications of the European Communities, Lussemburgo.

Garofoli G. (a cura di), 2003, *Impresa e territorio*, Il Mulino, Bologna.

Knox P., Agnew J., 1994, *Geografia economica*, vol. I, *Lo spazio economico globale*, Franco Angeli, Milano.

Lafay G., 1998, *Capire la globalizzazione*, Il Mulino, Bologna.

Lazzeroni M., 2004, *Geografia della conoscenza e dell'innovazione tecnologica*, Franco Angeli, Milano.

Nonaka I., Takeuchi H., 1997, *The knowledge-creating company. Creare le dinamiche dell'innovazione*, Guerini Associati, Milano.

Vanolo A., 2006, *Geografia economica del sistema-mondo. Territori e reti nello scenario globale*, UTET Libreria, Torino.

Watts H.D., 1993, *Geografia industriale*, Zanichelli, Bologna.

Siti consigliati

Organisation for Economic Cooperation and Development (OECD), 2004, *Science and Technology Statistical Compendium 2004*, OECD, Parigi; www.oecd.org

United Nations Conference on Trade and Development (UNCTAD), 2004a, *Development and Globalization: Facts and Figures*, United Nations, New York e Ginevra; www.unctad.org

United Nations Conference on Trade and Development (UNCTAD), 2004b, *World Investment Report 2004*, United Nations, New York e Ginevra; www.unctad.org

World Trade Organization (WTO), 2004, *International Trade Statistics 2004*, WTO Publications, Ginevra; www.wto.org

Capitolo 8

Servizi e territorio

8.1 La terziarizzazione dell'economia

Fino a pochi decenni fa il carattere distintivo del terziario, rispetto a industria e agricoltura, era quello di essere un settore *residuale*, in cui venivano inserite tutte le attività che non facevano parte degli altri due settori.

Più recentemente, vista l'enorme espansione delle attività terziarie e di servizio e allo scopo di agevolare l'analisi teorica ed empirica, il terziario è stato suddiviso in modo più articolato, secondo la funzione economica (vedi par. 2) e la posizione gerarchico-territoriale (vedi par. 7). Oltre alla circolazione delle merci (trasporti, logistica e commercio), del denaro (banche, borsa e assicurazioni) e alla Pubblica Amministrazione, nell'analisi del terziario è divenuta sempre più rilevante l'importanza della circolazione delle persone (turismo, affari) e soprattutto l'insieme dei servizi volti a elaborare, scambiare e controllare l'informazione (dalle attività di ricerca e sviluppo, alle informazioni di mercato, alla formazione del personale, ai servizi informatici in genere). Accanto ai servizi rivolti al consumo finale si sono presi così sempre più in considerazione i servizi rivolti alla produzione (alle imprese) che, soprattutto nelle economie più avanzate divengono strategici per lo sviluppo economico e si legano con i processi di crescita industriale.

Osservando la tabella sulla ripartizione settoriale della occupazione si posso-

Tab. 8.1 – Evoluzione della ripartizione settoriale dell'occupazione in alcuni paesi (%)

settore	*paesi*														
	USA			*Italia*			*Brasile*			*Cina*			*Etiopia*		
	1960	*1980*	*2003*	*1960*	*1980*	*2003*	*1960*	*1980*	*2003*	*1960*	*1980*	*2003*	*1960*	*1980*	*1996*
agricoltura	13	4	3	33	14	5	54	31	21	82	69	44	88	79	72
industria	33	30	23	37	38	32	13	26	20	8	18	18	5	9	12
terziario	54	66	74	30	48	63	33	43	59	10	13	38	7	12	16

Fonti: Banca Mondiale, OCSE

no ricavare alcune considerazioni di carattere generale. In primo luogo, tutti i paesi hanno avuto negli ultimi decenni un incremento percentuale degli occupati nel settore terziario, sempre accompagnato da una diminuzione degli occupati nel settore agricolo. L'aumento è stato tanto più forte quanto più rapido è stato il tasso di sviluppo economico.

Diverso è il significato dei dati sul terziario nei *paesi sottosviluppati*. In essi infatti tale settore raccoglie forza lavoro che, espulsa dal settore agricolo e non occupata nel debole settore industriale, pratica lavori a scarsissima produttività (piccolo commercio, servizi personali ecc.). Il dato risulta perciò «gonfiato»; non indica cioè un reale sviluppo, ma al contrario un ristagno economico, una situazione di sotto-occupazione e di scarsa produttività del lavoro.

Qualcosa del genere può accadere, però, anche nei paesi sviluppati, quando la crescita degli occupati nel settore dipende in misura eccessiva dalla crescita del terziario tradizionale: nel commercio al dettaglio in Italia, ad esempio, l'eccessivo numero dei negozi ha reso a lungo il settore commerciale poco produttivo rispetto ad altri paesi industrializzati.

Nei paesi ad economia avanzata il forte incremento in termini percentuali degli addetti nel settore terziario ha portato a definire l'attuale fase di sviluppo economico-sociale come *terziarizzazione dell'economia* (o economia postindustriale).

Questo non significa, però, che da una fase industriale basata sulla produzione materiale si stia passando a una fase unicamente basata sul terziario. La produzione industriale non si è ridotta, è solo mutata l'organizzazione del processo produttivo.

Di conseguenza, nei paesi e nelle regioni più sviluppate è aumentata in proporzione la *quota* del lavoro terziario dedicato all'industria, cioè le attività di progettazione, di ricerca applicata, di programmazione informatica, di telecomunicazioni ecc.; le fasi produttive e distributive richiedono inoltre sempre più attività di tipo finanziario, gestionale, di formazione, logistica, pubblicità, marketing ecc. Non siamo quindi di fronte a un processo di deindustrializzazione, ma di forte crescita delle quote di lavoro del terziario in funzione della produzione industriale e agricola.

In queste società «postindustriali» la terziarizzazione non investe però solo i servizi per le imprese, ma anche il campo dei servizi destinati alla domanda finale delle famiglie. Per questi tipi di servizi, dopo un primo periodo di espansione quantitativa, si è passati a una fase di differenziazione anche qualitativa, dovuta non solo alla crescita complessiva del reddito delle famiglie, ma anche a un aumento del tempo libero (in particolare per la fascia dei pensionati e degli anziani) e alla crescente importanza che la popolazione attribuisce alla salubrità dell'ambiente e alla qualità della vita.

Per comprendere a fondo il processo di terziarizzazione occorre inserirlo nel più ampio quadro dei mutamenti strutturali dell'economia, sia su scala mondiale che regionale.

Nella sfera tecnico-produttiva il mutamento più noto ed evidente è il progressivo sviluppo nell'automazione industriale (e in misura minore nei servizi). Questo processo è avvenuto soprattutto nell'area delle funzioni direttamente produttive mentre per il lavoro d'ufficio e per i servizi si è trattato soprattutto dell'inserimento di tecniche informatiche nel campo della contabilità e dell'amministrazione in genere. Queste innovazioni tecniche hanno determinato nel settore industriale una diminuzione di addetti, mentre è andata crescendo la quota di occupazione terziaria; all'interno delle attività di servizio ci sono stati travasi del genere tra tipi di attività diverse, in diversa misura automatizzate, con modificazioni nelle mansioni degli addetti. Il processo di automazione ha di fatto prodotto una serie di conseguenze socioeconomiche sui metodi e contenuti del lavoro, sintetizzabili in un processo speculare di dequalificazione/sovraqualificazione della manodopera. Infatti il contenuto scientifico e intellettuale del lavoro dei quadri intermedi e degli impiegati tende a essere assorbito dalle macchine così come è richiesta per i livelli superiori una maggiore capacità di pianificazione, ideazione, gestione e controllo dei processi produttivi.

Nell'insieme del processo produttivo (industriale e terziario) queste modificazioni hanno prodotto una forte mobilità aziendale e geografica degli occupati. Tra le conseguenze dell'automazione occorre anche evidenziare il cambiamento delle esigenze nel campo della formazione: oggi in tutti i paesi sviluppati, è richiesto alla forza lavoro un elevato livello di scolarizzazione con caratteri di flessibilità intellettuale e forte adattabilità al mutamento.

Parallelamente a questa modificazione tecnologica vi è stato un notevole cambiamento nell'organizzazione del lavoro e della produzione, contraddistinta da un'accentuata *complessificazione del ciclo produttivo*. Tutto il contesto aziendale è stato caratterizzato da processi di crescente specializzazione di attività non direttamente produttive che ha determinato sia il ricorso a servizi esterni (a volte il trasferimento di alcune funzioni terziarie dall'interno all'esterno delle imprese) sia la creazione di nuove attività interne di servizio.

La complessificazione del ciclo produttivo è stata accompagnata dalla parallela crescita di importanza del *capitale finanziario*, la cui circolazione si è moltiplicata, con il conseguente incremento dei servizi forniti dalle società finanziarie, dalle banche, dalle assicurazioni nonché dei servizi finanziari interni alle imprese. La «finanziarizzazione» dell'economia è un processo di scala mondiale che, come quelli appena descritti, ha contribuito in maniera significativa al potenziamento della centralità economica del settore terziario (vedi capitolo 11).

Tra le trasformazioni che maggiormente hanno modificato il ruolo del settore terziario nell'economia va infine ricordata la crescente importanza delle *infrastrutture* la cui densità e qualità è sempre più una condizione di competitività per le imprese. I maggiori investimenti pubblici riguardano in particolare: autostrade, aeroporti, telematica, ferrovie ad alta velocità, università e centri di ricerca, formazione professionale e infrastrutture ambientali.

8.2 La classificazione funzionale delle attività terziarie

La più tradizionale suddivisione delle attività terziarie è di tipo *merceologico*, utilizzata anche dalle rilevazioni statistiche, che però non è molto adatta alla comprensione delle dinamiche economiche di un territorio, in quanto non distingue molto la qualità e il livello dei vari servizi (vedi tabella 8.2).

Suddivisioni delle attività terziarie più utili a questo scopo sono quella *gerarchico-territoriale* (descritta nel par. 7) e quella di tipo *funzionale*. Quest'ultima tiene conto della funzione prevalente svolta da ogni ramo del settore nel circuito economico e più in generale nella società e che identifichi l'utenza prevalente di ogni tipo di servizio. Essa distingue:

a) *Servizi per le famiglie*: destinati alla vendita e rivolti al consumo finale, ad esempio il commercio al minuto, buona parte dei servizi paracommerciali (bar, ristoranti ecc.), i servizi turistici, i servizi per la cura della persona (estetiste, lavanderie ecc.), i servizi di riparazione e manutenzione (meccanici, idraulici ecc.).

b) *Servizi per la collettività* (o di uso collettivo), suddivisibili in infrastrutture sociali e infrastrutture di trasporto e comunicazione.

Le prime comprendono la Pubblica Amministrazione (centrale e locale), la giustizia, la difesa, la sicurezza sociale, i servizi per la salute (assistenza medica, ospedali), l'istruzione e altri servizi sociali, sportivi e culturali. Sono in prevalenza organizzati e gestiti dallo Stato e dalle amministrazioni locali, oppure dati in gestione a imprese private o ancora affidati al cosiddetto *Terzo Settore* (vedi la sche-

Tab. 8.2 – Classificazione merceologica delle attività terziarie

Trasporti e comunicazioni:
- trasporti (terrestri, marittimi, aerei ecc.);
- attività ausiliarie (logistica, spedizionieri, agenzie di viaggio ecc.);
- comunicazioni (posta, telegrafo, radio e televisione, telefono, telematica).

Commercio:
- commercio al minuto (negozi, grandi magazzini, vendita ambulante ecc.);
- commercio all'ingrosso;
- servizi paracommerciali (pubblici esercizi, alberghi, artigianato di servizio, servizi per la persona ecc.).

Credito e assicurazioni:
- banche, istituti di credito;
- compagnie assicurative.

Servizi per le imprese:
- finanziari;
- organizzativi (legali, fiscali, informatici, contabili ecc.);
- commerciali (marketing, pubblicità ecc.);
- tecnici (ricerca applicata, studi di progettazione, laboratori di analisi ecc.).

Servizi collettivi di interesse pubblico:
- istruzione, sanità, cultura, sport, spettacoli, assistenza sociale, partiti, sindacati, associazioni imprenditoriali e sociali, istituzioni religiose ecc.

Pubblica Amministrazione:
- uffici pubblici dipendenti dal governo centrale e dagli enti locali.

da 8.1). Una parte di questi servizi non è destinata alla vendita, in quanto risponde a esigenze di interesse collettivo, ma negli ultimi decenni i processi di privatizzazione di questi servizi si sono intensificati, riducendo così la loro fornitura a titolo gratuito o a prezzo ridotto.

Le infrastrutture di trasporto e comunicazione assicurano la circolazione delle merci, delle persone, delle informazioni e del denaro e rappresentano quindi un supporto fondamentale all'attività economica e sociale. Il loro carattere strategico fa sì che anche in questo caso lo Stato intervenga direttamente, oppure indirettamente, servendosi di imprese private, talvolta in concorrenza tra loro.

c) *Servizi per le imprese*, rivolti alle attività economiche e suddivisi in tradizionali e avanzati, secondo il grado di innovazione tecnologica e organizzativa che incorporano: così i normali trasporti privati sono in genere tradizionali, mentre si considerano avanzati la ricerca applicata, il marketing, la consulenza finanziaria, la logistica e simili.

d) *Attività quaternarie*, che non sono propriamente servizi, ma attività di comando, decisione, pianificazione, orientamento politico e culturale: ad esempio il governo politico e la direzione delle grandi società industriali, che hanno una funzione strategica per lo sviluppo di tutto il sistema economico.

L'attribuzione a un solo raggruppamento di determinati servizi non sempre è un'operazione possibile. Attività come il credito o le assicurazioni, infatti, hanno tra i loro utenti sia le famiglie che le imprese. È però possibile definire qual è il ruolo economico prevalente di questi servizi e decidere di collocarli di conseguenza, anche se permane un margine di arbitrarietà.

Scheda 8.1 – Il Terzo Settore

Il Terzo Settore non va confuso con il settore terziario, di cui tuttavia è una parte. Si tratta di un insieme di attività di servizio svolte da privati, che perseguono scopi sociali nel campo dell'assistenza, della cultura, dello sport ecc., e tendono a integrare e in parte a sostituire l'intervento dello Stato dove esso è carente (sanità, assistenza agli emarginati, certi tipi di istruzione, promozione culturale ecc.).

Il Terzo Settore viene anche definito *Non profit*, nel senso che l'obiettivo principale di queste attività non è, come per l'impresa privata, il profitto, anche se chi si occupa di queste attività gestisce talvolta fondi consistenti. In alcuni casi gli addetti al Terzo Settore percepiscono una remunerazione per il proprio lavoro, in altri casi si tratta di «volontariato», cioè di attività non remunerata. Il lavoro remunerato nel settore Non profit crea occupazione ed è da inserire a pieno titolo nelle attività economiche.

Il Terzo Settore è presente soprattutto nei paesi sviluppati. In Francia, Regno Unito, Germania e Stati Uniti rappresenta tra il 5 e il 6% dell'occupazione totale, e dei nuovi posti di lavoro circa uno su nove viene creato nel Terzo Settore. Si tratta soprattutto di attività nel settore sanitario (assistenza per lunghe degenze, assistenza ospedaliera in generale, sostegno alle persone portatrici di handicap), sportivo e culturale (gestione di impianti, sport per gli anziani, associazioni culturali), della cura e crescita dei bambini (centri-gioco, asili non comunali ecc.).

Anche in Italia e in Giappone il Terzo Settore è in crescita. Nel nostro paese si occupa principalmente di servizi sociali e ha una quota elevata di volontariato.

Il Terzo Settore viene finanziato dal governo o dalle amministrazioni locali (in media per il 30-40%) e da donazioni di privati, imprese o enti (15-20%); in parte viene retribuito da chi usufruisce di questi servizi (40-50%). Il settore gode in tutti i paesi sviluppati di agevolazioni fiscali e normative, anche per il ruolo di supporto e supplenza che svolge nei confronti dello Stato nell'offerta di servizi di pubblica utilità.

8.3 I servizi per le famiglie

Essendo, come detto, variabile dipendente del reddito spendibile e quindi dello sviluppo economico raggiunto, questo tipo di servizi si localizza in funzione della distribuzione della popolazione e dei suoi consumi e si concentra quindi nei luoghi più densamente abitati, dove la possibilità di spesa della popolazione è maggiore. In generale i servizi per le famiglie sono più densamente presenti nelle aree più sviluppate. Fanno eccezione a questo schema i servizi delle aree turistiche che sono spesso localizzati, soprattutto nei paesi sviluppati, in posizione periferica rispetto alle grandi aree urbane.

L'intervento dello Stato in questo ambito è di tipo indiretto, cioè rivolto soprattutto a regolare le attività dei privati.

Tra i servizi per le famiglie il più importante dal punto di vista occupazionale è il commercio, che arriva spesso a occupare il 10% della popolazione attiva.

Nei *paesi sviluppati* le tendenze recenti dello sviluppo dei servizi rivolti al consumo sono di due tipi. Alcuni servizi seguono in parte i processi di concentrazione finanziaria, di meccanizzazione e automazione del lavoro che sono propri nel settore secondiario. Un tipico esempio è la sostituzione del piccolo commercio poco specializzato (alimentari, vestiario, articoli per la casa ecc.) da parte della grande distribuzione (supermercati, ipermercati ecc.). Tali processi avvengono in tempi diversi nei diversi paesi: in Italia, ad esempio, circa il 50% dei prodotti alimentari è venduto dalla grande distribuzione, mentre negli Stati Uniti la quota arriva all'80%.

Dal punto di vista localizzativo, lo sviluppo della grande distribuzione porta a privilegiare le aree suburbane e quelle extra-urbane arteriali o nodali, rispetto alle localizzazioni tradizionali nei centri storici delle città; ciò per favorire l'accessibilità e soddisfare il grande bisogno di spazio, necessario sia per la vendita che per il parcheggio.

La seconda tendenza riguarda il commercio di beni voluttuari, i servizi per la persona, lo svago, il tempo libero ecc. Trattandosi di servizi specializzati e altamente sensibili ai mutamenti della moda, la loro offerta non è facilmente concentrabile né standardizzabile e il settore è caratterizzato quindi da un elevato livello di occupazione e dal frazionamento in piccole unità aziendali.

Queste attività, localizzate tradizionalmente nelle parti più centrali delle città, si vanno ora diffondendo (in particolare ristoranti, impianti sportivi, discoteche, centri commerciali specializzati in abbigliamento e attrezzature sportive oppure nell'arredamento della casa ecc.) anche in aree extra-urbane.

Nei paesi del *Sud del mondo*, cioè sottosviluppati, ove prevale invece un terziario «gonfiato», ipertrofico (detto anche terziario superfluo), a causa della bassissima produttività del lavoro, che è remunerato sovente a livelli di pura sopravvivenza.

Nel Sud del mondo la rete dei servizi, soprattutto quelli commerciali, ha fatto comunque discreti progressi negli ultimi decenni, specie nelle capitali e nelle grandi città. Nelle regioni rurali interne e in quelle non interessate dall'economia di esportazione, la rete commerciale risulta però ancora molto primitiva, spesso caratterizzata dal sopravvivere del baratto. Nel complesso, la rete dei servizi nei paesi sottosviluppati presenta un *doppio circuito*, con caratteristiche qualitative e di prezzi molto diverse. Il primo circuito è utilizzato dalla ristretta classe agiata e dominante e dagli stranieri provenienti da paesi sviluppati; il secondo dalla maggioranza povera della popolazione indigena. Ciò vale in genere per tutti i servizi, dai negozi alle scuole, agli alberghi, al credito, ma in particolare per i servizi rivolti alle famiglie, che sono i più diffusi.

Questo dualismo è infatti particolarmente evidente nell'organizzazione del commercio, in cui coesistono una struttura tradizionale (commercio di sussistenza) e una struttura più avanzata (commercio moderno).

Il commercio «moderno», localizzato solo nelle città più importanti, è organizzato soprattutto da grandi imprese che gestiscono la struttura di vendita in negozi e grandi magazzini in ampia superficie con disponibilità di beni importati dall'estero. Il commercio tradizionale si caratterizza sia per l'ampia diffusione sul territorio (mercati, negozietti e mercatini pullulano in moltissimi paesi del Sud del mondo) sia per lo scambio con scarsa circolazione di moneta. Occorre infine ricordare che all'interno dei paesi del Sud del mondo è ancora molto sviluppato l'autoconsumo che, nonostante la rapida riduzione della popolazione rurale, arriva ancora a coprire quote importanti del consumo alimentare, variabili tra il 20 e il 50%.

8.4 I servizi per la collettività

Le infrastrutture sociali e di trasporto e comunicazione sono destinate a soddisfare gli interessi della collettività nel suo insieme, oltre che (e prima che) quelli del singolo utente.

Dal punto di vista economico, possono essere considerati «condizioni generali della produzione», vale a dire condizioni che permettono la valorizzazione produttiva delle imprese e la riproduzione di una forza lavoro con certe caratteristiche qualitative. Oltre che come economie esterne, i mezzi di consumo collettivo possono anche configurarsi come strumenti per attenuare le diseconomie prodotte dal processo agglomerativo (si pensi, ad esempio, al ruolo delle reti di trasporto nel decentramento produttivo oppure a quello dei sistemi di mobilità collettiva nelle aree a forte densità insediativa).

I servizi per la collettività sono quindi un importante indicatore dello sviluppo economico di un paese: trasporti pubblici, servizi scolastici, sanitari, culturali di buon livello, garantendo lo spostamento e la riproduzione di forza lavoro qualificata, sono un prerequisito fondamentale della crescita di tutto il sistema.

La localizzazione dei servizi per la collettività dipende in larga misura dalla distribuzione della popolazione ma, a differenza dei servizi per le famiglie, non è necessariamente legata alle possibilità individuali di spesa. Lo Stato infatti può fornire questi servizi a prezzi politici (o anche gratuitamente) quando risultano, o sono ritenuti, necessari per un equilibrato sviluppo economico e sociale delle collettività.

La localizzazione di questi servizi può anche dipendere dalle politiche di sviluppo regionale. La costruzione di strade, ferrovie, università, reti telefoniche e telematiche in regioni sottosviluppate può essere infatti un incentivo e una condizione di base per lo sviluppo futuro. In questi casi la localizzazione dei servizi può precedere e guidare la crescita demografica ed economica, invece di seguirle, come avviene con i servizi per le famiglie.

Va però rilevato che spesso le politiche di localizzazione dei servizi collettivi, soprattutto quelli più qualificati, vanno a rimorchio dei processi economici invece di precederli e guidarli. Ciò significa che le aree privilegiate per le nuove localizzazioni sono quelle già sviluppate e che importante fattore di localizzazione risulta quindi essere, insieme alla distribuzione della popolazione e alla disponibilità di reddito, la presenza di imprese che possano utilizzare i vantaggi diretti o indiretti del servizio collettivo.

Nei paesi sviluppati vi è un'offerta di servizi per la collettività che, se confrontata con quella dei paesi del Sud del mondo risulta molto variegata, sebbene con differenziazioni anche significative (vedi la tabella 8.3).

Le differenze non dipendono solo dalla ricchezza del paese, ma anche dall'orientamento politico-economico adottato. Infatti i governi a ispirazione neoliberalista tendono a privatizzare i servizi collettivi (con conseguenti maggiori costi per i

Tab. 8.3 – Indicatori della presenza di servizi per la collettività in alcuni paesi (2002)

paesi	*Scolarizzazione di 3° grado (% della popolazione tra 19 e 24 anni)*	*numero di medici ogni 1.000 abitanti*
Stati Uniti	70,7	2,93
Francia	53,6	3,35
Svezia	70,0	3,00
Italia	49,9	4,30
Giappone	47,7	1,90
Russia	68,4	4,20
Cuba	27,4	5,18
Arabia Saudita	21,9	1,66
India	10,6	0,41
Cina	12,7	1,44
Bangladesh	6,1	0,20
Burkina Faso	0,9	0,04

Fonte: Banca mondiale (2004)

Fig. 8.1 – Mortalità infantile nel mondo

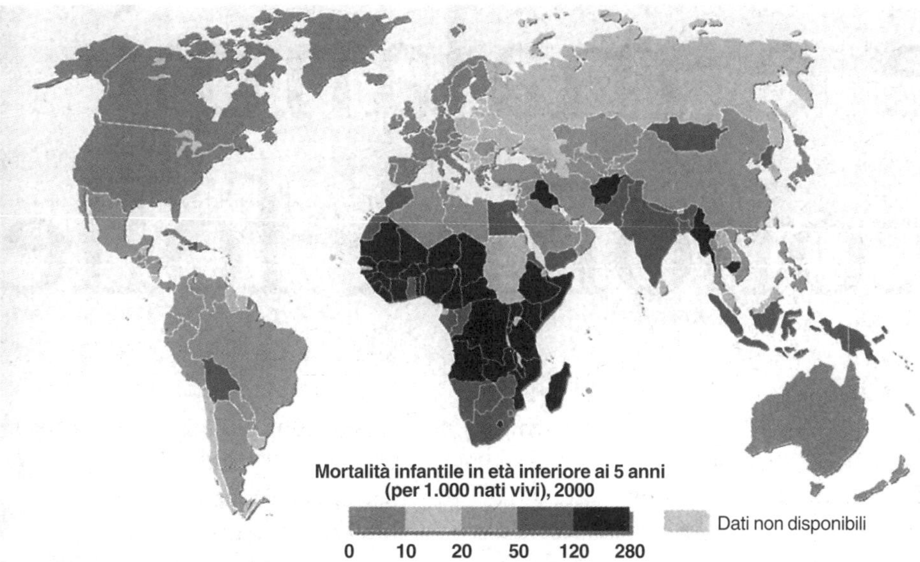

Fonte: Rapporto sullo sviluppo del mondo 2002, Banca Mondiale

cittadini che usufruiscono del servizio) mentre quelli che si ispirano in qualche modo a politiche di assistenza sociale tendono a fornire servizi a costi contenuti e a mantenere la gestione pubblica o privata sotto il controllo pubblico.

Negli ultimi anni la tendenza prevalente è però quella della *privatizzazione*, sia dei piccoli sia dei *grandi servizi* di interesse collettivo. Società private ottengono dall'autorità pubblica la gestione e spesso la proprietà di servizi quali la raccolta e lo smaltimento dei rifiuti, la produzione e la distribuzione dell'energia e dell'acqua, la gestione di porti e aeroporti. Il potere di controllo e condizionamento di queste imprese private sui servizi per la collettività è quindi molto cresciuto. La privatizzazione o la presenza contemporanea di un gestore pubblico e di uno o più gestori privati, introduce il principio di concorrenza all'interno di questo settore: se ciò può portare a una maggiore efficienza dei sevizi stessi vi è però il rischio di una fornitura non più generalizzata ma selettiva, in funzione della domanda e della capacità di spesa, come avviene per i servizi alle famiglie. Questo processo riguarda in molti Stati anche servizi quali l'istruzione e la sanità.

La privatizzazione dei servizi di interesse collettivo ha registrato una forte crescita dopo la firma nel 1994 degli accordi di Marrakesh, al termine del ciclo di negoziati da cui nacque il WTO (Organizzazione mondiale del commercio, vedi cap. 11). I firmatari dell'accordo intendevano promuovere la liberalizzazione dei servizi, con lo scopo di favorire il commercio in questo settore, ormai parte maggioritaria del PIL mondiale. Questo accordo generale sul commercio dei servizi (denominato *Gats*) trova però forti resistenze sociali e politiche nell'applicazione concreta, iniziata nel 2000 (nell'Unione europea, per esempio, nel 2005 le direttive relative ai Gats sono state bloccate e verranno ridiscusse). L'accordo Gats mira a far sì che tutti i fornitori di servizi, pubblici e privati, siano messi in regime di concorrenza, interna e internazionale; per cui una nazione che per esempio liberalizza i servizi idrici dovrebbe farlo nei confronti delle imprese di tutti i paesi del mondo. Lo stesso varrebbe per i servizi alla salute o scolastici, con rischio di impoverimento delle fasce sociali che non possono pagare il servizio o di intere popolazioni di paesi del Sud del mondo.

8.5 I servizi per le imprese

Presenti in modo massiccio solamente nei paesi economicamente avanzati, i servizi per le imprese non intervengono nella fase di consumo finale, ma in fasi precedenti del ciclo produttivo. Possono essere venduti da imprese private, oppure forniti dallo Stato o da sue agenzie.

Per comprendere l'azione di questi servizi sulla dinamica delle imprese è fondamentale distinguere i servizi per le imprese tra *tradizionali* e *innovativi*. Sono tradizionali quei servizi che provvedono alla semplice sopravvivenza dell'impresa, alla routine, come la tenuta della contabilità, i trasporti ordinari ecc. Sono invece innovativi quei servizi che operano come fattori o condizioni di sviluppo, come i servizi di ricerca e sviluppo, le ricerche di mercato o la logistica.

Secondo Riccardo Cappellin (1988) possono essere definiti innovativi (o avanzati) i servizi che soddisfano almeno uno dei seguenti criteri: a) richiedono notevoli investimenti di tipo immateriale, ad esempio spese nella formazione professionale dei relativi addetti e spese in ricerca e sviluppo per il miglioramento della qualità dei servizi stessi, o notevoli investimenti di tipo materiale; b) rappresentano essi stessi degli investimenti, in quanto la loro efficacia deve essere valutata in un periodo pluriennale. Questi due criteri permettono di escludere dall'ambito dei servizi avanzati molti servizi nuovi ma relativamente banali e di routine, mentre permette di includere dei servizi non nuovi, come quelli di molte professioni liberali (studi legali, commercialisti, ingegneri ecc.), che sono spesso molto più complessi e rari.

Nell'analisi dei servizi per le imprese occorre fare una seconda importante suddivisione tra servizi *espliciti* e *impliciti*. I servizi espliciti sono prodotti da unità esterne rispetto alle imprese che li utilizzano, mentre quelli impliciti sono prodotti internamente all'impresa, non per la vendita, ma per l'uso interno dell'impresa stessa e talvolta di sue consociate e sub-fornitrici.

L'insieme dei servizi espliciti e impliciti rivolti a elaborare, immagazzinare, scambiare e controllare l'*informazione* si configura oggi come una risorsa strategica indispensabile alle imprese. Ciò non significa che lo scambio e la circolazione di beni materiali non continuino a essere importanti (sono anzi crescenti) ma soltanto che, così come per gli altri settori produttivi, dipendono sempre più da attività di gestione dell'informazione. Ciò a partire dalle attività di ricerca e sviluppo e di formazione che si pongono all'origine dei processi produttivi, fino alle fasi finali del circuito economico, quando sotto forma di informazione di mercato, pubblicità e promozione commerciale, si regola il passaggio dalla produzione al consumo. Il flusso informativo è quindi il processo produttivo degli « uffici » e può essere definito come l'insieme organico di passaggio e processi di trasformazione di dati, notizie, ordini relativi all'organizzazione dell'azienda.

Ai circuiti classici dei beni materiali e del denaro si è così affiancato un circuito delle informazioni, molte delle quali sono fornite dalle imprese sotto forma di servizi. Nelle economie più avanzate questo circuito ha un ruolo strategico, nel senso che gli altri circuiti (della produzione, del denaro) dipendono sempre più da esso, in modo tale che gli input di informazione vengono a determinare in misura crescente i risultati economici delle imprese e la loro capacità di trasformarsi e mantenersi competitive.

Ciò avviene alla scala dell'intero sistema mondiale, ma con significative differenze tra i vari paesi, e, all'interno di essi, delle diverse regioni e distretti.

Si è osservato nei paragrafi precedenti come la crescita del settore terziario non debba essere intesa in opposizione all'evoluzione dell'industria (fatto che avviene solo in termini di andamento occupazionale complessivo) quanto piuttosto nei termini di una maggiore incorporazione di lavoro terziario all'interno del settore secondario. Si tratta cioè di un'osmosi piuttosto che di una crescita contrapposta e ciò risulta chiaramente dall'incremento della quota di occupazione in attività di ufficio e nei servizi impliciti all'interno delle imprese manifatturiere, a fronte di una riduzione dell'occupazione operaia (figura 8.2).

Questo processo è però avvenuto in misura assai diversa nelle economie centrali, semiperiferiche e periferiche: in modo massiccio nelle prime, dove sono concentrate le attività di ricerca e le innovazioni di processo e di prodotto, in misura marginale o comunque limitata in quelle semiperiferiche mentre è quasi del tutto assente nelle economie periferiche.

Per ciò che riguarda invece i *servizi espliciti*, ovvero quelli forniti da imprese esterne a quella che li utilizza, la loro crescita è già stata in parte spiegata nell'analisi della crescita generale del settore terziario, ma occorre ancora specificarne alcuni aspetti. È possibile osservare un comportamento, riconducibile alle grandi imprese, relativo all'evoluzione della domanda di servizi per la produzione. Nel contesto di complessificazione del ciclo produttivo, in una prima fase una serie di funzioni che

Fig. 8.2 – Evoluzione delle spese per il personale nelle imprese industriali

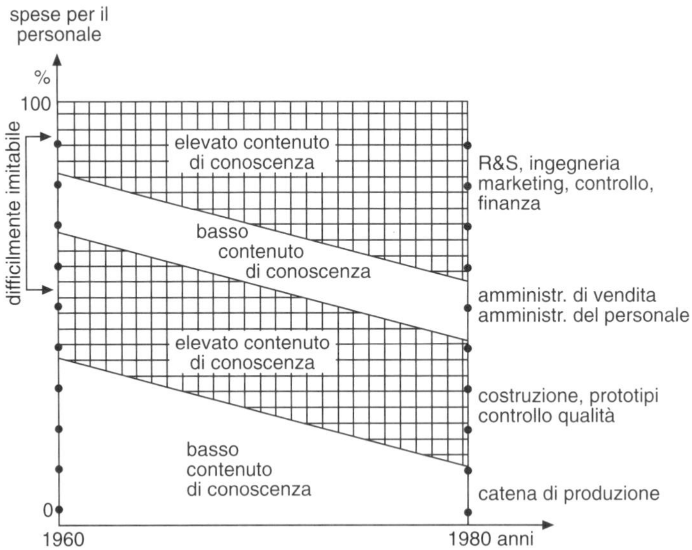

Fonte: Bailly e Maillat, 1986

necessitavano di crescita (ad esempio, l'organizzazione della produzione e la formazione del personale) sono state sviluppate all'interno dell'impresa. Ciò è avvenuto fino al momento in cui la lievitazione dei costi e la possibilità di opzioni alternative non sono state tali da indurre l'impresa a esternalizzare il servizio, rivolgendosi a imprese specializzate che garantivano anche una maggiore efficacia.

Un discorso a parte merita l'adozione di innovazioni organizzative o tecnologiche, come l'informatizzazione degli uffici, che da subito sono state introdotte utilizzando imprese esterne. La consulenza in campo informatico, ma anche gestionale, di marketing strategico, di analisi macroambientale, di ricerca e sviluppo ha infatti creato un vero e proprio settore dei servizi avanzati per le imprese, con aziende che si configurano come risolutori globali dei problemi dell'impresa e che tendono a diversificare la loro sfera d'intervento in tutti i campi del terziario avanzato.

I clienti sono sia le piccole e medie imprese, sia – soprattutto – le grandi, a riprova del fatto che esigenze di efficacia e redditività comportano comunque, per i servizi qualificati, un ricorso a imprese esterne specializzate.

Il processo di esternalizzazione ha interessato anche i servizi più banali, per ragioni sia di costo sia organizzative. Nei casi in cui il ricorso a questi servizi risultava temporaneo e limitato oppure poco inerente al settore produttivo dell'impresa si è preferito utilizzare un servizio esplicito. Si tratta delle operazioni di giardinaggio, pulizia, ristorazione, ma anche le funzioni di trasporto, tutte relativamente semplici, ma oggetto molto spesso di appalti esterni. Nell'insieme questo processo di decentramento dei servizi impliciti segue in sostanza la stessa logica di decentramento produttivo (a breve raggio) descritta per l'industria manifatturiera. Concludendo si può osservare che il più stretto legame tra industria e terziario ha provocato tali modificazioni nel sistema produttivo da rendere possibile una *configurazione unitaria* del ciclo produttivo, dalla concezione del prodotto alla sua distribuzione, attraverso una combinazione di attività produttive e di servizio che ha come fulcro centrale la grande impresa, la quale, attraverso relazioni funzionali (interne o esterne a essa) molto articolate, controlla le varie fasi del sistema di produzione.

Nella figura 8.3 si evidenziano le relazioni funzionali a monte (R&S, pianificazione ecc.), gestione della produzione, trasporti, banche ecc.) e a valle della produzione (marketing, vendita, pubbliche relazioni ecc.) ed è possibile cogliere la complessa articolazione del ciclo produttivo che caratterizza l'attuale sviluppo « postindustriale ».

Fig. 8.3 – Articolazione dei servizi nel sistema di produzione

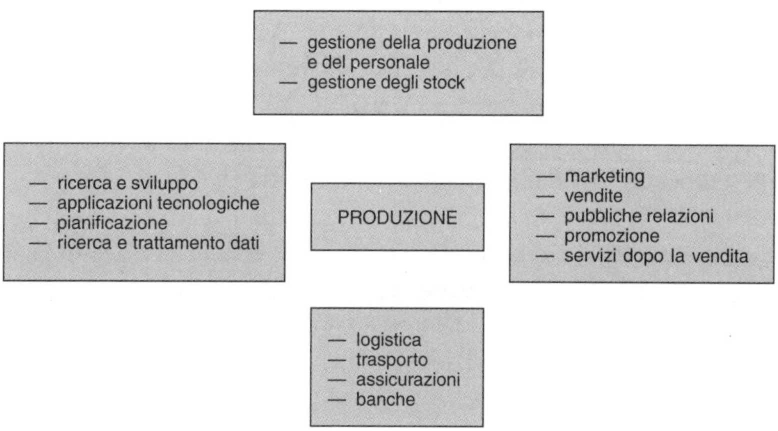

Fonte: Bailly e Maillat, 1986, modificato

8.6 Le attività quaternarie

Vengono definite « quaternarie » tutte le attività di comando, decisione, pianificazione e controllo a livello politico, sociale, economico e culturale. Più che come un settore a sé stante, il quaternario va quindi inteso come il « cervello » del sistema, sia su scala mondiale sia nei singoli paesi. Esso comprende le sedi decisionali superiori della Pubblica Amministrazione, del governo politico, del potere militare, dei grandi partiti e sindacati; le principali istituzioni finanziarie e di mercato come le banche centrali e le Borse; le sedi centrali delle grandi imprese e dei principali istituti di credito; i centri che si occupano della ricerca di base nei settori tecnologici avanzati, dell'informazione e dell'orientamento culturale e ideologico, come le principali università, la direzione dei mass media, i grandi centri della cultura religiosa. Coloro che prendono le decisioni in questi campi di attività sono gli « addetti » del settore quaternario.

Si comprende facilmente che la funzione del quaternario è fondamentale per l'economia di tutti i paesi del mondo e per il sistema-mondo nel suo insieme: per questo motivo è utile analizzare il settore separatamente dal resto del terziario, e in particolare dal terziario superiore, che può comprendere attività di servizio anche molto qualificate, ma non di comando e di orientamento, o non prevalentemente.

Va inoltre rilevato che nei singoli paesi vi è sì distinzione, e a volte anche conflitto di interessi, tra gli organismi del potere pubblico e quelli dell'economia privata, ma ciò non preclude per nulla la presenza di interrelazioni e rapporti di collaborazione anche molto stretti.

I grandi gruppi bancari privati, ad esempio, fanno pressione sul potere politico in materia di scelte finanziarie (tassi di sconto, regolamentazione delle esportazioni di capitale ecc.). Relazioni molto strette vi sono anche all'interno dei settori del potere pubblico (ad esempio, tra governo e università) o del quaternario privato (ad esempio tra banche e imprese industriali).

Queste interrelazioni fanno sì che la localizzazione delle singole attività quaternarie non dipenda solo dalla presenza delle attività che esse dirigono o coordinano (ad esempio, la borsa valori più importante in Italia è a Milano, anche perché nell'area e nelle regioni circostanti vi è la maggior concentrazione di capitale finanziario), ma anche dalla presenza delle altre attività di comando, con cui si hanno strette relazioni: ad esempio, a Milano vi è la maggior concentrazione di sedi centrali di imprese private e di sedi « regionali » di multinazionali.

Questo meccanismo di localizzazione fa sì che l'attività quaternaria si concentri in pochissime grandi metropoli, sia su scala nazionale che internazionale.

Nei casi in cui esiste una distribuzione in più città delle funzioni quaternarie ciò può dipendere dalla separazione tra centri specializzati nell'attività politica e centri specializzati nell'attività economica (ad esempio Roma e Milano, Rio de Janeiro, San Paolo e Brasilia ecc.). In alcuni Stati vi è un decentramento ancora maggiore; un esempio è rappresentato dalla Germania dove Francoforte, pur essendo il centro quaternario principale (Borsa, università, banche principali), non è la sede del potere politico che risiede a Bonn e Berlino, e neanche quella esclusiva delle principali società industriali tedesche, localizzate anche in altre città (Monaco, Amburgo, Stoccarda ecc.).

Pur avendo ogni Stato il proprio settore decisionale, in alcuni casi il quaternario di uno Stato può avere un'influenza che travalica le frontiere nazionali, per assumere importanza sovranazionale e condizionare così le scelte di altri paesi. È il caso di un centro finanziario come Londra, o delle conoscenze scientifiche che si diffondono dal Massachusetts Institute of Technology (MIT) e da altri centri di ricerca di Boston: in tutti e due i casi l'influenza è di scala mondiale. Le città sedi di più attività che hanno un'influenza su scala mondiale sono oggi i *nodi centrali* delle relazioni globali (commerciali, finanziarie, scientifiche ecc.) create dalla mondializzazione dell'economia e vengono perciò dette *città globali*. In altri casi il quaternario può esercitare un'influenza su scala regionale. Un esempio è il quaternario brasiliano che, pur essendo « dipendente » su scala mondiale, esercita nell'ambito di buona parte dell'America meridionale una funzione dominante.

8.7 La distribuzione dei servizi sul territorio

La distribuzione delle attività terziarie sul territorio non è uniforme: vi sono grandi centri che hanno un numero molto elevato e diversificato di servizi, e piccole città che si limitano a fornirne un numero ridotto. Il tipo di servizio offerto in genere diventa meno raro e specializzato a mano a mano che si passa dai centri più grandi a quelli più piccoli. Così, ad esempio, l'università, frequentata da utenti provenienti da un'area di dimensioni provinciali o regionali, è presente solo in alcune città, mentre le scuole elementari, frequentate da tutti i bambini, si trovano anche nei più piccoli paesi.

Per interpretare la distribuzione geografica dei servizi occorre perciò tener conto del raggio geografico dell'utenza. Sotto questo aspetto, a grandi linee, si possono distinguere tre categorie di servizi (vedi anche figura 8.4).

Fig. 8.4 – Schema semplificato delle attività terziarie

	servizi		
livelli gerarchico territoriali	PER LE FAMIGLIE	PER LE IMPRESE	PER LA COLLETTIVITÀ
SUPERIORE (raro)	negozi d'alta moda	marketing finanziario	università
MEDIO	grande magazzino	consulenza fiscale	scuola media superiore
INFERIORE (comune, diffuso)	negozio di alimentari despecializzato	trasporti per conto terzi	scuola dell'obbligo

a) *I servizi comuni* (o banali, o diffusi). Sono quelli a cui accede con frequenza giornaliera o settimanale buona parte delle famiglie e/o imprese (ad esempio bar, negozi alimentari, sportelli bancari, trasporti pubblici, posta, scuola dell'obbligo ecc.). Nei paesi sviluppati sono presenti in tutte le zone abitate nel raggio di 10 km o meno. Sono distribuiti abbastanza uniformemente anche nei paesi meno sviluppati, salvo alcuni, come le farmacie, che in questi ultimi sono ancora relativamente rari.

b) *I servizi di livello medio*. Sono quelli a cui la maggior parte delle famiglie o delle imprese accede con frequenza da mensile ad annuale, oppure quelli a cui accede solo una parte della popolazione (ad esempio abbigliamento specializzato, consulenti fiscali, agenzie di viaggio, scuole superiori ecc.). Nei paesi sviluppati si trovano in città di dimensioni medie o medio-piccole e sono quindi abbastanza diffusi sul territorio. Nei paesi sottosviluppati si trovano solo in pochi centri principali.

c) *I servizi rari* (o terziari superiori). Sono quelli a cui si ricorre eccezionalmente o che sono rivolti a categorie molto specializzate di utenti. Vi appartengono i tipi di commercio presenti solo nelle grandi città (come i negozi d'alta moda), i servizi «avanzati» per le imprese, le grandi università, gli ospedali con reparti specializzati ecc. Questi servizi sono in genere concentrati in pochi centri maggiori; in molti paesi sottosviluppati si trovano di solito solo nelle città capitali e sono sovente incompleti o di qualità modesta (mancano ad esempio quasi del tutto le attività di ricerca applicata). Questa categoria di servizi si trova spesso associata alle attività quaternarie, in quanto anch'esse molto «rare» e poco diffuse sul territorio, anche nei paesi più sviluppati.

Nel complesso le attività terziarie tendono quindi a distribuirsi sul territorio secondo una *logica gerarchica*, che dà luogo a una corrispondente distribuzione gerarchica degli insediamenti. Alla sommità della gerarchia si trovano i centri che posseggono il maggior numero di attività del settore quaternario oppure i servizi del terziario superiore più specializzati e strategici (ad esempio, a scala mondiale, città come New York, Tokyo, Parigi, Londra, a scala nazionale italiana Milano e Roma). Alla base della gerarchia vi sono i centri provvisti pressoché esclusivamente di un terziario di tipo comune (ad esempio, in Italia, i centri con meno di 3.000 abitanti).

L'insieme delle funzioni di un centro determina quindi la sua posizione nella scala gerarchica del terziario all'interno di una regione o di uno Stato oppure a scala mondiale.

La posizione gerarchica di un centro non corrisponde alla quantità di popolazione residente, ma alle funzioni terziarie di diverso livello che vi si esercitano. Così, pur avendo all'incirca lo stesso numero di abitanti di Napoli, Milano è a livello funzionale superiore, e lo stesso vale, su scala mondiale, per Tokyo rispetto a Città del Messico.

L'organizzazione gerarchica dei centri, che dipende dalla localizzazione «spontanea» delle attività terziarie, può essere modificata o indirizzata dalla politica territoriale dello Stato. Con tali interventi è possibile limitare la concentrazione di un numero eccessivo di attività terziarie (sia banali, sia rare) nella stessa zona. Così, ad esempio, la costruzione del quartiere della Défense, centro direzionale situato nella periferia di Parigi, è avvenuta soprattutto per decongestionare il centro della capitale francese, che in ogni caso non poteva più offrire tutto lo spazio necessario per il forte sviluppo delle attività terziarie superiori e direzionali.

8.8 La diffusione dei servizi per le imprese

Le forti polarizzazioni di servizi e attività economiche in poche aree, sia all'interno dei paesi sviluppati sia nel Sud del mondo, così come la diversa presenza di terziario avanzato e servizi per le imprese nei due tipi di paesi, testimoniano la disomogeneità della localizzazione dei servizi. I servizi alle imprese, e in particolare quelli avanzata, sono in larga misura soggetti ai *processi di agglomerazione* descritti nel capitolo relativo all'industria e quindi sono concentrati in poche aree. Essi infatti sono il tipo di servizio che più segue la diffusione delle imprese e dello sviluppo economico. I casi di servizi alle imprese localizzati per anticipare e stimolare lo sviluppo sono presenti, ma poco frequenti.

Come sottolinea Pred (1977), riprendendo la nota teoria myrdaliana, il processo di crescita delle funzioni terziarie urbane è di tipo cumulativo e ciò contribuisce a creare la concentrazione della crescita in pochi centri. In essi la possibilità delle imprese di accedere a economie esterne è maggiore, la crescita della domanda determina la creazione di nuove funzioni terziarie (di servizio o amministrative) e la crescita della circolazione locale di informazione specializzata che stimola la crescita delle funzioni di livello più elevato, secondo un processo circolare che si autoalimenta.

Lo schema è utile per comprendere il meccanismo di polarizzazione spaziale dei servizi per le imprese che caratterizza molte regioni, anche se non tiene conto della strategia delle imprese multinazionali (industriali e terziarie), che condiziona in maniera significativa la presenza di numerose attività di servizio indotte.

Lo spazio polarizzato che deriva da questi processi agglomerativi parrebbe riprodurre lo schema centro-periferia che da decenni geografi ed economisti del territorio utilizzano alle diverse scale. Tuttavia verifiche empiriche, studi macroeconomici e regionali ed elaborazioni teoriche più recenti mettono in discussione l'inevitabilità del processo cumulativo di agglomerazione, evidenziandone i limiti.

Al contempo le stesse strategie locali di sviluppo (vedi paragrafo 2.7) assumono un ruolo determinante nella evoluzione economica delle periferie non relegando le stesse a un ruolo subalterno con dinamiche di sviluppo dipendenti solamente dalle decisioni del « centro ».

Nelle grandi aree urbane dei paesi più sviluppati la concentrazione di attività industriali e terziarie ha trovato un limite nei costi di insediamento, di congestione urbana ed ecologici. I benefici derivanti dalla localizzazione centrale possono tramutarsi in costi eccessivi (diseconomie) al momento in cui i suddetti limiti agiscono in maniera significativa rendendo così convenienti altre localizzazioni. Nei paesi sviluppati la presenza diffusa di infrastrutture che offrono esternalità alle imprese (reti telematiche, vie di comunicazione ecc.) ha così determinato una *depolarizzazione selettiva* sia delle attività industriali sia di una serie di servizi a esse connessi. Allo stesso modo si sono diffusi sul territorio molti servizi per le famiglie che hanno in parte assimilato il livello di vita dei centri piccoli e medi a quello delle grandi città e, in alcuni casi, avviato quel processo di « urbanizzazione delle campagne » descritto dalla letteratura geografica e sociologica.

Non sono in genere oggetto di depolarizzazione le attività quaternarie e i servizi terziario-superiori più strategici, che restano localizzati nel centro principale e alimentano un processo di accentramento selettivo di livello elevato. I servizi per le famiglie, buona parte dei servizi per la collettività e un'ampia gamma di servizi per le imprese sembrano invece aver superato il vincolo localizzativo rappresentato dalla grande agglomerazione, assumendo tendenzialmente una logica localizzativa indifferente al volume della domanda circostante e alle logiche di agglomerazione, per diffondersi anche nei centri minori.

Questo tipo di diffusione spaziale dei servizi nelle regioni sviluppate comporta, come detto, solo una eliminazione parziale delle dipendenze gerarchiche derivate dalla diversa presenza di servizi strategici per le imprese e i livelli decisionali superiori. A questa conclusione approda anche l'analisi empirica di Emanuel (1989) sul reticolo padano, dove mostrano indifferenza localizzativa più i servizi intermedi per le imprese che quelli per le famiglie, mentre quelli superiori restano ancorati a una localizzazione che privilegia i poli centrali.

Le nuove strutture urbane sembrano quindi solo modificare, senza eliminarli, i rapporti di dominanza-dipendenza tra i vari livelli della gerarchia dalla scala regionale (in cui è più evidente la strutturazione dei servizi e delle attività in forma reticolare) a scala nazionale e internazionale. Infatti, la gerarchia urbana tende oggi, nei paesi industrializzati, a dilatarsi alla base e a restringersi al vertice. Si propone così la vecchia separazione città-campagna nei termini di un crescente distacco tra il livello metropolitano, che concentra le funzioni di « intelligenza » e « direzione », e il resto del territorio urbanizzato, di cui i reticoli urbani costituiscono la trama funzionale. La distinzione corrisponde a quella tra funzioni terziarie (anche relativamente rare e specializzate) e funzioni quaternarie cioè quelle attinenti più o meno direttamente alle decisioni, al controllo, all'innovazione e quindi in generale alla capacità di orientamento culturale, politico, economico, tecnologico.

I servizi per la produzione, come detto precedentemente, possono svolgere il ruolo di « motore » dello sviluppo regionale e non crescere solo conseguentemente all'incremento della domanda proveniente dall'industria. In questo senso, quindi, nelle regioni già dotate di un certo livello di sviluppo, l'azione dal lato dell'offerta di servizi può incentivare la modificazione della struttura produttiva. Le politiche per lo sviluppo dei servizi per le imprese possono quindi divenire veicoli importanti della crescita economica, esse possono riguardare, ad esempio, la costituzione di agenzie per lo sviluppo o di parchi scientifici, oppure l'incentivazione alla localizzazione di specifici servizi necessari alle attività produttive già presenti. In questo caso è chiaro che le iniziative locali per il potenziamento dei servizi per le imprese non possono essere disgiunte dalle politiche di sviluppo industriale o agricolo, visto che gli ambiti sono complementari. In ogni caso il successo delle iniziative è spesso determinato non solo dalla loro qualità ma anche dalle caratteristiche dell'ambiente locale in cui sono inserite cioè i milieu territoriali locali (vedi paragrafo 2.6).

Letture di approfondimento

Barcacci F., Cappellin R. (a cura di), 1990, *Le imprese di servizi alla produzione*, IRER-Franco Angeli, Milano.

Bonomi A., 2003, *Per un credito locale e globale*, Baldini Castoldi Dalai, Milano.

Cori B. e altri, 1993, *Geografia urbana*, UTET Libreria, Torino, parte II, capp. II e VII.

Knox P., Agnew J., 1996, *Geografia economica*, Franco Angeli, Milano, vol. I, cap. 3.

Tinacci Mossello M., 1990, *Geografia economica*, Il Mulino, Bologna, cap. VII.

Siti consigliati

www.globalgeografia.com Stati e regioni del mondo e le loro caratteristiche economiche

www.oecd.org Organizzazione dei paesi sviluppati, analisi di settori e andamenti economici

Capitolo 9

I trasporti e le comunicazioni

9.1 Trasporti e territorio

Lo sviluppo economico e in particolare la crescita dell'economia mercantile e industriale si sono fondati sullo scambio di beni e sono stati possibili solo grazie al parallelo sviluppo dei trasporti. Più recentemente il processo di globalizzazione economica ha prodotto un'intensificazione ulteriore delle relazioni spaziali su scala planetaria, coinvolgendo aree del pianeta in precedenza più isolate, ma soprattutto le regioni della Triade (Nordamerica, Unione europea, Asia orientale) che hanno moltiplicato gli spostamenti di merci, persone, capitali e informazioni. Il ruolo dei trasporti è quindi divenuto ancor più strategico essendo, insieme alle telecomunicazioni, il mezzo per effettuare questi collegamenti.

La società ha sempre cercato di ovviare ai problemi della distanza, ma più in particolare nell'ultimo secolo le esigenze di interazione e coesione territoriale, necessarie per accrescere il potenziale produttivo, sono state soddisfatte in tre modi principali. In primo luogo con la *concentrazione* sullo stesso territorio di fattori produttivi, massimizzando la compresenza di individui e risorse; in secondo luogo attraverso la *mobilità*, cioè con lo spostamento materiale tra contesti geografici diversi, attuato per mezzo dei trasporti; infine con la *telecomunicazione*, attraverso la quale si ha uno spostamento dell'informazione nelle sue diverse forme.

I recenti miglioramenti tecnologici nelle telecomunicazioni hanno ulterior-

Fig. 9.1 – La convergenza spazio temporale derivante dall'evoluzione della rete ferroviaria europea:

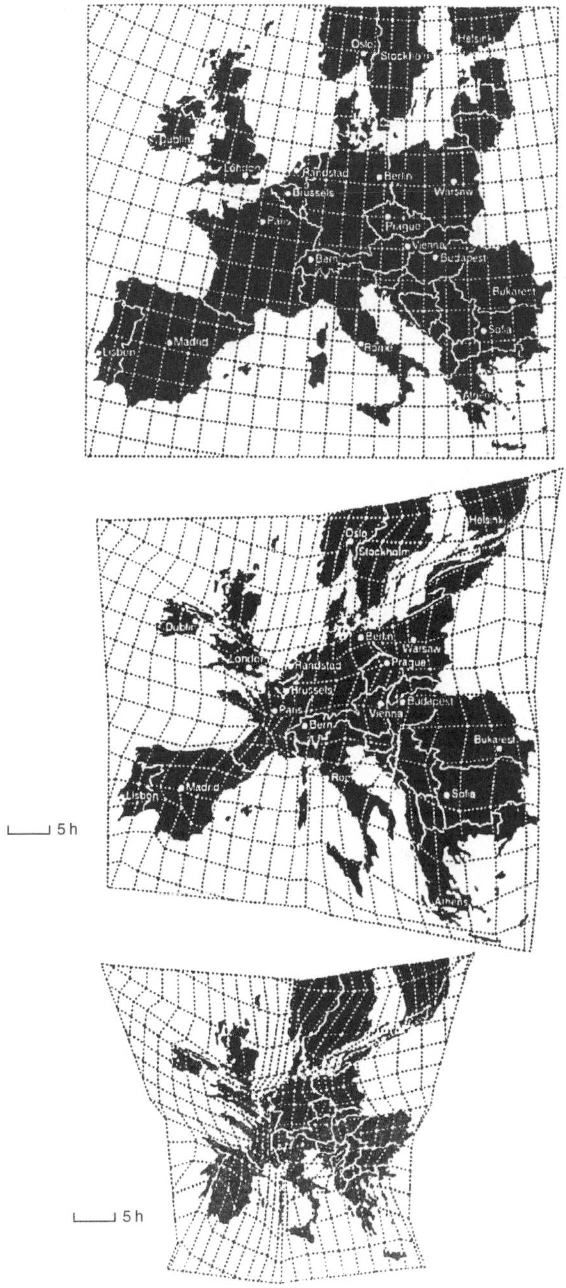

a) La distanza fisica

b) La distanza-tempo nel 1995

c) La distanza-tempo prevista per il 2010

Fonte: Spiekermann, Vickerman e Wegener 1995

mente ridotto la cosiddetta «*frizione della distanza*», avvicinando molte aree del mondo in una fase storica in cui la riduzione delle distanze non aveva fatto segnare significativi progressi tecnici nel campo dei trasporti (ad esclusione delle ferrovie ad alta velocità). Va però precisato che se molte aree sono più «vicine» tra loro, varie regioni del Sud del mondo non hanno ridotto affatto la distanza e hanno anzi subìto un processo di marginalizzazione.

È chiaro che la distanza di cui si sta parlando non è tanto la distanza fisica, quanto quella *funzionale*, misurabile considerando contemporaneamente tempi di percorrenza e costi di percorrenza. Le variabili che incidono sui tempi e sui costi non sono solo tecniche o economiche (ad esempio, la velocità del mezzo, la modernità della rete ecc.), ma anche politiche (confini politici «chiusi», leggi restrittive della velocità, accordi internazionali ecc.), naturali (ad esempio vincoli fisici come ghiaccio o nebbia) e la generale organizzazione economica e sociale di una regione, che può facilitare o meno le relazioni tra luoghi (vedi la figura 9.1).

La distribuzione delle strutture di trasporto sul territorio è di tipo particolare, diversa da quella degli altri elementi geografici (industrie, città ecc.) fin qui studiati. È infatti una *localizzazione a rete* su cui si inseriscono dei nodi; sulla rete circolano *flussi* di traffico di diversa intensità, che determinano l'importanza del nodo insieme alla sua posizione geografica relativa.

Nel caso delle ferrovie, ad esempio, la rete si sviluppa su porzioni più o meno vaste del territorio e ha come nodi una serie di stazioni ferroviarie; queste ultime hanno importanza diversa secondo i flussi di treni che controllano e la quantità di linee di trasporto, ferroviarie e non, che convergono su di esse; sul territorio la rete ferroviaria si configura quindi con maglie più o meno larghe nelle varie regioni.

9.2 Lo sviluppo dei trasporti nel XX secolo

All'inizio del Novecento, con la seconda rivoluzione industriale, si verificò un rallentamento dello sviluppo delle ferrovie (ripreso solo recentemente), che lasciano spazio agli *autoveicoli*, all'*aereo* e ai *condotti* (gasdotti e oleodotti). L'automobile, in particolare, si diffonde con un incremento formidabile: negli Stati Uniti nel 1910 erano registrati circa 450.000 veicoli, mentre attualmente circolano quasi 140 milioni di autovetture. La crescita dei mezzi di trasporto è anche accompagnata, soprattutto dopo il 1945, dal miglioramento tecnico dei collegamenti marittimi, ferroviari e fluviali, determinando una vera e propria *rivoluzione dei trasporti*, caratterizzata da una forte riduzione dei costi e da un notevole incremento delle velocità. Gli aerei di linea, ad esempio, hanno accresciuto la velocità dai 500 km/h del 1950 ai 2.500 km/h di oggi, i treni da 120 a oltre 300 km/h. Inoltre si è molto favorita la crescita e il miglioramento delle infrastrutture (autostrade, linee ferroviarie veloci) e l'incremento delle portate e dei mezzi specializzati per le merci (navi petroliere giganti fino a 500.000 tonnellate di stazza, ferrovie mineraliere che permettevano il trasporto di convogli con 25.000 tonnellate di carico ecc.).

Negli ultimi decenni è anche cresciuta la *concorrenza tra mezzi di trasporto* differenti, e così, dove la presenza delle diverse reti è completa, le imprese e la società hanno a disposizione diverse opzioni e possono tener conto di più variabili nell'operare la scelta del mezzo (il tempo di percorrenza, il costo, il rischio di congestionamento, la comodità, la sicurezza, la capacità, la frequenza giornaliera). Ad esempio nell'Europa centro-occidentale sulla distanza di 500-1000 chilometri la ferrovia ad alta velocità e l'aereo sono tra loro competitivi e concorrenti.

La tabella 9.1 evidenzia i vantaggi relativi dei diversi mezzi di trasporto in relazione ad alcune delle suddette variabili.

Negli ultimi trent'anni, oltre che sul singolo mezzo, innovazioni importanti sono state introdotte nell'*organizzazione* del trasporto. Dal questo punto di vista le modificazioni più importanti sono state l'unitizzazione dei carichi, con l'utilizzo del *container*, un modulo di carico di grandezza standard, e lo sviluppo della *logistica* (di cui si parlerà nel par. 5).

Il container ha permesso l'integrazione tra i mezzi di trasporto, in quanto è possibile trasferirlo su treno, nave, autocarro, aereo, con costi e tempi di carico e scarico molto ridotti rispetto al passato e con un impiego più contenuto di manodopera. L'eccezionale sviluppo dei trasporti intermodali – in cui appunto i modi di trasporto sono integrati attraverso l'unitizzazione dei carichi – ha interessato soprattutto le merci sfuse e solide, siano esse materie prime, semilavorati o prodotti finiti e già nel 2000 oltre la metà del trasporto merci marittimo avveniva con navi porta-container. L'intermodalità ha prodotto una concentrazione del traffico nei luoghi in cui sono presenti gli impianti di sollevamento per lo spostamento dei container da un mezzo all'altro e una serie di servizi di supporto.

Accanto all'intermodalità va anche ricordato il trasporto combinato, del quale una delle forme più diffuse è il cosiddetto *roll-on/roll-off*, che consente di trasferire direttamente un mezzo di trasporto, con o senza motrice (ad esempio tutto l'autoarticolato oppure solo il rimorchio), su un altro per poi scaricarlo a destinazione. Questo sistema, rispetto allo spostamento dei container, permette di risparmiare tempo ma ha l'inconveniente di occupare spazi maggiori e di avere costi superiori. Comunque è ancora poco diffuso e in Europa viene utilizzato soprattutto per ridurre il rumore e l'inquinamento provocato dal passaggio degli autocarri, che vengono trasferiti su treno in certe tratte o durante la notte.

La diminuzione dei costi di trasporto e dei tempi di viaggio, la riorganizzazione del sistema e le innovazioni tecnologiche hanno avuto profonde ripercussioni sull'organizzazione del territorio, provocando l'*intensificazione* delle *relazioni* spaziali, soprattutto su scala mondiale, ma spesso anche su scala regionale.

Tab. 9.1 – Vantaggi relativi dei diversi mezzi di trasporto

tipo di trasporto	*principali vantaggi*	*utilizzo*	*costo unitario medio al km per il trasporto merci nei paesi sviluppati (ferrovia = 1)*
Strada	Elasticità e adattabilità (servizio «da porta a porta» senza rotture di carico); capillarità della rete; velocità nel servizio locale e regionale quando non vi sia congestione della rete (urbana o autostradale).	Trasporto di persone e merci a breve e medio raggio in quantità elevate.	4,5
Ferrovia	Per il trasporto delle persone sicurezza e comodità, nonché elevata velocità nel caso di alcune linee. Per le merci portata medio-alta e costi inferiori alla strada, nonché sicurezza e minima resistenza allo spostamento (continuità del viaggio). Minore inquinamento rispetto alla strada.	Pendolari, trasporto di persone a raggio medio e medio-lungo; merci voluminose e diversificate per il trasporto interurbano.	1
Vie d'acqua	Bassi costi di trasporto; grandi portate; tramite omogeneo (l'acqua) con condizionamenti negativi delle vie d'acqua continentali, superabili con la costruzione di opere di canalizzazione.	Spostamento di merci nel caso in cui la velocità non sia importante oppure dove non siano disponibili altri mezzi di trasporto o, ancora, quando sia necessario trasportare quantità molto elevate. Trasporto passeggeri per collegamenti con isole limitrofe al continente, crociere o turismo in genere.	0,29
Vie aree	Elevata velocità; pochi ostacoli naturali.	I costi elevati e la portata limitata rendono adatto il trasporto di beni o persone quando la velocità è un fattore centrale, su distanze medie e lunghe; sono utilizzate inoltre per le merci deperibili a elevato valore rispetto al peso. Collegamento con territori isolati negli stati di grande dimensione.	16,3
Condotti	Costi bassi su medie e lunghe distanze; flusso continuo; affidabilità e sicurezza; possibilità di collegamenti sottomarini.	Trasporto dell'energia: idrocarburi liquidi o gassosi quando la presenza di un tratto di mare molto lungo non renda più conveniente la nave; linee di trasporto dell'elettricità.	0,21

Oltre a questa maggiore interazione tra luoghi si è però anche verificata una più elevata *differenziazione economica* tra le regioni, in quanto alcuni assi di trasporto acquistano importanza, valorizzando certe aree, mentre altri diventano marginali, con relative conseguenze negative sul territorio.

La stessa intermodalità, in effetti, privilegia un numero limitato di assi di trasporto, definiti corridoi plurimodali (ad esempio, la Valle del Reno o « corridoio dei due mari », osservabile sulla carta della figura 9.3, oppure l'asse Parigi-Lione-Marsiglia in Francia, illustrato nella figura 9.2).

Fig. 9.2 – Sezione trasversale del corridio del Rodano tra Lione e Marsiglia

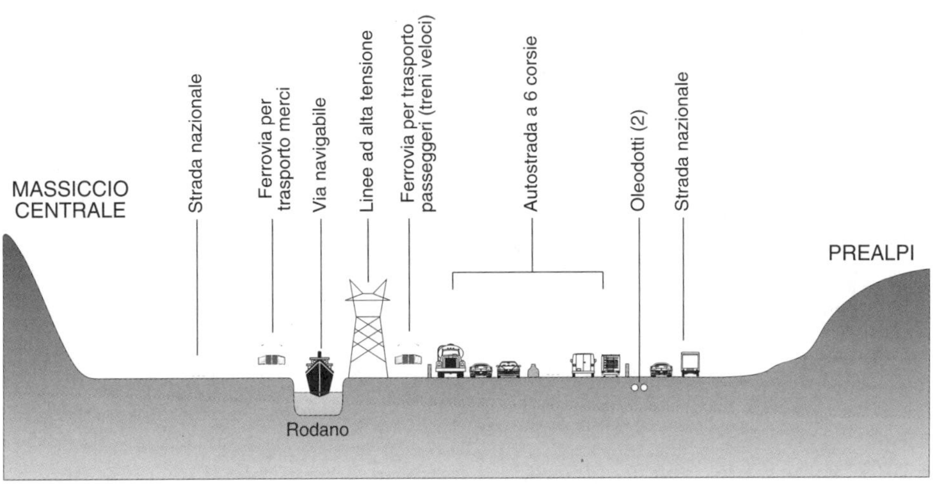

9.3 Le grandi direttrici del traffico e le reti di trasporto mondiali

Il concetto di direttrice di traffico supera la classica ripartizione tra reti marittime, terrestri e aeree per avvicinarsi maggiormente a una realtà che, attraverso l'intermodalità e la sostituibilità dei mezzi di trasporto, ha portato a una più forte continuità del traffico attraverso i diversi tramiti (aria, acqua, terra) e alla possibilità di scegliere tra mezzi diversi sulla stessa tratta. Gli assi più importanti del traffico mondiale sono infatti caratterizzati in primo luogo da una forte integrazione tra i mezzi e i tramiti. L'*integrazione dei sistemi di trasporto* è cioè un elemento peculiare delle economie più evolute e delle organizzazioni territoriali più efficaci.

Le principali direttrici del traffico mondiale sono quelle che intercorrono tra paesi sviluppati, anche se vi sono importanti eccezioni. Il flusso di traffico princi-

Fig. 9.3 – I corridoi plurimodali che interessano l'Italia nella rete europea dei trasporti (orizzonte 2010)

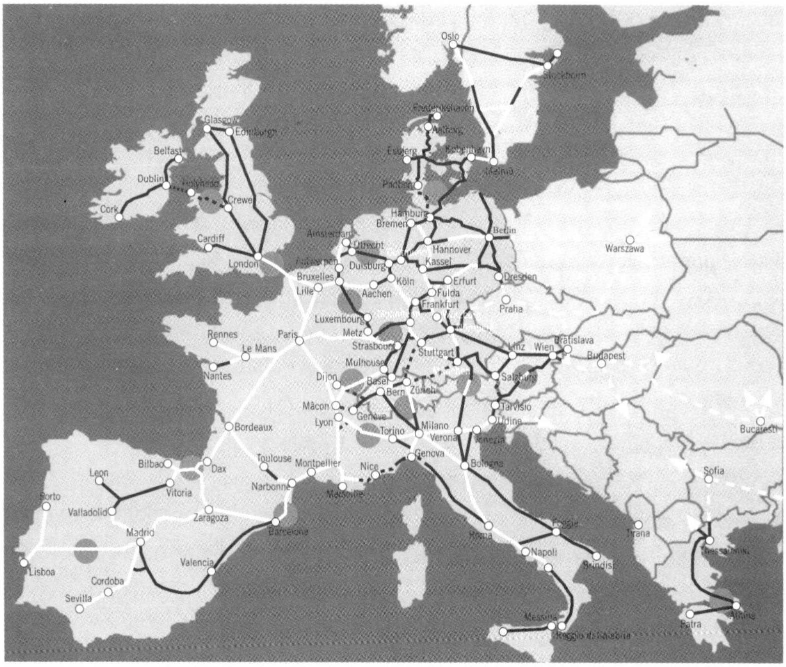

pale si svolge tra *Europa occidentale* e *America settentrionale*. Il trasporto marittimo unisce le due coste per quasi tutto il traffico merci, che poi prosegue via terra tra costa est e ovest degli Stati Uniti e tra Europa atlantica e mediterranea. La rilevanza di questa direttrice è ulteriormente accresciuta dal peso delle sue rotte aeree, le più frequentate del mondo.

Grande importanza ha assunto recentemente la direttrice di traffico che collega i paesi asiatici che si affacciano sul *Pacifico* (il Giappone in primo luogo, ma anche i paesi asiatici di recente industrializzazione e la Cina) all'*America settentrionale*. Anche in questo caso il trasporto marittimo si combina con quello terrestre: il trasporto marittimo proveniente dal lato asiatico del Pacifico e diretto verso gli Stati Uniti può, ad esempio, proseguire via mare, superando il canale di Panama, oppure via terra o via aria attraverso le rotte interne al paese.

La terza grande direttrice del traffico mondiale è quella che dall'Europa occidentale, attraverso il Medio Oriente (raggiungibile via mare attraversando Suez oppure circumnavigando l'Africa) e l'Asia meridionale, arriva in Giappone. È una direttrice in cui prevalgono il trasporto marittimo (in massima parte caratterizzato dalle *rotte del petrolio*) e, secondariamente, quello aereo, ma i terminali europei della direttrice spesso non sono i porti, bensì città dell'interno raggiunte via terra.

Su queste grandi direttrici l'intermodalità del traffico merci e la connessione rapida tra i diversi mezzi del traffico passeggeri (aereo, auto, treno, metropolitana) hanno comportato la crescita di grandi nodi a elevata interconnessione che si configurano come i gangli strategici del trasporto mondiale e che verranno descritti nel prossimo paragrafo.

Se questi sono i principali assi di trasporto mondiali occorre però tenere presente che nel mondo vi sono aree dove le reti di trasporto sono assenti e altre dove sono molto labili (vedi le figure 9.4 e 9.5). Si tratta dei territori poco abitati del pianeta ma anche di molte aree del Sud del mondo. In queste ultime le reti sono poco dense, scarsamente uniformi e poco complementari; il sistema ferroviario e quello stradale, ad esempio, hanno nel Sud del mondo una densità che mediamente è dieci

Fig. 9.4 – Carta mondiale delle grandi regioni del traffico terrestre e principali rotte marittime. La carta rappresenta le principali rotte marittime mondiali e una suddivisione del traffico continentale in quattro grandi tipi di regioni di traffico, secondo i parametri della densità, dell'uniformità, della connettività, della continuità e del tipo di rete. *1*) Rete densa e abbastanza uniforme di ferrovie, strade ed eventuali canali e fiumi canalizzati. *2*) Rete di strade e/o ferrovie a maglie larghe e irregolari. *3*) Traffico prevalente su piste e/o strade e ferrovie di semplice penetrazione non interconnesse. *4*) Grandi bacini fluviali con navigazione interna lungo corsi d'acqua naturali e laghi

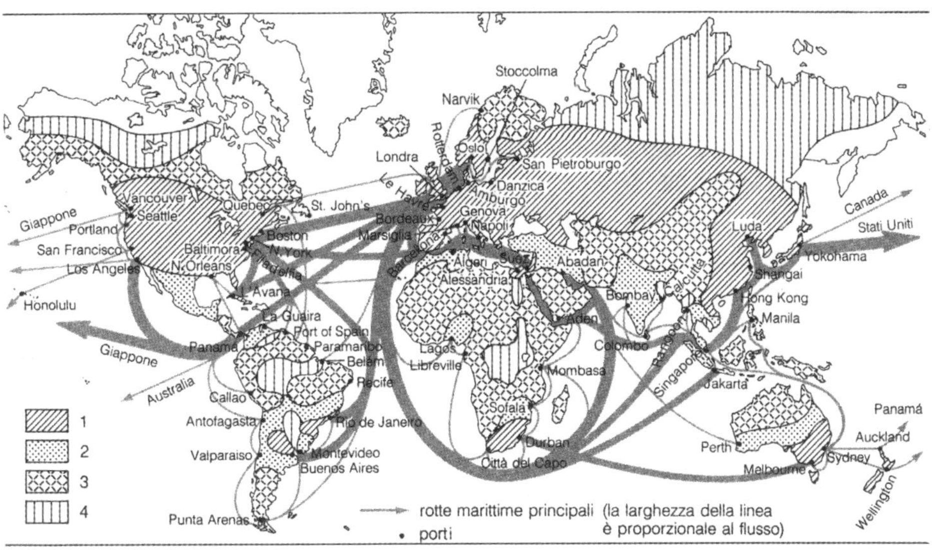

Fig. 9.5 – Le grandi rotte aeree

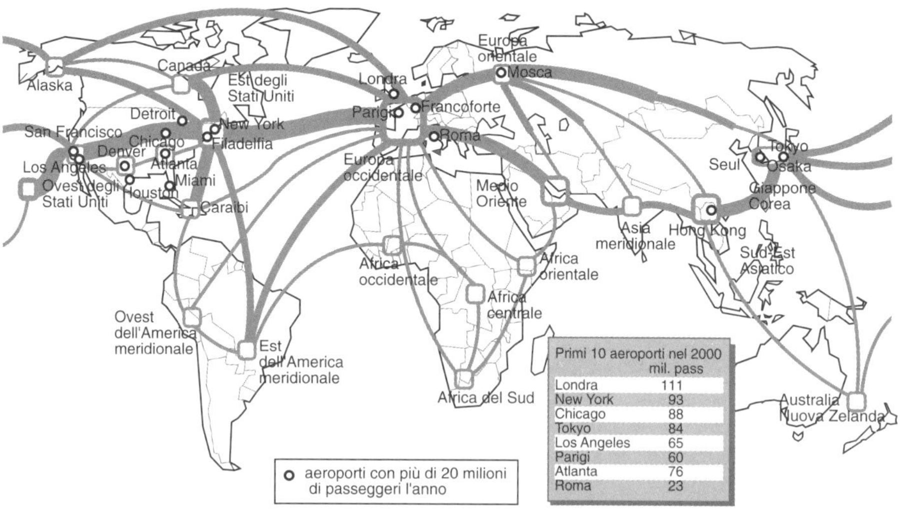

Primi 10 aeroporti nel 2000	mil. pass
Londra	111
New York	93
Chicago	88
Tokyo	84
Los Angeles	65
Parigi	60
Atlanta	76
Roma	23

volte inferiore a quella dei paesi sviluppati. Nel Sud del mondo i trasporti sono spesso più sviluppati nelle aree costiere, che hanno avuto un effetto polarizzante per lo sviluppo economico del paese. Pochi nodi di traffico partecipano però agli scambi dell'economia globalizzata mentre spesso aree interne sono raggiungibili solo con l'aereo o percorrendo piste sterrate. È quindi evidente in molti paesi del Sud del mondo il dualismo esistente nella rete dei trasporti tra alcune aree costiere e il resto del territorio.

9.4 Nodi e organizzazione del territorio: porti, hub e piattaforme di interconnessione

Il porto è un'infrastruttura fondamentale non solo del trasporto marittimo ma dell'organizzazione di intere regioni. I porti si configurano come *gateway* (punto di «entrata-uscita») di regioni più o meno vaste e punto di convergenza dei collegamenti tra mare e terraferma.

La rivoluzione dei trasporti marittimi del secondo dopoguerra ha imposto rapidi cambiamenti alle strutture portuali, che hanno accolto maggiori quantità e tipi di merci e assunto nuove funzioni. L'impiego di navi sempre più grandi e specializzate ha reso necessaria la presenza di fondali più profondi e terminali più estesi; le nuove metodologie di trasporto e carico-scarico hanno richiesto adeguamenti tecnologici di ampia portata e una serie di servizi portuali specializzati e diversificati; *la localizzazione di industrie* nei porti o nelle loro vicinanze, cresciuta notevolmente a partire dagli anni Cinquanta, ha creato regioni industriali costiere legate alla navigazione marittima.

Questa evoluzione ha fatto sì che il gran numero di porti polivalenti del passato si sia ridotto attualmente a una decina, indicati nella tabella 9.2. Questi *porti polifunzionali* sono adibiti al traffico di svariati tipi di merce, per ognuna delle quali hanno banchine specifiche e sistemi di movimentazione specializzati. Gli altri porti si sono invece *specializzati*, concentrandosi nel trasporto di uno o pochi prodotti.

In alcuni casi la polifunzionalità è stata raggiunta con la creazione di *sistemi portuali*, cioè con l'integrazione tra più porti di una stessa fascia litoranea, ognuno specializzato in una o più funzioni. Tra gli esempi di integrazione si segnalano Le Havre e Rouen sulla costa francese settentrionale e Gent e Zeebrugge in Belgio.

In Italia il porto di Genova negli ultimi decenni ha perso posizioni rispetto ai porti del mare del Nord, anche perché ha avviato solo da pochi anni una ristrutturazione tecnologica e organizzativa e non ha puntato a formare un sistema portuale effettivamente integrato con Savona, La Spezia e Livorno.

Il caso di Genova sottolinea un fatto cruciale per tutti i porti moderni: il *bisogno di spazio*. Mentre il porto italiano non può espandersi a causa dell'intensa urbanizzazione costiera e della presenza degli Appennini alle spalle, ampia disponibilità di spazio ha avuto invece il nuovo porto di Rotterdam, Europoort, la cui superficie è di 5.000 ettari, un'estensione in grado di accogliere una città di un milio-

Tab. 9.2 – I principali porti del mondo (traffico totale di merci sbarcate e imbarcate)

		milioni di t	
porti		*1991*	*2003*
1	Rotterdam (Paesi Bassi)	342	315
2	Singapore	206	313
3	Chiba (Giappone)	168	166
4	Hong Kong (Cina)	89	193
5	Houston (USA)	176	175
7	Shanghai (Cina)	113	172
8	Nagoya (Giappone)	137	158
9	Yokohama (Giappone)	120	118
10	Anversa (Beglio)	101	132
...		...	...
...		...	...
	Marsiglia (Francia)	89	92
	Genova	42	52

Fonte: Calendario Atlante Deagostini

ne di abitanti. Le esigenze spaziali dei porti possono essere soddisfatte anche espandendosi in mare, attraverso la costruzione nell'acqua (*offshore*) di nuove strutture, come è avvenuto per i più importanti porti giapponesi. Nel caso di Marsiglia, invece, è stato costruito un nuovo porto (Fos) a una decina di chilometri dal vecchio, realizzando così un sistema integrato.

Un altro aspetto importante per la fortuna economica dei porti è la presenza di un vasto e ricco retroterra economico. In questo senso la posizione di preminenza detenuta dal porto di Rotterdam dipende in buona parte dal fatto che esso funge da terminale per la più grande regione economica dell'Europa occidentale; allo stesso modo il porto di Genova è utilizzato dalle più importanti regioni industriali italiane e dalla Svizzera.

Il notevole mutamento delle funzioni portuali, e in particolare il fatto che alcune aree portuali siano divenute motore e cemento dell'organizzazione e dello sviluppo di un vasto territorio, ha indotto vari studiosi a parlare di regione marittimo-portuale. La zona del porto, arricchita di industrie manifatturiere, spesso di base, ha allargato il proprio raggio di influenza a tutta la regione retrostante e lungo i litorali, fungendo da stimolo alla crescita economica. Questa funzione in alcuni casi si è ulteriormente ampliata e rafforzata con la localizzazione di industrie a tecnologia innovativa e con lo sviluppo del terziario d'impresa avanzato. La regione è così divenuta complessa, con una gamma di attività vasta e diversificata.

Le situazioni che abbiamo finora descritto interessano soprattutto i porti dei paesi industrializzati, che gestiscono circa il 65% del traffico mondiale (vedi anche le tabelle 9.4 e 9.5).

I porti dei paesi del Sud del mondo, invece, sono quasi sempre specializzati nell'imbarco di uno solo o di pochi tipi di merce. Così i porti del golfo Persico hanno un traffico importante ma limitato al petrolio, e lo stesso vale per Tubarao (Brasile) per il ferro, Rangoon (Birmania) per il riso, o Accra (Ghana) per il cacao.

Solo alcuni porti di paesi in via di sviluppo hanno un traffico ben diversificato: ciò può dipendere dalla crescita industriale del paese (Rio de Janeiro, Buenos Aires, Mumbay, Shanghai) e/o dal fatto che sono anche porti di ridistribuzione (grandi empori internazionali come Singapore e Hong Kong). Questi porti sono ormai entrati nella rete del traffico marittimo mondiale con funzione di nodi strategici. I grandi porti talvolta sono specializzati anche nella movimentazione dei container (vedi la tabella 9.3), che in altri casi si muovono invece nei *porti di trasbordo*. Come avviene per Gioia Tauro rispetto al Mediterraneo, in questi porti arrivano grandi navi da luoghi molto distanti, che scaricano i container poi trasferiti su navi più piccole o su treni e autocarri per raggiungere destinazioni più vicine.

I grandi nodi portuali e i porti di trasbordo sono quindi *piattaforme di inter-*

Tab. 9.3 – I porti per il trasporto dei container (in milioni di EVP; 1 EVP=30m3=20 piedi), 2000

Hong Kong (Cina)	17
Singapore	16
Pusan (Corea del Sud)	7
Shangai (Cina)	7
Rotterdam (Paesi Bassi)	6
Anversa (Belgio)	6
Kaoshiung (Taiwan)	6
Long Beach (USA)	5
Los Angeles (USA)	5
Amburgo (Germania)	4
Dubai (EAU)	3
New York (USA)	3
Felixstowe (GB)	3
Gioia Tauro (Italia)	2

Fonte: Achcar et al, 2003

connessione della rete mondiale dei trasporti, dove i collegamenti a lunga distanza sono raccordati a quelli regionali o semicontinentali.

Questa *razionalizzazione dei flussi* riguarda anche i grandi aeroporti internazionali, gli *hub*. Si tratta di pochi nodi del trasporto aereo internazionale in grado di servire tutto il mondo e trasportare tutti i tipi di merci viaggianti con il trasporto aereo, con livelli di prezzi e di qualità del servizio competitivi. La rete si dice ordinata *hub and spokes*, nel senso che l'aeroporto internazionale funge anche da raccordo e smistamento verso i centri periferici (gli *spokes*). In Europa occidentale, ad esempio, gli aeroport-hub di Londra, Parigi e Francoforte (in prospettiva anche Milano Malpensa) fungono da piattaforma di interconnessione per i voli passeggeri intercontinentali: da numerosi altri aeroporti europei occidentali provengono voli di breve-medio raggio che permettono di concentrare nei tre aeroporti i passeggeri per i voli intercontinentali in partenza, allo stesso modo dai voli intercontinentali in arrivo i passeggeri vengono « smistati » in voli di breve raggio per destinazioni continentali o nazionali.

Le piattaforme di interconnessione portuali o aeroportuali sono nodi fortemente infrastrutturati: da essi si diramano vari tipi di reti e mezzi di trasporto, che rendono questi nodi ai massimi livelli delle gerarchie territoriali internazionali.

Il ruolo dei nuovi nodi centrali del sistema-trasporti fa sì che per le reti nazionali e/o locali è necessario collegarsi con le reti di trasporto internazionale. Si prefigura così nel campo dei trasporti una specifica *dinamica locale-globale*: le reti locali hanno funzioni di intensificazione delle relazioni alla scala locale e il raccordo con la scala nazionale avviene in pochi nodi adibiti a questo scopo. Così la rete nazionale, che nei paesi sviluppati in nodi specifici si raccorda con la rete sovranazionale e mondiale.

Ad esempio, nella rete francese di alta velocità ferroviaria i nodi (le fermate del TGV) sono stati raccordati con le reti ferroviarie regionali, che « dipendono » quindi dai nodi della rete TGV. A sua volta il nodo centrale della rete ferroviaria (Parigi) è interconnesso su scala internazionale con i principali assi di trasporto mondiale, ad esempio attraverso l'aeroporto di Parigi e la sua piattaforma di interconnessione.

9.5 Logistica e territorio

Oltre che all'intermodalità una seconda fondamentale innovazione tecnologico-organizzativa nel campo dei trasporti è rappresentata dalla logistica. Essa è definibile come uno strumento per gestire e controllare la circolazione delle merci nel processo produttivo e distributivo. Ha lo scopo di rendere disponibili al minor costo e in maniera efficiente i prodotti e i materiali nei tempi e nei luoghi dove sono richiesti.

La logistica è un'attività più complessa del solo trasporto (che comprende), in quanto non si limita a trasferire merci, ma agisce in maniera coordinata con tutto il processo produttivo (acquisto, produzione, distribuzione), che diventa più rapido proprio in virtù delle tempistiche stringenti dettate dalla logistica nel flusso dei materiali.

La logistica diventa un settore-chiave dell'economia a partire dagli anni Ottanta del secolo scorso, con la globalizzazione dei mercati, il decentramento delle attività industriali (vedi cap. 7), la diffusione delle reti telematiche e l'adozione del *just in time*. La presenza di reti telematiche, che collegano in tempo reale gli stabilimenti di produzione con i centri decisionali e questi ultimi con i punti di distribuzione, ha permesso di legare sempre più strettamente la produzione di manufatti alle esigenze del mercato. Inoltre le reti telematiche hanno anche permesso un rapporto sempre più stretto delle grandi imprese con l'indotto, che deve essere in grado di garantire le sue forniture in tempi esattamente programmati.

Questo ha significato da un lato la riduzione degli stock, con evidente risparmio di capitale investito, dall'altra la necessità di un approvvigionamento sempre più elastico e tempestivo; in pratica le diverse componenti devono essere consegnate *just in time*, cioè al momento fissato in relazione alle esigenze della catena di montaggio a sua volta collegata con le variazioni della domanda. Lo stoccaggio è così inesistente o modesto, senza oneri di gestione di magazzini e immobilizzo di capitali.

Anche la distribuzione commerciale, sia all'ingrosso sia al minuto, ha potuto, grazie ai collegamenti telematici e alla logistica, riorganizzare i magazzini, riducendo notevolmente tempi e punti di giacenza. Nel caso della rete distributiva di una grande impresa i singoli punti di vendita, infatti, collegati mediante terminale, possono esplorare l'archivio e individuare dove si trova la merce richiesta e conoscere il tempo necessario alla consegna.

Nel caso della distribuzione al pubblico, la registrazione su terminale delle vendite e delle giacenze permette di pianificare i tempi di consegna delle merci da parte dei grossisti. Alcuni grandi ipermercati programmano le consegne da parte dei grossisti di ora in ora; trattandosi di punti di vendita di regola localizzati lungo grandi arterie di comunicazione o alla periferia di agglomerati urbani, al fine di razionalizzare tali consegne viene effettuato uno studio preliminare del traffico in funzione delle diverse ore della giornata.

La riduzione dei tempi di giacenza e la richiesta di consegne *just in time* hanno portato in primo luogo a un notevole aumento della mole dei trasporti e in secondo luogo alla necessità di una loro razionalizzazione.

La necessità di consegne tempestive e «porta a porta» ha favorito come tramite finale il trasporto su strada ma ha anche incentivato sensibilmente l'intermodalità, favorita già a livello di produzione con la standardizzazione dei prodotti per facilitarne le operazioni di trasporto e di carico/scarico.

I principali nodi delle reti intermodali (piattaforme di interconnessione, porti, aeroporti, stazioni ferroviarie e autoporti), sono capaci di garantire un'assistenza continua di «monitoraggio» al trasporto, grazie alla quale i clienti sono in grado di conoscere, in modo istantaneo, la localizzazione della loro merce. In questi nodi viene fornita inoltre assistenza anche in campo amministrativo, permettendo che la trasmissione di dati, documenti (ad esempio doganali) avvenga in tempo reale facilitando così le operazioni di trasferimento. La disponibilità in tempo reale di dati sull'andamento dei carichi, sui livelli dei prezzi, sulle richieste di trasporto, contribuisce inoltre all'aumento della redditività del trasporto stesso, in quanto il singolo operatore può programmare nel corso di un viaggio quello successivo, senza dover effettuare soste o digressioni costose.

Il sistema di gestione del flusso di materiali è così divenuto strategico e la logistica un settore «catalizzatore», intorno al quale si organizza e pianifica il territorio. Sono così nate le *piattaforme logistiche* e i *distretti logistici*, aree in grado di ricevere, immagazzinare, eseguire alcune lavorazioni e infine smistare merci di tutti i tipi utilizzando i mezzi di trasporto più idonei. I distretti logistici (o *distripark)* a differenza delle piattaforme spesso trattano le merci: le unità di carico vengono aperte e svuotate per eseguire anche alcune lavorazioni di finissaggio e confezionamento e poi smistare la merce, creando maggiore valore aggiunto (e occupazione); è inoltre un *fattore di localizzazione* per le imprese, che, ad esempio, vi installano i propri magazzini ricambi. Piattaforme e distretti logistici sono nodi territoriali rilevanti nel sistema dei trasporti e talora si localizzano nei pressi o all'interno dei grandi *hub* o porti che fingono da piattaforme di interconnessione.

Come sottolinea Bologna (2002) « nell'era della globalizzazione i territori si definiscono anche per la loro risorsa distributiva, ossia per le potenzialità che hanno, in materia di dotazione infrastrutturale e di presenza di servizi, di distribuire le merci nelle maggiori aree del mondo a costi competitivi ». La logistica in sintesi sta diventando un cardine dell'organizzazione territoriale.

Nell'ambito delle imprese specializzate nel settore logistico si è assistito alla nascita dei *logistic service providers*, imprese specializzate in grado di rispondere alle più svariate esigenze logistiche del cliente e ad improvvisi picchi della domanda. Si è quindi di fronte a una graduale terziarizzazione dei servizi logistici; ad esempio il gruppo FIAT ha affidato a TNT la gestione europea dei ricambi.

La capacità di concepire e organizzare il flusso delle merci per ridurre il più possibile l'attrito della distanza e le differenze di percorso, cioè la « missione » della logistica, attualmente pare realizzata al meglio nella *messaggeria espresso*.

Gli specialisti internazionali di questo modo di trasporto (come UPS, TNT, Federal Express, DHL, Nippon Express ecc.) assicurano la consegna di buste e pacchi fino a un peso di 75 kg in meno di 24 ore da porta a porta in tutte le aree della Triade e in ogni caso in non più di 72 ore. Il mercato mondiale viene suddiviso in aree all'interno delle quali le consegne vengono effettuate entro tempi calcolati con il multiplo delle 12 ore. La tariffa è sostanzialmente standard e non si basa, come avviene nel resto del trasporto merci, sulla distanza e sul peso della merce. L'obiettivo di abbattere le gerarchie territoriali determinate dalla diversa presenza di risorse di trasporto è stato raggiunto utilizzando mezzi veloci e flessibili (aereo e furgone) e una struttura informativa in grado di seguire passo passo le buste o i pacchi.

La messaggeria espresso mette anche in evidenza la forte convergenza che trasporti e telecomunicazioni stanno attuando, divenendo in molti casi sempre più complementari.

9.6 Le telecomunicazioni e il «digital divide»

Oggi nessun settore dell'attività umana può prescindere dalla conoscenza di dati e notizie: ciò vale per la vita quotidiana degli individui e delle famiglie, ma ancora di più per le imprese che, senza questi flussi di informazioni, in una moderna economia non potrebbero neppure esistere.

Nella società dell'informazione l'intero ciclo di funzionamento dell'impresa, dall'approvvigionamento alla produzione, dal marketing alla gestione del personale, è legato a un più o meno complesso sistema di comunicazioni. In questo senso l'informazione si aggiunge alle materie prime tradizionali (come i minerali, le fonti energetiche, l'acqua ecc.) quale *fattore della produzione* in tutti i tipi di società, ma in particolare in quella « post-industriale ». Come nelle società industriali la necessità di trasportare le materie prime tradizionali (minerali, idrocarburi ecc.) e i manufatti ha determinato lo sviluppo sempre più massiccio di vie e mezzi di comunicazione, così l'informazione ha prodotto e sta producendo un'analoga *rivoluzione delle telecomunicazioni* (vedi la scheda 9.1).

Oltre che materia prima l'informazione è anche un *prodotto finito*, da vendere sia alle imprese sia alle famiglie:attraverso un'intensa propaganda commerciale si moltiplicano gli inviti ad accedere ai servizi più disparati tramite terminale.

Attualmente intorno alle telecomunicazioni si sta fermando una *filiera produttiva* che crea oltre il 10% del PIL mondiale ed è formata da soggetti economici di diverso tipo: i costruttori di reti e/o apparecchi per telecomunicazioni (semiconduttori, fibre ottiche e cavi, computer, telefoni, televisori, satelliti ecc.) che spesso operano in settori d'avanguardia; le imprese che gestiscono i media (editoria, reti televisive ecc.); le imprese che gestiscono le reti (telefonia, radio, televisione); le imprese che offrono attività di servizio per l'utilizzo delle reti e delle telecomunicazioni (i più svariati servizi per le imprese, le ISP – *Internet Service Providers* – che forniscono l'accesso a Internet ecc.).

Questi soggetti tendono a creare tra loro *alleanze strategiche* che rafforzano la capacità di penetrare in un mercato globale in forte espansione. Le imprese che si occupano di telecomunicazioni, elettronica di consumo e media si stanno cioè man mano intrecciando e si prevede che all'inizio del XXI secolo avranno un ruolo comparabile a quello giocato dall'industria automobilistica nella seconda metà del XX secolo.

Nel settore delle telecomunicazioni avanzate la concorrenza tra imprese e tra sistemi-paese (o sistemi regionali, come l'Unione europea) è sempre più forte. Un esempio significativo è quello delle comunicazioni e osservazioni tramite satellite: accanto ai satelliti per la meteorologia, per il telerilevamento, per le comunicazioni televisive (quasi tutti di proprietà statunitense, russa, giapponese, cinese, indiana, dell'Unione europea e dei suoi singoli membri), gli Stati Uniti hanno lanciato in orbita il *Gps (Global position system)* 27 satelliti che fungono da sistema di localizzazione dallo spazio (utile per scopi militari, di ricerca, nei trasporti come « navigatore », nella telefonia mobile, nei sistemi di sicurezza ecc.). Al sistema Gps, primo e unico nel suo genere e utilizzato da utenti di tutto il mondo, si sta affiancando *Galileo*, un sistema di 30 satelliti di matrice europea concorrente del sistema statunitense, che dovrebbe operare a pieno regime dal 2009.

Nel campo delle telecomunicazioni le *differenze geoeconomiche* sono *molto forti*, tanto che è stata coniata a questo proposito l'espressione «*digital divide*». Questo forte divario è osservabile dai due indicatori presentati nella tabella 9.4.

Il rapporto tra numero di abbonamenti telefonici (telefonia fissa e mobile) e abitanti mostra che in tutti i paesi sviluppati vi è più di un abbonamento per abitante; all'opposto in Africa vi è in media meno di un abbonamento ogni dieci abitanti. In realtà questo enorme divario si sta leggermente riducendo; nel caso africano soprattutto grazie all'incremento dell'uso dei telefoni cellulari molto più che nella telefonia fissa (in quasi tutti i paesi dell'Africa il numero degli abbonamenti a telefo-

Tab. 9.4 – Indicatori del *digital divide*, 2003

area	*abbonamenti telefonici ogni 100 abitanti*	*utenti Internet ogni 10.000 abitanti*
Africa	8,65	147,93
Angola	1,54	29,42
Camerun	5,13	37,90
Egitto	21,17	393,21
Etiopia	0,77	10,81
Marocco	28,36	265,57
Niger	0,33	12,77
Sudafrica	40,80	682,01
America latina	36,32	831,92
Argentina	39,64	1.120,22
Brasile	42,38	822,41
Cile	65,86	2375,36
Ecuador	30,33	438,14
Messico	40,12	984,22
Perù	17,31	202,34
Venezuela	36,92	505,63
Asia	28,52	674,25
Cina	42,32	632,48
Hong Kong	161,26	4691,66
India	7,10	174,86
Giappone	119,49	4488,56
Malaysia	62,36	3453,31
Myanmar	1,78	5,64
Tailandia	36,55	964,53
Europa	96,28	2373,19
Italia	150,16	3366,60
Gran Bretagna	143,13	4230,98
Svezia	162,45	5730,74
Russia	36,23	409,32
Polonia	76,96	2324,50
Stati Uniti	116,43	5513,77
Media mondiale	28,52	1107,08

Fonte: basato su dati International Telecomunication Union (ITU) (2004)

ni mobili supera quello dei telefoni fissi), a riprova della scarsità di dotazione del continente nelle reti infrastrutturali per la telefonia.

Il secondo indicatore mostra come nella Triade spesso circa metà della popolazione utilizza Internet; tra le eccezioni si annovera anche l'Italia (un terzo degli abitanti con connessione a Internet). Anche in questo secondo indicatore il divario con il continente africano è marcatissimo (la popolazione africana che dispone di Internet varia dall'0,5% di molti paesi al 6,8% del Sudafrica), mentre in America Latina in media la quota arriva almeno al 10%. In sintesi si è stimato che nel 2002 gli utenti di Internet si sono concentrati per il 66% nei paesi sviluppati, con «*densità telematica*» più elevata nell'America anglosassone, nell'Europa scandinava e in Australia e Nuova Zelanda.

Più in generale l'organizzazione territoriale derivata dallo sviluppo delle telecomunicazioni è caratterizzata da alcune tendenze significative. Come per i trasporti, è in atto una grande *infrastrutturazione del territorio*, che permette molte nuove relazioni spaziali ed è un elemento fondante del processo di globalizzazione in atto. Accanto a ciò emergono anche nuovi squilibri territoriali e *nuove marginalizzazioni*, derivate dal mancato o difficoltoso collegamento con la rete infrastrutturale, come già si è verificato per le reti di trasporto. Le «zone d'ombra» sono la gran parte dei territori dei paesi sottosviluppati, ma anche molte aree del Nord del mondo. Va comunque sottolineato che le telecomunicazioni hanno dischiuso nuove opportunità agli ambiti locali più dinamici e non solo a quelli che già godevano di un'economia avanzata: le possibilità di commercio elettronico attraverso Internet o la creazione di reti locali di imprese sono esempi di come le telecomunicazioni abbiano permesso di aprire all'economia globale nuove realtà locali.

Restano comunque forti squilibri tra i grandi assi di telecomunicazione, le *autostrade telematiche*, o i grandi nodi (i centri urbani cablati con fibre ottiche) e le parti della rete che soffrono di problemi di connessione. Il problema è quello di connettere reti con portate trasmissive assai diverse tra loro, in sostanza quello dell'arrivo ai nodi (o porte) di accesso alle autostrade informatiche; alcuni autori lo definiscono il «problema dell'ultimo miglio», cioè del collegamento tra singolo computer e porta di accesso. Ad esempio a Parigi, città cablata, vi sono due grandi porte d'accesso, una alla Défense e una nel quartiere della Borsa, mentre vaste aree rurali francesi sono prive di porte d'accesso.

Tab. 9.5 – Le principali imprese del settore telecomunicazioni (2002)

impresa	*paese*	*fatturato*
1. Nippon Telegraph & Telephone	Giappone	93,4
2. Verizon Communications	USA	67,1
3. AT&T	USA	59,1
4. SBC Communications	USA	45,9
5. Deutsche Télécom	Germania	43,2
6. France Télécom	Francia	38,5
7. WorldCom	USA	35,1
8. Vodafone	Regno Unito	32,7
9. BT	Regno Unito	29,9
10. Olivetti	Italia	28,6

Fonte: «Fortune»

Tab. 9.6 – La crescita dei personal computer nel mondo

1980	2 milioni
1985	28 milioni
1990	100 milioni
1995	220 milioni
2000	400 milioni
2004	600 milioni

Scheda 9.1 – L'evoluzione delle telecomunicazioni e delle reti telematiche

Le comunicazioni a distanza si sono servite, nelle varie epoche storiche, di diversi mezzi. Nei tempi più antichi avvenivano essenzialmente attraverso messaggi (posta) o segnali (come i segnali di fumo o quelli dei tamburi); successivamente emerse l'esigenza di una trasmissione rapida e al tempo stesso ricca di contenuto e si rese così indispensabile la messa a punto di un codice complesso. Ciò si verificò inizialmente con le bandiere da segnalazione, utilizzate sulle navi a partire dal XVII secolo, fino ad arrivare alla *rivoluzione delle tecniche della comunicazione a distanza*.

Questa rivoluzione è iniziata con l'invenzione del *telegrafo* (1837), del *telefono* (1871) e con la scoperta delle *radiocomunicazioni* (1887), che si diffonderanno nella prima parte del Novecento. L'accelerazione della rivoluzione delle telecomunicazioni è della seconda metà del Novecento, con l'utilizzo della televisione, l'uso dei *satelliti artificiali*, la nascita dell'elettronica, databile nel 1948 con la scoperta del *transistor*, che permetterà di rendere numeriche le informazioni via cavo (anni Settanta) iniziando una rapida evoluzione nelle possibilità di trattare le informazioni stesse. Nell'ultimo ventennio, infine, si è sviluppato il trasporto delle informazioni numeriche sotto forma luminosa, grazie all'uso delle fibre ottiche. Grazie ad esse è possibile la trasmissione di masse consistenti di informazioni e immagini attraverso

Fig. 1 – Cavi sottomarini nei mari europei

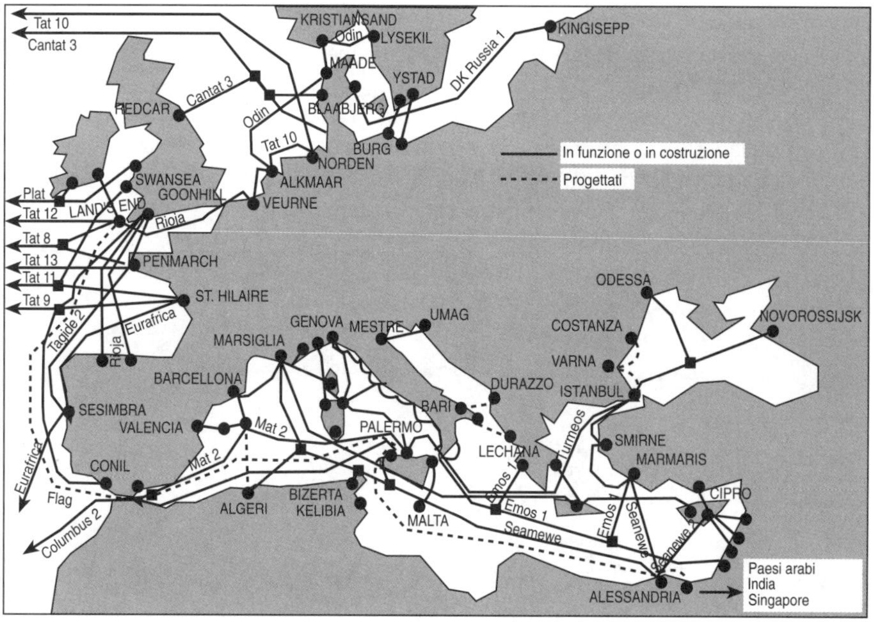

Fonte: Bonora, in Conti e Segre, 1998

la tecnologia della *banda larga*, che si sta via via diffondendo nelle economie più evolute.

L'insieme di queste innovazioni (e le loro evoluzioni tecnologiche) hanno permesso di migliorare vieppiù la trasmissione delle informazioni a distanza. L'informazione può essere trasferita sotto forma verbale, numerica, di immagini, di suoni. Il trasferimento avviene in tre modi principali:

a) via *cavo*; in questo caso si distinguono i cavi tradizionali (in rame) da quelli in fibre ottiche, che permettono di aumentare considerevolmente la massa di informazioni trasferita. Sono ad esempio in fibra ottica molti *cavi sottomarini*, posati in primo luogo tra Europa e America anglosassone, ma che si stanno diffondendo in tutto il mondo, per collegare anche territori non distanti tra loro (vedi la carta relativa all'Europa). Sono anche in fibra ottica i cavi continentali che coprono le lunghe distanze nei paesi sviluppati e la rete locale delle città « cablate ».

b) *Onde radio* (hertziane); usate oltre che per le trasmissioni radiotelevisive anche per la *telefonia mobile*, che ha avuto una crescita spettacolare negli anni Novanta. Le trasmissioni via etere trovano però anch'esse dei *limiti*, soprattutto di tipo fisico: una foresta, una montagna, un caseggiato possono limitare la trasmissione dell'informazione, anche se la presenza di antenne o ripetitori è ben ramificata.

c) Onde radio attraverso *satellite*; questo modo di comunicazione è frenato dal fatto che tra la partenza e l'arrivo della comunicazione c'è una dilazione temporale

Fig. 2 – Principali satelliti civili di osservazione della Terra. Sulla grande corona, a 36.000 km dalla Terra, si trovano i satelliti geostazionari: Goes, Geostationary Operational Environmental Satellite (ESA) per il telerilevamento; GMS (Giappone) per la meteorologia; Instat (India) per la meteorologia e l'ambiente terrestre; Meteosat (europeo, USA) per la meteorologia, i rilevamenti sulla coltre di nubi e sulle temperature. Nella fascia più interna, si vedono i satelliti che ruotano attorno alla Terra su orbite polari: Spot (Francia), impiegato nel telerilevamento ad alta definizione; Landsat (USA) per il telerilevamento; NOAA (USA) per la meteorologia e l'ambiente e Meteor (Russia) per la meteorologia

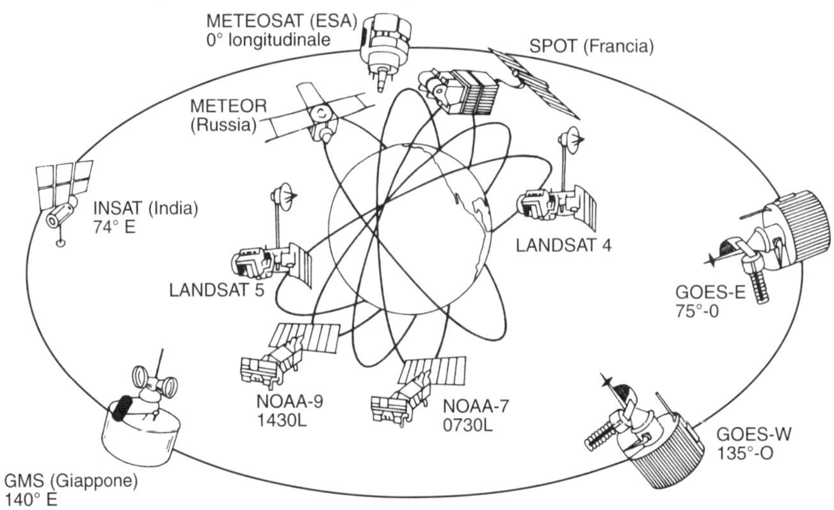

Fonte: Rasool e Skrotzky, 1988

di 1,25 secondi per effetto della rotazione terrestre. Questo inconveniente è in via di superamento con l'abbassamento dell'altezza a cui sono posti i satelliti e lo spiegamento di «*costellazioni di satelliti*», vista la necessità di una maggiore precisione (un maggior numero di satelliti) per il trasferimento in tempo reale delle informazioni.

Queste tre reti (e tre modi) di trasferimento dell'informazione attualmente sono interessate da un doppio processo di *convergenza*. Da un lato con lo sviluppo della *multimedialità*, cioè il trasferimento e/o utilizzo contemporaneo di informazioni di tipo diverso: verbali, sonore, numeriche, di immagini; dall'altro con l'utilizzo sinergico e contemporaneo delle tre reti per il trasferimento dell'informazione, ad esempio con il passaggio dell'informazione da cavo a satellite e di nuovo a cavo. Più in generale, la direzione di sviluppo tecnologico pare essere quella del «terminale unico», che comprende telefono, Internet e TV via cavo in una sola postazione.

9.7 Le politiche dei trasporti

Fino alla seconda metà dell'Ottocento, l'intervento dello Stato nel settore dei trasporti fu limitato alla costruzione di infrastrutture viarie, giustificate soprattutto da motivi politici e militari. Infatti dai tempi della rivoluzione industriale e per buona parte del XIX secolo, i trasporti erano stati gestiti per la massima parte da compagnie private che costruivano le reti in funzione di una immediata utilità economica.

Tra la fine dell'Ottocento e i primi decenni del Novecento si impose in Europa il concetto di trasporto come servizio collettivo, di interesse pubblico e utilità generale. L'intervento dello Stato si intensificò rapidamente, anzitutto attraverso la nazionalizzazione delle compagnie private, in particolare quelle ferroviarie.

La presenza pubblica nel settore dei trasporti più recentemente è divenuta significativa anche per un altro aspetto: *la politica del territorio*. Attraverso la costruzione di vie di comunicazione, lo Stato può infatti incidere molto sullo sviluppo economico di una regione oppure sull'attenuazione degli squilibri territoriali. Tra gli interventi di maggior rilievo occorre annoverare quelli relativi alla viabilità urbana e delle aree metropolitane, la costruzione di porti, autostrade, reti ferroviarie ad alta velocità, reti di telecomunicazione e aeroporti.

Dagli anni Novanta del Novecento nei paesi sviluppati la politica dei trasporti ha parzialmente cambiato rotta, cercando di sfruttare l'integrazione tra reti di trasporto diverse e tra reti internazionali e locali e di attuare una politica più attenta all'ambiente. È questa la logica soprattutto dell'Unione europea, che incentiva sia la costruzione di reti transnazionali sia il collegamento tra reti di trasporto ad alta velocità ferroviaria ed altre infrastrutture di scala regionale, cercando anche di sviluppare alternative al trasporto stradale. Reti autostradali, ferroviarie e fluviali, nodi aeroportuali e portuali, fanno tutti parte della *rete transeuropea TEN (Trans European Network)*, su cui già viaggiano oltre la metà dei passeggeri e delle merci dell'Ue e che è oggetto degli investimenti prioritari e delle migliori prospettive di ammodernamento.

In linea generale nel caso del *trasporto ferroviario nei paesi sviluppati* si è assistito a uno sviluppo selettivo, nel senso che accanto alla crescita dell'alta velocità e di alcuni altri nuovi assi, si sta assistendo ad una riduzione della lunghezza della rete, con l'eccezione di paesi come l'Australia, dove il territorio è stato ancora poco infrastrutturato (vedi tabella 9.7). In questo senso è possibile rifarsi al modello evolutivo presentato da Chapman, che fa riferimento alla rete ferroviaria inglese (vedi figura 9.8).

Il primo stadio di sviluppo della rete è caratterizzato da brevi collegamenti tra nodi adiacenti e complementari; i segmenti sono isolati e il collegamento scarso.

La fase 2 è di interconnessione: i segmenti in precedenza isolati si collegano tra loro, il territorio è discretamente collegato, ma iniziano a evidenziarsi differen-

Tab. 9.7 – La riduzione della rete ferroviaria in alcuni paesi industrializzati

paese	*km di ferrovie nel 1988*	*km di ferrovie nel 2002*
Germania	44.150	35.860
Italia	19.550	15.985
Stati Uniti	296.000	235.070
Polonia	26.200	21.070
Australia	38.000	41.290

Fonte: Calendario Atlante Deagostini

ze di densità e di importanza dei nodi. In questa fase, alla base dell'investimento vi è ancora la ricerca di collegamenti a elevata domanda. Nel terzo stadio, di intensificazione (fase 3), l'intero territorio risulta collegato; anche le regioni più lontane sono incorporate all'interno di una singola rete molto densa, con alcuni nodi di importanza rilevante e altri di importanza secondaria, comunque connessi alla rete dalla volontà di catturare anche traffici di portata locale. In questa fase è possibile che alcune iniziative si rivelino poco profittevoli o fallimentari.

Nella fase 4 la rete viene sfoltita e selezionata e il traffico viene concentrato sulle maggiori arterie e in quelle intermedie, mentre altre, minori, perdono di importanza c possono anche essere dismesse. Nel caso delle ferrovie, ciò è avvenuto anche a causa della crescita del trasporto su strada, più economico per i trasporti a breve distanza.

In materia di politiche dei trasporti va infine sottolineato che, oltre agli aspetti economici e geoeconomici, occorre considerare anche su quelli *politico-militari* e *geopolitici*, che restano strategici. Lo Stato infatti esercita un potere sul proprio territorio anche attraverso il controllo delle vie di comunicazione e dei nodi che assumono un alto valore strategico, come gli aeroporti o gli scali marittimi interna-

Fig. 9.8 – Modello di sviluppo della rete ferroviaria in un paese sviluppato

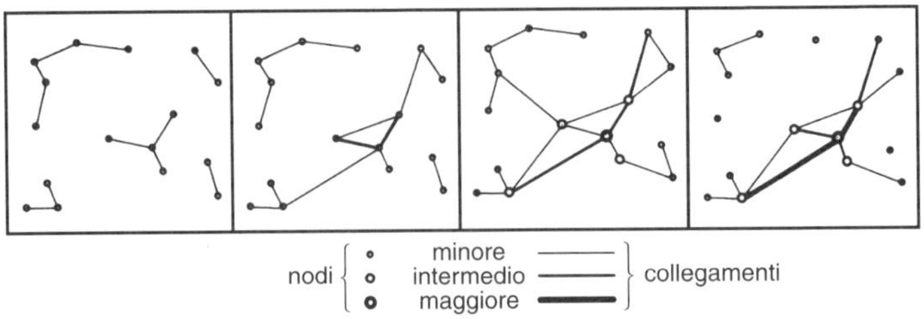

Fonte: Chapman, 1979

zionali. In generale, inoltre, i settori più avanzati dell'industria dei trasporti e delle comunicazioni sono ritenuti strategici e quindi vengono sostenuti in varia misura dai governi; in primo luogo il settore aeronautico, quello spaziale e le telecomunicazioni.

Non solo nella politica interna, ma anche in quella estera, il controllo dei trasporti è un aspetto centrale delle strategie politiche: lo sono state le costruzioni di reti di trasporto nei paesi colonizzati, il controllo delle reti e dei nodi strategici nelle politiche espansionistiche tedesche di questo secolo, il controllo del traffico nel Golfo Persico durante le crisi ricorrenti e in generale in tutti i casi in cui è emersa una volontà di espansione territoriale o di controllo economico.

In questo senso vi sono nel mondo dei gangli strategici il cui libero accesso (e il cui controllo) è condizione essenziale per l'espletamento di una buona parte dei trasporti marittimi mondiali: si tratta dei canali interoceanici di Panama e Suez (e in misura minore dei canali di Kiel, Corinto e Caledonia, che hanno importanza regionale). Il canale di Suez, storicamente veicolo della penetrazione europea in Asia, Oceania e Africa orientale, è oggi soprattutto un'arteria petrolifera ed è controllata dall'Egitto, che assicura il libero transito; il canale di Panama è dal 1982 sotto la sovranità dello Stato centroamericano, ma gli Stati Uniti «assicurano» la difesa e il funzionamento del canale; al momento in cui si è paventata la possibilità di un allentamento del proprio controllo, questo paese non ha esitato a intervenire militarmente, anche perché interessato al 70% del traffico totale del canale.

Letture di approfondimento

ACHCAR G., GRESH A., RADVANYI J., REKACEWICZ P., VIDAL D., 2003, *Atlante* di «Le monde diplomatique», Il Manifesto, Roma.

BARBERO C., FERLAINO F., 2004, *Logistica territoriale intergrata*, Ires Piemonte, Torino.

BOLOGNA S., 1997, *Trasporti e logistica come fattori di competitività di una regione*, in P. PERULLI (a cura di), *Neoregionalismo. L'economia arcipelago*, Bollati Boringhieri, Torino.

—, 2002, *City logistics: valutazione delle esperienze e prospettive*, ISFORT.

BONORA P., 1998, *Telecommunication Networks, Relational Space, Access Gates to the Virtual*, in C. CAPINERI, M. TINACCI MOSSELLO (a cura di), 1996, *Geografia delle comunicazioni. Reti e strutture territoriali*, Giappichelli, Torino.

MAINARDI R., 1996, *Geografia delle comunicazioni. Spazi e reti dell'informazione*, NIS, Roma.

VALLEGA A., 1987, *La geografia dei trasporti*, in G. CORNA PELLEGRINI (a cura di), *Aspetti e problemi della geografia*, vol. I, Marzorati, Milano, pp. 375-406.

—, 1980, *Per una geografia del mare. Trasporti marittimi e rivoluzioni economiche*, Mursia, Milano.

VANOLO A., 2006, *Geografia economica del sistema mondo*, in corso di stampa presso UTET Libreria, Torino.

Siti consigliati

www.itu.ch Sito dell'unione internazionale delle comunicazioni e delle telecomunicazioni
www.logisticaeconomica.it Sito dedicato alla logistica

Capitolo 10

Il turismo

10.1 Concetti generali ed evoluzione storica

Secondo la definizione dell'Organizzazione Mondiale del Turismo (OMT) il turismo è praticato da chi si sposta dal luogo abituale di vita e di lavoro verso un'altra località, per almeno una notte e per non più di un anno, con lo scopo di arricchire le proprie conoscenze, oppure di migliorare la propria salute o ancora di divertirsi ed evadere dai normali comportamenti della vita quotidiana.

Dal punto di vista economico il turismo si configura come acquisto di un insieme di servizi legati a tali spostamenti e al raggiungimento dei relativi obiettivi (svago, riposo, cure ecc.).

Alcune strutture erogatrici di questi servizi, come le agenzie di viaggio, possono essere localizzate nei luoghi di partenza, ma la maggior parte (alberghi, impianti sportivi, luoghi di ritrovo, negozi specializzati ecc.) si trovano nelle località e regioni turistiche di destinazione. Perciò il turismo si configura come un'attività che trasferisce capitali dalle regioni di partenza verso quelle di arrivo.

Quelli del turismo sono soprattutto servizi per le famiglie, anche se talvolta possono configurarsi come infrastrutture sociali collettive (ad esempio le colonie per bambini). Dal punto di vista gerarchico-territoriale, nei paesi sviluppati si tratta di servizi di livello medio, in quanto utilizzati periodicamente da un gran numero di persone, ma periodicamente. Anche sotto questo aspetto vi sono però eccezioni, come le località turistiche d'élite, che offrono servizi rari e specializzati. Dal punto di vista geografico si distingue inoltre il turismo a *scala regionale* e *nazionale* da quello *internazionale*, *intracontinentale* e *intercontinentale*. In particolare il movimento di turisti all'estero genera flussi di capitali, uso di mezzi di trasporto e tipi di servizi in parte diversi da quelli propri del movimento turistico interno.

Le origini del turismo moderno possono farsi risalire al secolo XVIII, quando tra la nobiltà dell'Europa centrale divenne molto ambito e qualificante il viaggio in paesi relativamente esotici e ricchi di testimonianze artistiche, come l'Italia, o il soggiorno presso località termali, come Bath, in Inghilterra.

Dopo la rivoluzione industriale, il benessere della nuova borghesia fece di questa classe la principale protagonista del primo sviluppo turistico moderno. Sorsero così nuove stazioni termali (come Vichy in Francia), si sviluppò il turismo sui laghi (lago di Garda, lago Maggiore) e si iniziò la pratica sportiva dell'alpinismo, con la creazione di nuove stazioni come Chamonix, in Savoia. Per lo sviluppo del turismo balneare estivo occorre attendere gli albori del Novecento, anche se alcuni centri, come Biarritz e Nizza, erano già frequentati per scopi terapeutici. Va però chiarito che fino al primo terzo del Novecento il turismo era ancora un *fenomeno d'élite*, che interessava ristrette fasce di popolazione: quelle che avevano una certa disponibilità di tempo e denaro. In seguito, con la diffusione dell'industrializzazione e dell'urbanizzazione in Europa e nel Nord America, il turismo guadagnò anche le classi lavoratrici, si affermarono alcuni sport invernali e il turismo balneare estivo. Solo però tra le due guerre, e ancor più dopo l'ultima guerra mondiale, il turismo ha assunto, nei paesi sviluppati, le attuali caratteristiche di *fenomeno di massa*. Le località turistiche e i tipi di turismo si sono ulteriormente diversificati, come mostra, ad esempio, il recente interesse per l'agriturismo, l'archeologia industriale e i deserti, oppure la crescita del turismo itinerante e di quello delle « seconde case ».

10.2 Sviluppo economico e mobilità turistica

La gran parte della mobilità turistica si genera e si svolge all'interno delle aree più sviluppate e dei loro immediati dintorni. L'idea che i flussi turistici vadano dai paesi e dalle regioni sviluppate ricche verso quelle sottosviluppate povere è smentita dalla constatazione che i paesi dell'Europa occidentale, con gli Stati Uniti e il Canada, ricevono da soli circa il 60% del movimento turistico internazionale. Su diversa scala qualcosa del genere si verifica per le regioni più sviluppate del Centro-Nord Italia, per quanto riguarda la mobilità turistica interregionale.

Il *livello dello sviluppo economico e sociale* agisce quindi sia sulla formazione della domanda che sulla capacità di offerta turistica. Se escludiamo il turismo di élite, che è più ubiquitario ma costituisce sempre solo una minima parte della mobilità e del giro d'affari turistico complessivo, il movimento turistico di massa è presente solo al di là di certe *soglie dello sviluppo*.

Per quanto riguarda la domanda, tale soglia è raggiunta a un certo grado di sviluppo del processo di industrializzazione e terziarizzazione, cioè quando si ha la formazione di una fascia consistente di redditi medi e quando il miglioramento dei trasporti, il parallelo processo di urbanizzazione e l'aumento del tempo libero fanno crescere la propensione al consumo turistico fino a farne un consumo essenziale e sotto certi aspetti necessario. Ciò spiega come mai nei paesi che hanno superato tale soglia il movimento e la spesa turistica crescano più rapidamente degli indicatori di reddito globale e siano relativamente poco sensibili alle fasi di bassa congiuntura.

Tra i fattori della domanda, hanno forte incidenza anche i *fattori culturali*. Si tratta di un insieme eterogeneo di variabili ambientali e socio-culturali, strettamente interrelate tra loro, che possono spiegare la crescita della domanda, al di là della parte spiegata dalle differenze di reddito e dalla disponibilità di tempo libero e ferie retribuite.

La gran parte di tali variabili deriva dall'*urbanizzazione* e dal modo di vita urbano, da cui dipendono una serie di fenomeni come concentrazione-congestione, stress e diseconomie ambientali, esigenze « ecologiche », maggiori esigenze culturali e di conoscenza, più intensa circolazione dell'informazione, comportamenti imitativi ecc.: tutti fatti che accrescono la propensione al consumo turistico.

Analogo a questo – in quanto largamente filtrato da condizioni culturali – è il fattore *climatico* che, sempre a parità di reddito, spiega i flussi percentualmente maggiori da paesi o regioni più fredde verso quelle più calde.

Dal lato dell'offerta la soglia di sviluppo economico e sociale richiesta è più bassa, tale però da garantire nell'area un insieme di condizioni infrastrutturali, di servizi e di sicurezza accettabili dalla gran massa della domanda proveniente da aree più sviluppate, nonché quel minimo di capacità professionale, imprenditoriale e d'investimento locali, necessarie per lo sviluppo di una rete di attrezzature ricettive abbastanza numerose e diffuse.

Parzialmente differente è il caso di quelle aree di paesi sottosviluppati in cui il turismo è quasi completamente organizzato da imprese e soggetti provenienti dai luoghi in cui si forma la domanda (villaggi turistici in luoghi esotici, safari ecc.); ma l'entità del fenomeno è talmente limitata in termini assoluti da rappresentare, almeno statisticamente, solo un caso minore. Tra i paesi del Sud del mondo, sono invece quelli che hanno sviluppato una certa imprenditorialità turistica locale e una minima rete di servizi a trovarsi in posizione privilegiata rispetto alla domanda internazionale di turismo: ciò avviene, ad esempio, per vari paesi dell'Asia orientale o dell'America Latina.

10.3 I fattori dell'offerta turistica

Superata la soglia minima di sviluppo economico appena descritta, i fattori che determinano le differenze nello sviluppo turistico delle regioni o dei paesi sono numerosi ma riconducibili ad alcuni grandi tipi.

In primo luogo occorre tener conto dell'*accessibilità* della località o area turistica. Questo fattore riflette la posizione (distanza) di un'area rispetto alle principali zone di provenienza della domanda. Oltre alla distanza fisica contano il costo (monetario e non) e la facilità dell'accesso, sia in senso reale (mezzi e reti di trasporto, frequenza e capacità dei collegamenti ecc.) sia psicologico, nonché la possibilità di comunicare agevolmente con le popolazioni autoctone. Ad esempio per noi gli Stati Uniti sono più « vicini » dell'India o della Mongolia, anche se la distanza fisica è la stessa. Ciò premesso, si può constatare un « effetto di isolamento » sfavorevole anche a certe aree dell'offerta, più lontane da quelle della domanda, nonostante alcune di esse abbiano grandi risorse potenziali (ad esempio i paesi Andini).

La presenza di *attrattive* è un secondo importante fattore (anche se non sufficiente di per sé) che determina lo sviluppo del turismo. La maggior parte dei flussi si orienta verso attrattive non facilmente producibili o riproducibili, in quanto di carattere *naturale* oppure *storico*. Tra le prime è nettamente prevalente l'insieme sole-mare-spiaggia, seguito da altri di tipo naturale-paesaggistico e in specie dalla montagna con gli sport invernali. Le attrattive di tipo storico consistono in monumenti artistici, scavi archeologici, musei ecc. a cui si affiancano – specie nei paesi meno sviluppati – il folklore, l'artigianato tradizionale e simili. Va sottolineato che nei paesi più sviluppati possono presentarsi fattori ambientali negativi quali il deterioramento del paesaggio, l'eccessiva densità edilizia, l'inquinamento dei fiumi e delle coste (ad esempio, la sponda mediterranea settentrionale). Sono invece in una certa misura producibili e per lo più legate a determinati livelli di sviluppo, altre *attrattive di tipo urbano* che consistono sia nelle opportunità presenti nelle maggiori città (divertimenti, arte, spettacolo, shopping ecc.) sia nell'ambiente urbano stesso, ovvero che soddisfano il « bisogno di urbanità » del turista, nel senso di ritrovare nei luoghi di villeggiatura una serie di strutture e abitudini tipiche della vita cittadina. Ulteriori attrattive sono legate a determinate « funzioni » urbane. Tra queste ultime hanno un posto rilevante le relazioni d'affari, seguite dai viaggi di studio, ricerca, congressi, dalle cure mediche specializzate ecc. Possono essere inserite tra le attrattive urbane anche le *strutture ricettive* in senso stretto (alberghi, campeggi, ristoranti ecc.), nel momento in cui certe particolari qualità le facciano divenire un elemento discriminante per l'orientamento della domanda e non solo un fattore di per sé necessario per lo svolgimento dell'attività turistica.

Al contrario, quando lo standard di queste condizioni si allontana troppo da

Fig. 10.1 – Modello di evoluzione dello spazio turistico

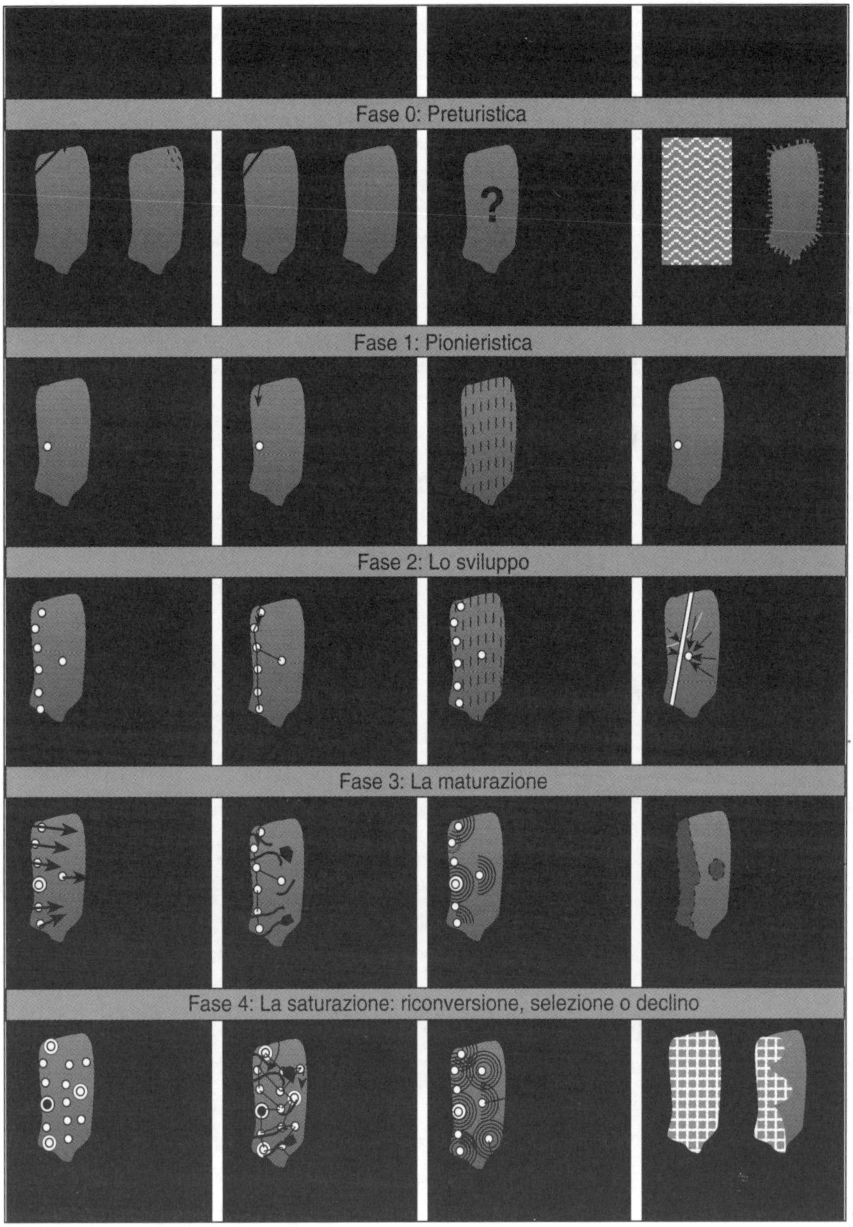

Fonte: Miossec, 1977, modificato

Nelle prime fasi (0 e 1) la regione è isolata, con uno sviluppo limitato o inesistente, i turisti conoscono vagamente la destinazione, mentre gli abitanti locali tendono ad avere una visione polarizzata di ciò che il turismo può comportare. Il successo delle stazioni climatiche pionieristiche porta a un ulteriore sviluppo (fase 2). A un'espansione dell'industria turistica corrisponde l'evoluzione di un sistema gerar-

(*segue*)

chico di luoghi di villeggiatura e reti di trasporti sempre più complesso, mentre l'attitudine delle popolazioni locali può variare da un'accettazione completa del turismo all'adozione di misure di controllo o, addirittura, al suo rifiuto (fasi 3 e 4).
Contemporaneamente, i turisti divengono più consapevoli delle possibilità offerte dalla regione nel suo complesso e da specifici luoghi.
In una fase di sviluppo successiva (non rappresentata) è il turismo stesso, suggerisce Miossec, più che le attrattive originali del luogo, a richiamare visitatori nella zona.
Questo cambiamento di caratteristiche induce alcuni turisti a spostarsi verso altre aree. Da qui l'importanza del comportamento degli amministratori e pianificatori territoriali dell'area a turismo intenso: l'assenza o la scarsa presenza di regole e piani porta alla saturazione selvaggia dei luoghi turistici e a una perdita di attrattiva, con relativo declino; la scelta di orientarsi verso uno sviluppo qualitativo (mantenere le qualità ambientali, evitare il sovraffollamento, stimolare la diversificazione dei periodi di villeggiatura ecc.) e a un «turismo sostenibile» porta invece a una selezione della clientela, che resta «legata» al luogo.

---

quello a cui i turisti sono abituati nelle loro aree di provenienza, non è possibile lo sviluppo di un turismo di massa.

Si può ritenere che di regola in ogni area il turismo (come offerta) nasca e si sviluppi inizialmente sulla base di risorse « date » e che successivamente tenda a crescere oltre i limiti posti dalla dotazione di tali risorse, basandosi su risorse « create ». Queste ultime baseranno la loro capacità attrattiva in una logica di differenziazione del « prodotto », tendente a situazioni di monopolio. D'altra parte esse saranno probabilmente più soggette alle fluttuazioni della moda.

Un altro importante fattore dell'offerta turistica è l'*immagine* che una certa località si crea, soprattutto attraverso i canali di informazione. La pubblicità turistica e i messaggi che il potenziale turista riceve sono numerosi e diversificati: vanno dai depliant alla televisione, dalle guide turistiche ai giornali specializzati. Per i luoghi lontani si punta all'esotico, all'avventura, al desiderio del nuovo (anche se organizzato); le località balneari mediterranee vengono descritte come paradisi di sole e amore; in ogni caso viene « venduta » al turista l'immagine di un luogo. L'immagine turistica è ancora più particolare per le cosiddette località *status-simbol*, quelle cioè la cui frequentazione « rafforza » la posizione sociale del turista.

Del livello di sviluppo economico come fattore di differenziazione dell'offerta di turismo s'è già detto nel paragrafo precedente ma occorre ancora aggiungere che il *costo della vita*, per quel che concerne la spesa turistica (attrezzature ricettive, trasporti, vitto, shopping), può variare in modo relativamente elevato anche tra paesi sviluppati, tanto comunque da rendere attraente un certo paese piuttosto di un altro (ad esempio, attualmente, la Francia o la Spagna rispetto all'Italia). Questo fattore agisce meno nel mercato dei viaggi e delle vacanze organizzate, dove la crescente integrazione verticale e orizzontale delle organizzazioni turistiche tende a ridurre le differenze geografiche dei prezzi a parità di standard di servizio, anche nei paesi del Sud del mondo (i prezzi degli alberghi di livello internazionale sono ad esempio simili in tutto il mondo).

Tra i più importanti fattori dell'offerta turistica occorre annoverare anche le politiche di sviluppo gestite dall'intervento pubblico. Le campagne pubblicitarie, la creazione di uffici del turismo, il miglioramento delle infrastrutture, il miglioramento della qualità e della produttività delle imprese turistiche, gli incentivi per diversificare l'offerta di prodotti turistici (puntando ad esempio sul turismo d'affari, di cura, della terza età ecc.), la formazione del personale addetto al settore, il censimento e la valorizzazione dei beni culturali, la protezione dei beni ambientali costituiscono una serie di campi in cui l'azione dei pubblici poteri, a parità di altri fattori, può essere un fattore decisivo per l'incremento del turismo in certe regioni o paesi. Ciò è particolarmente significativo nel turismo internazionale, dove paesi come la Spagna o la Tunisia hanno registrato forti incrementi di arrivi a confronto di altri paesi in condizioni di offerta turistica simili o anche migliori.

Soprattutto per il turismo internazionale va infine considerata la situazione geopolitica, soprattutto nel senso della *stabilità politica e militare*. In questo senso il caso del Libano è emblematico: dopo essere stato a lungo una rinomata meta turistica, dalla guerra civile in poi il paese ha visto crollare il flusso di visitatori. Effetti simili sono stati prodotti in altre aree dal terrorismo, dall'instabilità politica, dall'insicurezza dovuta a furti, frodi e aggressioni. Al contrario, all'interno di aree politicamente stabili e sicure, la libertà di circolazione delle persone e dei capitali incentiva notevolmente il turismo.

10.4 Il turismo sostenibile

Dopo la Conferenza per uno sviluppo sostenibile di Rio de Janeiro del 1992, il turismo è diventato oggetto di un'etica più attenta alla salvaguardia dei patrimoni naturali e culturali. L'attività turistica e l'evoluzione delle regioni turistiche, come sottolineato fin dal 1977 dall'analisi di Miossec presentata in precedenza, può orientarsi verso una saturazione dello spazio turistico, un «turismo totale» che porta alla perdita di attrattiva della località. Tra i danni ambientali sono noti i casi di sovraffollamento, di produzione massiccia e stagionale di rifiuti, di eccessiva e sregolata urbanizzazione, tutte situazioni che contribuiscono a degradare il paesaggio e l'ambiente. Al contrario, come sottolinea ancora Miossec, un piano di «salvaguardia ecologica» valorizza il territorio ed evita il declino.

L'area del mondo dove i principi annunciati e sottoscritti alla Conferenza di Rio hanno trovato una maggiora applicazione concreta è l'Europa; in particolare è l'Unione europea che ha attuato iniziative importanti in materia di turismo sostenibile. In primo luogo ha predisposto la *Carta del turismo sostenibile*, alla quale stanno aderendo Comuni e Regioni. La Carta è una dichiarazione di principi e linee-guida per un turismo e un'organizzazione degli spazi turistici che rispetti e preservi l'ambiente e le risorse culturali dei luoghi. Queste azioni vanno inoltre nella direzione dell'« educazione » del turista al rispetto e alla comprensione dei valori e delle tradizioni degli abitanti dei luoghi visitati e alla cura dell'ambiente locale. Anche le imprese che si occupano di turismo in una località che aderisce alla Carta (alberghi, agenzie di viaggio ecc.) devono rifarsi ai principi del turismo sostenibile. Tra le Regioni dell'Unione europea le prime che hanno aderito alla Carta sono quelle settentrionali (svedesi, danesi e finlandesi), seguite da Regioni francesi e spagnole.

Una seconda iniziativa dell'Unione europea in materia di turismo sostenibile è la «*Bandiera blu per le spiagge*». Ogni anno organizzazioni non governative (ad esempio Legambiente in Italia) provvedono a esaminare la qualità dell'acqua di balneazione di alcuni litorali nei rispettivi paesi. Durante la stagione estiva i campioni di acqua vengono analizzati ogni due settimane e alle spiagge e ai porti con caratteristiche migliori (secondo i valori fissati dall'Ue) viene assegnata la « bandiera blu ». Se l'acqua è poco sopra al limite dei valori viene assegnata la « bandiera verde »; se la spiaggia è sotto i valori fissati ottiene la « bandiera rossa » e se invece le acque sono pericolose per la salute si assegna la « bandiera nera ». Questa iniziativa ha avuto molto successo presso i turisti e ha stimolato gli operatori turistici delle diverse località a migliorare la qualità delle acque, per attirare più visitatori o per non perderli.

Sempre in Europa sono nati da alcuni anni gli *ecomusei*, un nuovo tipo di attrattiva turistica. In genere si sono sviluppati in aree di montagna e in villaggi rurali, dove sono state approntati edifici che presentano attività economiche del passato (miniere, luoghi dove sono esposti gli attrezzi per la filatura dei tessuti o per i lavori in campagna) e percorsi che attraversano antichi villaggi o aree naturali che permettono un'osservazione guidata di aspetti naturalistici (rocce, piante, animali...) o di percorsi con significato storico (antiche vie del trasporto del sale, sentieri « della resistenza » utilizzati dai partigiani che combattevano il nazismo e il fascismo ecc.). Gli ecomusei sono ispirati a un turismo sostenibile, che preserva e valorizza il territorio e coinvolge in questa azioni gli abitanti del posto.

Ma anche in altre aree del mondo stanno crescendo le iniziative di turismo sostenibile. Ad esempio in Africa meridionale alcuni grandi parchi naturali si stanno organizzando in senso « ecoturistico ». Nel Parco Tsodilo (40.000 ettari), nella regione del Kalahari, si stanno reintroducendo molte specie animali che ora non vi si trovano più, come il rinoceronte, la giraffa, l'antilope. Le popolazioni locali (i boscimani) sono state coinvolte nella gestione del parco, con compito di gestire le strutture ricettive e i percorsi turistici, che offrono sia la possibilità di safari fotografico nella savana, sia l'osservazione di pitture rupestri molto antiche e di un museo, sia l'acquisto di prodotti artigianali. Una parte dei discendenti degli antichi boscimani, ormai rimasti in pochi ed emarginati, hanno così la possibilità di recuperare un buon rapporto con il proprio territorio e con i

10.5 La geografia del turismo

L'economia turistica è determinante nella formazione del reddito di molti paesi e regioni. Per alcuni paesi di medio livello di sviluppo economico (come la Grecia o la Tunisia) il turismo è l'attività che permette il maggior afflusso di capitali dall'estero. Esso ha inoltre effetti positivi sull'occupazione e sullo sviluppo di attività collaterali, come la costruzione di case o l'impianto di esercizi commerciali. Per quantificare nei singoli paesi i flussi di valuta si osserva la bilancia turistica, che mette a confronto i capitali apportati dal turismo straniero con quelli portati all'estero dai turisti nazionali: mentre alcuni paesi (come Spagna, Italia e Grecia) hanno attivi per migliaia di miliardi, altri (come la Germania) hanno un deficit elevato.

Il *turismo internazionale* nell'insieme ha mobilitato nel 2004 oltre 620 miliardi di dollari, contribuendo all'incremento della circolazione di capitali su scala mondiale. In termini di presenze, il turismo internazionale, è cresciuto notevolmente tra il 1950 e il 1970 (in media +10% l'anno), mentre nel decennio 1970-80 la crescita annua è stata del 6% e tra il 1980 e il 2004 di oltre il 4% annuo. L'incremento dei redditi e del tempo libero, la diffusione dei mezzi di trasporto e comunicazione, un lungo periodo senza guerre mondiali e il generale processo di globalizzazione dell'economia e della cultura sono stati i principali fattori di questa crescita: dai 25 milioni di turisti internazionali del 1950 si è passati ai circa 700 milioni del 2004 (vedi tabella 10.1).

Tab. 10.1 – Il turismo mondiale 1970-2004

Anno	*Arrivi (milioni)*	*Spese (miliardi $)*
1970	165	17
1980	284	103
1985	327	116
1990	455	261
1995	528	321
2000	545	331
2004	701	622

Fonte: OMT

Fig. 10.2 – Il turismo nel mondo (località e flussi)

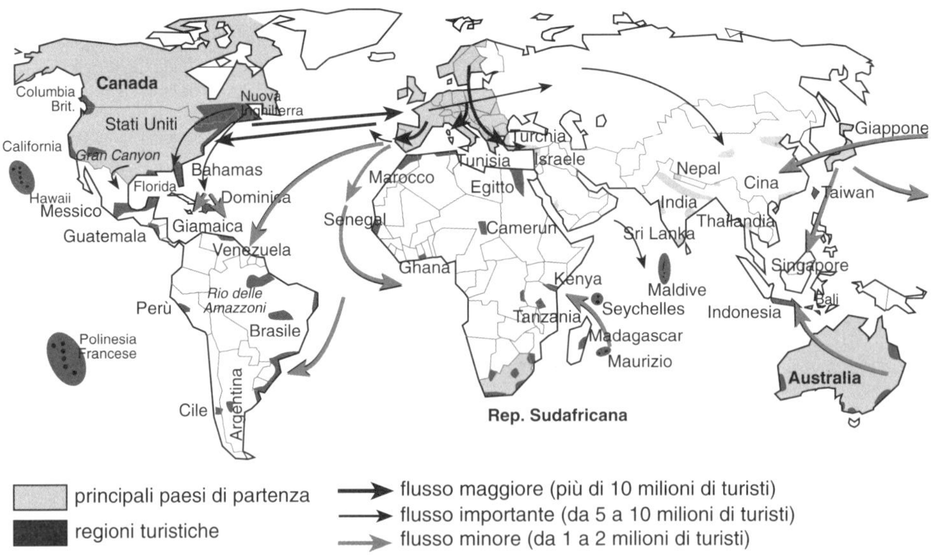

Si tratta comunque di un'attività che può variare ogni anno sia in termini assoluti (turisti totali) sia nelle destinazioni prescelte, condizionata com'è da una vasta serie di fattori (monetari, politici, militari, d'immagine ecc.). Durante il 1991, ad esempio, a causa della guerra del Golfo, l'incremento è stato solo dell'1,6%, mentre nel 2001 in seguito all'attacco alle torri gemelle vi è stata una riduzione rispetto al 2000.

Su scala internazionale il principale flusso di turisti è, come già visto, quello *tra paesi sviluppati* e in particolare all'interno dell'Europa occidentale e tra questa e l'America anglosassone. Gran parte del movimento turistico si genera e si svolge quindi all'interno delle aree più sviluppate e dei loro immediati dintorni.

Il flusso dai paesi sviluppati verso paesi del Sud del mondo copre soltanto il 15% circa del movimento turistico internazionale, mentre i flussi in partenza dal Sud del mondo superano di poco il 10% del totale.

Osservando ora le singole aree del pianeta, quella privilegiata dal turismo internazionale è da sempre l'*Europa*. In essa affluiscono ben 350 milioni di turisti stranieri all'anno (compresi i movimenti interni al continente). All'interno dell'Europa l'*area mediterranea* è quella che presenta il massimo afflusso, risultando il principale polo turistico mondiale, con il 25% del totale.

L'America anglosassone segue l'Europa come importanza, con circa 70 milioni di turisti, mentre in *forte crescita* è tutta l'area dell'Asia orientale e del Pacifi-

Fig. 10.3 – Il turismo in Europa

co (Singapore, Australia, Indonesia, Filippine, Cina ecc.), che oggi arriva al 18% del totale. Più contenuto, ma consistente, è stato l'incremento dell'America centrale e dei Caraibi (Messico, Cuba ecc.) e più modesto quello dell'Asia meridionale (Nepal, India, Maldive) e dell'Africa (soprattutto settentrionale). In generale dai dati si desume che tra le regioni meno sviluppate (ma capaci di fornire uno standard di servizi sufficiente) sono più favorite quelle vicine ai paesi più ricchi: area messicano-caraibica, mediterranea meridionale ecc. In sintesi si osserva che il grosso del turismo internazionale resta molto concentrato in poche aree e fa registrare una *crescita geograficamente molto ineguale*.

Buona parte del turismo internazionale è organizzato da agenzie specializzate che predispongono viaggio, soggiorno e itinerario per gruppi di turisti. Alcune delle grandi agenzie di viaggi, grazie all'imponente giro d'affari e all'azione su scala mondiale, sono società multinazionali, in grado di controllare sia i mezzi di trasporto (il più usato è l'aereo), sia le strutture ricettive. In alcuni casi fanno parte di più potenti gruppi finanziari e industriali, come nel caso del « Club Méditerranée ».

Fig. 10.4 – Arrivi di turisti internazionali, 1950-2004

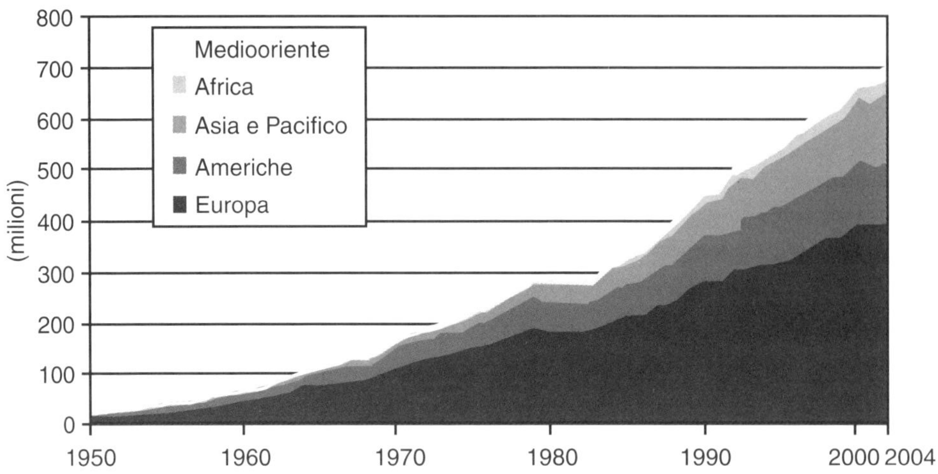

Flussi turistici consistenti a scala regionale e nazionale si hanno soprattutto nei paesi sviluppati, dove rappresentano una pratica diffusa nella maggior parte della popolazione. A questa scala il turismo è organizzato prevalentemente in forma individuale e l'automobile è il mezzo di trasporto privilegiato.

Soprattutto nel turismo a scala regionale è molto diffusa la seconda residenza

Tab. 10.2 – Principali destinazioni per paese dei turisti internazionali (in milioni)

paese	*1993*	*1995*	*2000*	*2002*
Francia	61	61	75	77
Stati Uniti	46	43	51	42
Spagna	41	63	48	52
Italia	26	28	41	36
Regno Unito	19	24	25	24
Cina	18	14	31	16
Ungheria	23	21	16	32
Messico	17	20	21	20
Polonia	8	19	17	14
Canada	36	36	20	20
Austria	18	17	18	19
Germania	15	15	19	18

Fonte: Organizzazione Mondiale del Turismo (OMT)

in campagna, situata in genere nelle aree limitrofe alle grandi metropoli; in questo tipo di turismo sono invece poco diffuse alcune strutture ricettive tipiche delle aree turistiche specializzate, come alberghi e locali notturni, mentre hanno maggior peso la ristorazione, il commercio e i richiami folkloristici.

Considerando i vari tipi di turismo, si calcola che ogni anno circa 2 miliardi di persone si prendano una vacanza di almeno tre giorni. All'inizio degli anni Duemila la crescita del turismo internazionale si è mantenuta poco al di sotto del 4%, ma la crescita più rilevante è avvenuta proprio nel turismo nazionale e intraregionale, in particolare con una moltiplicazione dei soggiorni di breve durata.

10.6 Le regioni turistiche dei paesi sviluppati e del Sud del mondo

Le aree turistiche dei paesi sviluppati possono essere localizzate sia in posizione periferica, sia in posizione molto centrale. Le maggiori città attraggono infatti, di regola, importanti flussi turistici e alcune (come Parigi, Roma, Londra, New York ecc.) possono essere considerate anche come autentici centri di attrazione turistica, in quanto richiamano masse di visitatori spesso superiori a quelle dei principali centri turistici specializzati (in genere localizzati in posizione periferica).

Questi ultimi si configurano come aree monoproduttive: la Costa Azzurra, la riviera romagnola, i centri alpini di sport invernale, le località termali, le città del gioco come Las Vegas e Atlantic City (Stati Uniti), hanno un'economia che si basa essenzialmente sul turismo e che, senza di esso, sarebbe molto meno ricca.

Quando il turismo è soprattutto stagionale, la presenza di popolazione sul territorio può variare anche notevolmente tra alta e bassa stagione. Nei periodi di alta stagione la presenza di una consistente quantità di persone su una porzione limitata di spazio crea i problemi urbanistici ed ecologici tipici delle grandi città: inquinamento, congestione del traffico, sovraffollamento, degrado dell'ambiente. Nella bassa stagione la popolazione presente è soprattutto quella dei residenti e l'attività economica ristagna; alcuni centri turistici cercano di colmare il « vuoto » con attività complementari, come l'organizzazione di congressi e mostre.

Rispetto al resto della regione, l'area turistica può avere un'economia separata oppure integrata. Resta *separata* quando non vi sono rapporti economici e funzionali con la regione, che è solo uno spazio di passaggio per arrivare alla località turistica. In questi casi le iniziative e i capitali che hanno attivato il turismo sono spesso esterni all'area, che assomiglia in parte alle aree di « colonizzazione turistica » dei paesi sottosviluppati. Quando invece l'area turistica è collegata con l'economia di una regione, si sviluppano intensi flussi economici e relazioni spaziali di vario tipo che rendono *integrato* l'insieme dello spazio regionale, con processi di sviluppo endogeno talvolta consistenti.

Nel caso della riviera romagnola, ad esempio, il personale delle strutture ricettive, i costruttori edili, i capitali, i prodotti agricoli artigianali in circolazione sono quasi tutti locali: il che dimostra come un'area turistica possa organizzare l'economia di una vasta regione. Nell'area citata è particolarmente rilevante il rapporto tra agricoltura e turismo, con grande flusso di prodotti dalle campagne alla costa. In questi casi il turismo, pur essendo localmente molto specializzato, è integrato in un'economia regionale più complessa.

Nel *Sud del mondo* il turismo interno è pressoché assente nei paesi più poveri, mentre in quelli con un maggior livello di sviluppo (ad esempio Brasile e Cina) ha una certa diffusione, anche se comunque resta appannaggio di quote non elevate di popolazione. Buona parte del turismo internazionale è organizzato dalle già citate società multinazionali, che controllano parte dell'economia turistica di questi paesi. Il vantaggio per l'economia locale spesso è scarso e in alcuni casi il circuito o la località turistica organizzati dalle compagnie straniere sono completamente autosufficienti: il turista non ha quindi quasi nessun contatto con la società locale, salvo alcuni aspetti «pittoreschi» o folkloristici (mercatini, spettacoli ecc.). Più frequentemente l'apporto economico delle società autoctone consiste nella fornitura di prodotti alimentari e di servizi poco qualificati. In molti casi, quindi, lo spazio turistico del Sud del mondo è «colonizzato» e strutturato secondo le esigenze del capitale straniero e i gusti dei turisti occidentali. In questa situazione esiste quindi

Fig. 10.5 – Schizzi tipologici degli spazi turistici regionali

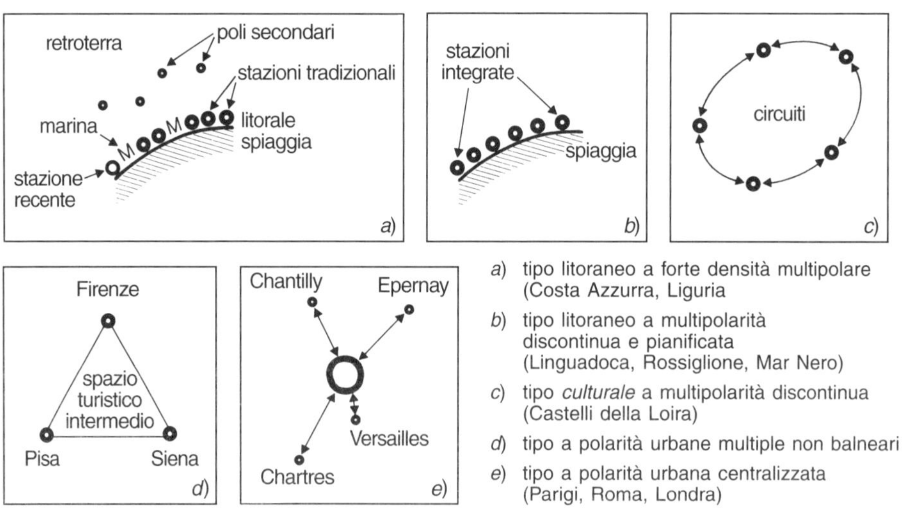

Fonte: Lozato-Giotart, 1988, modificata

un doppio circuito di servizi turistici: quello per gli stranieri, utilizzato anche dalla ristretta aristocrazia locale, costoso, variegato e moderno, e quello per la restante parte di popolazione autoctona che pratica forme di turismo, povero e limitato.

Un'analisi sulle tipologie degli spazi turistici regionali è stata condotta da Lozato-Giotart (1988) su scala mondiale e da essa è agevole estrapolare le situazioni regionali tipiche dei paesi sviluppati. Ne risultano alcuni modelli fondamentali, dagli spazi specializzati e poco diversificati agli spazi polivalenti e diversificati. in ogni tipo possono intervenire alcune variabili legate agli specifici caratteri naturali e umani degli ambienti ospiti (vedi figura 10.5).

Letture di approfondimento

CORNA PELLEGRINI G., 1998, *Geografia come desiderio di viaggiare e di capire*, Unicopli, Milano.

LOZATO-GIOTART J.P., 1988, *Geografia del turismo. Dallo spazio visitato allo spazio consumato*, Franco Angeli, Milano.

MORAZZONI M., 2003, *Turismo, territorio e cultura*, DeAgostini, Novara.

MUSCARÀ C., 1995, *Gli spazi dell'altrove. Geografia del turismo*, Patron, Bologna.

Siti consigliati

www.world-tourism.org Sito dell'organizzazionc mondiale del turismo (OMT)
www.turismo.it Sito dedicato al turismo di tutto il mondo

Capitolo 11

I flussi commerciali e finanziari

11.1 L'interdipendenza commerciale

Il commercio internazionale è uno dei pilastri su cui si fonda il processo di globalizzazione dell'economia; l'intensificazione delle relazioni internazionali dopo la Seconda guerra mondiale ha portato, tra il 1950 e il 2000, a un incremento degli scambi mondiali di merci di circa 10 volte in volume e 40 volte in valore. Oggi il grado di interdipendenza delle economie dei vari paesi è tale che nessun singolo Stato o nessuna grande impresa prende iniziative commerciali importanti senza tenere conto della situazione geoeconomica (e geopolitica) internazionale. Quasi tutti i paesi del mondo negli ultimi decenni hanno aumentato il loro grado di apertura commerciale e la percentuale di prodotto interno esportata (vedi grafico in figura 11.2); ugualmente forte è stato il maggior ricorso alle importazioni per le esigenze interne non soddisfatte da produzioni nazionali. Sui mercati nazionali la quantità di beni provenienti dall'estero si è moltiplicata, soprattutto nelle economie più sviluppate, ma anche in molti paesi emergenti. Questa progressiva liberalizzazione del commercio non è però generalizzata e totale. Permangono infatti, in alcune aree e per alcuni prodotti, dazi e barriere doganali volti a proteggere la produzione nazionale dalla concorrenza esterna. Inoltre, come si nota dal grafico, vi sono anche paesi che hanno ridotto la loro quota di export rispetto al PIL; è il caso per esempio dell'India, la cui forte crescita produttiva si è molto rivolta al mercato nazionale, oppure dell'Algeria, che ha perso quote di mercato petrolifero.

La grande crescita del commercio internazionale nel secondo dopoguerra, e soprattutto dopo il 1970, si spiega con la concomitanza di diversi fattori, di ordine politico, economico e tecnologico.

In primo luogo va considerato il forte *sviluppo dell'economia mondiale*, e in modo particolare di quella dei paesi del Nord del mondo, che ha permesso di aumentare produzioni, tenori di vita e disponibilità di reddito, premessa indispensabile per un rafforzamento della domanda (e dell'offerta) di beni.

Un secondo fattore economico rilevante, al contempo causa e conseguenza della crescita del commercio internazionale, è stato l'espansione delle *imprese multinazionali* e, più in generale, il processo di decentramento produttivo che ha prodotto una nuova divisione internazionale del lavoro (come descritto nel capitolo 7). La crescita delle multinazionali è derivata a volte anche dalla necessità di aggirare le barriere doganali: l'investimento estero diretto (la costruzione di una filiale o l'acquisto di un'azienda) in un paese che mantiene queste barriere, se viene permesso dal governo locale, è una strategia che permette anche una migliore penetrazione nel mercato di quel paese. All'inizio del Duemila oltre la metà degli IDE si dirigono nell'Unione europea; va però segnalato che nel 2002 la Cina da sola ha attirato ben l'8% degli investimenti; il motivo è duplice: da un lato il basso costo e l'abilità della manodopera, dall'altro la presenza del più vasto mercato del mondo, in cui tutte le grandi imprese vogliono essere presenti.

Dal punto di vista *tecnologico*, un ruolo centrale nella crescita del commercio internazionale dopo la Seconda guerra mondiale va attribuito al miglioramento dei

Fig. 11.1 – Esportazioni mondiali per grandi aree geografiche

	1970	*1980*	*1995*	*2004*
Totale mondiale (miliardi di $)	302	1.963	5.209	8.880
di cui (in %)				
paesi industrializzati(1)	71,9	63,1	66,2	65,7
America anglosassone	19,7	14,9	14,9	12,8
Europa occidentale(2)	45,8	41,5	41,5	45,3
Giappone	6,4	6,6	8,5	6,4
Europa orientale(3) **e Russia**	10,2	8,0	3,5	4,2
resto del mondo(4)	17,9	28,9	30,3	30,1

Fonte: WTO

(1) Oltre a quelli indicati vi sono anche Australia, Nuova Zelanda e Israele.

(2) Per il 2004 Ue 25 più Svizzera, Norvegia, Islanda.

(3) Per il 2004 CSI più Sud-est europeo.

(4) Si tratta di paesi del Sud del mondo (tra questi nel 2004 quelli asiatici coprono il 20,5%, l'America latina il 5,2% e l'Africa il 2,6%).

Fig. 11.2 – Valore percentuale delle esportazioni di merci sul totale del PIL in alcuni paesi (1970 e 2003)

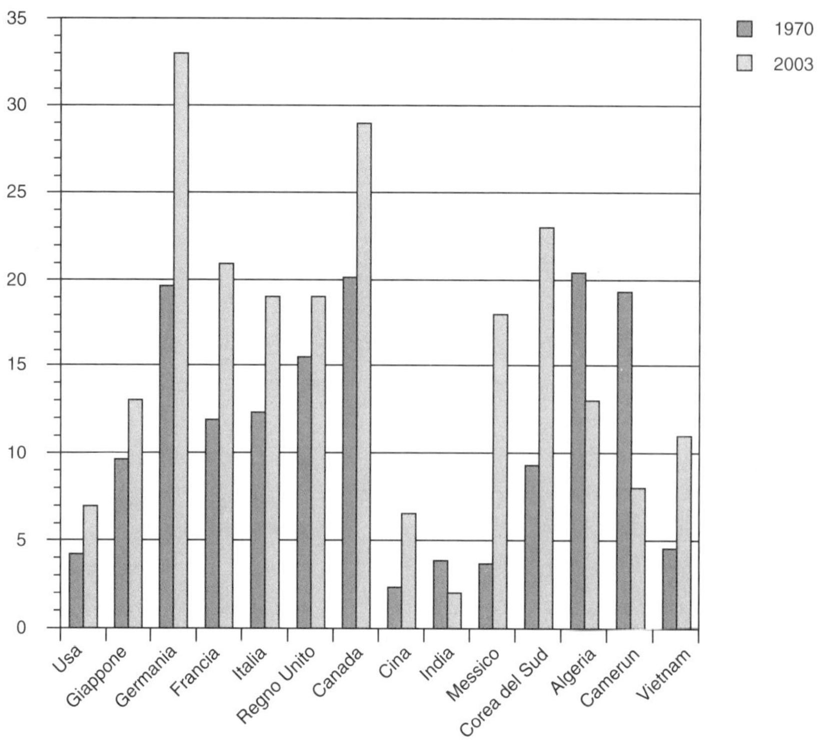

Fonte: WTO

trasporti e delle comunicazioni. L'abbattimento dei costi e la riduzione dei tempi sono avvenuti in tutti i tipi di trasporto, con evidente vantaggio per il commercio. Così le nuove tecnologie delle telecomunicazioni, permettendo la rapida circolazione di enormi quantità di informazioni, hanno rivoluzionato l'economia mondiale, consentendo anche un più facile incontro tra domanda e offerta.

Se ne sono avvantaggiate anche le borse merci internazionali, crocevia della commercializzazione dei prodotti. Le borse merci quotano giornalmente centinaia di prodotti primari (metalli, petrolio, carne, cereali, caffè ecc.) e quelle « nodali », come Chicago per i cereali e le carni o Londra e New York per i metalli, gestiscono la compravendita di rilevantissimi stock, indicando il prezzo mondiale di riferimento.

Va precisato che il commercio internazionale di cui si parla in queste pagine è riferito agli *scambi di beni*, che rappresentano il commercio internazionale in senso stretto. Nell'ultimo decennio però anche il commercio di *servizi* è molto cresciuto e nel 2004 il loro valore rappresentava già il 23,6% del commercio dei beni.

11.2 Globalizzazione e regionalizzazione del commercio internazionale

Oltre ai macroprocessi appena descritti, vi sono altri due aspetti che hanno permesso un grande sviluppo del commercio internazionale nel dopoguerra. Da un lato la firma, nel 1947, dell'Accordo generale sulle tariffe e sul commercio (GATT) e dall'altro la crescita di accordi commerciali regionali.

Il GATT è nato con lo scopo di promuovere gli scambi su scala mondiale attraverso una logica liberoscambista: abbattimento progressivo di ogni forma di dazio o protezionismo, non discriminazione commerciale e multilateralità negli scambi, per escludere il più possibile situazioni preferenziali e accordi bilaterali.

Nel 1995 il GATT si è trasformato in *WTO* (*World Trade Organization*) ed è stato dotato di maggiori poteri di controllo, ad esempio sulla concorrenza sleale, e del potere di applicare sanzioni a chi trasgredisce gli accordi. Tra i 147 paesi che aderiscono al WTO (2005) vi sono anche tutti i grandi esportatori del mondo (tranne la Russia, che come altri paesi minori ha lo status di osservatore ed è candidato all'adesione) e quindi gli accordi hanno efficacia globale. I risultati, infatti, sono stati notevoli: le tariffe doganali medie nei paesi sviluppati sono scese dal 25% del 1950 al 4% del 2000. Il contributo di questo organismo alla formazione dell'attuale economia globale si è rivelato quindi di primaria importanza.

La proliferazione di accordi commerciali regionali (vedi scheda 11.1), che hanno invece l'obiettivo di rafforzare all'interno dell'area dell'accordo gli scambi, sembra però andare nella direzione opposta rispetto agli obiettivi del WTO.

In effetti, attualmente globalizzazione e regionalizzazione del commercio internazionale convivono nel panorama economico internazionale. I due aspetti non sono però contraddittori. Innanzitutto i paesi che hanno siglato accordi regionali e le organizzazioni regionali stesse partecipano alle trattative del WTO, con il risultato di vedere comunque ridotte le barriere. In secondo luogo, l'appartenenza a un'area regionale di libero scambio è stata finora, in tutti i casi, un forte stimolo alla crescita delle esportazioni nazionali e una sorta di tappa intermedia verso un incremento del commercio anche all'esterno dell'area. In terzo luogo, le aree regionali più potenti (come l'Ue) hanno svolto un ruolo di attrazione verso paesi limitrofi, che talvolta ne sono diventati membri associati accrescendo il loro interscambio con l'estero.

Permane comunque la possibilità (attualmente remota) che questi sottoinsiemi regionali puntino all'autosufficienza o al protezionismo, producendo una frammentazione dello spazio economico mondiale piuttosto che una sua globalizzazione.

La logica liberoscambista «pura» del WTO trova ostacoli anche nelle cosiddette *barriere non tariffarie*, strumenti che vincolano le importazioni a requisiti da rispettare (standard tecnici di qualità, sicurezza alimentare, sicurezza ambientale, lavorazioni senza l'utilizzo di manodopera infantile ecc.). Si tratta di requisiti che soprattutto l'Ue, ma in certi casi anche altri stati, richiedono in virtù del rispetto dei diritti umani, della salute, dell'ambiente e che trovano l'appoggio di associazioni di cittadini e movimenti politici. In altri casi invece le barriere non tariffarie puntano esclusivamente a proteggere le produzioni nazionali richiedendo alle importazioni requisiti tecnici o aspetti burocratici propri soprattutto dei beni del paese che li impone.

Scheda 11.1 – Gli accordi commerciali regionali

Gli accordi commerciali regionali sono di vario tipo e coinvolgono gli aderenti a livelli di integrazione molto difformi.

Possono essere semplici accordi di libero scambio (anche limitati solamente ad alcuni tipi di merci), che prevedono l'abolizione di dazi tra i paesi membri; se viene istituito anche un dazio comune verso l'esterno si tratta invece di una unione doganale. Ma i livelli di integrazione possono anche essere molto superiori e non riguardare solo il trasferimento di merci, ma anche di capitali, servizi, imprese e persone: si tratta in questo caso di un mercato comune. Se vengono messe in atto, poi, politiche economiche comuni (agricole, fiscali, monetarie ecc.), con cessione all'organismo sovranazionale di quote di potere decisionale dei singoli membri, si ha allora un'unione economica.

L'*Unione europea* è la più importante e riuscita organizzazione economica regionale. Ne fanno parte quasi tutti i paesi dell'Europa occidentale e vari paesi europei orientali.

Per contrapporsi all'Ue è nato nel 1994 il NAFTA (Accordo nordamericano di libero scambio), volto a creare progressivamente, ma attraverso rapide tappe, un mercato comune, composto da circa 400 milioni di persone. A differenza di quanto accade nell'Ue il peso di uno dei tre partner, gli Stati Uniti, è nettamente preponderante rispetto a quello degli altri due, che sono Canada e Messico.

Un altro accordo commerciale di un certo rilievo è l'ASEAN (Associazione delle nazioni dell'Asia di Sud-Est), fondata nel 1967, che ha svolto un ruolo importante nell'incremento dei commerci tra i paesi membri e che nel 1993 ha promosso l'istituzione dell'AFTA con l'obiettivo della creazione di un'area di libero scambio nel Sud-Est asiatico.

Nel mondo vi sono numerosi altri accordi regionali (vedi tabella), spesso di scarsa efficacia. Per fornire un quadro sintetico, la tabella riporta i principali accordi re-

Tab. 1 – Principali accordi regionali

Nome	*Membri*	*Anno*	*Tipologia attuale*
ANCOM (Patto Andino)	Bolivia, Colombia, Equador, Perù, Venezuela	1969	Unione doganale
AFTA (Asean Free Trade Agreement)	Brunei, Cambogia, Indonesia, Laos, Malaysia, Myanmar, Filippine, Singapore, Tailandia, Vietnam	1967 (ASEAN) 1992 (AFTA)	Area di libero scambio
CARICOM (Carribean Community)	Antigua e Barbuda, Bahamas, Barbados, Belize, Dominica, Grenada, Guyana, Haiti, Giamaica, Montserrat, Saint Kitts e Nevis, Saint Lucia, Saint Vincent e Grenadine, Suriname, Trinidad e Tobago	1973	Mercato comune
EFTA (European Free Trade Association)	Islanda, Norvegia, Lichtenstein, Svizzera	1960	Area di libero scambio
EUROMED	Tra Unione europea e paesi non-Ue che si affacciano sul Mediterraneo	in fase di negoziazione	Area di libero scambio
FTAA (Free Trade Area of the Americans)	Intero continente americano con l'esclusione di Cuba	in fase di negoziazione	Area di libero scambio
Unione europea	Austria, Belgio, Danimarca, Finlandia, Grecia, Irlanda, Italia, Lussemburgo, Olanda, Portogallo, Spagna, Svezia, Gran Bretagna (Ue 15), Cipro, Repubblica Ceca, Estonia, Ungheria, Lettonia, Lituania, Malta, Polonia, Slovacchia, Slovenia (Ue 25)	1957 (CEE) 1992 (Ue)	Unione economica
MERCOSUR (Mercato comune del Cono Sud)	Argentina, Brasile, Paraguay, Uruguay; area di libero scambio con Bolivia e Cile	1991	Mercato comune
NAFTA (North America Free Trade Agreement)	Canada, Messico, USA	1994	Area di libero scambio

gionali con contenuto commerciale oggi in vigore, introducendo inoltre una distinzione fra quattro tipologie di accordi caratterizzate da un grado crescente di integrazione economica:

– *aree di libero scambio*, caratterizzate dall'abbattimento delle barriere fra i paesi membri;

– *unioni doganali*, in cui, oltre alla formazione di un'area di libero scambio, viene definita una politica commerciale comune nei confronti dei paesi esterni;
– *mercati comuni*, in cui, oltre alle caratteristiche delle tipologie precedenti, viene consentita la libera circolazione dei fattori produttivi (capitale e lavoro);
– *unioni economiche*, caratterizzate dall'abbattimento delle barriere commerciali, dalla definizione di una politica commerciale comune, dalla libera circolazione dei fattori produttivi e dall'armonizzazione di più ampie politiche economiche.

11.3 La distribuzione geografica degli scambi

Dopo la Seconda guerra mondiale il commercio internazionale ha assunto sempre più una *struttura tripolare*: l'Unione europea, gli Stati Uniti con il Canada e il Messico e l'area dell'Asia orientale (in particolare Giappone, Cina e nuovi paesi industriali) sono diventati i poli dominanti degli scambi mondiali (vedi figura 11.3), formando la *Triade globale*. Altri soggetti di minor peso sono i paesi OPEC, la Russia, i paesi più popolosi dell'America meridionale (come il Brasile). La stragrande maggioranza dei commerci (circa il 70%) resta comunque appannaggio dei paesi sviluppati.

Fig. 11.3 – Esportazioni e importazioni di merci: una struttura tripolare (2004). In evidenza i 4 paesi maggiori esportatori

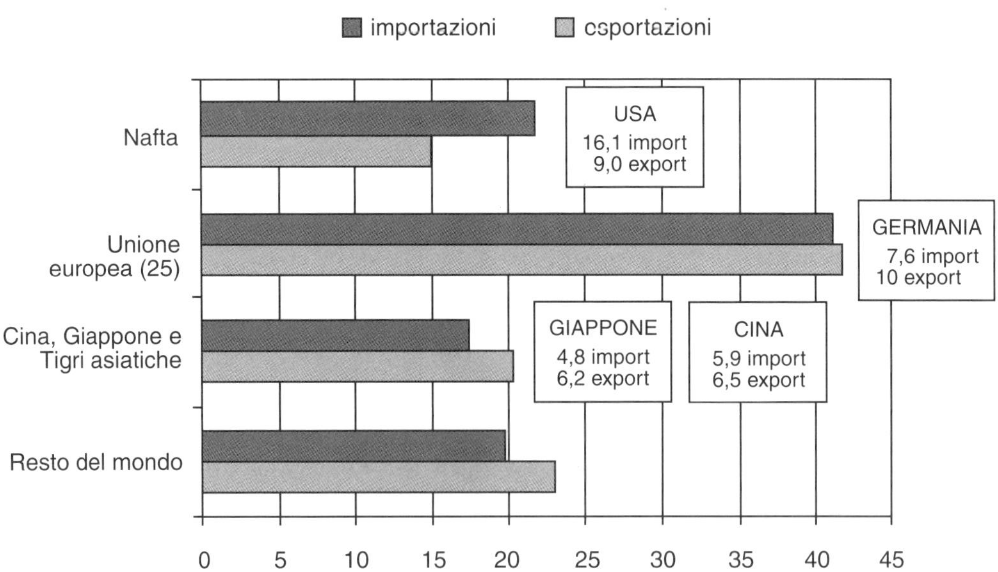

Fonte: basato su dati WTO (2005)

Fig. 11.4 – Composizione merceologica delle esportazioni mondiali (in valore; quota percentuale)

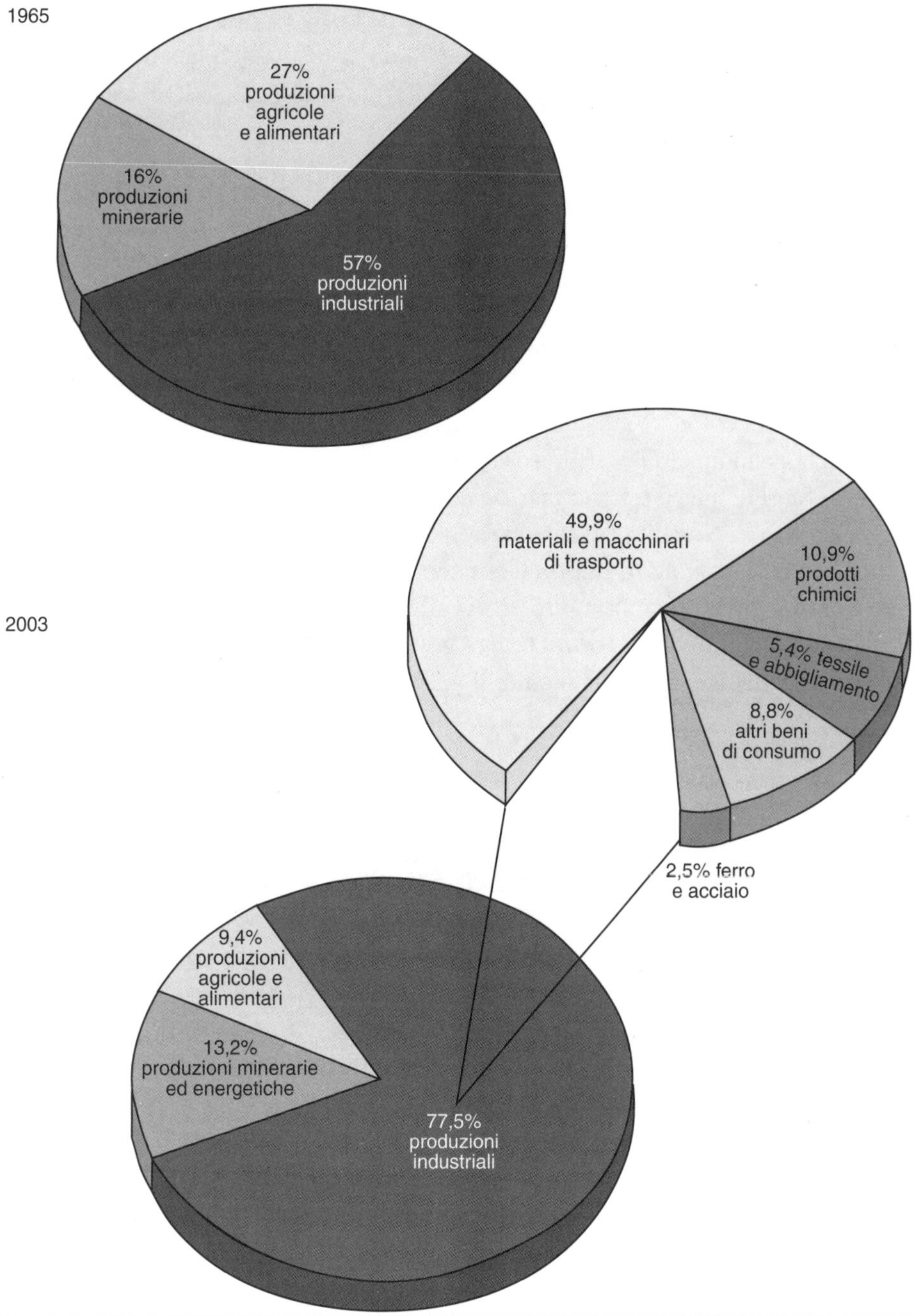

Fonte: WTO

Analizzando più a fondo i commerci dei tre poli principali notiamo che oltre il 40% delle *esportazioni* è gestito dall'Unione europea, il massimo polo commerciale del mondo, che dal 1957 ha registrato un notevole aumento degli scambi interni dell'area. Tra i paesi europei la Germania sta svolgendo sempre più il ruolo di leader, essendo il partner principale di quasi tutti i paesi europei, anche orientali.

Il polo dell'America settentrionale (NAFTA) copre il 15% delle esportazioni (gli Stati Uniti da soli il 9%) ma ha ridotto il peso degli scambi interni, sotto l'incalzante pressione dell'export asiatico.

L'Asia orientale ha fatto registrare i *maggiori progressi* nelle esportazioni arrivando a coprire oltre il 20% del totale mondiale (il Giappone il 6,2% e la Cina il 6,5 senza considerare Hong Kong). Quest'area, quindi, dal 1980 ha rappresentato il motore principale nello sviluppo del commercio internazionale, sostenuto dal fatto che il Giappone, i nuovi paesi industriali e soprattutto la Cina hanno avuto incrementi produttivi e delle esportazioni altissimi (vedi tabella 11.1). La grave crisi finanziaria che ha colpito l'area nel 1998 ha in parte influenzato l'export, che, dopo la svalutazione monetaria, ha ripreso vigore solo in alcuni paesi.

Al di fuori di questi tre poli la *Russia*, a causa dei rivolgimenti politici ed economici degli anni Novanta del secolo scorso, si è da poco ripresa da una crisi economica che ha anche molto *ridotto* il commercio estero, che ha ricominciato a crescere a partire dal 2001, soprattutto grazie alle esportazioni di materie prime.

I paesi petroliferi del *Medio Oriente* gestiscono invece un commercio di monoesportazione, che rappresenta circa il 4,3% dell'export mondiale. Il continente

Tab. 11.1 – Esportazioni mondiali: i primi 12 paesi

Paesi	*2004* % del totale mondiale	*2004* valore in mld $	*1995* % del totale mondiale	*1973* % del totale mondiale
Germania	10,0	914	9,8	11,7
Stati Uniti	9,0	819	11,2	12,4
Cina	6,5	593	2,9	n.d.
Giappone	6,2	565	8,5	6,4
Francia	4,9	451	5,5	6,4
Paesi Bassi	3,9	359	3,7	4,1
Regno Unito	3,8	339	4,6	5,2
Italia	3,8	346	4,5	3,9
Canada	3,5	322	3,7	4,6
Belgio-Lussembrugo	3,4	309	3,2	3,9
Hong Kong*	2,9	266	3,3	0,9
Corea del Sud	2,8	254	2,4	n.d.

Fonte: WTO

* Anche dopo l'unificazione con la Cina, Hong Kong mantiene una valenza statistica autonoma. Insieme nel 2004 superavano gli USA e si collocavano al 2° posto.

africano pare invece restare sostanzialmente quasi escluso dal commercio mondiale e dai processi di globalizzazione. Il peso di tutto il continente negli scambi mondiali non supera infatti il 2,5%, per metà rappresentato da esportazioni di petrolio.

Rispetto alla *composizione merceologica* degli scambi vi è stata, nell'ultimo quarantennio, una *notevole trasformazione*. Dal grafico della figura 11.4 si può notare come il valore dei prodotti agricoli commerciati sia nettamente calato in favore di quelli industriali, che rappresentano oggi i tre quarti del totale.

Tra i prodotti agricoli i più commerciati sono il *grano* e, più in generale, i cereali; tra i prodotti minerari la quota maggiore è rappresentata dal *petrolio* mentre tra i prodotti industriali quasi il 40% degli scambi è rappresentata da *mezzi di trasporto*.

11.4 Il Sud del mondo nel commercio mondiale

L'insieme dei paesi del Sud del mondo gestisce circa il 30% dei commerci mondiali. Ma quasi i due terzi di questa quota sono rappresentati dai paesi dell'Asia orientale, dai paesi esportatori di petrolio e da grandi paesi come il Brasile, il Messico e l'India. Gli altri paesi sottosviluppati (oltre un centinaio) partecipano quindi in modo del tutto marginale agli scambi mondiali.

Con la sola eccezione dell'area dell'Asia orientale, va anche sottolineato che i paesi sottosviluppati commerciano assai poco *tra loro*, non riuscendo in tal modo a costruire aree commerciali regionali nel Sud del mondo, ciò che sarebbe la premessa necessaria per una crescita economica che non dipenda esclusivamente da scambi con le aree ricche e che permetta la formazione di *aree regionali integrate*, ricche di scambi interni.

I meccanismi su cui si basano i rapporti commerciali tra Nord e Sud sono stati oggetto di vari studi. Agli inizi del capitalismo industriale, quando il divario interregionale e internazionale era poco pronunciato, si riteneva, in base alla teoria dei *vantaggi comparati*, che lo scambio di merci di qualunque tipo tra due paesi favorisse comunque entrambi. Il presupposto era che se ogni paese si specializza nelle produzioni che può ottenere a costi più bassi, relativamente agli altri paesi, la somma mondiale dei costi di produzione è resa minima e il vantaggio, rispetto ad altre soluzioni più costose (ad esempio il cercare di produrre in ciascun paese tutto il suo fabbisogno), viene ripartito tra tutti i paesi attraverso lo scambio.

Questa teoria rispecchia però una realtà superata; essa valeva quando le differenze territoriali nei costi di produzione dipendevano ancora prevalentemente da *fattori naturali* (il fattore terra degli economisti classici), mentre i *fattori sociali* (capitale e lavoro) erano considerati mobili: essi avrebbero cioè dovuto affluire là dove le condizioni naturali erano più propizie. Con lo sviluppo dell'economia industriale e urbana i fattori «sociali», cioè quelli non naturali, divennero sempre più importanti e sempre meno mobili. In particolare, si tratta di fattori quali la rete delle infrastrutture, le grandi agglomerazioni di capitale fisso nelle metropoli, le università e i centri di ricerca, le istituzioni finanziarie, le grandi concentrazioni di lavoratori specializzati, di tecnici, quadri, dirigenti, piccoli e medi imprenditori e in genere tutto ciò che sta alla base delle economie di agglomerazione e di urbanizzazione.

Questi fattori, al pari di quelli naturali non sono trasferibili nello spazio: New York non si può portare in Egitto, né è possibile far sorgere dal nulla una nuova New York. Ma mentre la quantità dei fattori naturali è determinata e spesso si riduce con l'uso, quest'insieme di infrastrutture, di capitale fisso, di capacità umane è in continuo aumento, secondo un *processo circolare cumulativo*, descritto per la prima volta da Gunnar Myrdal nel 1956. Questo processo fa sì che i paesi che ne sono più dotati oggi, tendano a esserlo sempre di più domani, mentre quelli meno dotati di tali fattori dello sviluppo, anche nel caso di una certa crescita, rimangano nel complesso sempre più distanziati dai primi.

Ne consegue che le formazioni economiche più sviluppate esercitano nel loro insieme una specie di monopolio relativamente all'offerta di questi beni, continuando ad attirare le risorse migliori.

I beni prodotti dai paesi meno sviluppati hanno invece la caratteristica opposta: di poter essere fabbricati in presenza di «condizioni generali» molto semplici, largamente diffuse e realizzabili nel breve-medio periodo là dove mancano (per esempio con l'apertura di strade, col disboscamento ecc.). Questi ultimi perciò, acquistando le merci dai paesi sottosviluppati, pagano i «fattori» in esse contenuti a un prezzo molto inferiore di quello che dovrebbero pagare se le producessero direttamente. Al contrario, i paesi sottosviluppati pagano le merci d'importazione a prezzi molto più alti dei «fattori» locali di cui dispongono, ma con i quali non sono in grado di produrre gli stessi beni perché le condizioni locali non lo consentono. Questo processo, definito di *scambio ineguale*, accresce l'accumulazione di capitale delle economie centrali, per cui il meccanismo dello sviluppo/sottosviluppo si mantiene e si amplifica.

Ciò non significa che le produzioni delle periferie mondiali dei paesi sottosviluppati rimangano sempre le stesse, cioè che non si possa avere passaggio da forme di economia primaria (miniere, agricoltura) a una economia basata, almeno in parte, sull'industria manifatturiera. Come si è visto a proposito dei «nuovi paesi industrializzati» ciò è avvenuto largamente negli ultimi vent'anni e tuttavia quasi sempre nelle forme di uno *sviluppo dipendente*, che assegna ai paesi meno sviluppati quelle fasi di produzione realizzabili con l'impiego di «fattori» e «condizioni generali» di più basso livello qualitativo e basso costo, produzioni cioè che non sono oggi convenienti nei paesi a economia avanzata.

In tal modo lo scambio ineguale si estende dal settore primario a quello secondario (industria). L'importazione da parte delle economie centrali di manufatti a basso contenuto tecnologico prodotti dalle economie periferiche non elimina, anzi allarga il trasferimento di surplus insito nello scambio ineguale. Il paese sottosviluppato ne ricava un vantaggio in assoluto, non fosse altro perché nelle fasi di industrializzazione dipendente cresce l'occupazione e la massa complessiva dei salari. Non per questo esce dalla sua condizione di dipendenza nei confronti dei paesi più sviluppati, perché questi ultimi nel frattempo hanno mantenuto o accresciuto il loro distacco attraverso lo sviluppo dei settori più avanzati e innovativi dell'economia.

I recenti sviluppi dell'economia mondiale stanno però *mettendo in discussione* le teorie della dipendenza commerciale del Sud del mondo nei confronti del Nord. Paesi come la Cina, l'India e il Brasile si stanno specializzando non solo in produzioni primarie e secondarie a basso valore aggiunto, ma anche in beni a *media e alta tecnologia*, che in qualche caso concorrono direttamente con le produzioni dei paesi più sviluppati e in altri casi sono costruite direttamente nel paese in via di sviluppo da imprese del Nord del mondo. È vero però che si tratta di pochi paesi con forte *peso geopolitico* (cioè in grado di trattare alla pari con le altre potenze) e con un mercato interno vasto e interessante per tutta l'economia mondiale (la quale ha necessità di integrare queste grandi economie nazionali nel sistema-mondo); all'opposto restano poco floride le prospettive di sviluppo della gran parte dei paesi del Sud del mondo.

11.5 La finanziarizzazione dell'economia

Negli ultimi due decenni vi è stata una crescita consistente dei flussi internazionali di capitale. La crescita è stata determinata in parte dagli investimenti diretti delle imprese all'estero e dall'incremento del commercio e del turismo internazionali e dei relativi pagamenti, ma i flussi maggiori sono derivati dalla circolazione di *capitale finanziario* destinato agli acquisti di titoli, valute e altri «prodotti» finanziari (fondi di investimento ecc.). Ciò è avvenuto grazie alla diffusione e ai progressi della telematica (il «mezzo di trasporto» del capitale finanziario) e alla progressiva *liberalizzazione* dei movimenti di capitali, che ha ricevuto un forte impulso dagli accordi WTO derivati dall'Uruguay Round (1993) e da una liberalizzazione interna ad aree regionali (ad esempio nell'Unione europea). I mercati finanziari sono così cresciuti in modo esponenziale: nel 1980 l'80% del valore delle transazioni economiche internazionali dipendeva dalla circolazione di merci, mentre nel 2000 il rapporto si era invertito e il 95% delle transazioni era riferito a spostamenti di capitale finanziario.

Occorre comunque precisare che questa circolazione è in parte *fittizia*; infatti circa l'80% delle transazioni borsistiche avviene sotto forma di contratti a brevissimo termine (da due a sette giorni); questi contratti comportano un versamento iniziale di una piccola percentuale del valore dei titoli acquistati, mentre la regolazione può avvenire anche alla fine del mese borsistico, per cui è possibile rivendere dopo pochi giorni avendo di fatto usato una quota minima di capitale. Si tratta cioè di manovre di tipo speculativo che puntano al guadagno a breve termine e che permettono di effettuare, durante un mese borsistico, numerose transazioni di compravendita senza utilizzare realmente le effettive quantità di capitale finanziario che vengono trattate sul mercato. Questo tipo di operazioni riduce quindi il rischio di investimento, ma comunque condiziona l'andamento dei mercati, in quanto l'acquisto o la vendita vengono registrati a tutti gli effetti.

Così da più parti è cresciuta la richiesta di una *regolazione* dei mercati finanziari e dei flussi di capitali per evitare gravi crisi e ridurre la libertà d'azione degli speculatori. L'intervento di regolazione è stato prefigurato o attraverso un ruolo più ampio degli organismi finanziari internazionali (vedi oltre) o attraverso la tassazione delle transazioni (vedi scheda 11.2), oppure ancora attraverso un'azione più coordinata delle banche centrali e dei governi dei paesi sviluppati. La liberalizzazione della circolazione dei capitali ha infatti reso meno efficaci le manovre di singole banche centrali sui tassi d'interesse (volte a frenare o stimolare il flusso di capitali) e più in generale ha ridotto il potere degli Stati nazionali anche in materia finanziaria.

Tuttora, però, i flussi finanziari non sono mai del tutto indipendenti dal contesto produttivo nazionale, nel senso che i movimenti finanziari sono anche legati al vigore o alla debolezza dell'economia e più in generale alla potenza degli Stati, per cui gli investimenti finanziari non speculativi si dirigono in genere verso economie solide o in crescita, non si dirigono invece verso titoli o valute «deboli», di imprese o paesi in difficoltà. Infatti, siccome vengono investiti capitali acquistando (ad esempio) una certa valuta sperando che se ne innalzi rapidamente il valore per poi rivenderla dopo pochi giorni, per gli speculatori più i cambi e l'economia sono *instabili*, più vi sono prospettive di profitto, mentre per l'economia e i cambi del paese «colpito» dalla speculazione si prospetta un circolo vizioso al ribasso.

Un rischio di instabilità deriva anche dalla situazione di indebitamento estero di moltissimi paesi (vedi paragrafo 12.5). Quando l'indebitamento dello Stato è accompagnato da quello delle imprese e delle banche, il rischio di crollo della borsa e del valore della moneta diventa altissimo e in questa situazione la speculazione finanziaria internazionale ha buon gioco, inserendosi in un contesto di crisi e di instabilità, come è appunto avvenuto in *Asia orientale* nel 1998. In questi casi anche le banche centrali e i governi nazionali hanno modeste possibilità di frenare la caduta del valore della moneta.

In generale i rischi di crisi finanziarie derivano dal fatto che l'esplosione del mercato dei capitali ha creato una massa monetaria circolante nel mondo molto superiore al valore della produzione e dei consumi globali; lo *scarto* tra economia finanziaria (il valore mobiliare circolante) ed economia reale (il tasso di crescita del PIL, cioè della reale produzione delle imprese) è il principale imputato dei crack di borsa avvenuti negli ultimi anni, come quelli del 1987 (generalizzato) e del 1998 (nelle borse asiatiche).

In ambito finanziario operano a scala mondiale due *organismi internazionali*, il Fondo Monetario Internazionale (*FMI*) e la Banca Mondiale (*BM*). Il ruolo istituzionale del FMI è quello di sorvegliare sulla salute economica e finanziaria degli Stati e di intervenire concedendo, su richiesta, prestiti condizionati alla messa in atto di politiche monetarie ed economiche volte al risanamento del paese. La BM ha un ruolo simile al FMI, ma più orientato a concedere prestiti per finanziare piani di sviluppo economico. Nel 1998, ad esempio, la crisi asiatica ha indotto il FMI ad accordare un consistente prestito (il più elevato della sua storia) alla Corea del Sud: 55 miliardi di dollari. FMI e BM non sono istituzioni « democratiche » e il di-

Fig. 11.5 – Economia produttiva ed economia finanziaria (valori 2001, in mld di $ al giorno)

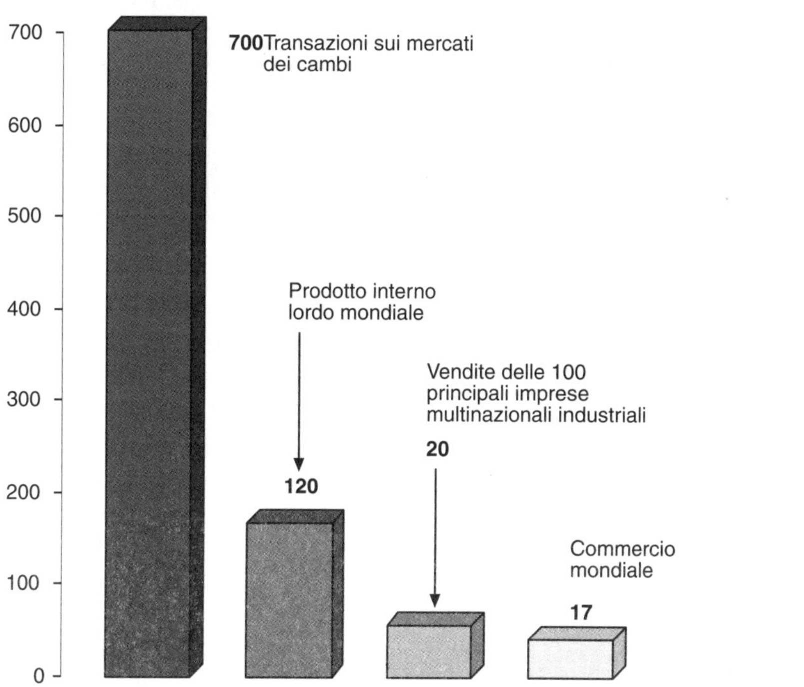

Fonte: basato su dati WTO

ritto di voto è proporzionale alle quote versate; agli USA va il peso maggiore, quasi il 20% dei diritti di voto.

I prestiti, come detto, sono « condizionati » e l'azione delle due istituzioni viene criticata, oltre che per le intromissioni nelle politiche economiche interne, soprattutto perché non tiene conto degli *effetti socio-politici* e *socio-economici* degli interventi richiesti, che spesso causano un incremento della povertà della popolazione, una riduzione della coesione sociale e crisi politiche. La richiesta, proveniente da più parti, di rendere meno tecnico il ruolo di FMI e BM è stata per la prima volta in parte accolta nel 2000, quando le due istituzioni hanno congiuntamente approvato un piano d'azione volto da un lato a cancellare il debito dei paesi altamente indebitati e dall'altro ad adottare misure per cui la soluzione del debito fosse legata all'adozione di politiche di riduzione della povertà del paese. Nei primi anni del nuovo millennio gli intenti del piano d'azione hanno però trovato un'applicazione molto limitata.

Scheda 11.2 – La Tobin tax

Nel 1972 l'economista americano James Tobin presentò per primo il progetto di una imposta sulla transazione di capitali finanziari. L'intuizione risale addirittura a J.M. Keynes che nel 1939, memore della grande depressione e della crisi del '29, scrisse sui rischi della speculazione e su come « gettare una manciata di sabbia negli ingranaggi della speculazione ».

La Tobin tax è stata ripresa negli anni Novanta: si pensa a un'aliquota molto bassa (lo 0,05%), che non disincentivi gli investimenti di medio e lungo periodo e al contempo che renda più costosi gli investimenti speculativi di brevissimo periodo, disincentivandoli. Infatti oggi sui mercati valutari lo stesso capitale può anche essere reinvestito più volte al giorno e quindi in questo caso la tassazione verrebbe praticata più volte sullo stesso capitale. Il denaro ricavato verrebbe reinvestito in opere di utilità sociale (lotta alla povertà, servizi sociali di base ecc.).

La tassa non è ancora in vigore, ma nella comunità internazionale si sta diffondendo la consapevolezza, rafforzata dalle ricorrenti crisi finanziarie, di quanto sia fragile l'attuale sistema finanziario, caratterizzato da un livello di speculazione troppo elevato che mette in pericolo l'equilibrio e la stabilità di tutto il sistema economico mondiale.

11.6 Flussi e poli finanziari

Dalla fine della Seconda guerra mondiale all'inizio degli anni Settanta i flussi finanziari principali si sono diretti dagli Stati Uniti verso gli altri paesi industriali, inizialmente attraverso gli aiuti del Piano Marshall (ricostruzione post-bellica in

Europa occidentale) e quelli al Giappone, successivamente con la crescita degli investimenti esteri diretti dalle multinazionali americane.

Dal 1973 al 1981 si sono invece create forti eccedenze di capitale finanziario nei paesi dell'OPEC (i petrodollari derivati dalla vendita del petrolio); questi capitali sono in parte ritornati nei paesi sviluppati, sotto forma di investimenti di vario tipo (titoli, valute, quote azionarie di imprese, immobili). A loro volta le banche e i governi dei paesi sviluppati hanno ricollocato parte di questo flusso nel Sud del mondo, sotto forma di prestiti. In tutto questo periodo (1945-1981) il ruolo di valuta « mondiale » è stato svolto quasi esclusivamente dal *dollaro*, utilizzato per gran parte delle transazioni commerciali e finanziarie e moneta di riferimento per tutte le altre.

Negli anni Ottanta e Novanta e all'inizio del Duemila la forte crescita delle economie della Germania e dell'Ue (fino al 2000), del Giappone (fino al 1998), della Cina e di altri paesi asiatici fa mutare la situazione di dominio incontrastato del dollaro, che resta la valuta più utilizzata, affiancata però dal marco tedesco e dallo yen giapponese. La formazione di un'area del marco (Europa centrale e orientale) e di un'area dello *yen* (Asia orientale), dove gli scambi avvengono in prevalenza con pagamenti in queste valute e, più in generale, con il forte incremento degli investimenti valutari in yen e marchi, crea una situazione di policentrismo monetario, con tre valute forti che dominano la scena. La nascita dell'*euro* ha ancor più rafforzato questa tendenza e il peso dell'area dell'Unione europea in campo finanziario, mentre anche lo *yuan* cinese si può ormai annoverare tra le valute forti.

I flussi di capitali negli ultimi due decenni del XX secolo si sono così in parte modificati. Quelli principali si svolgono sempre *tra paesi sviluppati*, ma con maggiore equilibrio tra gli USA (dove si sono diretti molti investimenti giapponesi ed europei) e gli altri due poli centrali. Si sono invece ridotti i flussi verso il Sud del mondo (e recentemente quasi annullati quelli verso il Quarto mondo); all'interno di questa parte del pianeta vi è stata una netta differenziazione tra Cina, Tigri asiatiche e « paradisi fiscali », dove il flusso finanziario in entrata è cresciuto, e tutti gli altri Stati, dove è diminuito. Dal 1990 è invece cresciuto il flusso finanziario verso l'Europa orientale (in particolare Ungheria, Repubblica Ceca e Polonia) e la Russia, sotto forma di aiuti al processo di transizione verso l'economia di mercato e investimenti esteri diretti. Osservando la modificazione dei flussi finanziari per grandi aree geografiche (vedi figura 11.6) si può notare che tra il 1990 e il 2002 l'Asia orientale ha avuto un tracollo, derivato soprattutto dalla crisi del 1998, solo in piccola parte bilanciata dall'afflusso di capitale finanziario in Cina e a Hong Kong. Se ne è avvantaggiato soprattutto il Nord America, e in misura minore l'Europa.

I flussi di capitale finanziario hanno densificato la rete dei centri finanziari e creato molti nuovi nodi, soprattutto di livello locale. Essi hanno la funzione di dre-

Fig. 11.6 – Evoluzione dei mercati finanziari per grandi aree (1990 e 2002, in % del valore della capitalizzazione borsistica)

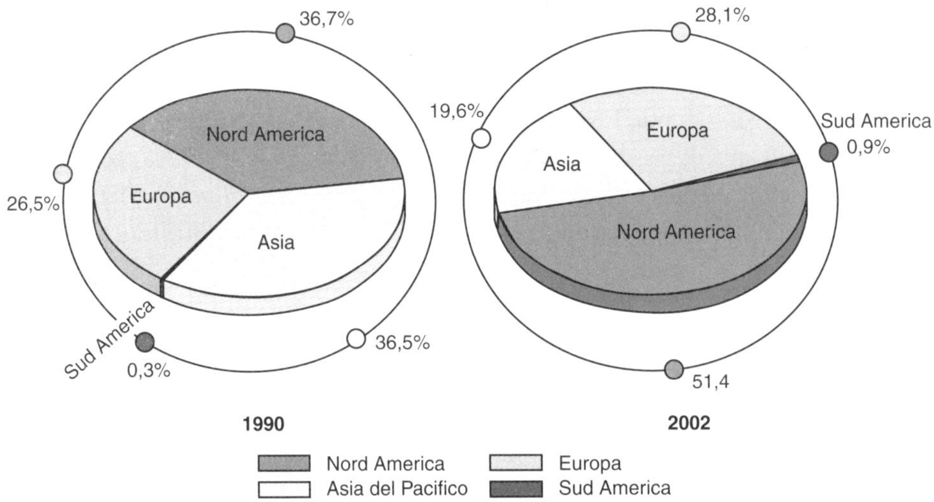

Fonte: FMI

nare meglio il risparmio e attrarre più facilmente gli investimenti, che spesso vengono dirottati su poche grandi piazze finanziarie. Se da un lato, cioè, sono nati molti nuovi centri finanziari, dall'altro la concentrazione di grandi quote di capitali in pochi luoghi ha portato alla ricentralizzazione del sistema finanziario internazionale in poche grandi piazze, che hanno un peso enormemente superiore alle altre (vedi figura 11.7).

Tra i centri finanziari mondiali esiste quindi una gerarchia, che è determinata dalle loro funzioni, dall'entità del flusso di capitale controllato e dall'effettivo potere d'influenza di cui dispongono.

Al primo livello della scala gerarchica si collocano solo tre centri finanziari, che sono i *nodi globali* della rete. Essi servono da riferimento per tutto il movimento internazionale dei capitali e controllano i flussi più importanti: si tratta di *New York*, *Tokyo* e *Londra*.

A un secondo livello si collocano i nodi di scala continentale, alcune piazze finanziarie internazionali che hanno però minore importanza delle precedenti, sia come flussi di capitale sia come riferimento internazionale: si tratta di Euronext (Amsterdam, Parigi e Bruxelles), Francoforte, Zurigo, Madrid, Milano, Toronto, Hong Kong e Sidney.

In questi due primi livelli di poli finanziari il legame con le attività industriali

Fig. 11.7 – Capitalizzazione borsistica (2000)

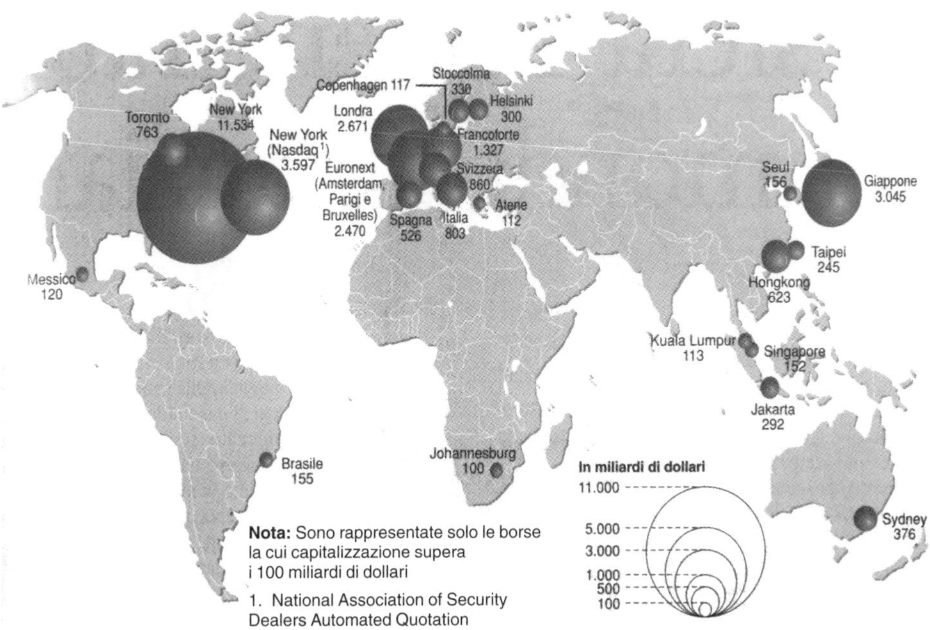

Fonte: Atlas Le Monde diplomatique Achscar et al. (2003)

avanzate, tecnologico-innovative, culturali e politiche, è in genere molto stretto e pertanto la presenza di una gamma diversificata di funzioni urbane superiori permette di evitare rischi di gravi crisi derivate dalla specializzazione finanziaria dell'economia.

Al terzo livello si ritrovano alcuni centri internazionali localizzati in piccolissimi Stati, con la funzione di transito e rifugio di risorse finanziarie che vengono attratte dalle agevolazioni fiscali accordate (i cosiddetti «paradisi fiscali» o centri off-shore), per poi essere ridistribuite quasi esclusivamente sul mercato internazionale: si tratta delle Bahamas, di Bahrein, Isole Cayman, Principato di Monaco e altri minori. Questi centri, che si sono sviluppati internazionalmente senza avere quasi mai alle spalle una solida struttura metropolitana e produttiva, sono i più vulnerabili ed esposti a fluttuazioni economiche e finanziarie. Inoltre, se si analizza la nazionalità degli operatori attivi in questi centri off-shore, si ritrovano filiali e consociate delle principali banche e dei gruppi finanziari mondiali, le cui case madri e i cui centri di direzione strategica risiedono a New York, Tokyo, Londra, Francoforte e Parigi.

All'ultimo livello della scala gerarchica si collocano infine le piazze finanzia-

Fig. 11.8 – Orario dell'apertura delle principali borse mondiali, affisso alla borsa di Tokyo

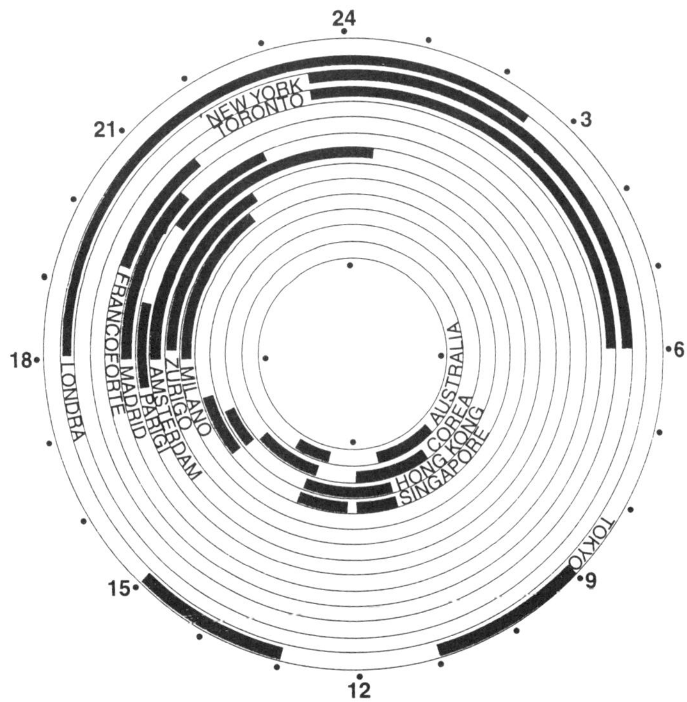

rie di importanza nazionale o semicontinentale, che nei paesi sottosviluppati sono spesso controllate da istituti finanziari stranieri, e le nuove piazze dell'Europa orientale (Mosca, Budapest, Praga e Varsavia), dove si stanno costituendo o ricostruendo i mercati finanziari.

I progressi della telematica non solo hanno favorito l'enorme sviluppo dei flussi finanziari e monetari nel mondo, ma hanno anche reso possibile trasferire capitali all'estero oltrepassando frontiere nazionali senza che di fatto governi e banche centrali possano intervenire per controllare i flussi. Le transazioni, grazie ai diversi fusi orari, continuano 24 ore su 24 (vedi figura 11.8).

Letture di approfondimento

Achcar G., Gresh A., Radvanyi J., Rekacewicz P., Vidal D., 2003, *Atlante* di « Le monde diplomatique », Il Manifesto, Roma.

AGNEW J., KNOX P., 1996, *Geografia economica*, Franco Angeli, Milano, vol. I, capp. 2 e 4.
EICHENGREEN B., 1998, *La globalizzazione del capitale. Storia del sistema monetario internazionale*, Baldini & Castoldi, Milano.
MAINARDI R., 1986, *Geografia delle comunicazioni. Spazi e reti dell'informazione*, NIS, Roma.
MARAZZI C., 1998, *E il denaro va*, Bollati Boringhieri, Torino.
SASSEN S., 1998, *Fuori controllo. Mercati finanziari contro stati nazionali: come cambia la geografia del potere*, Il Saggiatore, Milano.
STRANGE S., 1998, *Chi governa l'economia mondiale?*, Il Mulino, Bologna.
VANOLO A., 2006, *Geografia economica del sistema mondo*, UTET Libreria, Torino.
WALLACH L., SFORZA M., 2000, *WTO. Tutto quello che non vi hanno mai detto sul commercio globale*, Feltrinelli, Milano.

Siti consigliati

www.wto.org Sito dell'organizzazione mondiale del commercio
www.ice.it Sito dell'istituto italiano del commercio estero
www.worldbank.org Sito della banca mondiale
www.imf.it Sito del Fondo Monetario Internazionale

Capitolo 12

Il sistema mondo

12.1 Centri e periferie nell'economia mondiale

Come si è già visto, la fase più recente della globalizzazione ha reso le relazioni economiche tra i vari Stati all'interno del sistema mondo sempre più intense e interdipendenti tra loro. Tuttavia, come in passato permangono profonde differenze tra le aree economicamente forti, che essendo localizzate in prevalenza nell'emisfero settentrionale, vengono anche dette *Nord del mondo*, e quelle deboli, che essendo situate prevalentemente nell'emisfero meridionale, vengono dette *Sud del mondo*, cioè tra centri e le periferie.

Il primo indicatore di tali differenze è il Prodotto Interno Lordo (PIL), che può essere indicato in valore assoluto (*PIL nazionale*) o relativo agli abitanti (*PIL pro capite = PIL nazionale diviso il numero di abitanti del paese*).

In base al PIL pro capite i singoli paesi sono stati classificati nel 2003 dalla Banca Mondiale in 4 gruppi:

- $ 765 o meno: a basso reddito;
- $766 – $3.035: a medio-basso reddito;
- $3,036 – $9,385: a medio-alto reeddito;
- $9,386 o più: ad alto reddito.

La figura 12.1 mette in evidenza le notevoli differenze tra alti valori del PIL dell'America Settentrionale, dell'Europa e dell'Australia e quelli molto bassi delle aree più economicamente depresse dell'Africa sub-sahariana e di parte dell'Asia meridionale.

Molti di questi ultimi paesi sono quelli che non possiedono risorse naturali strategiche (come petrolio, uranio ecc.) tutti hanno tassi di analfabetismo elevatissimi, forte crescita demografica e la maggioranza della popolazione attiva dedita a un'agricoltura su terre troppo limitate per soddisfare le esigenze alimentari minime; la loro industria manifatturiera è insignificante e il loro commercio interno è largamente basato su scambi non monetari. Il commercio con l'estero li vede esportatori di merci poco redditizie (alimentari, minerali, legname ecc.), in buona parte controllate da società multinazionali estere, e importatori di manufatti e servizi a costi elevati, secondo lo schema dello scambio ineguale illustrato nel capitolo 11 e alcuni di essi sono devastati da guerre o conflitti interni. Essi si trovano, oltre che nell'Africa a sud del Sahara, che appare sotto ogni aspetto la regione oggi economicamente più arretrata della Terra, anche in Asia (Yemen, Afghanistan, India, Nepal, Mongolia, Buthan, Birmania, Bangladesh, Laos e Cambogia), mentre in Oceania lo stato di povertà accomuna un certo numero di piccolissimi Stati insulari e Papua Nuova Guinea e in America Latina una parte dei piccoli paesi del-

Fig. 12.1 – PIL pro capite, 2001

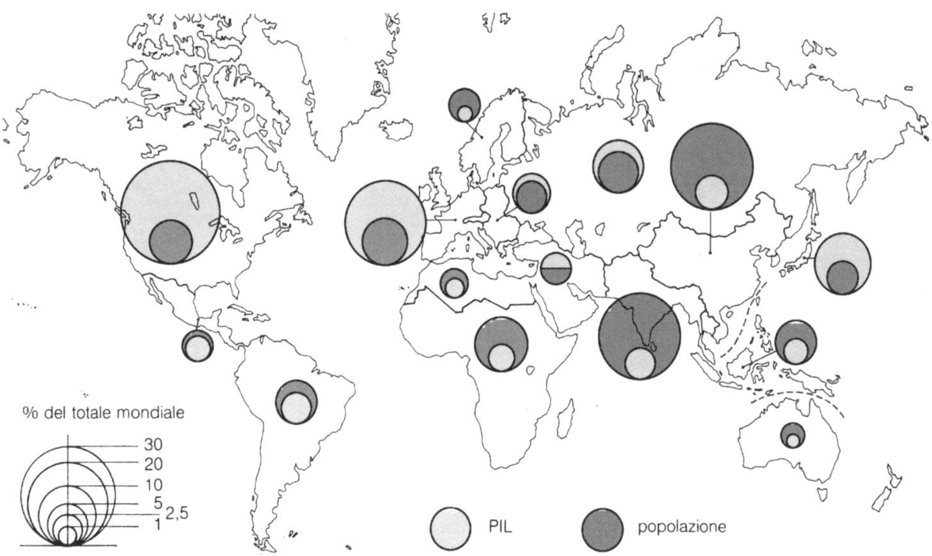

Fonte: Banca Mondiale

l'America Centrale (Belize, Guatemala, Honduras, Nicaragua, Haiti) e alcuni Stati dell'America Meridionale (Bolivia, Trinidad e Tobago).

Tuttavia dall'esame della figura 12.2 emerge come alcuni paesi con PIL pro capite basso, siano in una fase di crescita economica maggiore di altri più ricchi. I casi più evidenti sono quelli della Corea del Sud e della Cina con un tasso di crescita che supera quello degli Stati Uniti e di gran parte dei paesi europei.

Fig. 12.2 – Incremento % del PIL pro capite dal 1990 al 2004

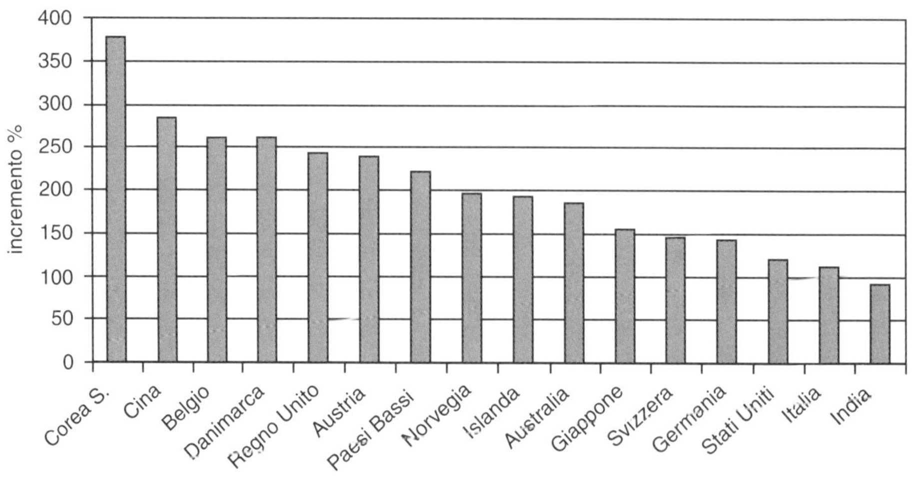

Scheda 12.1 – Alcuni dati statistici dei paesi a basso reddito

- La media del prodotto interno lordo pro-capite (PIL) dei paesi a basso reddito è stata di US$ 235 nel 1997, rispetto ai US $ 24.522 nei paesi sviluppati.
- L'aspettativa di vita nei paesi a basso reddito è solamente di 51 anni, mentre complessivamente, nei paesi in via di sviluppo, di 65 anni; infine nei paesi industrializzati, di 78 anni.
- Solo una nascita su quattro verrà assistita da un personale sanitario qualificato.
- Un bambino su 10 muore prima di aver compiuto il suo primo compleanno, e circa il 40% di tutti i bambini sotto i 5 anni sono sotto peso o soffrono di rachitismo.
- Metà della popolazione è analfabeta.
- Quasi due terzi dei paesi a basso reddito rientra nella categoria dei paesi poveri Altamente Indebitati, stilata dalla Banca Mondiale/Fondo Monetario Internazionale (IMF).

• Gran parte della popolazione di questi paesi basa la propria economia sull'agricoltura.

• Durante gli ultimi 30 anni, il numero dei paesi rientranti in questa categoria è cresciuto da 25 a 49. La maggior parte di questi (34), sono in Africa.

• I paesi a basso reddito assieme hanno una popolazione di oltre 630 milioni di persone, ossia circa il 10% della popolazione mondiale, ma meno dell'1% del reddito totale mondiale.

• Dal 1990, il flusso finanziario verso i paesi a basso reddito, è precipitato del 39%, in termini reali pro-capite.

• L'Assistenza Ufficiale allo Sviluppo (ODA) è diminuita del 45% dal 1990.

• Gli investimenti esteri diretti netti da tutto il mondo indirizzati ai paesi a basso reddito sono crollati all'1,4% negli anni Novanta.

• La partecipazione dei paesi a basso reddito alle esportazioni mondiali corrisponde alla piccola percentuale dello 0,4%.

Fonte: Terza Conferenza delle Nazioni Unite sui paesi a basso reddito

12.2 La povertà

Gli squilibri economici a livello mondiale appaiono in tutta la loro gravità se si prende in considerazione la popolazione che vive con un reddito inferiore a 2 dollari al giorno, cifra che rappresenta, nei paesi a basso reddito, il minimo vitale al di sotto del quale vi è lo stato di *povertà.*

La distribuzione geografica della povertà, che interessa ben il 52% della popolazione mondiale, mette in evidenza forti sperequazioni, tra i paesi ricchi dell'Europa e dell'America settentrionale e quelli dell'Africa sub-sahariana e l'Asia meridionale dove oltre il 76% della popolazione vive con meno di 2 dollari.

Tab. 12.1 – Persone che vivono con meno di 2 $ al giorno (2001)

Regione	*persone in migliaia*	*% sulla popolazione*
Asia orientale e Pacifico	868	47.6
Europa e Asia centrale	93	19.7
America latina e Caraibi	128	24.5
Vicino Oriente e Africa settentrionale	70	23.2
Asia meridionale	1.059	76.9
Africa sub-sahariana	514	76.3
Totale	**2.732**	**52.8**

Fonte: World bank Group

È stato calcolato che attualmente più di due miliardi di persone vivono con meno di 2 $ al giorno, cioè in condizione di assoluta povertà.

Nel 2001 la stima di quanti vivevano al di sotto di tale reddito raggiungeva i 2,73 milioni, pari alla metà della popolazione dei paesi ricchi (Tabella 12.1).

Bisogna inoltre considerare che i paesi più poveri sono anche quelli in cui permangono le maggiori diversità di reddito, per cui accanto a pochi privilegiati con redditi alti, esiste una classe media generalmente poco numerosa, per lo più rappresentata dai funzionari statali, e infine una massa di persone che vivono al limite della sussistenza. È stato calcolato che nella maggior parte dei paesi del Sud del mondo, dal 60 al 70% della popolazione guadagni meno del reddito medio del proprio paese, e ovunque il quinto delle famiglie più povere non ha a disposizione che 1/10 del reddito nazionale, mentre il quinto più ricco ne riceve la metà.

Il livello di sperequazioni varia da paese a paese, per cui può capitare che in un paese a reddito basso i poveri vivano meglio che in un altro a reddito medio più alto: ad esempio, nel 1989 il reddito pro capite dell'Egitto era circa la metà di quel-

Fig. 12.3 – Quota di persone che vivono con meno di 1$ (o 2$) al giorno%

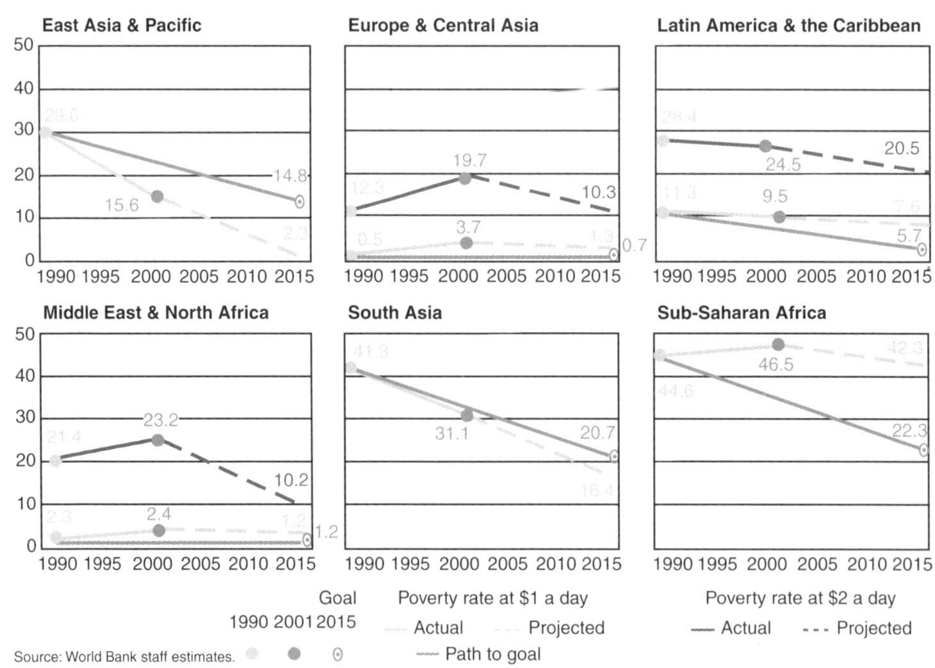

Fonte: Banca mondiale

lo del Perù, ma gli egiziani poveri guadagnavano un terzo di più di quelli peruviani, perché nel primo paese c'era più equità nella distribuzione della ricchezza.

Tuttavia, secondo le stime della Banca Mondiale nel prossimo decennio, se il numero di quanti vivono con meno di 2 $ al giorno continuerà ad aumentare nel Medio oriente, nell'Africa settentrionale e in quella Sub-sahariana, vi sarà invece un miglioramento nell'Asia orientale e nell'area del Pacifico.

Sempre secondo la Banca Mondiale se l'andamento attuale continua nel 2015 il numero dei poveri sarà ridotto di circa il 20% rispetto al 1990 (vedi figura 12.3).

12.3 Il problema alimentare

Una delle più gravi conseguenza dello squilibrio dei redditi tra i paesi del mondo, ed anche all'interno dei singoli paesi, sono la *fame* e la *malnutrizione*. Benché a partire dagli anni Settanta la disponibilità mondiale di alimenti sia nel complesso aumentata, grazie soprattutto al miglioramento delle tecniche agricole e alle nuove varietà di cereali con alte rese per ettaro introdotte dalla rivoluzione verde, in alcuni paesi, in particolare africani, la situazione di sotto alimentazione è peggiorata. Su scala mondiale la sovrapproduzione agricola coesiste di fatto con la denutrizione: mentre statisticamente ciascun abitante del globo dispone di una quota giornaliera di alimenti pari a circa 2.700 calorie, superiore quindi alle sue necessità fisiologiche, calcolate in media sulle 2.200 calorie, 750 milioni di persone soffrono di denutrizione.

La carta della figura 12.4 rappresenta la diffusione della sottoalimentazione nel mondo, in base alla stima di persone che soffrono di fame sul totale della popolazione.

Particolarmente grave è la situazione di sottoalimentazione dei *bambini*, anche perché, com'è noto, carenze alimentari nell'infanzia possono portare a gravi conseguenze in età matura. Anche per questo motivo il problema delle fame è attentamente studiato dalla FAO (l'organizzazione delle Nazioni Unite che combatte la fame nel mondo), che si prefigge di ridurre alla metà il numero delle persone sottoalimentate entro il 2015. Il grafico della figura 12.5 rappresenta il numero di bambini sottoalimentati nelle diverse parti del mondo: come si può vedere non sono indicate le aree economicamente più avanzate, cioè quelle del Nord del mondo, dove la sottoalimentazione dell'infanzia è praticamente scomparsa. Il grafico evidenzia inoltre come il fenomeno, anche grazie agli interventi della FAO, si sia ridotto tra il 1990 e il 2000, in quasi tutte le aree, tranne che nell'Africa.

Sono indicate infine le previsioni per il 2015, al termine del programma « Millenium Development » della FAO.

Un'altra parte consistente della popolazione mondiale soffre poi di *malnutri-*

Fig. 12.4 – Lo stato della sottoalimentazione

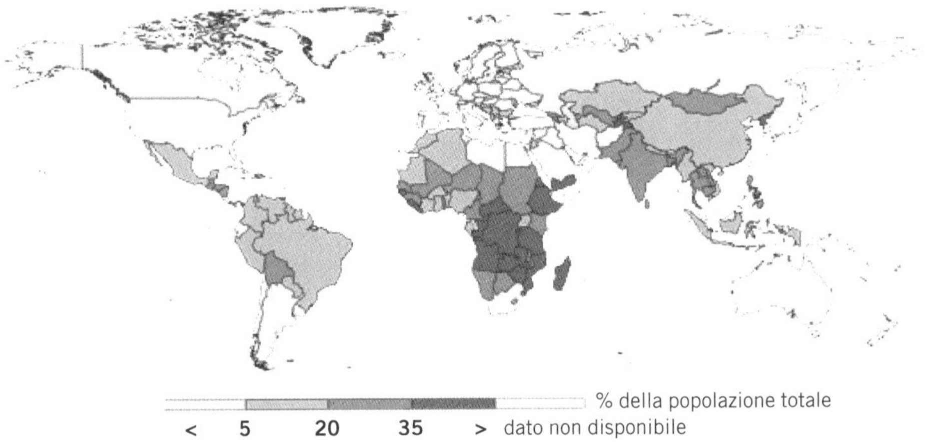

Fonte: FAO

zione, che consiste in un regime alimentare sufficiente come quantità, ma non dal punto di vista della qualità, in quanto carente di sostanze indispensabili allo sviluppo e al funzionamento dell'organismo. Forme di malnutrizione coesistono con la sovrabbondanza di alimenti, non perché ce ne sia scarsità, ma perché questi sono mal distribuiti; e ciò avviene non soltanto nei paesi del Sud del mondo, ma anche nei paesi economicamente avanzati.

Nei paesi del Sud del mondo la disponibilità di alimenti in assoluto non è scarsa. Tuttavia fame e malnutrizione sono presenti per tre ordini di motivi:

1) in ambiente rurale molti contadini vivono ancora di *agricoltura di sussistenza*, ma non producono abbastanza per i loro bisogni o per cause naturali (siccità, terreni poco fertili) o per l'uso di tecniche arretrate (cattive sementi, cattiva conservazione delle derrate ecc.);

2) soprattutto in ambiente cittadino vi sono persone *troppo povere* per acquistare gli alimenti, anche se questi sono disponibili;

3) perché le *abitudini alimentari sono errate*; gli errori nella nutrizione, dovuti a ignoranza, sono particolarmente pericolosi per i bambini, specie nella delicata fase dello svezzamento.

Nei paesi economicamente avanzati ciascun abitante dispone di 3.400 calorie giornaliere, che rappresentano il 50% in più del suo fabbisogno. Ciò nonostante la disoccupazione e l'emarginazione sociale provocano il fenomeno della nuova povertà che insieme ad altri gravi inconvenienti, dà luogo anche a fame e malnutri-

Fig. 12.5 – Percentuale di bambini sottoalimentati (sottopeso rispetto all'età)

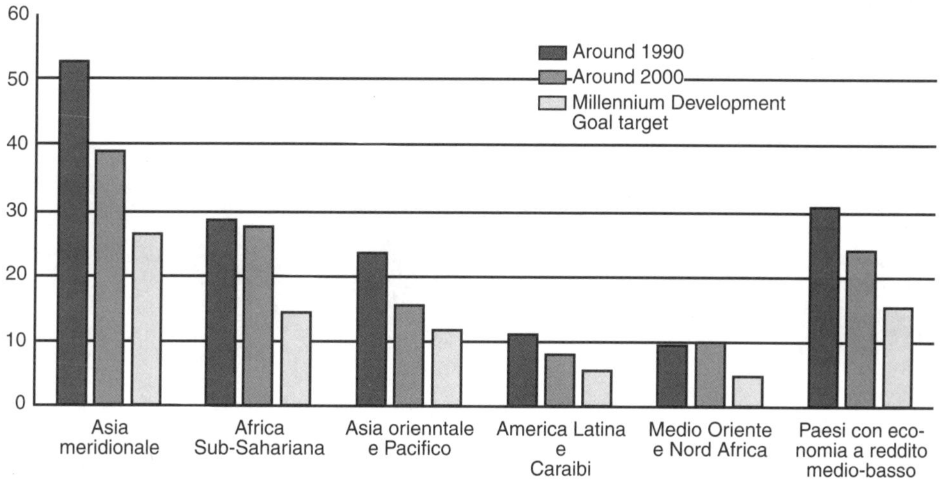

Fonte: WHO and World Bank staff estimates

zione; le più colpite sono le categorie più vulnerabili: bambini, anziani, persone senza fissa dimora.

Infine si calcola che circa 30 milioni di persone soffrano di fame e carestie a causa delle *guerre*; queste persone per sopravvivere dipendono dagli aiuti internazionali.

12.4 L'indice di sviluppo umano

Per misurare la qualità della vita, mettendone a confronto il livello nei diversi paesi, è stato introdotto un indice, l'indice di sviluppo umano ISU (o *Human Development Index*, HDI). Si tratta di un indice complesso che viene calcolato annualmente da parte di una commissione preposta dell'ONU e pubblicato nel *Human Development Report*.

Ha valori che vanno da 1 (massimo) a 0 (minimo) ed è il risultato dell'integrazione di tre dati:

– la *speranza di vita alla nascita* (dato che riflette le condizioni sanitarie e alimentari;

– l'*alfabetizzazione* degli adulti (dato legato alla diffusione dell'istruzione);

– il *PIL pro capite reale* (cioè valutato in base al potere di acquisto locale) per abitante.

Tab. 12.2 – I 10 paesi con l'ISU più basso, i 10 con l'ISU più alto, e l'Italia

Paese	*ISU*	*Posto in graduatoria ISU*
Sierra Leone	0,273	177
Niger	0,292	176
Burkina Faso	0,302	175
Mali	0,326	174
Burundi	0,339	173
Guinea Bissau	0,35	172
Mozambico	0,354	171
Etiopia	0,359	170
Repubblica Centrafricana	0,361	169
Congo, Rep. Democratica	0,365	168
Norvegia	0,956	1
Svezia	0,946	2
Australia	0,946	3
Canada	0,943	4
Paesi Bassi	0,942	5
Belgio	0,942	6
Islanda	0,941	7
Giappone	0,938	9
Stati Uniti	0,939	8
Irlanda	0,936	10
Italia	**0,92**	**21**

Ciascuno dei tre dati è calcolato in funzione dello scarto tra il massimo e il minimo mondiale. Ad esempio, per quanto riguarda la speranza di vita alla nascita, il valore massimo mondiale è 85, il minimo 25, quindi lo scarto è di 60. Ciascun anno al disopra dei 25 ha un valore di 1/60: pertanto un paese in cui la speranza di vita è di 45 anni avrà un punteggio pari a 1/60 × (45 – 25) = 0,3.

Per quanto riguarda l'alfabetizzazione si va da un massimo di 100% a un minimo di 0: un tasso del 50% dà pertanto 1/100 × 50 = 0,5.

Infine, il PIL per abitante, va da un minimo di 200 a un massimo di 40.000; per il calcolo si procede in un modo analogo, poi vengono considerati tre livelli: *alto* al di sopra di 0,8, *medio* tra 0,799 e 0,5, *debole* sotto lo 0,5.

L'importanza di questo tipo di indici complessi consiste nel fatto che essi utilizzano più variabili, combinandole tra di loro. Solo così si possono rappresentare numericamente, con una buona approssimazione, fenomeni molto complessi, quali quello dello sviluppo umano, che dipendono da fattori sia economici che sociali.

Fig. 12.6 – Indice di sviluppo umano

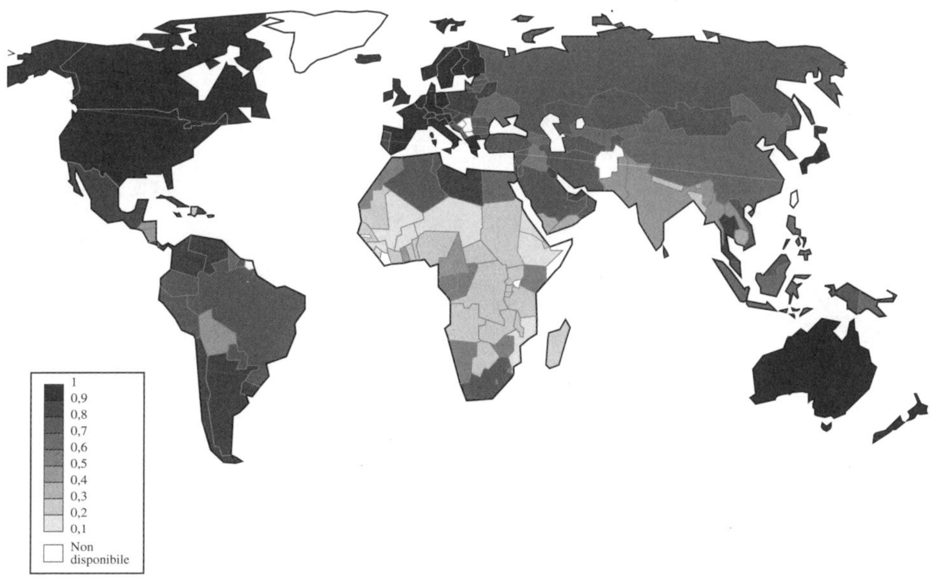

Fonte: *Human Development Report*

12.5 Il debito del Sud del mondo

Il fatto economico che ha assunto il maggior peso su scala mondiale, destando forti preoccupazioni ai governi delle aree centrali e agli organismi finanziari internazionali è quello del crescente *indebitamento estero* di molti paesi. I paesi più indebitati appartengono al gruppo a reddito basso o medio basso, secondo la definizione della Banca Mondiale (vedi figura 12.1). Si tratta di 23 Stati africani, e 4 dell'America Latina, che assieme raggiungono un debito di 2.843 milioni di dollari (2003). A questi, che rappresentano i casi più gravi (vedi tab. 12.3) si aggiungono alcuni paesi asiatici: Indonesia, Thailandia e Filippine.

Situazione simile, anche se meno drammatica, è quella dei paesi dell'Est dell'Europa e della Russia, per i quali l'indebitamento è considerato un fattore congiunturale, che può essere sanato grazie al loro potenziale industriale e umano.

Nel complesso, il fenomeno interessa circa un quinto della popolazione mondiale.

Come si può vedere dalla tabella 12.3 la situazione più grave è quella dell'America Latina, il cui debito è passato in dieci anni da 728 a 786 milioni di dollari, in parte compensato tuttavia da un aumento delle esportazioni, rispetto alle quali

Tab. 12.3 – I 27 paesi più indebitati

	1999	2003
Africa (23 paesi)		
Debito	2.451,0	2.056,0
Interessi in % delle esportazioni	14,5	9,3
Interessi in % del bilancio nazionale	22,7	14,1
Interessi in % del PIL	3,1	2,1
America latina (4 paesi)		
Debito	728,3	786,4
Interessi in % delle esportazioni	14,4	12,7
Interessi in % del bilancio nazionale	19,3	19,1
Interessi in % del PIL	4,6	4
Totale (27 paesi)		
Debito	3179,3	2.843,0
Interessi in % delle esportazioni	14,5	10,0
Interessi in % dei bilanci nazionali	21,8	15,2
Interessi in % del PIL	3,4	2,5

gli interessi si sono ridotti in percentuale. Migliore appare la situazione dei paesi dell'Africa.

Per un paese che voglia avviare un *processo di sviluppo* economico interno il ricorso a prestiti dall'estero rappresenta la via più normale di finanziamento: anche gli Stati Uniti, nei secoli passati, seguirono questa strada, utilizzando per avviare il commercio e l'industria eccedenze di capitale di provenienza europea. Tuttavia, il processo di indebitamento dei paesi del Sud del mondo ha assunto dimensioni tali da vanificare quasi completamente gli sforzi per avviare uno sviluppo interno. Infatti tali paesi, per pagare i loro debiti, o anche solo gli interessi, devono accumulare valuta estera attraverso la *riduzione delle importazioni* o l'*aumento delle esportazioni*. La prima misura, apparentemente facile da applicare, implica spesso notevoli sacrifici per la popolazione, specialmente nelle aree con alto peso demografico e con scarse risorse. La seconda si rivela non di rado di difficile attuazione. Infatti la domanda di prodotti agricoli di piantagione è rigida e difficilmente aumentabile, e inoltre il loro prezzo tende a diminuire; tale tendenza induce non di rado alla *monocoltura* dei pochi prodotti maggiormente valutati sui mercati internazionali. La monocoltura genera varie conseguenze non soltanto socialmente gravi, ma anche a medio termine antieconomiche: dalla riduzione delle derrate agricole destinate ai mercati interni all'impoverimento dei suoli agrari per sovrasfruttamento. In campo industriale i tentativi di inserirsi sui mercati internazionali con prodotti manifatturieri a basso prezzo tendono a suscitare la reazione i degli imprenditori dei paesi industrializzati, che non di rado riescono ad ottenere dai loro paesi misure protezionistiche.

La situazione dei paesi indebitati si delineò in tutta la sua gravità all'inizio degli anni Ottanta: da allora non soltanto i debiti non sono stati saldati, ma sono cresciuti costantemente, raggiungendo il massimo nel 1987; se in un primo tempo i governi interessati parlavano semplicemente di una *crisi di liquidità*, ora è apparso chiaro che i debiti non potranno essere mai saldati; il solo pagamento degli interessi, infatti, sta diventando un peso insostenibile per i debitori. Esso è diventato ormai lo scopo prioritario dei piani di sviluppo, che assorbe le risorse che potrebbero essere destinate alla crescita economica dei paesi interessati. Inoltre per i paesi definiti debitori a rischio elevato si è registrata una notevole riduzione di capitali investiti, che li rende, nella maggioranza dei casi, sufficienti soltanto a far fronte alla spese di mantenimento, e non ad aumentare la capacità di produzione e i posti di lavoro. Di fatto, quindi, l'indebitamento verso l'estero sembra escludere i paesi più poveri dall'evoluzione economica mondiale.

12.6 Il dominio culturale

Nel mondo contemporaneo il potere di una nazione non è legato soltanto all'estensione della sua influenza politica o al suo potenziale bellico, ma anche al *dominio culturale*. Con questa espressione si indica il prevalere di una forma di cultura, con la sua lingua, la sua religione, i suoi modi di vita, il suo tipo di struttura politico-sociale. Dominare culturalmente un paese vuol dire imporgli i propri modelli e i propri valori, uniformando così il comportamento dei suoi abitanti alle proprie esigenze.

Attualmente, in questo campo nessun paese come gli Stati Uniti riesce ad esercitare un'influenza planetaria. In primo luogo con la *dominazione linguistica*; la diffusione dell'inglese e dell'americano è spesso vista come mezzo per superare le differenze etniche e culturali all'interno dei singoli Stati (ad esempio nell'India, dove l'inglese è lingua ufficiale insieme all'indi) o per favorire l'integrazione internazionale dei piccoli Stati o etnie, che lo hanno adottato come lingua diplomatica. Nello stesso tempo, tuttavia, la diffusione della lingua inglese rappresenta uno dei *fattori chiave* dell'espansione economica dei paesi anglosassoni. Attualmente questa lingua è utilizzata su scala mondiale ed essendo stata adottata come lingua ufficiale di Internet la sua diffusione aumenterà ancora.

Sul piano diplomatico quasi tutti i trattati internazionali sono in inglese, così come in campo commerciale le transazioni si fanno in quella lingua. Anche le pubblicazioni scientifiche vengono in gran parte redatte o tradotte in inglese, tanto che persino l'Istituto Pasteur in Francia ha preso la decisione di pubblicare tutti i suoi risultati in questa lingua.

In molti paesi ex coloniali si sono avuti tentativi di *rivendicazione della propria cultura*, attraverso molteplici vie; ad esempio, mediante il cambiamento dei nomi imposti dai colonizzatori con altri tradizionali (in Africa l'Alto Volta ha cambiato la sua denominazione in Burkina Faso, in Asia Ceylon l'ha mutata in Sri Lanka, la Birmania in Myanmar ecc.) o mediante l'insegnamento nelle scuole della lingua locale.

Il dominio culturale passa principalmente attraverso i *mass media*, e in questo campo sono gli Stati Uniti ad esercitare l'influenza maggiore. La *televisione* e il *cinema* sono i principali veicoli di diffusione di valori e di modi di vita e cultura in genere. Anche in questo campo sono ben pochi i paesi nei quali la produzione nazionale supera per quantità i prodotti di importazione; sono gli Stati Uniti, la Russia, il Giappone, l'India e la Cina. Tutti gli altri paesi proiettano in prevalenza film stranieri e in particolare statunitensi.

Un altro importante mezzo di diffusione di cultura, di mode e persino della lingua è la *musica*. I generi musicali più amati dai giovani provengono quasi essenzialmente dai paesi anglosassoni in generale e dagli Stai Uniti in particolare: dall'hard rock, nato in Gran Bretagna a metà degli anni Settanta, ma giunto a noi attraverso gli Stati Unti, al rap, musica di protesta dei ghetti neri americani, nato negli anni Settanta e diffusosi da noi alla fine degli anni Ottanta, fino al grunge degli anni Novanta, nato a Seattle, città della costa pacifica degli Stati Uniti che « fa tendenza » (basti pensare ai numerosi film che vi sono stati girati) e alla techno music (nata in Gran Bretagna come house music) suonata nelle discoteche di tutta l'Europa. I gruppi musicali americani più famosi e amati dai giovani, che ai loro concerti richiamano migliaia di spettatori, hanno contribuito a diffondere la cultura (abbigliamento, acconciature, modi di vita) e la lingua americana assai più che decine di corsi di lingue e « cultura » straniera.

La diffusione della conoscenza di una lingua amplia anche il *mercato librario*, dei giornali ecc., in un processo cumulativo che tende a creare sempre maggior squilibrio tra la cultura dominante e quelle periferiche.

Una fortissima concentrazione si ha anche nel campo *dell'informazione*. Pochi sono i giornali che possono avere loro corrispondenti o inviati nelle varie parti del mondo. Per lo più si utilizzano a tal scopo le agenzie di stampa internazionali. Quattro di queste, la AP e la UPL statunitensi, la AFP francese e la Reuter inglese diffondono da sole circa il 95% delle informazioni. Più di metà delle notizie distribuite in tutto il mondo si riferisce a fatti relativi a Stati Uniti, Canada e Europa occidentale, dove vive poco più del 10% della popolazione mondiale.

Un altro settore di importanza vitale per esercitare un dominio culturale sono le *telecomunicazioni*. Anche in questo campo il predominio americano è notevole.

Già oggi le più potenti società di telecomunicazioni, che gestiscono telefonia, televisione via cavo e reti telematiche, sono americane (la AT &T, che domina la telefonia planetaria, la Bell, seconda compagnia americana, la Sprint, che opera sulle lunghe distanze ecc.) e la tendenza è a una sempre maggior concentrazione. Il mercato delle telecomunicazioni rappresenta infatti la maggiore fonte di profitto per il futuro e gli attuali attori principali non intendono lasciarselo sfuggire.

Per quanto riguarda le *banche dati*, le più vecchie, che si sono sviluppate di pari passo con l'informatica, appartengono agli Stati Uniti: pertanto, gran parte delle informazioni necessarie per svolgere ricerche o per la produzione vengono richieste a queste ultime, in quanto per gli altri paesi (specialmente quelli più arretrati) costa meno pagare questo servizio a banche estere che allestirne di proprie. Nonostante gli sforzi più recenti dei paesi europei e soprattutto del Giappone, l'egemonia americana rischia di creare una situazione quasi monopolistica in un campo così importante come quello dell'informazione.

Lo sviluppo delle *reti di trasmissione dati*, che non soltanto rappresentano il supporto più adatto alle strutture territoriali a rete, ma teoricamente permettono l'accesso all'informazione da qualsiasi punto del pianeta, ha fatto credere per un certo periodo alla possibilità di ridurre le differenze culturali. La principale rete di trasmissione telematica, che copre praticamente l'intero pianeta e che negli ultimi decenni ha rivoluzionato completamente il concetto di distanza, è *Internet*. Il numero di connessioni a Internet è aumentato ad un ritmo vertiginoso: in dieci anni, dal 1991 al 2001 si è passati da 4,4 milioni di utenti a 502 milioni e le stime per il 2003 sono di 665 milioni (International Telecommunication Union).

Una così larga e rapida diffusione di un mezzo di trasmissione dell'informazione aperto a tutti può far pensare a una organizzazione dello spazio di tipo reticolare dell'intero pianeta, nel quale ciascuno può accedere all'informazione, per accrescere le proprie conoscenze e le proprie possibilità. Nella realtà la struttura reticolare non è così uniforme. In primo luogo per accedere a Internet è necessaria una linea telefonica: ma nel 1995 il 15% della popolazione mondiale possedeva i tre quarti delle linee telefoniche, oltre metà degli abitanti della Terra non aveva mai usato il telefono e in 47 paesi il numero degli utenti telefonici era inferiore all'1% della popolazione.

Nel 2000 dei 94 milioni di provider Internet esistenti nel mondo il 95,6% era localizzato nei paesi industrializzati, del 4,4% restante la maggior parte era ubicata in Cina, Taipei, Singapore e Israele e oggi ci sono più collegamenti a Internet nella città di New York che in tutto il continente africano.

La figura 12.7 illustra il numero di server Internet presenti nei diversi paesi ogni 1.000 abitanti: come si vede, anche per questo indicatore il mondo è diviso nettamente in un Nord e un Sud, con tre o quattro aree che dominano le altre: l'America anglosassone, l'Europa centro-occidentale, il Giappone e l'Australia con la

Fig. 12.7 – L'accesso a Internet

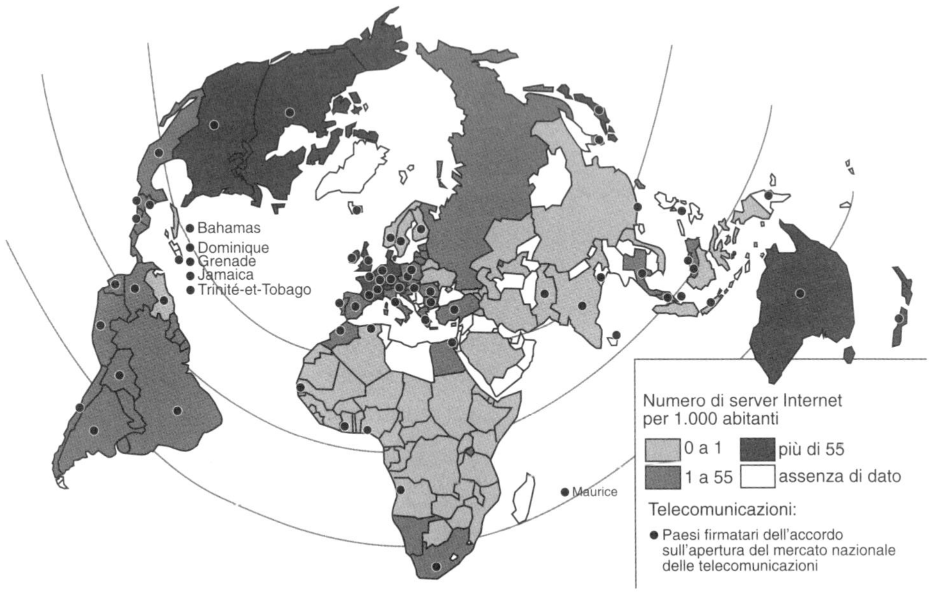

Nuova Zelanda (lo squilibrio è messo in evidenza anche dalle tabelle 12.4 e 12.5). Date queste macroscopiche differenze lo strumento telematico può divenire, anziché fonte di omogeneizzazione dell'economia del pianeta, ulteriore causa di *squilibrio* economico e sociale: mentre infatti tra una parte dei paesi e degli abitanti del mondo circolano le informazioni e si diffondono le innovazioni, una parte di umanità ne rimane esclusa.

12.7 La divisione del mondo attuale

L'attuale divisione del mondo in circa 200 Stati è un fatto relativamente recente.

La maggior parte degli Stati del mondo, infatti, è diventata indipendente o si è costituita solo nel XX secolo.

Al termine della Prima e poi soprattutto della Seconda guerra mondiale iniziò il disfacimento dei *grandi imperi* e la formazione di una moltitudine di Stati. All'inizio del Novecento si disgregarono l'impero Ottomano e quello Austro-ungarico; successivamente, dopo la Seconda guerra mondiale, si disgregarono gli *imperi coloniali*, prima quello dalla Gran Bretagna, intorno agli anni Cinquanta-Sessanta, poi quello francese, intorno agli anni Sessanta e infine quello portoghese (1974).

Tab. 12.4 – I primi 10 Paesi per numero di utenti Internet rispetto agli abitanti

Paese	*n. di utenti Internet su 10.000 abitanti*
Islanda	6.747,40
Repubblica di Corea	6.096,95
Australia	5.666,67
Svezia	5.730,74
Stati Uniti	5.513,77
Nuova Zelanda	5.262,90
Paesi Bassi	5.219,46
Canada	5.128,25
Danimarca	5.120,15
Finlandia	5.089,30

Tab. 12.5 – Gli ultimi 10 Paesi per numero di utenti Internet rispetto agli abitanti

Paese	*n. di utenti Internet su 10.000 abitanti*
Myanmar	5,26
Tagikistan	6,30
R.D. del Congo	9,50
Etiopia	10,81
Niger	12,77
Rep. Centrafricana	14,49
Sierra Leone	16,16
Turkmenistan	16,55
Bangladesh	17,98
Burundi	19,67

Questo processo detto di decolonizzazione, portò alla formazione di gran parte degli attuali Stati africani e dell'Asia meridionale.

Alla fine della Seconda guerra mondiale, La *Conferenza di Yalta* (1945), sancì la divisione del mondo in sfere di influenza tra due grandi potenze: Stati Uniti e URSS che per oltre quarant'anni ebbero un notevole potere economico e politico.

Per oltre quarant'anni, infatti, il mondo fu guidato dalle *due superpotenze* e i paesi che facevano parte delle rispettive zone d'influenza seguivano il paese leader. Non vi furono molte guerre locali proprio perché si viveva un «*equilibrio del terrore*», cioè una situazione in cui per timore che le due superpotenze si facessero la guerra, che sarebbe stata devastante per la grande quantità di armi nucleari che ognuna delle superpotenze possedeva, nessun paese puntava ad ampliare molto il proprio ruolo a scapito di altri paesi. I due «blocchi» di paesi fortunatamente non si combatterono mai direttamente.

Tra la fine degli anni Ottanta e i primi anni Novanta nell'URSS, dopo più di settant'anni, cessava il governo del Partito Comunista, e le repubbliche dello Stato federale proclamavano la loro indipendenza. Dalla *dissoluzione dell'URSS* nacquero 15 nuovi Stati, tra i quali il più grande è la Russia.

Nello stesso periodo la Iugoslavia, al termine della guerra, si divideva in 5 Stati e quasi contemporaneamente la Cecoslovacchia si divideva, in modo più pacifico, in Repubblica Ceca e in Slovacchia (1993).

In circa cinquant'anni il numero di Stati indipendenti è pertanto triplicato: i membri dell'ONU, organizzazione internazionale a cui aderiscono quasi tutti i paesi del mondo, erano soltanto 51 nel 1945, mentre sono saliti a 190 all'inizio del XXI secolo.

L'*importanza* di questi Stati è molto diversa, sotto molti aspetti. Innanzi tutto dal punto di vista *demografico*: basti pensare che i tre quarti della popolazione mondiale vive in soli 20 Stati, che sono i più popolati, mentre all'estremo opposto ci sono una miriade di staterelli, per lo più insulari, come alcuni Stati delle isole del Pacifico tra i quali Tuvalu, diviso in 24 isolotti per un totale di 24 km^2 di superficie e circa 12.000 abitanti.

Inoltre dal punto di vista *economico* ben il 90% della ricchezza del mondo si concentra nei 50 Stati più ricchi.

Infine le differenze sono marcate anche dal punto di vista *politico e militare*: nonostante esistano organizzazioni mondiali, nelle quali sono rappresentati quasi tutti gli Stati, le grandi decisioni a livello mondiale sono prese da un decina Stati, tra cui gli Stati Uniti d'America hanno una posizione dominante.

Per effetto della globalizzazione tutto lo spazio terrestre è ormai organizzato e integrato in un unico *sistema*, il sistema mondo, tale per cui certi avvenimenti localizzati in aree ben definite possono avere effetti a livello dell'intero pianeta. L'effetto dei singoli avvenimenti tuttavia è maggiore o minore a seconda dell'importanza dei luoghi (e degli Stati) in cui avvengono. Ad esempio una guerra o una crisi alimentare in Africa centrale ricevono meno attenzione dai governi degli altri Stati e dai mezzi di comunicazione rispetto a fenomeni simili che avvengono in Medio Oriente, un'area ben più strategica della « dimenticata » Africa centrale.

Scheda. 12.2 – Che cos'è la geopolitica?

La situazione descritta nel paragrafo precedente, cioè la presenza di due superpotenze e due zone di influenza che per quasi mezzo secolo hanno dominato lo scenario mondiale, è una situazione geopolitica.

Infatti la *geopolitica* è lo studio dei rapporti di forza e delle relazioni di potere tra aree geografiche.

Il mondo non è guidato solamente dall'economia e dai rapporti economici, comunque molto importanti, ma anche da esigenze di espansione e di conquista di influenza su altri territori e Stati, nonché dall'esigenza di preservare la sicurezza del proprio territorio rispetto ad eventuali attacchi esterni.

Ciò spiega il motivo per cui due paesi piuttosto poveri come il Pakistan e l'India abbiano intrapreso costosi esperimenti nucleari e si siano dotati di arsenali consistenti, il tutto con un certo consenso da parte della popolazione: nel caso dei due Paesi il problema della *sicurezza* è percepito dalla popolazione altrettanto importante della crescita economica e gli ordigni nucleari vengono ritenuti un potente deterrente nei confronti di Stati vicini che si percepiscono come pericolosi.

Più in dettaglio la geopolitica analizza quali sono il ruolo e l'influenza di uno Stato (o di una regione) nel mondo e quali influenze esterne il territorio in questione subisce. Chi si occupa di geopolitica (ad esempio governi, ministri degli esteri, studiosi...) si pone domande di questo tipo: qual è il peso, il ruolo, di questo territorio nel suo continente? E nel mondo? Come può mantenere o migliorare il proprio ruolo? Quali sono quindi i suoi interessi nelle relazioni con altri territori? Con chi ha più interesse ad allearsi e perché?

La situazione geopolitica di uno Stato (o di una regione) si può capire osservando i seguenti aspetti geopolitici:

- La *superficie e la popolazione*: più il territorio è vasto e popoloso e più ha peso e influenza nel mondo.
- La *forza militare*, in particolare il possesso di bombe atomiche e di altre armi sofisticate e distruttive. Attualmente sono in possesso di ordigni nucleari gli Stati Uniti, la Russia, la Francia, il Regno Unito, la Cina, l'India, il Pakistan, la Corea del Nord e Israele (non ufficiale).
- La *forza dell'economia* e la capacità tecnologica e innovativa, che incide anche sull'immagine di potenza che un paese fornisce al resto del mondo, nonché il possesso di ingenti risorse naturali.
- Il suo *ruolo culturale* nel mondo, cioè l'influenza della sua cultura e del suo modo di vita nel mondo, compreso l'utilizzo della lingua. Ad esempio in Argentina un terzo degli abitanti è di origine italiana e conosce la nostra lingua e ciò permette al nostro Paese di avere su di essa una certa influenza geopolitica.
- La *posizione geografica* rispetto agli altri Stati. Nel caso dell'Italia, ad esempio, la posizione allungata, protesa nel Mediterraneo, conferisce al nostro paese una posizione strategica nei confronti degli altri paesi che si affacciano su questo mare, con possibilità maggiori di controllo, di commercio ecc.

Le eventuali controversie geopolitiche tra Stati normalmente si risolvono attraverso trattative e negoziati, cioè attraverso la *diplomazia*. Il peso geopolitico di un paese si accresce anche con l'abilità diplomatica e con la capacità di mediazione.

Altre volte si tenta di risolvere i contrasti attraverso la *guerra*. Normalmente i paesi vincitori accrescono il proprio peso geopolitico e gli sconfitti lo riducono, come è avvenuto dopo la Seconda guerra mondiale, quando la Germania sconfitta fu disarmata e restò divisa in due Stati per 45 anni. Ma non sempre la vittoria in una guerra porta i frutti sperati: vi è ad esempio il rischio che i vincitori siano incapaci di gestire il rapporto con la popolazione del paese sconfitto e che così astio e voglia di rivincita durino per decenni.

12.8 Le potenze geopolitiche

Dopo il dissolvimento dell'Unione Sovietica gli *Stati Uniti* sono rimasti l'unica superpotenza della Terra. Paese popoloso ed esteso, gli USA sono la prima potenza economica del mondo, con forte specializzazione nelle tecnologie d'avanguardia. Come osservato in precedenza, essi gestiscono l'apparato militare più potente ed in grado di intervenire in tutto il mondo, ed effettuano le maggiori spese in campo militare, nettamente superiori a quelle di qualsiasi altro Stato. Nel mondo attuale vi sono poi quattro *grandi potenze*, con influenza geopolitica di scala mondiale: la *Russia*, la *Cina*, la *Francia* e il *Regno Unito*. Questi paesi e gli Stati Uniti sono i cinque *membri permanenti del Consiglio di sicurezza dell'ONU* ed è loro riconosciuto un ruolo geopolitico di scala planetaria. Tutte e quattro le grandi potenze hanno un apparato militare consistente e possiedono armi strategiche, ma vi sono motivi diversi che spiegano la potenza geopolitica di ognuna.

La *Russia*, erede principale dell'Unione sovietica è il paese più esteso del mondo, ha un'enorme quantità di risorse naturali e una dotazione di armi nucleari simile a quella degli Stati Uniti. Il suo peso economico e la sua presenza e influenza nel mondo si sono però ridotte rispetto al periodo dell'equilibrio del terrore.

La *Francia e il Regno Unito*, già grandi potenze coloniali, durante il XX secolo hanno visto ridurre la propria influenza politica e militare mondiale, che resta però abbastanza consistente. Il caso specifico del Regno Unito è quello di un paese che a metà del Novecento ha perso il ruolo di superpotenza, che durava da un secolo, a favore di USA e URSS. Questa «decadenza» non è però stata tale da dover rinunciare a un ruolo di primo piano nello scenario geopolitico mondiale.

La *Cina* ha un ruolo di grande potenza in virtù della sua posizione di paese più popoloso del mondo, molto esteso e dotato di grandi risorse naturali, nonché di un notevole patrimonio culturale. È l'unico paese del Sud del mondo ad essere considerato «grande potenza» geopolitica.

A un livello inferiore ai cinque «grandi» si collocano le potenze regionali. Si tratta di paesi che hanno un ruolo e un'influenza geopolitica appunto non su tutto il mondo ma su un'area più limitata, al massimo continentale ma più spesso semicontinentale.

Si tratta per esempio del *Brasile*, il paese più esteso e popoloso dell'America Latina, con maggiori dotazioni e spese militari e con maggiore forza economica. Il Brasile esercita un'influenza geopolitica sull'America Latina ma si scontra con gli interessi e il peso degli Stati Uniti su quell'area.

Potenze regionali sono anche l'*India*, il *Giappone* e la *Germania*. L'India per gli stessi motivi della Cina, ma con un ruolo meno riconosciuto. Gli altri due paesi sono i grandi sconfitti della Seconda guerra mondiale e per decenni non hanno potuto gestire autonomamente la difesa militare, che era assicurata dagli USA. Sono due grandi potenze economiche (la seconda e la terza nel mondo) ma ciò non è sufficiente a definirle grandi potenze: la loro influenza geopolitica si limita all'Europa (per la Germania) e all'Asia orientale (per il Giappone). Il Giappone ha però meno influenza geopolitica della Germania, in virtù del fatto che in questo campo viene oscurato dalla potenza cinese, rivale storico del paese e assai più influente in Asia. Sia il Giappone sia la Germania nell'ultimo decennio hanno però molto incrementato le spese militari.

Brasile, India, Giappone e Germania sono di fatto potenze emergenti, cioè paesi che rivendicano un ruolo maggiore su scala mondiale.

Tra le potenze *geopolitiche regionali*, senza che abbiano una situazione di potenze emergenti si possono anche annoverare l'*Italia*, il *Sudafrica*, la *Turchia*.

Una tipologia ulteriore di situazione geopolitica è quella delle *periferie strategiche*.

Si tratta di Stati che hanno un qualche peso o perché dotati di risorse naturali particolarmente importante, o perché localizzati in posizione strategica. Nel primo caso si tratta per esempio dell'Arabia Saudita, dell'Iraq, dei paesi dell'Asia centrale (petrolio e gas) o dell'Australia (consistenti riserve di tutti i minerali). Nel secondo caso si tratta ad esempio di paesi come l'Egitto o Panama, che controllano i canali di Suez e Panama, fondamentali per i trasporti via mare.

Un gran numero di paesi ha infine una posizione geopolitica di scarso peso, cioè *marginale* (per esempio l'Albania, il Ciad, l'Uruguay, il Nepal ecc.).

Oltre ai singoli Stati un ruolo geopolitico importante viene giocato anche da alcuni organismi politici e militari internazionali, in primo luogo l'*ONU* e il suo *Consiglio di sicurezza*. Anche alcuni organismi economici internazionali, come il *Fondo Monetario Internazionale* e la *Banca Mondiale* giocano un ruolo geopolitico, in quanto per esempio possono condizionare le scelte politiche dei paesi che richiedono finanziamenti.

Va sottolineato infine che l'*Unione europea*, la più importante organizzazione internazionale dal punto di vista economico, non ha per ora un grande peso geopo-

Tab. 12.6 – Ruoli geopolitici

Superpotenza	Stati Uniti
Grandi potenze	Russia, Cina, Francia, Regno Unito
Potenze regionali	India, Giappone, Germania, Brasile (potenze emergenti); Italia Turchia, Sudafrica
Periferie strategiche	per esempio: Australia, Arabia saudita, Iraq, Egitto, Panama....
Paesi marginali	per esempio: Albania, Bulgaria, Ciad, Niger, Uruguay, Bolivia, Nepal...

litico, in quanto non vi sono poteri politici centrali e ogni stato membro in questo campo preferisce gestire autonomamente la politica estera e i propri interessi geopolitici.

Scheda 12.3 – Le organizzazioni politiche e militari internazionali

Il principale organismo di collaborazione mondiale è l'ONU, *Organizzazione delle Nazioni Unite*. Si tratta di un'organizzazione di carattere universale, in linea di principio aperta a tutti gli Stati, creata per mantenere la pace e la sicurezza e promuovere la cooperazione internazionale nei settori economico, sociale e culturale.

Comprende quasi tutti gli Stati del mondo (compresa la Svizzera, che è entrata a farne parte nel 2002) meno la Città del Vaticano, gli ultimi territori coloniali, Macao, Taiwan, e pochi piccoli Stati dell'Oceania.

All'interno dell'ONU il ruolo geopolitico principale è svolto dal *Consiglio di sicurezza*, che ha come scopo il mantenimento della pace e della sicurezza internazionali. Interviene in situazioni critiche, che minacciano la pace del mondo, con truppe formate da militari appartenenti ai paesi membri (i « caschi blu »). Dal 1948 al 2002 ha organizzato 54 operazioni per il « mantenimento della pace ».

Il Consiglio di sicurezza è formato da 15 membri; dieci di essi cambiano ogni due anni mentre cinque (Stati Uniti, Russia, Cina, Regno Unito e Francia) sono membri permanenti del Consiglio di sicurezza e hanno diritto di veto, cioè possono bloccare con il loro voto negativo le decisioni del Consiglio in campo militare o politico. Di fatto sono quindi i cinque paesi che svolgono il ruolo di grandi potenze geopolitiche. Da alcuni anni si sta discutendo di cambiare questo meccanismo e dell'opportunità di allargare il numero dei membri permanenti, ma la modifica stenta a realizzarsi.

Altri organismi internazionali con ruolo geopoliticodi una certa importanza sono:

– la *NATO* o *Patto Atlantico*, istituito a Washington nel 1949; è una organizzazione politico-militare di difesa. Ne fanno parte gli Stati Uniti, il Canada, il Belgio, la Danimarca, la Francia, la Germania, la Grecia, la Gran Bretagna, l'Islanda, l'Irlanda, l'Italia, il Lussemburgo, la Norvegia, i Paesi Bassi, il Portogallo, la Spagna, la Turchia, l'Ungheria, la Polonia e la Repubblica Ceca (questi ultimi tre dal 1999). La Nato nel 1999 è intervenuta militarmente in Iugoslavia contro il regime serbo di Milosevic.

– la *Lega Araba*, un'alleanza di carattere politico-economico-militare tra gli Stati arabi; ne fanno parte l'Algeria, l'Iraq, la Giordania, l'Egitto (che ospita la sede, al Cairo), il Kuwait, il Libano, il Marocco, la Libia, l'Arabia Saudita, il Sudan, la Siria, la Tunisia, lo Yemen, il Bahrein, il Qatar, l'Oman, gli Emirati Arabi Uniti, la Mauritania, la Somalia, l'OLP (Organizzazione per la Liberazione della Palestina), le Comore e il Gibuti.

– il *gruppo dei sette paesi* con economia più forte e moderna (USA, Giappone, Germania, Francia, Italia, Gran Bretagna e Canada), il G7, dal 1997 è divenuto G8 con l'ingresso della Russia, che partecipa alle riunioni che hanno carattere politico (per esempio quelle convocate dopo l'attentato alle torri gemelle del 2001 per decidere una strategia comune).

12.9 Le nuove frontiere: i mari e lo spazio

Gli interessi non soltanto economici ma anche politico-militari delle grandi potenze non si limitano oggi alla terra ferma, ma si estendono anche agli *oceani* e agli spazi *extra-atmosferici*.

Nei rapporti tra le società umane il mare è sempre stato una posta in gioco fondamentale ma il suo ruolo è cambiato negli ultimi decenni. Per molti secoli gli oceani furono visti principalmente come tramite per la navigazione e i commerci, mentre le zone prossime alla terra ferma erano utilizzate soprattutto per la pesca. In questa fase ai singoli paesi costieri era sufficiente avere riconosciuta la sovranità su una stretta fascia (di regola 12 miglia) dalla costa, detta *mare territoriale*, che permetteva appunto la pesca e il controllo sui porti.

In una seconda fase, corrispondente all'incirca agli anni Sessanta e Settanta del XX secolo, le risorse dei fondali marini, sia petrolifere che minerarie in genere, iniziarono ad apparire interessanti. Anche se le prospezioni sui fondi oceanici avevano già reso nota la presenza di noduli polimetallici, l'attenzione internazionale si concentrò sulla *piattaforma continentale*. Infatti il livello tecnico raggiunto permetteva lo sfruttamento di fondali poco profondi, mentre era ancora antieconomico lo sfruttamento delle zone abissali.

Si accese allora in campo internazionale la discussione su chi avesse il diritto di sfruttare la piattaforma. Nonostante l'opposizione dei paesi senza sbocco al mare, che si vedevano privati della possibilità di accedervi, prevalse la norma che la piattaforma potesse essere sfruttata dagli *stati costieri* i quali, dove se ne presentava la possibilità, si affrettarono a costruire piattaforme *off-shore* per l'estrazione di idrocarburi, isole artificiali per l'attracco delle superpetroliere, allestendo così al largo vere e proprie appendici della regione costiera. Nel corso della Terza Conferenza dell'ONU sul Diritto del Mare (1982) è stato proposto l'istituto della *zona economica esclusiva*, cioè di una zona estesa fino a 200 miglia dalla costa e, qualora la piattaforma si estenda oltre le 200 miglia, fino a 350, nell'ambito della quale il paese costiero non soltanto può impiantare piattaforme, ma anche sfruttare qualsiasi risorsa dei fondali. Questa delimitazione favorisce i paesi rivieraschi e tra questi, quelli con il maggior sviluppo costiero e insulare. Molti Stati insulari vedono estendersi notevolmente il loro territorio: questo spiega anche l'interesse per sperduti arcipelaghi del Pacifico da parte di paesi industrializzati come la Francia, che, grazie a isolotti privi di risorse, potrebbe accedere ai ricchi fondali circostanti. Di fatto le zone economiche esclusive occupano intorno al 40% del totale degli oceani, a cui corrispondono i fondali più accessibili; il restante 60%, nel quale sono comprese le acque delle regioni antartiche di difficile accesso, continua a rappresentare un *patrimonio comune dell'umanità*.

Le *zone costiere* sono da sempre le più abitate: si calcola che oggi il 60% della popolazione mondiale viva in una fascia di 70 km dalla linea della costa e si prevede un suo notevole aumento nei prossimi anni; tale addensamento comporta un notevole utilizzo degli spazi marini in prossimità della costa (per navigazione, sport, condotte, cavi, pesca ecc.) e di conseguenza un sempre maggior interesse per la zona economica esclusiva.

Particolarmente sfavoriti appaiono gli Stati senza affaccio al mare. Si tratta di 38 Stati (nel 1997) disseminati nei diversi continenti: Zimbabwe, Mali ed Etiopia in Africa, Bolivia e Paraguay nell'America del Sud, Mongolia e Nepal in Asia, Austria, Svizzera e Macedonia in Europa, per citare solo i principali. Per questi paesi non sempre l'isolamento dal mare è un fatto naturale, legato alla geografia del luogo: spesso esso deriva, invece, dal tracciato dei confini coloniali. Essi per la loro situazione di stati continentali, si vedono privati di tutte le possibilità connesse alle coste e alla zona economica esclusiva.

Qualcosa di analogo si sta verificando anche per lo spazio *stratosferico e interplanetario*. Fino a qualche decina di anni fa l'interesse per lo spazio sovraterritoriale era legato soltanto alla navigazione aerea, regolata da accordi internazionali che definiscono le rotte; ora invece, grazie ai *satelliti artificiali* l'etere ha assunto grande importanza per una vasta gamma di servizi: trasporti, telecomunicazioni, televisione ad alta definizione, cartografia, meteorologia, osservazione, ascolto, supervisione sugli accordi di disarmo, allarmi in caso di guerra o pericoli ambientali, missioni scientifiche, allestimento di stazioni orbitali.

Le funzioni dei satelliti artificiali si possono dividere in tre settori: quello militare, del telerilevamento e delle telecomunicazioni.

La funzione militare dei satelliti è oggetto di grande attenzione: il noto progetto di scudo spaziale americano si basava infatti sulla presenza di satelliti in grado di intercettare i missili, o anche portatori essi stessi di missili.

I satelliti per il *telerilevamento* servono a «fotografare» la crosta terrestre, con tutti gli oggetti che la ricoprono per meglio conoscerne le caratteristiche e le trasformazioni; fungono inoltre da spie potentissime per controllare le mosse degli avversari: in caso di guerra la distruzione dei satelliti spia del nemico diventa uno degli obiettivi prioritari.

Per il mercato commerciale sono infine particolarmente importanti i satelliti per *telecomunicazioni*, che condividono con quelli *meteorologici* l'orbita geostazionaria (cioè l'orbita, situata in corrispondenza dell'equatore, con rotazione solidale a quella dell'asse terrestre, per cui i satelliti che la percorrono appaiono immobili), ormai prossima alla saturazione.

Per tutti questi motivi il controllo dello spazio è divenuto *un fattore strategico* ed è in atto una vera corsa ad accaparrarsene una porzione. Secondo il Trattato internazionale dello spazio (ONU, 1967) il cosmo sarebbe «patrimonio comune dell'umanità, con conseguente diritto da parte di tutti gli Stati di utilizzarlo e utilizzare

Fig. 12.8 – Il predominio dello spazio

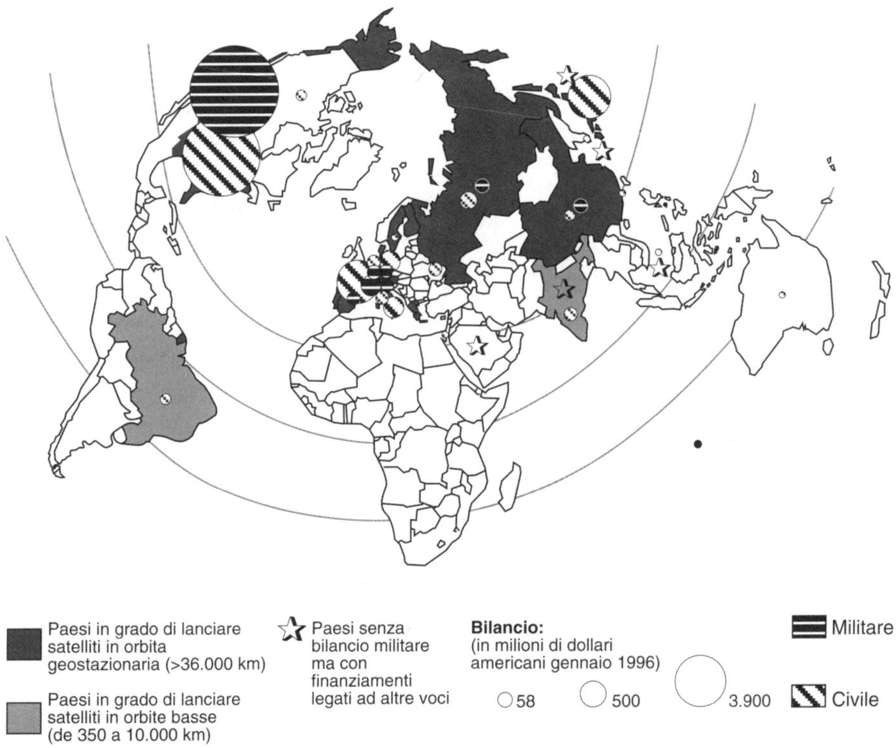

Fonte: Euroconsult, Government Space Programs-Worldwide prospects: 1996-2006

i vantaggi derivanti dalla sua conoscenza». Nella realtà, i paesi tecnicamente evoluti sono i maggiori occupatori dello spazio. Anche per l'orbita geostazionaria è netta la prevalenza di satelliti dei paesi industrializzati che occupano il 90% dello spettro di frequenza. Questa situazione ha spinto i paesi del Terzo mondo – considerato che l'orbita geostazionaria sovrasta in prevalenza i loro territori – a chiedere che sia riconosciuto a ciascuno Stato la sovranità dello *spazio sovrastante* il suo territorio, in attesa che venga raggiunta la possibilità tecnica di utilizzarlo.

Gli Stati Uniti sono attualmente la maggiore potenza spaziale, a cui si affianca la Russia, gigante spaziale oggi in grave crisi; l'Europa, grazie alle notevoli energie messe in campo, si situa al terzo posto, mentre Cina, India e Giappone avanzano a grandi passi.

Letture di approfondimento

BAUMAN Z., 1999, *Dentro la globalizzazione. Le conseguenze sulle persone*, Laterza, Roma-Bari.

BOGGIO F., DEMATTEIS G. (a cura di), 2002, *Geografia dello sviluppo. Diversità e disuguaglianze nel rapporto Nord-Sud*, UTET Libreria, Torino.

BONORA P. (a cura di), 2001, *Comcities. Geografie della comunicazione*, Baskerville, Bologna.

ISTITUTO GEOGRAFICO DE AGOSTINI, 2005. *Conflitti e aree di crisi nel mondo*, Novara.

KNOX P., AGNEW J., 1996, *Geografia economica*, vol. II, Franco Angeli, Milano.

LIZZA G., 1996, *Territorio e potere*, UTET Libreria, Torino.

SAVONA P., JEAN C., 1995, *Geoeconomia*, Franco Angeli, Milano.

VALLEGA A., 2004, *Geografia umana. Teoria e prassi* (parte III), Le Monnier, Firenze.

Siti consigliati

www.obsarm.org Centro di documentazione e ricerca sulla pace e i conflitti
www.globalgeografia.com Tutti gli stati del mondo e le loro caratteristiche
www.iiss.org Sito dell'Istituto internazionale di studi strategici
www.limesonline.com Sito di Limes, rivista di geopolitica

Statistiche mondiali

Annuario della Banca Mondiale, pubblicazione annuale.

Annuario statistico dell'Unesco, pubblicazione annuale.

Calendario Atlante De Agostini, De Agostini, Novara, pubblicazione annuale.

Lo stato del Mondo, Il Saggiatore, Milano, pubblicazione annuale.

Rapporto sullo sviluppo umano, Rosemberg & Sellier, Torino, pubblicazione periodica contenente dati e articoli tradotti dalle pubblicazioni di United Nations Development Program.

State of the World. Rapporto sul nostro pianeta del Worldwatch Institute, ISEDI, Torino, pubblicazione annuale.

Stato della popolazione mondiale, UNFPA, pubblicazione periodica.

World Data, CD-ROM della Banca Mondiale, pubblicazione periodica.

World Population Prospect, ONU, pubblicazione periodica.

Indice analitico